普通高等院校建筑环境与能源应用工程专业系列教材

建筑材料

李国华　主　编

中国建材工业出版社

图书在版编目（CIP）数据

建筑材料／李国华主编．—北京：中国建材工业出版社，2013.9

普通高等院校建筑环境与能源应用工程专业系列教材

ISBN 978-7-5160-0525-5

Ⅰ．①建…　Ⅱ．①李…　Ⅲ．①建筑材料—高等学校—教材　Ⅳ．①TU5

中国版本图书馆CIP数据核字（2013）第175527号

内　容　简　介

本书是普通高等院校建筑环境与能源应用工程专业系列教材之一。

全书共计17章，主要内容包括建筑材料概述、建筑材料的基本性质、石材、烧土制品、建筑玻璃、气硬性胶凝材料、水泥、混凝土、建筑砂浆、金属材料、木材、沥青及防水材料、塑料与橡胶、建筑涂料、保温隔热材料、吸声材料、建筑防火材料。其中每章后面还编有复习思考题，便于学生复习巩固。

本书可作为普通高等院校60至80学时的建筑环境与能源应用工程专业的教材，或建筑院校其他专业的教材，也可供从事室内装饰工作的技术人员学习参考。

建筑材料

李国华　主编

出版发行：中国建材工业出版社

地　　址：北京市西城区车公庄大街6号

邮　　编：100044

经　　销：全国各地新华书店

印　　刷：北京雁林吉兆印刷有限公司

开　　本：787mm×1092mm　1/16

印　　张：18

字　　数：459千字

版　　次：2013年9月第1版

印　　次：2013年9月第1次

定　　价：43.00元

本社网址：www.jccbs.com.cn

本书如出现印装质量问题，由我社营销部负责调换。联系电话：（010）88386906

前言

随着全球工业化进程的发展，地球上可供人类开采利用的资源已近枯竭，世界性的能源危机已不可避免，建筑节能成为人类的共识，也是摆在我们面前的当务之急。

建筑材料是提高建筑物的各项性能，实现建筑节能的物质基础。宣传、推广绿色节能材料，让更多的人认识、了解新型建筑节能材料的品种、性能、生产及应用知识，是作者编写本书的初衷。

本书作为“建筑环境与能源应用工程”专业系列教材之一，是为了满足《建筑材料》的教学需要而编写的，由于建筑材料的飞速发展和国家规范的更新，本书力求能够做到“与时俱进”。全书共计17章，第1章：建筑材料概述，第2章：建筑材料的基本性质，第3章：石材，第4章：烧土制品，第5章：建筑玻璃，第6章：气硬性胶凝材料，第7章：水泥，第8章：混凝土，第9章：建筑砂浆，第10章：金属材料，第11章：木材，第12章：沥青及防水材料，第13章：塑料与橡胶，第14章：建筑涂料，第15章：保温隔热材料，第16章：吸声材料，第17章：防火材料。其中每章前面有“本章基本内容”，后面有“本章小结”，还编有复习思考题及答案，便于学生复习巩固。

本书着重介绍了建筑材料的基本概念、组成、性质和在工程中的应用，使学生能掌握建筑材料的基本知识，并具备相应的实际操作技能。

本书编写过程中，我的研究生孙召英同学帮助查阅了大量资料，绘制了书中部分插图，在此表示感谢。

本书参考了有关专家、学者的著述，借鉴吸收了国内外建筑材料、建筑装饰材料各方面的新技术、新成果，并且运用了最新的国家规范。在此，我们一并深表由衷的谢意！

由于编者水平所限，书中难免会有错漏之处，恳请广大读者多予批评指正，以便我们修订完善。

编　者

2013年5月

目　录

第1章　建筑材料概述

本章基本内容：

建筑材料作为建筑工程的原材料和我们的生活息息相关。本章主要是对建筑材料的作用、分类、规范、发展等相关知识的综述。

建筑材料是指建筑中使用的各种材料及制品，是建筑工程不可缺少的原材料，是建筑事业的物质基础。它直接关系到建筑的形式、建筑的质量和建筑造价，影响国民经济的发展、城乡建设面貌的变化和人民居住条件的改善。

1.1　建筑材料的作用

建筑材料是一切建筑工程的物质基础。对建筑材料的基本要求是：

(1)必须有足够的强度，能安全地承受设计荷载；

(2)具有相应的适用功能，如隔声、防水，隔热等；

(3)材料质轻高强，以减少建筑下部结构和地基的负荷；

(4)具有一定的装饰性，能美化建筑；

(5)具有与使用环境相适应的耐久性，以减少维修费用。

在建筑中，建筑材料的品种多，用量大，从建筑物的主体结构，直至每一个细部和零件，无一不由各种建筑材料经适当设计、施工而成。建筑材料的数量、质量、品种、规格以及外观、色彩等，都在很大程度上影响建筑物的功能和质量，影响建筑物的适用性、艺术性和耐久性。

建筑的基本原则是：安全、适用、经济、美观。对高层或大跨度建筑中的结构材料，要求是轻质、高强；冷藏库建筑必须采用高效能的绝热材料；防水材料要求致密不透水；影剧院、音乐厅为了达到良好的音响效果需采用优质的吸声材料和散射材料；而大型公共建筑及纪念建筑的立面材料，要求较高的装饰性和耐久性。材料的合理使用或最优化设计，应该是建筑上的所有材料能最大限度地发挥材料本身的效能，合理、经济地满足建筑功能上的各种要求。

在建筑设计中，常常要通过材料和构造上的处理，从材料造型、线条、色彩、光泽、质感等多方面，反映建筑的艺术特性。建筑设计技巧之一，就是要通过设计人员的材料学知识和创造性的劳动，充分利用并显露建筑材料的本质和特性。要善于利用建筑和建筑群的饰面材料及其色彩处理，巧妙地选用材料，美化人们的工作和居住环境。

1.2　建筑材料的分类

建筑材料的品种繁多，组分各异，用途不一。

(1)按照化学成分可分为有机材料、无机材料和复合材料，其分类如表1-1。

表 1-1　建筑材料按化学成分分类

<table>
<tr><td rowspan="7">无机材料</td><td rowspan="2">金属材料</td><td>黑色金属</td><td colspan="2">钢、铁</td></tr>
<tr><td>有色金属</td><td colspan="2">除钢、铁以外的金属，如铝、铜、铅及其合金等</td></tr>
<tr><td rowspan="5">非金属材料</td><td>天然石材</td><td colspan="2">花岗岩、石灰岩、大理岩等</td></tr>
<tr><td>烧土制品及玻璃</td><td colspan="2">砖瓦、陶瓷、玻璃等</td></tr>
<tr><td rowspan="2">胶凝材料</td><td>气硬性胶凝材料</td><td>石灰、石膏、水玻璃等</td></tr>
<tr><td>水硬性胶凝材料</td><td>各种水泥</td></tr>
<tr><td>以胶凝材料为基料的人造石</td><td colspan="2">混凝土
砂　浆
石棉水泥制品
硅酸盐建筑制品</td></tr>
<tr><td colspan="3">有机材料</td><td colspan="2">木材、沥青、树脂和塑料、涂料、橡胶等</td></tr>
<tr><td colspan="3">复合材料</td><td colspan="2">金属-非金属材料、非金属-金属材料
无机-有机材料、有机-无机材料</td></tr>
</table>

（2）按用途可分为结构材料、构造材料、防水材料、地面材料、饰面材料、绝热材料、吸声材料、卫生工程材料及其他特殊材料。

1.3　建筑材料的发展趋势和学习的意义

建筑材料的发展经历了一个很长的历史时期。天然的土、石、竹、木、草秸、树皮是古人类的主要建筑材料。约在公元前3000年，西亚的美索不达米亚开始用砖砌筑圆顶和拱。我国的“秦砖汉瓦”，是建筑中使用砖瓦的初盛时期，制陶技术实际上远早于秦汉。在漫长的封建农奴制度下，建筑材料发展缓慢，近代建筑材料大部分是在19世纪以后，随着生产力的解放和发展而出现的，特别是水泥和钢材的工业化生产，使建筑技术发生革命性的变化，“现代建筑”的概念和形象是在出现大量现代建筑材料的基础上形成的。

我们的祖先在建筑上留下了许多宝贵的经验和丰富的遗产，至今仍是我们学习的典范。新中国建立以来，在党和国家的关怀和正确方针指导下，建筑事业获得了新生。特别是党的十一届三中全会以来，全国城乡建设蓬勃发展，欣欣向荣，1990年以来，国家基本建设投资每年约为5000亿～6000亿元，城镇兴建房屋建筑每年约2亿～3亿m^2，农村建房每年约6亿～8亿m^2。全国城乡每年所消耗的建筑材料数量是十分可观的。2007年我国房地产投资达15000亿元人民币。2012年4月23日国家发改委发布2012年第一季度我国水泥产量39810万吨、塑料1253万吨、玻璃17983万重量箱、合成橡胶96万吨、合成纤维787万吨。

根据我国《国民经济和社会发展“九五”计划和2010年远景目标纲要》的规定，自1996年至2010年，在保持国民经济持续、快速、健康发展的同时，将加强农业、水利、能源、交通、通信和支柱产业的重点建设，将加强城镇建设。在建筑业，重点建设城乡住宅和公共工程，提高工程质量。建材工业部门将大力增加优质产品，开发和推广新型建材及制品。

2012年《建筑材料工业“十二五”发展指导意见》出台。其中明确提出重点支持和发展新材料和高档特种建材产品。太阳能玻璃等特种玻璃，及以石墨、高岭土等为重点的非金属矿物材料深加工产品被列为未来发展的重点。

从建筑材料的发展趋势上看有以下四个方向：

(1)从天然材料到人造材料再到天然材料的发展趋势；

(2)从单功能材料向多功能材料的发展趋势；

(3)从现场制作向制品安装的发展趋势；

(4)从低级到高级，高科技与艺术紧密结合的发展趋势；

(5)从高能耗向低能耗发展的趋势(低碳经济)；

(6)充分利用地方材料的发展趋势。(美国 500km 以内运距的材料算节能材料)

在建筑材料的选择和使用时，要根据建筑物的功能要求、材料在建筑物中的作用及其受到的各种外界因素的影响等，考虑材料所应具备的性能。设计者对建筑材料必须具有丰富的知识，掌握常用建筑材料的性能和特点，使材料在建筑物上充分发挥其作用，满足使用上的不同要求、做到材尽其能，物尽其用。以往，由于设计人员对材料知识缺乏了解或造成无可挽回的损失。

为了不断地创新，不断地提高建筑设计和建筑创作水平，设计者应了解新型建筑材料的发展，了解建筑材料生产和技术上的新成就。

在建筑设计中，技术、经济、艺术三者的统一，是体现设计水平的主要标志，也是建筑设计人员的基本任务。

在建筑造价中，材料费占比例很大，一般在 50% 以上。在材料选用时，要注意经济性，它对降低建筑造价，提高基本建设的技术经济效果，保证国民经济的顺利发展，具有很大的意义。

本课程的内容主要根据普通高等学校“建筑节能技术与工程”专业的教学需要，对常用建筑材料的产源、成分、构造、性能、应用和装饰性等方面，作扼要的论述和介绍，使初学者具备建筑材料使用的基本知识。

学习本课程应以掌握常用建筑材料的性能为重点，在此基础上熟悉它的应用。原则上，本课程应在教师的指导下，有系统、有重点地学习。学习应该理论联系实际，注意材料成分、构造、性能和应用之间存在的内在联系。在其他有关课程的学习和生产实习时，注意观察和调查材料的使用实例。

1.4 绿色材料

1.4.1 绿色材料的定义

绿色材料的概念是 1988 年在第一届国际材料科学研究会上首次提出的。1992 年国际学术界给绿色材料定义为：在原料、产品制造、应用过程和使用以后的再生循环利用等环节中对地球环境负荷最小和对人类身体健康无害的材料。绿色建筑材料代表了 21 世纪建筑材料的发展方向，符合世界发展趋势和人类发展需要。人们对绿色建筑形成共识的原则是，绿色建筑应包括五个方面：利于人的健康、能源效率、资源效率、环境责任、可承受性。其中对污染物的释放、材料的内耗、建筑物的设计热损失，材料的再生利用，对水质和空气的影响等都是绿色建筑材料应解决的课题。

1.4.2 绿色材料的涵义

1. 以相对最低的资源和能源消耗、环境污染为代价生产的高性能传统建筑材料，如用现代先进工艺和技术生产的高质量水泥。

2. 能大幅度地减少建筑能耗(包括生产和使用过程中的能耗)的建筑材料,如具有轻质、高强、防水、保温、隔热、隔声等功能的新型墙体材料。

3. 具有更高的使用效率和优异的材料性能,从而能降低材料的消耗,如高性能水泥混凝土、轻质高强混凝土。

4. 具有改善居室生态环境和保健功能的建筑材料,如抗菌、除臭、调温、调湿、屏蔽有害射线的多功能玻璃、陶瓷、涂料。

5. 能大量利用工业废弃物的建筑材料,如净化污水、固化有毒有害工业废渣的水泥材料,或经资源化和高性能化后的矿渣、粉煤灰、硅灰、沸石等水泥组成材料。

1.4.3 绿色材料评价

继18世纪的工业革命带来煤烟污染,19世纪,石油和汽车工业发展带来光化学烟雾污染之后,现在人类又进入了室内空气污染为标志的第三代污染时期。室内空气污染导致新型建材的研究开发应着眼于有利于环境、有利于人身健康。由此出现了环保材料、保健材料、空气净化功能建材等。

为了更好地保障人民的健康,20世纪80年代以来,欧美国家开始注意室内建筑材料的污染。1987年以来曾在瑞典召开了两次"健康材料学术研讨会",到了20世纪90年代,各国相继制订了绿色材料评价及认证标准。我国国家质量监督检验检疫总局和国家标准化管理委员会也颁布了《室内装饰装修材料有害物质限量》10项国家标准,自2002年1月1日起正式实施,2002年7月1日执行,10项标准是:《室内装饰装修材料 人造板及其制品中甲醛释放限量》(GB 18580—2001)、《室内装饰装修材料 溶剂型木器涂料中有害物质限量》(GB 18581—2009)、《室内装饰装修材料 内墙涂料中有害物质限量》(GB 18582—2008)、《室内装饰装修材料 胶粘剂中有害物质限量》(GB 18583—2008)、《室内装饰装修材料 木家具中有害物质限量》(GB 18584—2001)、《室内装饰装修材料 壁纸中有害物质限量》(GB 18585—2001)、《室内装饰装修材料 聚氯乙烯卷材地板中有害物质限量》(GB 18586—2001)、《室内装饰装修材料 地毯、地毯衬垫及地毯胶粘剂有害物质释放限量》(GB 18587—2001)、《混凝土外加剂中释放氨的限量》(GB 18588—2001)、《建筑材料放射性核素限量》(GB 6566—2010)。10项标准对室内装饰装修材料中氨、甲醛,挥发性有机化合物(VOC),苯、甲苯和二甲苯,游离甲苯二异氰酸酯(TDI),氯乙烯单体,苯乙烯单体,可溶性的铅、镉、铬、汞、砷等有害元素以及建筑材料放射性元素的限量值都作了明确的规定。同时强调,为保证人体健康和人身安全,加强室内装饰装修材料污染的控制,该10项标准为强制性国家标准。10项标准的制定和实施不但为加入WTO后我国装饰装修材料与国外产品公平竞争搭建了平台,也为我国人民身体和身心健康构筑了屏障。

1.5 新型功能材料

1.5.1 健康功能材料

健康功能材料是指对人体或环境具有积极意义的某种特殊功能材料,应具有抗菌、辐射红外线、释放负离子等功能。

国内外目前研究开发的主要产品有:(a)抗菌卫生陶瓷、抗菌釉面砖;(b)抗菌自洁玻璃;(c)抗菌、除臭、防污涂料;(d)负离子内墙涂料。

1.5.2　调温、调湿内墙材料

相变材料具有可以重复吸热、储热、防热的特点，可用于建筑物的自动调温。除温度外，湿度也是影响生活舒适度的主要气候因素，而且湿度调节比温度更困难。尤其是以钢铁、玻璃为主要材料的现代建筑中，调湿问题更显重要。目前应用较多的调湿材料有硅藻土、沸石粉等，这些材料内部存在相互连通的微孔结构，当室内湿度较高时，材料中的超细微孔结构可以自动吸收空气中的水汽，并贮存起来；当室内湿度减少时，又能将贮存和水分释放出来，从而调节空气内的湿度。

1.5.3　调光材料

将内墙材料与发光材料一体化，让整个室内四壁包括屋顶都发出柔和的光，可以用电荧光的方法，甚至可以使用长余晖的方法，也可以用光致变色和电致变色的方法来控制和调节窗户进来的光线。

1.5.4　电磁屏蔽材料

用于那些处于高频强电磁场的地方，以保护人体免遭其危害。也可以用电磁屏蔽的方法不让室内的电磁信号泄漏出去。电磁屏蔽玻璃是在平板玻璃的表面镀覆透明的电磁屏蔽膜或在夹层玻璃中敷设金属丝网，以保护人体不受电磁辐射的侵害。

1.5.5　纳米材料

纳米是一个长度单位：在国际单位制中，1 纳米 = 10^{-9} 米，当物质达到纳米尺度后，大约在 1 到 100 纳米的范围空间，它的性能往往会发生突变，出现特殊性能。比如“纳米衣”不仅好看，还可防紫外线和保温；“纳米屋”墙壁颜色可以变化，反映室内氧气的含量和温度的升降；“纳米汽车”40% 的钢铁和金属材料将被轻质、高强的材料代替。纳米材料对于解决陶瓷材料的脆性问题将行之有效，对提高可靠性、扩大陶瓷材料的应用开辟了一条新的途径。

本章小结

本章主要阐述了建筑材料的作用，并对建筑材料进行了分类：金属材料、非金属材料、复合材料。本章还分析了建筑材料的发展趋势以及本专业学习建筑材料的意义，最后还介绍了绿色材料概念以及几种新型的功能材料如纳米材料等。学习本章首先应对材料的基本分类有一个清晰的认识，然后在此基础上对各种新材料熟悉了解。

复习思考题

1. 填空题

(1)根据化学成分的不同，建筑材料可分为______、______和______三大类。

(2)根据用途的不同，建筑材料可分为________________八大类及其他建筑材料。

2. 选择题(请把下列各题中正确答案的序号填在各题中的括号内)

(1)铝塑板属于(　　)。

A. 黑色金属材料　　　　B. 有色金属材料

C. 复合材料　　　　D. 有机材料

(2)绿色材料的概念是(　　)年在第一届国际材料科学研究会上首次提出的。

A. 1988　　B. 1992　　C. 1998　　D. 1978

(3)在国际单位制中,1 纳米 = (　　)米

A. 10^{-6}　　B. 10^{-8}　　C. 10^{-9}　　D. 10^{-10}

3. 判断题

(1)绿色材料就是绿色植物组成的材料。(　　)

(2)纳米材料是指其颗粒尺度达到纳米级。(　　)

4. 问答题

(1)绿色材料的定义是什么?

(2)纳米材料的定义是什么?

(3)绿色建筑的五原则是什么?

(4)绿色材料的涵义是什么?

第2章　建筑材料的基本性质

本章基本内容：

建筑中，建筑材料要承受各种外力及物理化学的作用，这就要求材料具有不同的性质与之相适应。本章的主要内容讲述了材料主要的力学、物理、化学等基本性质，为合理地选用建筑材料提供基础。

建筑材料是构成建筑物的材料，除要承受各种外力的作用外，还要受到水、冻融、温度及湿度的变化，甚至酸、碱、盐的侵蚀等物理化学的作用。因此，在建筑工程的设计和施工中，做到正确地选择和合理使用材料，应必须掌握材料的有关性能指标。本章内容，旨在讲述材料主要的、共同的技术性质。

2.1　材料的基本物理性质

2.1.1　密度、表观密度和堆积密度

1. 密度（俗称比重）

密度是指材料在绝对密实状态下，单位体积的质量。按下式计算：

$$\rho = \frac{m}{V} \tag{2-1}$$

式中　ρ——密度，g/cm^3；

m——干燥材料的质量，g；

V——材料在绝对密实状态下的体积，cm^3。

材料的绝对密实体积是指不包括材料内部孔隙在内的体积。对钢材、玻璃等绝对密实材料，可根据其外形尺寸求得体积，称出其干燥的质量，按公式(2-1)计算密度。

对于一般的材料，为了测得准确的密度值，应先将材料磨成细粉干燥后，再称其一定质量的粉末，利用密度瓶测量其绝对体积。绝对体积等于被粉末排出的液体体积。

2. 表观密度（俗称容重）

表观密度是指材料在自然状态下单位体积的质量，按下式计算：

$$\rho_0 = \frac{m}{V_0} \tag{2-2}$$

式中　ρ_0——表观密度，kg/m^3；

m——材料的质量，kg；

V_0——材料在自然状态下的体积，m^3。

由于材料表观密度体积内含有孔隙，所以含水与否，同一材料的表观密度并不一样，一般

可分为：干表观密度、湿表观密度、饱和表观密度等。

3. 堆积密度（俗称松散容重）

堆积密度是指砂、石等颗粒状材料在自然堆积状态下单位体积的质量。按下式计算：

$$\rho'_0 = \frac{m}{V'_0} \tag{2-3}$$

式中 ρ'_0——堆积密度，kg/m^3；

m——颗粒材料的质量，kg；

V'_0——颗粒材料自然堆积体积，m^3。

所谓自然堆积体积是包括颗粒与颗粒之间空隙体积在内的体积。

在建筑工程中，计算材料或构件自重、配料计算以及材料贮存空间或运输量的确定，均要用材料的密度、表观密度和堆积密度。

几种常用建筑材料的密度、表观密度、堆积密度等物理参数见表 2-1。

表 2-1 几种常用材料的物理参数

材料	密度（g/cm^3）	表观密度（kg/m^3）	堆积密度（kg/m^3）	孔隙率（%）
花岗石	2.60～2.90	2500～2800	—	0.5～3.0
普通黏土砖	2.50～2.80	1500～1800	—	30～40
普通混凝土	2.60	2300～2500	—	5～10
松木	1.55	380～700	—	55～75
钢材	7.85	7850	—	0
水泥	2.90～3.10	—	1200～1300	—
砂	2.60	—	1450～1650	—

2.1.2 密实度、孔隙率、空隙率

图 2-1 为某规则块状材料的绝对密实体积和自然状态体积的示意图。

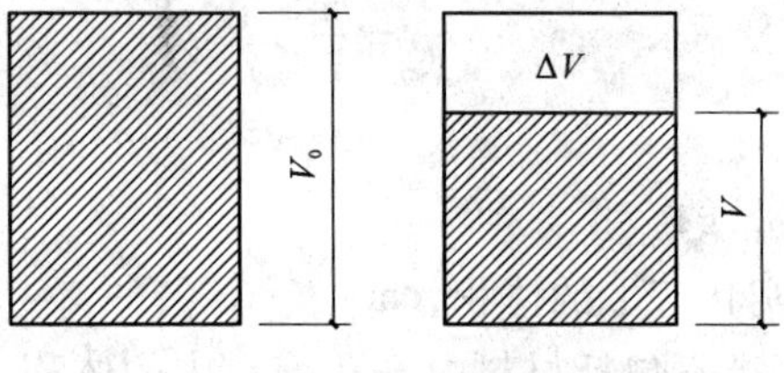

图 2-1 材料的体积

由图可知：

密实度
$$D = \frac{V}{V_0} \times 100\% \tag{2-4}$$

孔隙率
$$P = \frac{V_0 - V}{V_0} \times 100\% = \left(1 - \frac{\rho_0}{\rho}\right) \times 100\% \tag{2-5}$$

对石子等颗粒材料而言，颗粒内并非绝对密实而是含有很少的孔隙，该颗粒单位体积的质量为石子的表观密度。设某石子的堆积体积为 V'_0，该堆积体积内，石子颗粒体积之和为 V_0，则

空隙率 $$P' = \frac{V'_0 - V_0}{V'_0} \times 100\% = \left(1 - \frac{\rho'_0}{\rho_0}\right) \times 100\% \tag{2-6}$$

材料的密实度,孔隙率与材料的力学性质、热学性质、声学性质等密切相关。

2.2　材料与水有关的性质

2.2.1　材料的亲水性与憎水性

材料与水接触时,其表面可被水润湿或不被水所润湿,被水润湿的材料称为亲水性材料,不被水润湿的称为憎水性材料,如图 2-2 所示。

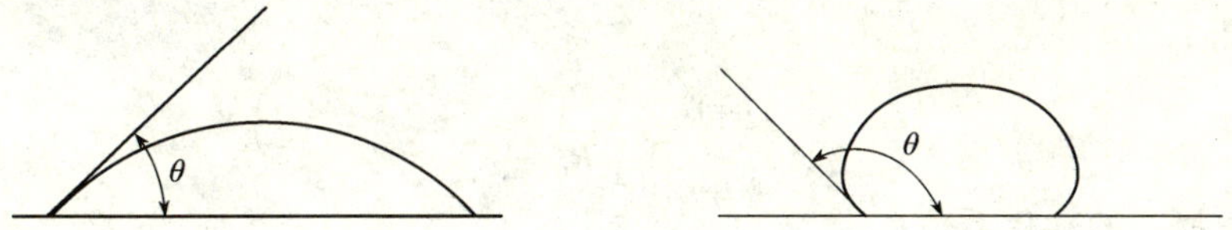

(a) 亲水性材料　　(b) 憎水性材料

图 2-2　材料的润湿角

图 2-2(a)表示材料表面可被润湿的情况,水可较好地在材料表面上铺展。在材料、水、空气三相交点,沿水滴表面作切线,该切线与材料表面之间的夹角 θ 称为润湿角,此时 $\theta \leqslant 90°$,说明水分子和材料分子之间的作用大于水分子之间的作用力。图 2-2(b)的情况相反,水不能在材料表面上铺展,$\theta > 90°$,说明水分子与材料分子间的作用力小于水分子之间的作用力。这就是材料的润湿机理。为此,在亲水性材料毛细管中,水往往形成凹形液面并上升到一定高度,即所谓毛细管现象。在憎水性材料的毛细管中,水则形成凸形液面并下降一定高度,不能形成毛细现象。

建筑工程中,常常利用憎水性材料作防水材料(如沥青),或用来对亲水性材料作表面憎水化处理,以降低材料的吸水性,提高材料的防水、防潮能力。

2.2.2　材料的吸水性和吸湿性

大多数建筑材料都是亲水性材料,如砖瓦、石材、木材、混凝土等,都能在水中或潮湿的空气中吸收水分和水汽,前者叫材料的吸水性,后者叫材料的吸湿性。

材料吸水性的大小用吸水率表示:

$$W = \frac{m_1 - m}{m} \times 100\% \qquad (2\text{-}7)$$

式中　W——材料的吸水率,%;

m_1——材料吸水饱和时的质量,kg;

m——材料干燥时的质量,kg。

材料含水率是材料中所含水的质量与材料干燥时质量之比,计算式如下:

$$W' = \frac{m' - m}{m} \times 100\% \qquad (2\text{-}8)$$

式中　W'——材料的含水率,%;

m'——材料含水时的质量,kg;

m——材料干燥时的质量,kg。

材料的吸水性,一方面取决于材料本身是亲水性还是憎水性,另一方面也与材料孔隙率的大小和孔隙特征有关,细微而连通的孔隙其吸水率较大;封闭的孔隙水不能进入,粗大的孔隙水仅能润湿孔壁，所以孔隙封闭且粗大的材料，其吸水率较低。材料吸水后很多性质将产生明显变化，主要表现为表观密度上升、体积膨胀、导热性增加、强度及抗冻性下降等。

影响材料吸湿的多少，除与材料本身性质与孔隙率及构造等因素有关外，尚与空气的湿度有关。当材料中的水分子与周围空气湿度相平衡时，其含水率叫平衡含水率。

2.2.3 材料的耐水性

多数材料吸水后，水分减弱了材料内部质点间的联结作用，表现为强度降低。所谓材料的耐水性是指材料在吸水饱和状态下，不发生破坏，强度也不显著降低的性能，耐水性的优劣用软化系数表示：

$$K_R = \frac{R_1}{R_0} \tag{2-9}$$

式中 K_R——材料的软化系数；

R_1——材料吸水饱和状态下的抗压强度，MPa；

R_0——材料在干燥状态下的抗压强度，MPa。

不同建筑材料的软化系数相差甚远，波动于 0～1 之间。对于经常受潮或位于水中的工程，其所用材料的软化系数应不小于 0.75，一般将软化系数大于 0.85 的材料称为耐水材料。

2.2.4 材料的抗冻性

在负温下，材料毛细管内的水分可冻结成冰，此时体积膨胀 9%～10%。冰的膨胀压力达到一定程度时，将使材料遭到局部破坏；当冰冻融解时其膨胀压力也将消失。材料在冻结和融解的循环作用下而遭受破坏的现象称为冻融破坏。

抗冻性是指材料在吸水饱和状态下，能经受反复冻融作用而不破坏，强度无显著降低的性能，抗冻性可用抗冻等级表示，它是以抗冻试件经受冻融后的强度降低率、质量损失率均不超过一定限度时所经受的冻融循环次数来表示的。抗冻等级可分为 F15、F25、F50、F100、F200 等。抗冻性常常作为无机非金属材料抵抗大气物理作用的一种耐久性指标，抗冻性良好的材料也可较好地抵抗温度变化、干湿交替等风化作用。

2.2.5 材料的抗渗性

抗渗性是材料在压力水作用下抵抗水渗透的性能。对混凝土和砂浆，抗渗性的好坏用抗渗等级表示，它是以试件可承受逐步增高的最大水压而不渗透时水压力表示的，如 P4、P6、P8、P10 等，分别表示试件可承受逐步增高到 0.4、0.6、0.8、1.0MPa 水压而不渗透，地下水建筑、水塔、压力管道等受水压作用的材料均要求具有一定的抗渗等级。

2.3 材料的力学性质

材料的力学性质，是指材料在外力（荷载）作用下抵抗破坏的能力和产生变形的有关性质。

2.3.1 强度和比强度

1. 强度

材料在外力（荷载）作用下抵抗破坏的能力称为强度。当外力增大到某一数值时材料被破坏，这时材料单位面积上所受的力为极限强度，通常用 f 表示。

根据外力作用的方式，材料强度可分为抗拉、抗压、抗剪、抗弯（抗折）强度等，如图 2-3 所示。抗拉、抗压、抗剪强度的计算公式如下：

$$f = \frac{F}{A} \tag{2-10}$$

式中　f——材料的强度，MPa；

F——破坏荷载，N；

A——受荷面积，mm^2。

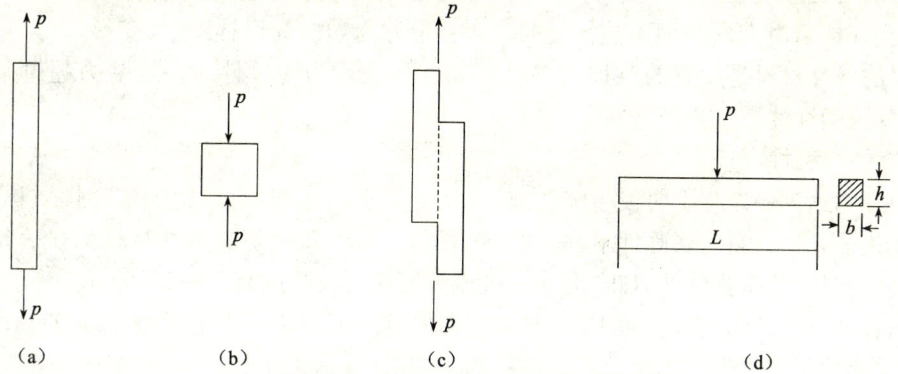

图 2-3　外力作用方式示意图

(a)抗拉；(b)抗压；(c)抗剪；(d)抗弯

材料的抗弯强度与试件受力情况，截面形状及支承条件有关，图 2-3 中的受弯方式，其强度计算式如下：

$$f_m = \frac{3FL}{2bh^2} \tag{2-11}$$

式中　f_m——材料的抗弯强度，MPa；

F——材料受弯时破坏荷载，N；

L——两支点的间距（跨度），mm；

b、h——分别为受弯试件截面的宽和高，mm。

为便于材料的生产和应用，主要结构材料均按其强度值划分为若干技术等级，即强度等级。如普通水泥按抗折强度和抗压强度划分为 32. 5. 32. 5R、42. 5. 42. 5R、52. 5. 52. 5R 六个强度等级；普通混凝土按抗压力强度划分为 C7. 5、C10、C20……C80 共 16 个强度等级。

材料的强度不仅取决于材料本身的成分和结构，而且与外部条件、测试的方法等因素有着直接关系。所以必须遵照有关技术标准规定的方法去测试材料的强度，才能取得具有可比性的数据。

2. 比强度

为了对不同的材料强度进行比较，可以采用比强度。比强度是按单位质量计算的材料强度，其值等于材料的强度对其表观密度之比。它是衡量材料轻质高强的一个主要指标。以钢材、木材和混凝土的抗压强度来作比较，可求得三者的比强度，如表 2-2 所示。

表 2-2　钢材、木材和混凝土的强度比较

材　料	表观密度（kg/m^3）	抗压强度（MPa）	比强度
低碳钢	7860	415	0. 053
松木	500	34. 3（顺纹）	0. 069
普通混凝土	2400	29. 4	0. 012

由表 2-2 数据可见，从比强度来看，钢材比混凝土强，而松木又比钢材强。就三者比较而言，混凝土是质量大而强度低的材料。

2.3.2 弹性和塑性

材料在外力作用下产生变形。当外力取消后能够完全恢复原来形状的性质称为弹性；若当外力取消后变形不能完全恢复，并且不产生裂缝的性质称为塑性。能够完全恢复的变形称为弹性变形（或瞬时变形）；而不能恢复的永久变形称为塑性变形（或永久变形）。

纯粹的弹性材料是没有的，材料在受力不大时，表现为弹性性质。当受力超过某一限度时，则表现为塑性性质。

2.3.3 脆性与韧性

材料受力达到一定程度时发生突然破坏，并无明显塑性变形，材料的这种性质称为脆性。大部分无机非金属材料均属脆性材料，如天然石料、砖瓦、陶瓷等。脆性材料的显著特点是抗压强度高而抗拉、抗折强度低，如混凝土的抗压强度比抗拉强度高 10 ~ 20 倍。

材料在冲击或动力荷载作用下，能吸取较大能量而不破坏的性能，称为材料的韧性或冲击韧性，其大小以材料破坏时单位面积所消耗的功表示，计算式如下：

$$a_k = \frac{A_k}{A} \tag{2-12}$$

式中 a_k——材料的冲击韧性，J/mm^2；

A_k——试件破坏时所消耗的功，J；

A——试件截面积，mm^2。

钢材、木材等韧性材料的冲击韧性远高于脆性材料，且不存在抗压强度远高于抗拉强度的特点，所以在建筑工程中常将它们用作受拉或受弯构件。

对于承受动力荷载作用的构件，如吊车梁、钢轨、路面等，有时需要考虑材料的韧性指标。

2.3.4 硬度和耐磨性

1. 硬度

硬度是材料表面能抵抗其他较硬物体压入或刻划的能力。

不同材料的硬度测定方法不同。钢材、木材和混凝土的硬度用钢球压入法测定（布氏硬度）。用一定直径的钢球或硬质合金球，以规定的试验力（F）压入试样表面，经规定保持时间后卸除试验力，测量试样表面的压痕直径（L）。布氏硬度值是以试验力除以压痕球形表面积所得的商。以 HBS（钢球）表示，单位为 N/mm^2（MPa）。

石材等矿物用刻划法测定（莫氏硬度）。莫氏硬度（Mohs' scale of hardness）是表示矿物硬度的一种标准。1824 年由德国矿物学家莫斯（Frederich Mohs）首先提出。应用划痕法将棱锥形金刚钻针刻划所试矿物的表面而发生划痕，习惯上矿物学或宝石学上都是用莫氏硬度。用测得的划痕的深度分十级来表示硬度：①滑石（硬度最小），②石膏，③方解石，④萤石，⑤磷灰石，⑥正长石，⑦石英，⑧黄玉，⑨刚玉，⑩金刚石。莫氏硬度也用于表示其他固体物料的硬度。

肖氏硬度（Shore scleroscope hardness）简称 HS，是表示材料硬度的一种标准。由英国人肖尔（Albert F. Shore）首先提出。应用弹性回跳法将撞销从一定高度落到所试材料的表面上而发生回跳。撞销是一只具有尖端的小锥，尖端上常镶有金刚钻。用测得的撞销回跳的高度来表示硬度。

肖氏硬度计适用于测定黑色金属和有色金属的肖氏硬度值。用于测定橡胶、塑料、金属材料等的硬度。在橡胶、塑料行业中常称作邵氏硬度。

2. 耐磨性

耐磨性是材料抵抗磨损的能力。材料的耐磨性用磨损率表示。材料的耐磨性与硬度、强度以及内部构造有关。

在建筑中,用于地面、楼梯踏步、人行道路等处的材料,必须考虑其硬度和耐磨性。

2.4　材料的热工性质

2.4.1　导热性

当材料两侧面存在温差时,热量从材料一侧传导到另一侧的性质,称为材料的导热性。导热性用导热系数表示。导热系数的计算式如下:

$$\lambda = \frac{Q\delta}{AZ(t_2 - t_1)} \tag{2-13}$$

式中　λ——导热系数,W/m·K;

δ——材料厚度,m;

Q——传导的热量,J;

A——热传导面积,m^2;

Z——热传导时间,s;

(t_2-t_1)——材料两侧面温度差,K。

导热系数的物理意义是:当材料两侧面温度差为 1K 时,单位厚度的材料,在单位时间内通过单位横截面积的热量。几种常用材料的热工性能指标如表 2-3 所列。

表 2-3　几种常用材料的热工性质指标

材　料	导热系数(W/m·K)	比热(J/g·K)
铜	370	0.38
钢	55	0.46
花岗石	2.9	0.80
普通混凝土	1.8	0.88
烧结普通砖	0.55	0.84
松木(横纹)	0.15	1.63
泡沫塑料	0.03	1.30
冰	2.20	2.05
水	0.60	4.19
密闭空气	0.025	1.00

材料的导热系数与材料的成分、孔隙构造和含水率等因素有关,由于密闭空气的导热系数很小(λ=0.025W/m·K),所以材料的孔隙率增大,其导热系数减小;具有密闭空隙的材料比具有连通空隙材料的导热系数为小,当材料吸水、受潮或冰冻后,导热系数将大大提高。所以,在设计、安装绝热材料时,应同时设置防水层、防潮层、隔蒸汽层等,使绝热材料经常处于干燥状态,严格防止材料受潮。

2.4.2　热容量和比热

材料在受热时吸收热量,冷却时放出热量的性质称为材料的热容量。单位质量材料温度升高或降低 1K 所吸收或放出的热量为热容量系数或比热，比热的定义及计算式如下：

$$C=\frac{Q}{m(t_2-t_1)} \tag{2-14}$$

式中 C——材料的比热，J/g·K；

Q——材料吸收或放出的热量，J；

m——材料的质量，g；

(t_2-t_1)——材料受热或冷却前后的温度差，K。

比热与材料质量的乘积 $C\cdot m$，称为材料的热容量值。它表示材料温度升高或降低 1K 所吸收或放出的热量。材料的热容量值对保持建筑物内部温度稳定有很大的意义，热容量值较大的材料或部件，能在热流变动或采暖、空调工作不均衡时，缓和室内的温度波动。

2.4.3 热阻和传热系数

热阻是材料层（墙体或其他围护结构）抵抗热流通过的能力，其定义及计算式如下：

$$R=\frac{A}{\lambda} \tag{2-15}$$

式中 R——材料层热阻，$m^2\cdot K/W$；

A——材料层厚度，m；

λ——材料的导热系数，W/m·K。

为提高围护结构的保温效能，改善建筑物的热工性能，应选用导热系数较小的材料，以增加热阻，而不宜加大材料层厚度，否则不仅消费材料，而且也将减少有效使用面积。

热阻的倒数 $1/R$ 称为材料层（墙体或其他围护结构）的传热系数。传热系数是指材料两面温差为 1K 时，在单位时间内通过单位面积的热量。

2.5 材料的耐久性

如前所述，材料在建筑物的使用过程中，除受到各种外力作用外，还长期受到各种使用因素和自然因素的破坏作用。这些破坏作用有物理作用、机械作用、化学作用和生物作用。

物理作用包括温度和干湿的交替变化，循环冻融等。温度和干湿的交替变化引起材料的膨胀和收缩，长期、反复的交替作用，会使材料逐渐破坏。在寒冷地区，循环的冻融对材料的破坏甚为明显。

机械作用包括荷载的持续作用、反复荷载引起材料的疲劳、冲击疲劳、磨损等。

化学作用包括酸、碱、盐等液体或气体对材料的侵蚀作用。

生物作用包括昆虫、菌类等的作用而使材料蛀蚀或腐朽。

一般矿物质材料，如石材、砖瓦、陶瓷、混凝土、砂浆等，暴露在大气中时，主要受到大气的物理作用；当材料处于水位变化区或水中时，还受到环境水的化学侵蚀作用。金属材料在大气中易遭锈蚀。木材及植物纤维材料，常因虫蚀、腐朽遭到破坏。沥青及高分子材料，在阳光、空气及热的作用下，会逐渐老化、变质而破坏。

综上所述，所谓材料的耐久性，是在使用条件下，在上述各种因素作用下，在规定使用期限内不破坏，也不失去原有性能的性质。耐久性是材料的一种综合性质，诸如抗冻性、抗风化性、抗老化性、耐化学侵蚀性等均属于耐久性的范围。此外，材料的强度、抗渗性、耐磨性等性能也与材料的耐久性有密切关系。

为提高材料的耐久性,可根据使用情况和材料特点采取相应的措施,如设法减轻大气或周围介质对材料的破坏作用(降低湿度、排除侵蚀等);提高材料本身对外界作用的抵抗性(提高材料的密实度、采取防腐措施等);也可用其他材料保护主体材料免受破坏(覆面、抹灰、油漆涂料等)。

本章小结

本章主要介绍了材料的基本性质:密度、表观密度、堆积密度、密实度及孔隙率等。介绍了材料与水有关的性质:亲水性与憎水性、吸水与吸湿性、耐水性、抗冻性及抗渗性。介绍了材料的力学性质:强度和比强度、弹性与塑性、脆性和韧性以及硬度与耐磨性。最后介绍了材料的热工性能以及材料的耐久性。学习本章的主要目的是对材料的各种基本性质的定义能够熟悉了解掌握,为后面学习各种具体材料的性质打下基础。

复习思考题

1. 填空题

(1)密度是指建筑材料在______状态下,______的质量。

(2)表观密度,也称______,是指建筑材料在______状态下,______的质量。

(3)建筑材料吸水性,是指建筑材料浸入水中______的能力。它的大小常______以______来表示。

(4)根据外力作用的形式不同,建筑材料强度有______、______、______及______强度等。

2. 选择题

(1)憎水性建筑材料的润湿边角(　　)。

A. $\theta=0°$　　B. $\theta=45°$　　C. $\theta\leqslant 90°$　　D. $\theta>90°$

(2)粉状或颗粒状材料在堆积状态下,单位体积的质量,称为(　　)。

A. 密度　　B. 容重　　C. 堆积密度　　D. 表观密度

(3)软化系数(　　),称为“耐水材料”。

A. $K_R>0.85$　　B. $K_R<0.75$　　C. $K_R>0.65$　　D. $K_R=0.5$

(4)水泥、砖、石、混凝土等材料,其强度等级划分的主要依据是(　　)。

A. 抗拉强度　　B. 抗弯强度　　C. 抗压强度　　D. 抗剪强度

3. 名词解释

(1)材料的孔隙率　　(2)材料的耐水性　　(3)材料的强度

(4)材料的韧性　　(5)材料的导热系数

4. 判断题(判断下列各题正确与否,正确的划“√”,错误的划“×”并请改正。)

(1)亲水材料中水分子和材料分子之间的作用力大于水分子之间的作用力。　(　　)

(2)材料的比强度值等于材料的质量与其表观密度之比。　(　　)

(3)一般来说,硬度大的建筑材料,其耐磨性较强。 (　　)

5. 问答题

(1)工程中常用的材料强度有哪几种?分别写出其计算公式。

(2)何谓材料的抗冻性?抗冻性的优劣如何表示?

(3)什么是材料的脆性和韧性?它们各有何特征?

第3章 石 材

本章基本内容：

石材是建筑工程重要的也是最古老的建筑材料之一。本章主要介绍了石材的分类与基本性质，以及建筑中常用的石材种类与选用。

石材是建筑工程重要的建筑材料之一，甚至有人说建筑是石头的艺术。传统使用的是天然石材，随着科学技术的发展，人造石材作为一种新型的饰面材料，正在被广泛地应用于建筑室内外饰面。天然石材被公认为是一种优良的建筑材料，人造石材也有着广阔的发展前途。近几十年来，虽然钢筋混凝土的应用和发展在很大程度上代替了石材，但石材的应用范围仍很广泛。

3.1 天然石材的特点、形成及技术性能

3.1.1 天然石材的特点

天然石材是最古老的建筑材料之一，世界上许多著名的建筑都是用天然石材建造而成的，如古埃及金字塔、我国的赵州桥、印度泰姬陵、意大利的比萨斜塔等。天然石材是指从天然岩体中开采出来，加工成块状或板状的材料的总称。天然石材具有很多优点，但也有一定的缺点。天然石材的主要优点是：

1. 蕴藏丰富，分布很广，便于就地取材。
2. 石材结构致密，抗压强度高，大部分石材的抗压强度可达100MPa以上。
3. 耐水性好。
4. 耐磨性好。
5. 装饰性好。石材具有纹理自然、质感稳重、庄严、雄伟的艺术效果。
6. 耐久性很好，使用年限可达百年以上。

天然石材主要的缺点是：质地坚硬，加工困难，自重大，开采和运输不方便。极个别石材可能含有放射性，应该进行必要的检测。

3.1.2 岩石的形成及分类

3.1.2.1 *造岩矿物*

岩石是各种地质作用所产生的天然固体，是矿物的集合体，组成岩石的矿物称为造岩矿物。大多数岩石由多种造岩矿物组成，不同的造岩矿物在不同的地质条件下，形成不同性质的岩石，岩石没有确定的化学组成和物理性质，同种岩石，产地不同，其各种矿物的含量、颗粒结构均有差异，因而颜色、强度、耐久性等也有差别。由单一矿物组成的岩石叫单矿岩。由两种以上的矿物组成的叫复(多)矿岩，花岗岩主要由长石、石英、云母组成。

常用岩石的主要造岩矿物见表3-1所示。

表3-1 主要造岩矿物

矿物名称	组　成	相对密度	莫氏硬度	颜色	特　征
石英	结晶的二氧化硅	2.65	7	无色透明	最坚硬、稳定的矿物之一,但不耐火,是许多岩石的造岩矿物
长石	结晶的铝硅酸盐类	2.5~2.7	6	白、浅灰、桃红、红、青、暗灰	稳定性不及石英,风化后为高岭土,是岩浆岩最重要的造岩矿物
云母	结晶的、片状的含水复杂硅铝酸盐	2.7~3.1	2~3	无色透明至黑色	易分裂成薄片,影响岩石的耐久性、强度和开光性。白云母较黑云母耐久
角闪石、辉石、橄榄石	结晶的铁、镁硅酸盐	3~4	5~7	深绿、棕或黑色,称暗色矿物	坚固、耐久、韧性大、开光性好
方解石	结晶的碳酸钙	2.7	3	白色	易被酸类分解,微溶于水,易溶于含二氧化碳的水中,开光性好,沉积岩中普遍存在
白云石	结晶的或非晶体的碳酸钙镁的复盐	2.9	4	白色	物理性质与方解石接近,强度稍高,仅在浓的热盐酸中分解
黄铁矿	结晶的二硫化铁	5	6~7	金黄色	遇水及氧化作用后生成游离的硫酸,污染并破坏岩石,常在岩石中出现,是有害杂质

3.1.2.2 *岩石及其分类*

岩石按地质形成条件分为岩浆岩、沉积岩、变质岩三大类,它们具有显著不同的结构、构造与性质。

1. 岩浆岩

岩浆岩又称火成岩,它是因地壳变动,熔融的岩浆由地壳内部上升后冷却而成。火成岩浆岩是组成地壳的主要岩石,占地壳总重量的89%。岩浆岩按岩浆冷却条件的不同,又分为深成岩、喷出岩和火山岩三种。

(1)深成岩

深成岩是岩浆在地壳深处,在很大的覆盖压力下缓慢冷却而成的岩石。其特性是:构造致密、表观密度大、抗压强度高,吸水率小、抗冻性好、耐磨性好,如花岗岩、正长岩、辉长岩、闪长岩等。

(2)喷出岩

喷出岩是熔融岩浆喷出地表后,在压力降低、迅速冷却的条件下形成的岩石。当岩浆形成较厚的岩层时,其结构致密,性能接近于深成岩。但因冷却迅速多呈隐晶质或玻璃质,如建筑上常用的玄武岩、安山岩等;若喷出的岩浆层较薄时,常呈多孔构造。

(3)火山岩

火山岩又称火山碎屑岩。火山岩是火山爆发时,岩浆被喷到空中,急速冷却后落下而形成的碎屑岩石。如火山灰、浮石等。火山岩都是轻质多孔结构的材料,其中火山灰被大量用作水泥的混合材料,浮石可用作轻质骨料,配制轻骨料混凝土用作墙体材料。

2. 沉积岩

沉积岩又称水成岩。地表的多种岩石在外力地质作用下,经风化、搬运、沉积和再造岩等作用(压固、胶结、重结晶等),在地表或离地表不太深处形成的岩石。沉积岩大多呈层状构造,各层岩石的成分、构造、颜色、性能等均不相同,且为各向异性。与深成火成岩相比,沉积岩的表观密度小,结构致密性较差,孔隙率和吸水率较大,强度和耐久性较低。

沉积岩虽仅占地壳总重量的5%,但在地球上分布很广,约占地壳表面积的75%,加之藏于离地表不太深处,故易于开采。沉积岩用途广泛,其中最重要的是石灰岩。石灰岩是烧制石灰和水泥的主要原料,更是配制普通混凝土的重要组成材料。

沉积岩分为机械沉积岩、化学沉积岩和生物沉积岩

3. 变质岩

变质岩由原生的火成岩或沉积岩,经过地壳内部高温、高压等变化作用使它们的矿物成分、结构、构造以至化学组成都发生改变后而形成的岩石。其中沉积岩变质后,性能变好,结构变得致密,坚实耐久,如石灰岩变质为大理岩;而火成岩经变质后,性质反而变差,如花岗岩变质成的片麻岩,易分层剥落,耐久性变差。

3.1.3　建筑石材的技术性质

天然石材因生成条件不同,矿物成分含量及杂质等各异,所以,即使是同类岩石,其物理力学性能也有很大差异。因此,在使用时都必须进行检验和鉴定,以保证工程质量。

1. 表观密度

表观密度与矿物的组成、孔隙率及含水率有关。在通常情况下,同种石材的表观密度愈大,则抗压强度愈高,吸水率愈小,耐久性愈强,导热性愈好。

天然石材按表观密度分为重石和轻石两类。表观密度大于1800kg/m^{3}的为重石,用于建筑物的基础、覆面、房屋的外墙、地面、路面、桥梁以及水下建筑物等。表观密度小于1800kg/m^{3}的为轻石,主要用作砌筑采暖房屋的墙壁。

2. 抗压强度

天然岩石是以3个70mm×70mm×70mm的立方体试件,用标准试验方法测得的抗压强度值作为评定石材强度等级标准。试件也可采用边长尺寸为200mm、150mm、100mm、50mm的立方体,但应将其试验结果乘以相应的换算系数1.43、1.28、1.14、0.86后方可作为石材的强度等级。根据国家标准《砌体结构设计规范》(GB 50003—2011)规定,天然石材的强度等级分为MU100、MU80、MU60、MU50、MU40、MU30、MU20、MU15和MU10等9个等级。装饰用石材的抗压强度采用5个边长为50mm的立方体试件来测试,石材还有其他的试验方法。

天然石材抗压强度大小,取决于岩石的矿物成分、结晶粗细、胶结物质的种类及均匀性,以及荷载和解理方向等因素。

3. 抗冻性

石材的抗冻性用冻融循环次数表示,在规定的冻融循环次数内,无贯穿裂纹,重量损失不超过5%,强度降低不大于25%,则为抗冻性合格。

石材的抗冻性主要决定于矿物成分、晶粒大小和分布均匀性、天然胶结物的胶结性质、孔隙率及吸水性等性质。石材应根据使用条件选择相应的抗冻性指标。吸水率小于0.5%的石材,可以认为是抗冻的。

4. 耐水性

石材的耐水性用软化系数k表示,按k值的大小,石材的耐水性可分为高、中、低三等。$k>0.90$的石材为高耐水性石材,中耐水性石材$k=0.70\sim0.90$,低耐水性石材$k=0.60\sim0.70$。

一般 $k<0.80$ 的石材,不允许用于重要建筑。

5. 石材的抗压强度高,抗拉强度低,抗拉强度只有抗压强度的1/50~1/20。因此,石材主要用于承受压力。

3.2 建筑常用饰面石材

我国建筑装饰用饰面石材资源丰富,主要为花岗石和大理石。

3.2.1 花岗石

花岗石原指由花岗岩加工的石料,这里所称的花岗石是一个商品名称,它包括所有可以作为饰面石材、并以硅酸盐矿物为主的火成岩(深成岩)。其主要矿物组成为长石、石英及少量暗色矿物和云母,其中长石含量为40%~60%,石英含量为20%~40%。花岗石多数结构紧密,呈现美观的自然构造纹理,具有很强的装饰性。

3.2.1.1 结构及主要化学成分

花岗石为全晶质结构的岩石,按结晶颗粒的大小不同,分为细粒、中粒和斑状等。其颜色和光泽取决于长石、云母及暗色矿物,常呈灰色、黄色、蔷薇色及红色等,以深色花岗石比较名贵。优质花岗石晶粒细而均匀,构造紧密,石英含量多,云母含量少,不含黄铁矿等杂质,长石光泽明亮,没有风化迹象。

花岗石的化学成分随产地不同而有所区别,但各种花岗石的 SiO_2 含量都很高,一般为67%~75%,故花岗石属酸性岩石。某些花岗石含微量放射性元素,对这类花岗石应避免用于室内。花岗石主要化学成分见表3-2所示。

表3-2 花岗石主要化学成分

化学成分	SiO_2	Al_2O_3	CaO	MgO	Fe_2O_3
含量(%)	65~75	12~17	1~2	1~2	0.5~1.5

3.2.1.2 主要物理力学特性

1. 密度大。表观密度为2600~2800kg/m³。

2. 结构致密,抗压强度高。一般抗压强度可达120~300MPa。

3. 孔隙率小,吸水率低。

4. 材质坚硬。肖氏硬度为80~100,耐磨性优异。

5. 化学稳定性好。不易风化变质,耐酸性很强。

6. 装饰性好。花岗石色调鲜明,庄重大方,质感坚实,许多著名的纪念性建筑都选用了花岗石,如北京人民英雄纪念牌、人民大会堂等。

7. 耐久性好。细粒花岗石使用年限可达500~1000年,粗粒花岗石可达100~200年。

8. 花岗石不抗火,因含大量石英,在573℃和870℃的高温下石英均会发生晶态转变,产生体积膨胀,故火灾对花岗石会产生严重的破坏。利用这一性质,人们常用花岗石制作火烧板。

3.2.1.3 花岗石板材的分类及应用

由于天然花岗石使用部位不同,对其表面的加工方法要求也不同,常可分为五类:

(1)剁斧板 表面粗糙,呈规则的条状斧纹,多用于室外地面、台阶、基座等处;

(2)机刨板　用刨石机刨成较为平整的表面,呈相互平行的刨纹,一般用于地面、台阶、基座、踏步等处;

(3)粗磨板　表面经过粗磨,光滑而无光泽,常用于墙面、柱面、台阶、基座、纪念碑等处;

(4)火烧板　用氧气焊枪等喷火,使花岗石表层爆裂剥落,形成表面粗糙的板材,常用于墙面、柱面、台阶、基座;

(5)磨光板　表面光滑,色泽鲜明,晶体裸露。磨光板再经抛光处理后,即成为镜面花岗石板材。因其具有色彩绚丽的花纹和光泽,故多用于室内外地面、墙面、柱面等的装饰,以及用作旱冰场地面、纪念碑等。

3.2.1.4　主要产地

我国花岗石储量丰富,主要产地有山东的泰山和崂山(北京人民英雄纪念碑取材于此),四川石棉县(毛主席纪念堂的台基取材于此,为红色花岗石,象征红色江山坚如磐石),湖南衡山,江苏金山和焦山,浙江莫干山,北京西山,安徽黄山,陕西华山,福建、广东、河南、山西、黑龙江等地也有出产。

3.2.2　大理石

大理石是指由变质或沉积的碳酸盐岩类组成的岩石,如大理岩、白云岩、灰岩、砂岩、页岩和板岩等。

3.2.2.1　大理石的主要化学成分见表3-3。

表3-3　大理石主要化学成分

化学成分	CaO	MgO	SiO_2	Al_2O_3	Fe_2O_3	SO_3	其他(Mn、K、Na)
含量(%)	28~54	13~22	3~23	0.5~2.5	0~3	0~3	微量

3.2.2.2　物理力学特性。

1. 结构致密、抗压强度高。一般抗压强度可达100~150MPa,表观密度为2700kg/m^{3}左右。

2. 质地致密而硬度不大,肖氏硬度在50左右,故大理石较易进行锯解、雕琢和磨光等加工。

3. 装饰性好。大理石一般均含多种矿物,常呈多种色彩组成的花纹。抛光后光洁细腻,如脂似玉,纹理自然,惹人喜爱。纯净的大理石为白色,称汉白玉。纯白和纯黑的大理石属名贵品种。

4. 吸水率小,一般<0.5%。

5. 耐磨性好,其磨耗量小。

6. 耐久性好,一般使用年限为40~100年。

7. 抗风化性较差。大理石主要化学成分为碱性物质——$CaCO_3$,易被酸侵蚀,故除个别品种(汉白玉、艾叶青等)外,一般不宜用作室外装修,否则会受到酸雨以及空气中酸性氧化物(如CO_2、SO_3等)遇水形成酸类侵蚀,从而失去表面光泽,甚至出现斑点等现象。

3.2.2.3　大理石饰面板材规格

经矿山开采出来的天然大理石块称为大理石荒料,荒料形状应为正方形或矩形六面体,如图3-1所示。大理石荒料经锯切、研磨、抛光及切割后就成为大理石饰面板材。石材的出材率是指1m^{3}荒料所生产的石板成品的平方米数,以厚度为20mm的板材计。

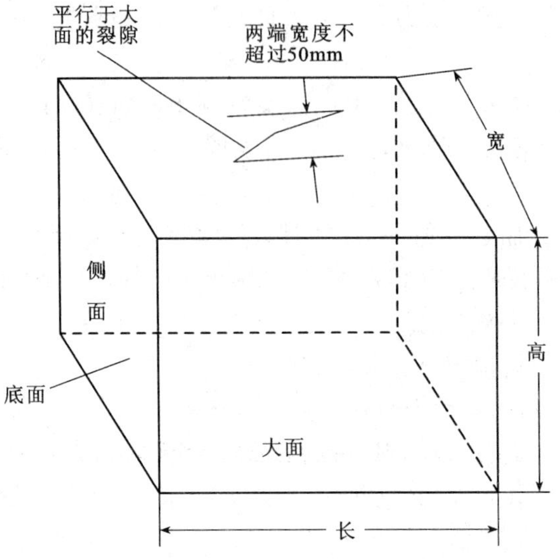

图 3-1　荒料各面名称

大理石以其磨光加工后所显示的花色、特征及石材产地来命名。大理石饰面板有正方形及矩形两种，其标准规格为 600mm × 600mm，进口石材一般约为 1600mm × 2500mm 磨光大板，按设计要求锯解。

按照标准规定，对大理石板材的尺寸、平整度和角度的允许偏差，以及磨光板材的光泽度和外观缺陷等，都提出了明确的要求。

3.2.2.4　主要品种产地

"大理石"是以云南省大理县的大理城而命名的，所产"云灰"、"汉白玉"、"彩花"大理石名扬中外，是古今传诵的大理石之乡，"大理石"的名字由此而来。

大理石又称"云石"，因其花纹像云彩而得名，它的各种花纹，是在其沉积、变质过程中，由于一些矿物质的浸染而形成的。

1. 云南大理石

云南大理县的大理石品种繁多，石质细腻，光泽柔润，十分惹人喜爱，目前开采利用的主要有三类，即云灰、白色和彩花大理石。

(1)云灰大理石。因其多呈云灰色，或在云灰底色上泛起朵朵酷似天然云彩状花纹而得名。

(2)白色大理石。白色大理石洁白如玉、晶莹纯净、熠熠生辉，故又称苍山白玉、汉白玉和白玉。它是雕刻、绘画的好材料，同时又可制成优美的建筑板材。

(3)彩花大理石。彩花大理石呈薄层状，产于云灰大理石之间，是大理石中的精品，经过研磨、抛光，便显现出色彩斑斓、千姿百态的天然图画，为世上所罕见。

2. 国内部分大理石板材产地

我国大理石主要产地除云南大理县外，还有山东、陕西、贵州、四川、安徽、江苏、浙江、北京、辽宁、广东、福建、湖北等遍布全国 24 个省市均有出产。

作为建筑装修用饰面石材，对其强度、表观密度、吸水率及耐磨性等不作具体规定，而以其外观质量、光泽度及颜色花纹等作为主要评价和选择指标。大理石板材按外观质量分为一级和二级。

3.2.2.5　应用

天然大理石板材为高级饰面材料，主要用于建筑装饰等级要求高的建筑物。大理石适用于纪念性建筑、大型公共建筑如宾馆、展览馆、商场、机场、车站等建筑物的室内墙面、柱面、地面、楼梯踏步等的饰面材料，也可用作楼梯栏杆、服务台、门脸、墙裙、窗台板、踢脚板等。

抛光的大理石板光泽可鉴、色彩绚丽、花纹奇异，具有极好的装饰效果。少数质地纯正、杂质少、比较稳定耐久的大理石，如汉白玉、艾叶青等可用于外墙饰面。外装饰用的大理石板材，不必进行抛光，因其光泽遇雨就会消失，故只要采用水磨光滑即可。

意大利的大理石可称质量上乘，品种花式多，产量高，畅销于国际市场。我国一些要求高级装饰的建筑物，也常采用意大利大理石作为饰面材料。

用大理石边角料做成的“碎拼大理石”墙面或地面，格调优美、乱中有序、别有风韵，且造价低廉。大理石边角余料可加工成尺寸相同的矩形、方形块料，或锯割成整齐而大小不一的正方形、长方形块材，或锯割成整齐的各种多边形，称为冰裂块料，也可不经锯割而呈不规则的毛边碎块。碎拼大理石还可以点缀高级建筑物的庭院走廊等部位，为建筑物增添色彩。

3.2.3 石灰岩

石灰岩的主要矿物组成为方解石，常含有少量黏土、二氧化硅、碳酸镁及有机物质等。当石灰岩中杂质含量高时，则过渡为其他岩石，如黏土含量为25% ~60%时称为泥灰岩，碳酸镁含量为40% ~60%时称为白云岩。石灰岩的构造有致密、多孔和散粒等多种。松散土状的称为白垩，其组成几乎完全是碳酸钙，是制造玻璃、石灰、水泥的原料；多孔的如贝壳石灰岩可作保温建筑的墙体；密实的即普通石灰岩。

各种致密石灰岩表观密度一般为2000 ~2600kg/m^3，相应的抗压强度为20 ~120MPa。如黏土杂质含量超过30% ~40%，则其抗冻性、耐水性显著降低。含氧化硅的石灰岩，硬度高、强度大、耐久性好。纯石灰岩遇稀盐酸立即起泡发生化学反应，利用这一性质可以制作石材浮雕；致密的硅质及镁质石灰岩则很少起泡。

石灰岩的颜色随所含杂质而不同。含黏土或氧化铁等杂质，使石灰岩呈灰、黄或蔷薇色。若含有机物质碳，则颜色呈深灰以至黑色。

石灰岩分布极广，开采加工容易，常作为地方材料，广泛用于基础、墙体及一般砌石工程。石灰岩加工成碎石，可用作碎石路面及混凝土骨料。石灰岩不能用于酸性或含游离二氧化碳较多的水中，因方解石易被侵蚀溶解。石灰岩是制造石灰和水泥的重要原料。

3.2.4 砂岩

砂岩是母岩碎屑沉积物被天然胶结而成，其主要成分是石英，有时也含少量长石、方解石、白云石及云母等。

根据胶结物的不同，砂岩又分为：由氧化硅胶结而成的硅质砂岩，常呈淡灰色或白色；由碳酸钙胶结而成的钙质砂岩，呈白或灰色；由氧化铁胶结而成的铁质砂岩，常呈红色，由黏土胶结而成的黏土质砂岩，呈灰黄色。

砂岩的性能与胶结物种类及胶结的密实程度有关。密实的硅质砂岩，坚硬耐久，耐酸，性能接近于花岗岩。可用于纪念性建筑及耐酸工程。钙质砂岩，有一定的强度，加工较易，是砂岩中最常用的一种，但质地较软，不耐酸的侵蚀。铁质砂岩的性能较差，其中胶结密实者，仍可用于一般建筑工程。黏土质砂岩的性能较差，易风化，长期受水作用会软化，甚至松散，在建筑中一般不用。

由于砂岩的胶结物和构造的不同，其性能波动很大，抗压强度为5 ~20MPa。同一产地的砂岩性能也有很大差异。建筑上可根据砂岩技术性能的高低，使用于勒脚、墙体、衬面、踏步等处。

砂岩产地分布极广，我国四川乐山大佛的乐山就是砂岩山体，进口砂岩以澳大利亚和新西兰产的砂岩最为著名。

3.2.5 广场地坪和庭院小径路面用石材

广场地坪和庭院小径路面用石材，通常采用规则或不规则的石板，以及方石、条石、拳石、卵石等铺砌。这些石材要求坚实耐磨、抗冻、抗冲击性要好。当采用平毛石（上下两个面平行的块石）、拳石、卵石铺筑庭院小径，可以巧妙地利用石材的色彩和外形，镶拼成各种图案，或别具匠心，使材料、设计和环境达到和谐统一，从而获得意想不到的艺术效果。

3.2.6 天然石材选用原则

由于天然石材自重大，运输不方便，故在建筑工程中，为了保证工程的经济合理，在选用石材时必须考虑几点：

1. 经济性。尽量就地取材，缩短运距，减轻劳动强度，降低成本。

2. 强度与耐久性。石材的强度与其耐久性、耐磨性、耐冲击性等性能密切相关。因此应根据建筑物的重要性及建筑物所处环境，选用足够强度的石材，以保证建筑物的耐久性。

3. 装饰性。用于建筑物饰面的石材，选用时必须考虑其色彩及天然纹理与建筑物周围环境的相协调性，充分体现建筑物的艺术美。

当前，世界各国采用的天然岩石饰面板材，一般均以标准厚度20mm的为主，但西方一些国家也大量生产厚度为12～15mm的天然石板，特别是大理石板材。

另外，近年来国外还出现了石材与塑料或铝材相结合的复合板材产品，即将大理石薄板背面粘以泡沫聚酯或铝质蜂窝结构材料及玻璃纤维棉毡等，形成具有轻质高强、保温隔热特性的复合板材。

3.3 人造石材

3.3.1 人造石材发展简史

人造石材在国外已有50余年的历史，1958年美国即采用各种树脂作胶结剂，加入填料和各种颜料，生产出模拟天然大理石纹理的板材。到20世纪60年代末70年代初，人造大理石在前苏联、意大利、德国、西班牙、英国和日本等国家也迅速发展起来，他们不仅生产装饰板材，还能生产各种异型制品，甚至制作卫生洁具。德国的阿德姆公司（ADM）是世界上制造生产聚酯混凝土人造大理石成套设备较早的公司。意大利布莱顿公司早在20世纪60年代初，就开始生产压板成型设备，以及真空成型大块人造大理石板材的成套设备，并行销全世界。

我国于20世纪70年代末，开始从国外引进人造大理石样品、技术资料及成套设备，80年代进入了迅速发展时期，北京1号地铁和2号环线地铁均使用了人造大理石板材，现在还在使用中。我国目前有些产品质量已达到国际同类产品的水平，并成功地应用于高级宾馆的装修工程中。

3.3.2 人造石材类型

人造石材按生产所用的材料，一般可分为四类。

1. 水泥型人造石材

水泥型人造石材是以各种水泥为胶结材料，砂为细骨料，碎大理石、花岗石、工业废渣等为粗骨料，经配料搅拌、成型、蒸压养护、磨光、抛光制成。

2. 树脂型人造石材

树脂型人造石材是以有机树脂为胶结剂，与天然碎石、石粉及颜料等配制搅拌成混合料，经浇捣成型、固化、脱模、烘干、抛光等工序制成。它是目前国内外主要使用的人造石材。

3. 复合型人造石材

复合型人造石材是指该石材的胶结料中，既有无机胶凝材料（如水泥），又有有机高分子材料（树脂）。它是先用无机胶凝材料碎石、石粉等胶结成型并硬化后，再将硬化体浸渍于有机单体中，使其在一定条件下聚合而成。若为板材，其底层就用廉价而性能稳定的无机材料制成，面层则采用聚酯和大理石粉制作。这种构造目前采用较普遍。

4. 烧结型人造石材

烧结型人造石材的生产与陶瓷工艺相似，将长石、石英、辉绿石、方解石等粉料和赤铁矿粉，以及一定量高岭土配合，一般配比为黏土40%，石粉60%，然后用泥浆制备坯料，用半干压法成型，在窑炉中以1000℃左右的高温焙烧而成。

3.4　石材的选用原则

天然石材品种多，性能差别大，在建筑设计时应根据建筑物等级、建筑结构、环境和使用条件、地方资源等因素选用适当的石材，使其主要技术性能符合使用及工程要求，以达到适用、安全、经济和美观的要求。

1. 适用性

按使用要求分别衡量各种石材在建筑中的适用性。对于承重构件，如基础、墙、柱等主要考虑抗压强度能否满足设计要求；对于围护结构构件要考虑是否具有良好的绝热性能；用做地面、台阶、踏步等的构件要求坚韧耐磨；对于装饰部件需考虑石材的雕琢、磨光性及石材的外观、花纹等；对于处在特殊环境，如高温、高湿、水中、严寒、侵蚀等条件下的构件，还要考虑石材的耐火性、耐水性、抗冻性及耐化学腐蚀性。

2. 经济性

天然石材表观密度大，运输不便，应利用地方资源，尽可能地做到就地取材。

3. 安全性

近年来一些住宅建筑使用了不安全的装修材料后，使人们的身体健康受到极大的伤害。为此，我国制定了国标《建筑材料放射性核素限量》（GB 6566—2010），对建筑材料的放射性水平作出限制。

本章小结

本章主要介绍了天然石材的一般特点、形成成分和技术性质，以及建筑中常用的天然石材种类：花岗石、大理石、石灰岩及砂岩等。还介绍了人工石材的发展以及种类：水泥型人工石材、树脂型人工石材、复合型人工石材和烧结型人工石材。最后还介绍了石材的选用原则。学习本章应熟练掌握石材的各种基本性质，重点对石材的各种分类有清晰的记忆，能够对各种石材应用范围有一定的认识。

复习思考题

1. 填空题

(1)岩石按地质形成条件分为______、______、______三大类。

(2)天然大理石板材是由天然大理石荒料经______、______、______及______而成的。

(3)"大理石"是以我国云南省______县的______城而命名的。

(4)天然花岗岩由石英、长石和云母等主要成分晶粒组成,其成分以______为主,约占67% ~75%。

(5)人造石材按生产所用的材料,一般可分为______、______、______和______四类。

2. 选择题

(1)石材的软化系数(　　)的石材,不允许用于重要建筑。

A. $k = 0.75$　　B. $k > 0.9$　　C. $k < 0.80$　　D. $k < 0.65$

(2)花岗岩因含大量石英不耐火,在(　　)的高温下石英均会发生晶态转变,产生体积膨胀而爆裂。

A. 573 ~870℃　　B. 600 ~750℃　　C. 300 ~550℃　　D. 800 ~980℃

(3)目前,使用最多的人造石材是(　　)。

A. 树脂型人造石材　　B. 水泥型人造石材

C. 复合型人造石材　　D. 烧结型人造石材

(4)下列岩石中,(　　)属于火成岩。

A. 花岗岩、玄武岩　　B. 石灰岩、砂岩

C. 辉长岩、闪长岩、辉绿岩　　D. 大理岩、片麻岩、石英岩

(5)砌筑用石材的抗压强度由边长为(　　)mm 立方体试件进行测试,并以三个试件的平均值来表示。

A. 300　　B. 200　　C. 70　　D. 150

(6)装饰用石材的抗压强度采用 5 个边长为(　　)mm 立方体试件来测试。

A. 80　　B. 50　　C. 70　　D. 100

(7)做水磨石用天然石渣,宜选用(　　)。

A. 花岗岩　　B. 大理石　　C. 片麻石　　D. 石英石

(8)花岗岩不抗火,是因为(　　)。

A. 易脱水　　B. 易分解

C. 易融化　　D. 会产生晶型转变而膨胀

(9)大理石饰面板,适用于(　　)。

A. 室外工程　　B. 室内工程

C. 室内及室外工程　　D. 有酸性物质的工程

3. 判断题

(1)由于大理石板材是一种高级装饰材料,所以不能粘接和修补。　　(　　)

(2)由于大理石主要化学成分为碱性物质($CaCO_3$),易被酸侵蚀,故除个别品种(汉白玉、艾叶青等)外,一般不宜用作室外装修,以防风化。　　(　　)

(3)花岗岩为全晶质结构的岩石,按结晶颗粒的大小,通常分为细粒、中粒和斑状等几种。（　）

4. 问答题

(1)天然石材料的主要优缺点有哪些?

(2)天然花岗石有何特点?其用途有哪些?

(3)天然石材的常见通病有哪些?如何防治?

(4)树脂型人造石材有何特点?其用途有哪些?

第4章 烧土制品

本章基本内容：

烧土制品也是历史悠久的建筑材料之一，本章介绍了常用的烧土制品砖瓦和陶瓷的技术性质、种类以及特点用途等。

烧土制品是以黏土为主要原料，经成型及焙烧所得的制品。常用的烧土制品如建筑工程中广为应用的黏土砖、瓦、陶瓷等。

烧土制品所用的主要原料是黏土，黏土在制品成型阶段起粘结作用，在焙烧阶段起烧结作用，并使制品具有一定的强度和密实度。

4.1 烧结砖瓦

常用的产品有烧结普通砖、烧结多孔砖、烧结空心砖和烧结黏土瓦。

烧结普通砖是以黏土或页岩、煤矸石、粉煤灰为主要原料，经焙烧而成的实心或孔洞率不大于15%的砖。目前以黏土为主要原料制成的实心砖仍是主要品种。

为了节约烧砖用煤，常将煤渣、粉煤灰等可燃性工业废料掺入黏土原料中，用这种方法烧得的砖称内燃砖。内燃砖的表观密度小，热导率低，且强度可提高20%，目前我国普遍采用这种内燃烧砖法。

烧结普通砖的生产工艺分为下面几个基本工序：

采土→配料调制→制坯→干燥→焙烧→成品。

焙烧是生产砖瓦的关键性工序，它不仅直接影响到产品的质量，而且改变焙烧气氛还可烧制出青砖或红砖。红砖焙烧时窑内供氧充分，呈氧化气氛，黏土中的氧化铁以 Fe_2O_3 存在，砖呈红色。青砖多在土窑内焙烧，开始在氧化气氛中进行，当达到烧结温度时，封闭火门及窑顶，减少入窑空气并在窑顶闷水，使坯体在还原气氛中继续焙烧，此时氧化铁将以 FeO 或 Fe_3O_4 形式存在，砖呈青灰色。

4.1.1 烧结普通砖

4.1.1.1 烧结普通砖的主要技术性质

国家标准《烧结普通砖》(GB 5101—2003)对产品的技术要求、试验方法、检验规则等均作了具体规定。具体检验方法按《砌墙砖试验方法》(GB/T 2542—2003)进行。

1. 产品等级

烧结普通砖的外形为矩形体，公称尺寸为240mm×115mm×53mm，4个砖长，8个砖宽，16个砖厚，加上砌筑砂浆缝的10mm厚度正好为1m。$1m^3$ 砖砌体用砖512块。

根据砖的尺寸偏差、外观质量、泛霜和石灰爆裂的程度将其分为优等品和合格品。所谓泛霜现象是指在新砌的砖墙表面有时出现一层白色粉状物。出现泛霜的原因是所用黏土中含有较多的可熔性盐类如硫酸钠等,这些盐类在砌筑施工中溶解于进入砖内的水中,当水蒸发时被带到砖的表面而结晶。这些结晶的粉状物不仅有损于建筑的外观,而且结晶膨胀也会引起砖表层的疏松甚至剥落。

当砖内夹有生石灰块时,在使用过程中吸水熟化而变为氢氧化钙(熟石灰),此时体积严重膨胀而导致砖块裂缝,严重时甚至使砖砌体强度降低直至破坏。这一现象为石灰爆裂。

优等品砖可用于砌筑清水砖墙,合格品可用于混水墙建筑。中等泛霜的砖不得用于潮湿部位。

2. 强度等级

烧结普通砖按抗压强度分为 MU30、MU25、MU20、MU15、MU10 五个强度等级。各强度等级应满足的强度指标列于表4-1中。

表4-1　烧结普通砖强度等级

强度等级	强度平均值 R(MPa)>	强度标准值 f_k(MPa)>
MU30	30.0	22.0
MU25	25.0	18.0
MU20	20.0	14.0
MU15	15.0	10.0
MU10	10.0	6.5

表中的强度标准值是砖石结构设计规范中砖强度取值的依据,其数值为:

$$f_k = R - 2.1S$$

式中的 S 为砖强度正态分布的标准差,由计算而得。

以标准值作为设计取值依据可以保证砖石结构具有95%以上的强度保证率。

3. 抗风化性能

抗风化性能是材料耐久性的重要内容之一,是指在干湿变化、温度变化、冻融变化等物理因素作用下,材料不变质、不破坏而保持原有性质的能力。显然,地域不同,风化程度不同。我国按风化指数将各省市划分为严重风化区和非严重风化区。如表4-2所示。

表4-2　风化区的划分

严重风化区		非严重风化区	
1. 黑龙江省	10. 山西省	1. 山东省	10. 湖南省
2. 吉林省	11. 河北省	2. 河南省	11. 福建省
3. 辽宁省	12. 北京市	3. 安徽省	12. 台湾省
4. 内蒙古自治区	13. 天津市	4. 江苏省	13. 广东省
5. 新疆维吾尔自治区		5. 湖北省	14. 广西壮族自治区
6. 宁夏回族自治区		6. 江西省	15. 海南省
7. 甘肃省		7. 浙江省	16. 云南省
8. 青海省		8. 四川省	17. 西藏自治区
9. 陕西省		9. 贵州省	18. 上海市

所谓风化指数是指气温从正温降至负温或从负温升至正温的每年平均天数与每年从霜冻之日起至消冻之日止这一期间的降雨总量(以毫米计)的平均值的乘积。风化指数大于等于12700为严重风化区,小于者为非严重风化区。

用于严重风化区中的1、2、3、4、5地区的砖经受15次冻融循环(-5℃5h,15～20℃3h)后,其性能应满足表4-3的要求。

表4-3　烧结普通砖的抗冻性标准

强度等级	抗压强度平均值(MPa)>	单块砖的干质量损失(%)<
MU30	22.0	2.0
MU25	18.0	2.0
MU20	14.0	2.0
MU15	10.0	2.0
MU10	6.5	2.0

严重风化区中的其他省市和非严重风化区中的省市用砖,当其吸水率和饱和系数符合表4-4规定时可不进行抗冻性检验。

表4-4　烧结普通砖的吸水率、饱和系数

项目 / 砖种类	严重风化区				非严重风化区			
	5h沸煮吸水率(%)<		饱和系数,<		5h沸煮吸水率(%)<		饱和系数,<	
	平均值	单块最大值	平均值	单块最大值	平均值	单块最大值	平均值	单块最大值
黏土砖	19	21	0.80	0.82	23	25	0.88	0.90
粉煤灰砖	20	22			30	32		
页岩砖	15	17	0.72	0.74	18	20	0.78	0.80
煤矸石砖	18	20			21	23		

注:1. 粉煤灰掺入量(体积比)小于50%时,按黏土砖规定。
2. 饱和系数为常温24h吸水量与沸煮5h吸水量之比。

4.1.1.2　烧结普通砖的应用

烧结普通砖包括黏土砖、页岩砖、烧结粉煤灰砖与烧结煤矸石砖等。目前黏土砖的使用率仍占普通烧结砖使用率的80%以上,其他品种正在推广之中。

黏土砖既有一定的强度,又因多孔而具有良好的保温性能、透气性和热稳定性。通常其导热系数仅0.78W/m·K左右,为普通混凝土的一半左右。黏土砖具有较好的耐久性。加之原料广泛,工艺简单,因而是应用历史最久、应用范围最广的建筑材料之一。在建筑工程中主要用作墙体材料,也可砌筑柱、拱、烟囱、沟道及基础等,也可与轻质混凝土等隔热材料复合作用,砌成两面为砖、中间填以轻质材料的复合墙体。

黏土砖的最大缺点是自重大、能耗高、尺寸小、施工效率低、抗震性能差,尤其是毁田烧砖后果更为严重。现在大力提倡使用黏土空心砖来代替黏土砖。

清水砖墙是指墙体砌成后,在其表面仅做勾缝或涂透明色浆所形成的砖墙体。清水砖墙是一种传统的墙体装饰方法,具有淡雅凝重的独特装饰效果,而且其耐久性好,是很好的墙面装饰方法。即使在新型墙体材料及工业化施工方法已经居主导地位的西方发达国家,清水砖墙仍在墙面装饰方法中占有一席重要地位。

适宜于砌筑清水砖墙的砖，应该是非常密实、表面晶化、吸水率低、抗冻效果好。近年来国外生产了一些用于清水墙装饰的砖，如人工石料干压成的毛细孔砖等。这些砖，具有很好的防水性能，砌体内吸入少量水分可以通过墙面进行蒸发，外观质量好，色彩鲜明而稳定，有着很好的装饰效果。

在国内，目前尚无专门生产用于清水墙装饰的砖。相比之下，缸砖、城墙砖等用于清水砖墙是适宜的。另外，各类砖中的过火砖也都是可用的。总地来说，清水砖墙用砖要求质地密实、不易破碎、表面光洁、完整无缺、色泽一致、尺寸稳定、形状规则。

为了获得更好的装饰效果，清水砖墙可以采用砌式的变化、色彩的变化、质感的变化和立面的变化等方式增加装饰的美感。

用烧结程度不同的砖，以规则或不规则的方式分散在墙面上形成色点，或是用完全不同色彩的砖排列砌筑，均有助于丰富装饰效果和形成图案。例如，北京颐和园漪澜堂的磨砖对缝墙面，如果没有深灰色与浅灰色穿插其间，墙面的装饰效果将大为逊色。从这一点出发，有意识地选用少量的过火砖与欠火砖，对于改善清水砖墙的颜色和质感，是十分有利的。

4.1.2　烧结空心制品

烧结普通砖的表观密度大，使建筑物的自重增大，影响建筑物向高层发展。烧结空心制品能减轻建筑物自重，并改善建筑物的绝热和隔声性能，在不降低热工性能的条件下，墙体可以减薄。烧结空心制品能节省黏土原料20% ~30%，节省燃煤10% ~20%，干燥和焙烧的时间可以缩短，在节能上有较大优势。

烧结空心制品分烧结多孔砖、烧结空心砖和空心砌块。

1. 烧结多孔砖

烧结多孔砖是以黏土或页岩、煤矸石等为主要原料，经焙烧而成。烧结多孔砖为大面有孔的直角六面体，多孔而小，空洞垂直于受压面。砖的长、宽、高尺寸应符合下列要求（见图4-1）：

290，240，190，180（mm）

175，140，115，90（mm）

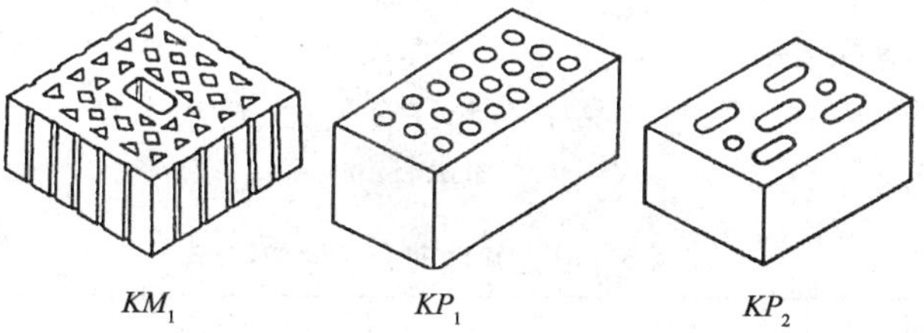

图4-1　烧结多孔砖

按国家标准《烧结多孔砖和多孔砌块》（GB 13544—2011）的规定，根据砖的抗压强度平均值和标准值或单块最小抗压强度值，分为MU30、MU25、MU20、MU15、MU10五个强度等级。强度、抗风化性能合格的砖，根据尺寸偏差、外观质量、孔型及空洞排列、泛霜、石灰爆裂、吸水率分为优等品（A）、一等品（B）和合格品（C）三个产品等级。烧结多孔砖孔洞率大于25%，表观密度为1400kg/m^{3}左右。常被用于砌筑6层以下的承重墙。

2. 烧结空心砖和空心砌块

烧结空心砖是以黏土、页岩、煤矸石、粉煤灰等为主要原料，经焙烧而成的孔洞率大于

40%以上的砖。国家标准《烧结空心砖和空心砌块》(GB 13545—2003)的规定,根据砖的抗压强度分为 MU10.0、MU7.5、MU5.0、MU3.5、MU2.5 5 个强度等级。强度、抗风化性能合格的砖,根据尺寸偏差、外观质量、孔型及空洞排列、泛霜、石灰爆裂、吸水率分为优等品(A)、一等品(B)和合格品(C)三个产品等级。

烧结空心砖和砌块为大面有孔的直角六面体,砖和砌块的长、宽、高尺寸应符合下列要求(见图 4-2):

390,290,240,190、180、175(mm)

140,115,90(mm)

烧结空心砖和砌块多被用作非承重墙,如多层建筑内隔墙或框架结构的填充墙等。

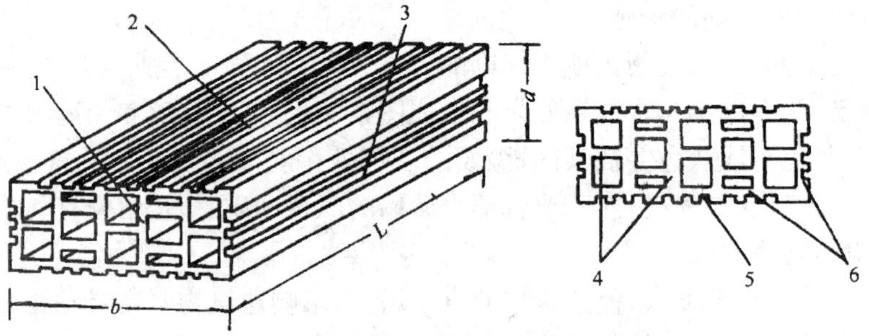

图 4-2　烧结空心砖

1—顶面;2—大面;3—条面;4—肋;5—凹线槽;6—外壁

L—长度;*b*—宽度;*d*—高度

4.1.3　烧结黏土瓦

黏土瓦是以黏土为原料,经成型、干燥、焙烧而成。按形状分为平瓦、脊瓦、小青瓦等。按颜色分为红瓦、青瓦两种。

黏土瓦的制造与烧结普通砖基本相同,但对黏土原料的可塑性要求较高,杂质含量应更少、不含石灰等爆裂性物质,调制要均匀,焙烧温度较烧结普通砖稍高。

按国标《烧结瓦》(GB/T 21149—2007)的规定,根据尺寸允许偏差、外观质量和物理力学性能将黏土瓦分为优等品、一等品、合格品。对其尺寸允许偏差、外观质量(包括翘曲、裂纹、缺损等)均明确规定了相应指标,且成品中不允许有欠火、石灰爆裂和哑音瓦。黏土瓦的物理力学性能如表 4-5 所示。

表 4-5　黏土瓦物理力学性能指标

项　目＼级　等		优等品	一等品	合格品
抗折荷重(N)≥	平均值	980	870	780
	最小值	780	680	
饱和吸水质量(kg/m^2)≤		50		55
抗冻性		不得出现分层、开裂、剥落等损伤现象		
抗渗性		不得出现水滴		

平瓦的公称尺寸为 360mm×220mm～400mm×360mm,用 15 张平瓦可铺成 $1m^2$ 屋面,在屋脊处用截面成 120°角的脊瓦覆盖。平瓦用于坡度较大的屋面。

目前在我国农村的土窑中，还常生产弧形薄片状的小青瓦。这种瓦无一定规格，一般为175mm×175mm。小青瓦每块面积很小，面积利用率不及50%，强度低，易破碎，但生产简单，屋面散热性能好，维修方便，故在南方广大农村和城镇旧房屋维修中仍普遍采用。

4.2　建筑陶瓷

建筑陶瓷是指建筑物室内外装饰用的较高级的烧土制品。主要品种有内外墙面砖、地砖、陶瓷锦砖、玻璃瓦、陶瓷壁画、陶瓷饰品和室内卫生陶瓷等。它包括精陶、炻质、粗瓷、细瓷四类。

由于陶瓷墙、地砖的用量最大，所以本节以陶瓷墙、地砖为代表来叙述建筑陶瓷的一般问题。

现代建筑对饰面材料的要求是美观、质轻、坚固且便于工业化生产和大规模施工。因此，当前陶瓷面砖产品的发展趋势是：

1. 规格朝大尺寸、高精度和减小厚度方向发展

国内、外陶瓷面砖的规格普遍趋于大尺寸，如中国生产800mm×800mm的墙面砖，意大利生产500mm×300mm的墙面砖和1000mm×1000mm的铺地砖。日本和德国也开始生产300mm×600mm的墙面砖。中国还制成了1000mm×2000mm的超大型面砖。面砖尺寸精度要求越来越高，并向“无接缝”发展，即面砖的砖面平整尺寸准确，以至于面砖与面砖相铺接时不显缝。

2. 品种朝多样化发展

彩色面砖日益增加。如意大利彩色面砖占总面砖产量的90%以上；美国占80%以上；英国占65%；日本和法国均占35%以上。彩色釉面砖的品种也愈来愈多，有单一色彩的，也有套色图案的。英国生产的面砖达72种颜色，意大利一家面砖厂生产的各种图案彩色釉面砖达300多种，在这些繁多的花色品种中，具有立体感的彩色图案更富于魅力。

新型的墙地砖品种仍在不断涌现。德国生产一种用于内墙的吸声面砖，被用于慕尼黑奥林匹克设施中得到很高的评价。它与一般吸声面砖不同之处，在于它能吸收500~2000Hz的声音、吸声率达95%，解决了噪声问题。

我国的陶瓷生产有着悠久的历史和光辉的成就。尤其是瓷器，它是我国的伟大发明之一。“中国”在英语里与瓷器是同一个单词“china”。唐代的越窑青瓷和邢窑白瓷、唐三彩；宋代的高温色釉及碎纹釉、铁系花釉，如兔毫、油滴、玳瑁斑等；明清时期的青花、粉彩、祭红、即窑红等产品都是我国陶瓷史上光彩夺目的明珠。我国的陶瓷制品无论在材质、造型或装饰方面都有很高的艺术造诣，它对世界陶瓷技术的发展和世界文化产生了极为深刻的影响。目前我国陶瓷面砖年产量已近15亿m^2，花色品种亦有上百种，有的产品已达世界先进水平，被广泛用于国内各项高级建筑装饰工程中。

4.2.1　陶瓷的基本知识

4.2.1.1　陶瓷的概念与分类

陶瓷的范围在国际上并没有统一的界限。在欧洲一些国家中，陶瓷最初系指传统的黏土质产品，后来又包括特种陶瓷。而在美国和日本，陶瓷是硅酸盐或窑业产品的同义词，不仅包括了陶瓷和耐火材料，还包括水泥、玻璃与珐琅在内。

从产品的种类来说，陶瓷是陶器与瓷器两大类产品的总称。

陶器通常有一定的吸水率，断面粗糙无光，不透明，敲之声音粗哑，有的无釉，有的施釉。

瓷器的坯体致密，基本上不吸水，有一定的半透明性，通常都施有釉层（某些特种瓷并不施釉，甚至颜色不白，但烧结程度仍是高的）。

介于陶器与瓷器之间的一类产品，国外通称炻器。我国科技文献中常称为原始瓷器，或称为石胎瓷。炻器与陶器的区别在于陶器坯体是多孔的，而炻器坯体的气孔率却很低，其坯体致密，达到了烧结程度，吸水率通常小于2%。炻器与瓷器的区别主要是炻器坯体多数都带有颜色且无半透明性。

随着生产与科学技术的发展，陶瓷产品种类日益增多。为了便于掌握各种产品的特征，通常从不同角度加以分类。如根据其基本物理性能（气孔率、透明性、色泽等）分类，根据所用原料或产品的组成分类，或根据用途来分类等。陶瓷工作者提出了许多分类的方法，但国际上尚无统一的方案。表4-6是按制品所用原料的不同而进行的分类。

表4-6　陶瓷制品的分类

名　称		特　征		举　例
		颜色	吸水率(%)	
粗　陶　器		带色		日用缸器、砖、瓦
精陶器	石灰质精陶	白色	18~22	日用器皿、彩陶
	长石质精陶	白色	9~12	日用器皿、建筑卫生器皿、装饰釉面砖
炻器	粗炻器	带色	4~8	缸器、建筑用外墙砖、锦砖、地砖
	细炻器	白或带色	0~1.0	日用器皿、化学工业、电器工业用品
瓷器	长石质瓷	白色	0~0.5	日用餐茶具、陈设瓷、高低压电瓷
	绢云母质瓷	白色	0~0.5	日用餐茶具、美术用品
	滑石瓷	白色	0~0.5	日用餐茶具、美术用品
	骨灰瓷	白色	0~0.5	日用餐茶具、美术用品
特种瓷	高铝质瓷	耐高频、高强度、耐高温		硅线石瓷、刚玉瓷等
	镁质瓷	耐高频、高强度、低价电损失		滑石瓷
	锆质瓷	高强度、高介电损失		锆英石瓷
	钛质瓷	高电容率、铁电性、压电性		钛酸钡瓷、钛酸锶瓷、金红石瓷等
	磁性瓷	高电阻率、高磁致伸缩系数		铁淦氧瓷、镍、锌磁性瓷
	金属陶瓷	高强度、高熔点、高抗氧化		铁、镍、钴金属陶瓷
	其　他			氧化物、碳化物、硅化物瓷等

4.2.1.2　陶瓷的原料土

1. 黏土的组成

制造陶瓷制品的原料是天然黏土；黏土是由天然岩石经长期风化而成的，它是多种矿物的混合体。组成黏土的矿物，称黏土矿物，常见的黏土矿物有高岭石、蒙脱石、水云母等，它们都是具有层状结晶结构的含水硅铝酸盐（$x\mathrm{Al_2O_3}\cdot y\mathrm{SiO_2}\cdot z\mathrm{H_2O}$）。此外，黏土中还含有石英、长石、铁矿物、碳酸盐、碱及有机物等多种杂质。杂质的种类和含量，对黏土的可塑性、焙烧温度及制品的性质影响很大，例如含石英较多的黏土，其可塑性差；细分散的铁矿物和碳酸盐，会降低黏土的耐火温度，缩小烧结范围，且当其含量超过一定值时，会使坯体熔烧时容易起泡；黏土中铁矿物的含量，是影响其烧结坯体颜色的主要原因等等。

2. 黏土的分类

陶瓷工业中通常按黏土杂质含量、耐火度及用途等，将黏土分为以下四种：

(1)高岭土

高岭土又称瓷土，为高纯度的黏土，不含氧化铁等染色杂质，焙烧后呈白色。高岭土颗粒较粗，塑性差，烧熔温度为1730～1770℃，为制造瓷器的主要原料。

(2)易熔黏土

易熔黏土又称砂质黏土或砖土，它含有大量的细砂、尘土、有机物及铁矿物等杂质，焙烧后呈红色，烧熔温度低于1350℃，是生产砖、瓦及其他粗陶制品的原料。

(3)难熔黏土

难熔黏土又称陶土，它是较纯净的黏土，杂质含量较少，通常其铁、镁、碱的氧化物等熔剂化合物及有机物的含量为10%～15%，焙烧后呈灰色、淡黄色至红色，烧结温度在1350～1580℃，主要用于生产陶器。

(4)耐火黏土

耐火黏土又称火泥，其耐火温度大于1580℃，这种黏土杂质含量少，一般熔剂化合物小于10%，焙烧多呈淡黄色至黄色，是生产耐火材料及耐火、耐酸陶瓷制品的主要原料。

3. 黏土的特性

(1)可塑性与结合性

黏土加适量水调和后，能塑制成各种形状和尺寸的坯体，而不发生裂纹和破裂。可塑性是黏土制品所必需的一项重要技术性质。黏土的结合性是指黏土能将非可塑性原料黏合，使之成为可以成型的泥团，并在干燥后具有一定强度的性能。

(2)收缩性

用加水调和后的黏土塑制成型的土坯，在干燥和焙烧过程中，均会产生体积收缩，前者称为干缩（或称气缩），后者称为烧缩，其中干缩比烧缩大得多。

(3)烧结性

黏土往往是由多种矿物组成的物质，没有固定的熔点，而是在相当大的温度范围内软化。一般来说，当黏土试样体积开始剧烈收缩，气孔率开始明显减小，这种剧烈变化开始时的温度称为开始烧结温度（一般为800℃以上），温度继续上升至某一温度，开口气孔率降至最低，收缩达最大，试样致密度最高，此种状态称为烧结，此时的温度称为烧结温度。若继续升高温度，试件中液相不断增多，以至不能维持试样原有形状即开始软化，出现这种情况的最低温度称为软化温度。

4.2.2　陶瓷制品的表面装饰

陶瓷制品的表面装饰，是对制品进行艺术加工的重要工艺过程，它们大大提高制品的外观效果。同时，很多装饰手段对制品也起到一定的保护作用，从而有效地把制品的实用性和艺术性有机地结合起来。

陶瓷制品的表面装饰手段有很多，常用的方法有以下几种。

4.2.2.1　施釉

1. 釉的原料与特性

釉是由石英、长石、高岭土等为主要原料，再配以多种其他成分，研制成浆体，将其喷涂于陶瓷坯体的表面，经高温焙烧时，它能与坯体表面之间发生相互反应，在坯体表面形成一层连续玻璃质层，使陶瓷表面具有玻璃般的光泽和透明性。

2. 釉的作用

陶瓷施釉的目的，在于改善制品的表面性能。通常烧结的陶瓷坯体表面均显粗糙无光，多孔结构的陶坯更是如此，这不仅影响美观和力学性能，而且也易于沾污和吸湿。当陶瓷坯体表面施釉以后，表面变得平滑光亮、不吸水、不透气、提高了制品的艺术性和机械强度，同时对釉层下的图案画面，有透视及保护作用，并防止彩料中有毒元素溶出的作用。若使陶瓷釉经着色、析晶、乳浊等处理，则更能增加制品的高雅美观，还可以掩盖坯体的不良颜色和某些缺陷，从而可以扩大陶瓷的应用范围。

3. 釉的分类及其特征

1）釉的分类

釉的种类很多，其组成极其复杂，常见釉的分类方法及其种类见表 4-7 所示。

表 4-7　釉的分类

分类方法	种类
按坯体种类	瓷器釉、陶器釉、炻器釉
按化学组成	长石釉、石灰釉、滑石釉、混合釉、铅釉、硼釉、铅硼釉、食盐釉、土釉
按烧成温度	易熔（1100℃以下） 中温釉（1100～1250℃之间） 高温釉（1250℃以上）
按制备方法	生料釉、熔块釉
按外表特征	透明釉、乳浊釉、有色釉、光亮釉、无光釉、结晶釉、砂金釉、碎纹釉、珠光釉、花釉

2）常用釉的特性

（1）长石釉和石灰釉

长石釉和石灰釉一般均由石英、长石、石灰石（或方解石、大理石、白垩）、高岭土及废瓷粉等配制而成，其化学成分中 SiO_2 和 Al_2O_3 含量较高，成熟温度在 1250℃以上，属高温透明釉，为瓷器、炻器及硬质精陶等使用最广泛的两种釉。

（2）滑石釉和混合釉

滑石釉是在长石釉和石灰釉的基础上，再加入滑石配制而成。滑石的加入不仅加宽了烧成范围，而且还大大提高了白度和透明度，并不易产生发裂、烟熏等现象，但缺点是釉浆与坯体密着力欠佳，烧后不及石灰釉光亮。

混合釉是在长石—石英—高岭土中加入滑石、白云石、方解石、氧化锌等多种助熔剂组成的釉料，根据各种熔剂的特性进行调配，可以获得较为满意的效果。近代釉料的发展，均趋向于多熔剂组成。

（3）生料釉和熔块釉

生料釉是指直接将原料制成釉浆，这些原料在调制时不溶于水，在高温时能相互熔融。上述长石釉、石灰釉、滑石釉和混合釉均属此类。

熔块釉是在制浆前，先将部分原料熔成玻璃状物质，再用水淬成小块（熔块），然后再与其他原料混合研磨成釉料。目前熔块釉多为成熟度较低的釉料。

生料釉和熔块釉多用于精陶及某些软质瓷器。

(4)透明釉和乳浊釉

透明釉是指釉料涂于坯体表面经高温焙烧熔融所形成的玻璃质层，能透视坯体本身颜色的釉。有时为特殊要求，或为遮盖不够白的坯体本色，而人为地往透明釉中引入一定量的乳浊剂，使釉产生一定的细微晶粒，或细微的气泡、或残留的细晶等，这样就成为乳浊釉。常用的乳浊剂有 SiO_2、ZrO_2、$ZrSiO_4$ 和 TiO_2 等。

乳浊釉按其烧成温度可分为高温釉和低温釉两种，高温生料乳浊釉多用于卫生陶瓷，低温熔块乳浊釉多用于精陶质釉面砖等。另外，乳浊釉广泛用于低质原料配制而成的陶瓷制品。

(5)色釉

色釉是在釉料中加入着色氧化物或它们的盐类配制而成，以使釉呈现各种色彩，例如以铁为着色剂的釉在还原焰中烧成青色，以铜为着色剂的釉在还原焰中烧成红色等等。

色釉按烧成温度不同，可分为高温色釉和低温色釉两种，其界限为1250℃，陶瓷通常采用低温色釉，炻器和瓷器则用高温色釉。

按着色机理的不同，色釉又可分为离子着色，胶体着色和晶体着色三种。

色釉具有一定的装饰效果，同时操作方便、价廉，还可遮盖不美观的坯体，所以应用广泛，尤其是随着新型颜料的不断出现，它为制取五彩缤纷的新颖色釉创造了良好的条件。不过，当前陶瓷生产中，单独采用色釉装饰陶瓷的不多，通常都是与其他装饰法配合使用。此外，色釉容易在制品棱边产生“露白”缺陷，也容易发生流釉或颜色深浅不匀的弊病。

4.2.2.2 彩绘

在陶瓷制品表面绘以彩色图案花纹，是对制品强有力的渲染，大大地提高陶瓷制品的装饰性，陶瓷制品表面彩绘可分为釉下彩绘和釉上彩绘两种，现简述如下。

1. 釉下彩绘

釉下彩绘是在陶瓷生坯或经素烧过的坯体上进行彩绘，然后施一层透明釉料，再经釉烧而成。

釉下彩绘的优点在于陶瓷制品表面的画面受到釉层的保护，在使用中不会被磨损，而且画面显得清透光亮。青花瓷器、釉里红以及釉下五彩是我国名贵的釉下彩制品，然而釉下彩绘的画面与色调远不如釉上彩绘那么丰富多彩，且其多为手工彩画，难以实现机械化生产，因此生产效率低，制品价格贵。

2. 釉上彩绘

釉上彩绘是在已经釉烧的陶瓷釉面上，采用低温彩料进行彩绘，然后再在较低温度(600～900℃)下经彩烧而成。

由于釉上彩绘的彩烧温度低，许多陶瓷颜料均可彩用，故釉上彩绘的色彩极其丰富。同时，釉上彩绘是在强度相当高的陶瓷坯体上进行的，故可采用半机械化生产，生产效率高，劳动强度低，成本低，因而价格便宜。但釉上彩绘画面易被磨损，表面光滑性差，另外，容易发生彩料中的铅被酸所溶出，从而引起铅中毒。

4.2.2.3 贵金属装饰

对于高级细陶瓷制品，通常采用金、铂、钯、银等贵金属在陶瓷釉上进行装饰，其中最常见的是饰金，如金边、图画描金等。

4.2.2.4 结晶釉与砂金釉

结晶釉是在含氧化铝低的釉料中加入 ZnO、MnO_2、TiO_2 等结晶形成剂，并使它们达到饱和程度。在严格控制的烧成过程中，形成明显粗大结晶的釉层。焙烧时要对结晶的大小，形状及出现部位进行控制，故烧制过程中比较复杂，在一定程度上会带有偶然性。

砂金釉是由氧化铁微晶呈现金子光泽的一种特殊釉，因其形状类似自然界中的砂金石而得名。微晶的颜色因粒度大小而异，最细的发黄色，最粗的发红色，结晶愈多，透明性愈差。

4.2.2.5 光泽彩饰

光泽彩是在经釉烧过的陶瓷釉面上，喷涂一薄层金属氧化物彩料，经 600 ~ 900℃ 彩烧后形成一层能映现光亮的彩虹颜色的装饰层，其装饰工艺与釉上彩绘相似。

光泽彩形成的光泽彩虹，是由于入射光与光亮的光泽彩釉薄层的反射光产生相互干扰的结果。

4.2.2.6 裂纹釉饰

陶瓷表面选用的比其坯体热膨胀系数大的釉，可在烧后迅速冷却的过程中使釉面产生裂纹，以此获得裂纹的装饰效果。

4.2.3 常用建筑陶瓷制品

4.2.3.1 釉面砖

釉面砖过去称做“瓷砖”，由于其正面挂釉，才正名为“釉面砖”，一般为正方形或长方形。颜色有白、黑、绿、黄等，而以白色最多。

釉面砖是以难熔黏土为主要原料，再加入一定量非可塑性掺料和助熔剂，共同研磨成浆，经榨泥、烘干成为含一定水分的坯料后，通过模具压制成薄片坯体，再经烘干、素烧、施釉等工序制成。釉面砖属精陶制品。

釉面砖正面有釉，背面有凹凸纹。釉面砖表面所施釉料品种很多，有白色釉、彩色釉、光亮釉、珠光釉、结晶釉等。

4.2.3.2 墙地砖

墙地砖指用于建筑物外墙装饰贴面砖和室内外地面装饰铺贴面砖，由于目前这类砖的发展趋向为墙、地两用，故称为墙地砖。

墙地砖以优质陶土为原料，再加入其他材料配成主料，经半干压成型后于 1100℃ 左右焙烧而成，分无釉和有釉的两种。有釉的墙地砖则在已烧成的素坯上施釉，然后再经釉烧面而成。近年来不断出现的墙地砖新产品，大都是采用一次烧成的新工艺，外墙面砖和地砖属炻质或瓷质陶瓷制品。

近几年来，随着我国经济的发展和人民生活水平的提高，为满足建筑市场需要，通过引进和国内研制、创新，生产出了许多新型饰面陶瓷制品，现将其中主要墙地砖新产品简介如下：

（1）劈离砖

劈离砖是将一定配比的原料，经粉碎、炼泥、真空挤压成型、干燥、高温烧结而成。由于成型时为双砖背联坯体，烧成后再劈离成两块砖，故称劈离砖。

劈离砖先在德国兴起和发展，继而在欧洲各国引起重视，随之世界各地竞相仿效。目前世界上已有 100 多条劈离砖生产线，我国现有北京、厦门、襄樊及台湾等几条引进生产线，产品质量均达到 DW 德国工业标准。另外，广东佛山市石湾化工陶瓷厂利用国产设备和技术，也生产出了劈离砖，质量达同类产品标准。

劈离砖种类很多，色彩丰富，颜色自然柔和，表面质感变幻多样，细质的清秀，粗质的浑厚，表面上釉的，光泽晶莹，富丽堂皇；表面无釉的，质朴典雅大方，无反射眩光。

劈离砖坯体密实，强度高，抗折强度>30MPa；吸水率小，低于6%；表面硬度大，耐磨防滑，耐腐抗冻，冷热性能稳定。背面凹槽纹与粘结砂浆形成楔结合，可保证铺贴时粘结牢固，见图4-3。

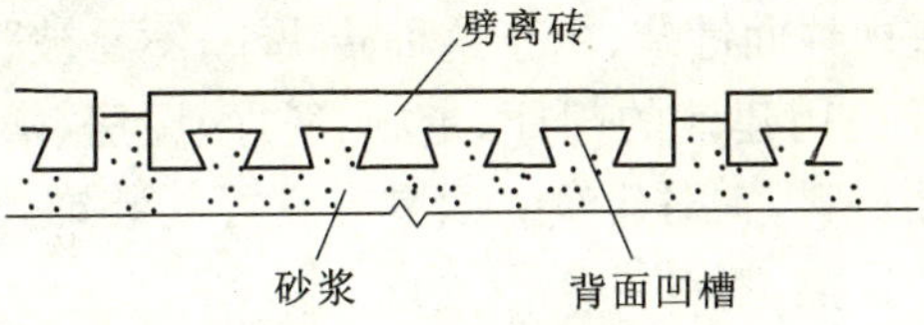

图4-3　面砖与砂浆的楔形结合

劈离砖主要规格尺寸有mm：240×52×11、240×115×11、194×94×11、190×190×13.240×115/52×13.194×94/52×13等。

劈离砖适用于各类建筑物的外墙装饰，也适用于作楼堂馆所、车站、餐厅等室内地面铺设。厚砖适于广场、公园、停车场、走廊、人行道等露天地面，也可用作游泳池、浴池池底和池岸的贴面材料，北京亚运村国际会议中心和国际文化交流中心共5万多m^2的外墙及5000m^2地坪，均采用劈离砖装修，常令行人驻步而观。

(2)彩胎砖

彩胎砖是一种本色无釉瓷质饰面砖。它采用彩色颗粒土原料混合配料，压制成多彩坯体后，经一定烧成即呈多彩细花纹的表面，富有花岗岩的纹点，有红、绿、黄、蓝，灰、棕等多种基色，多为浅色调，纹点细腻，色调柔和莹润、质朴高雅。主要规格有mm：200×200、300×300、400×400、500×500及600×600等，最小尺寸mm：95×95，最大规格可为mm：600×900。

(3)麻面砖

麻面砖是采用仿天然岩石色彩的配料，压制成凹凸不平的麻面的坯体后，经一次烧成的炻质面砖。砖的表面酷似人工修凿过的天然岩石面，纹理自然，粗犷雅朴，有白、黄、红、灰、黑等多种色调。主要规格有mm：200×100、200×75和100×100等。麻面砖吸水率小于1%，抗折强度大于20MPa，防滑耐磨。薄型砖适用于建筑物外墙装饰，厚型砖适用于广场、停车场、码头、人行道等地面铺设。广场砖还有外形为梯形和三角形的，可用以拼贴成圆形图案，以增加广场地坪的艺术感。

(4)陶瓷艺术砖

陶瓷艺术砖采用优质黏土、无机剂为原料，经成型、干燥、高温焙烧而成。砖表面具有各种图案浮雕，艺术夸张性强，组合空间自由性大，可运用点、线、面等几何组合原理，配以适量的同规格彩釉或釉面砖，即可组合成各种抽象的或具体形象的图案壁画，给人以强烈的艺术感受。

4.2.3.3　陶瓷马赛克

陶瓷马赛克也称陶瓷锦砖，它是指边长不大于40mm，具有多种色彩和不同形状的小块砖，按不同图案贴在牛皮纸上，所以也称“纸皮砖”。陶瓷马赛克用优质黏土烧制而成。表面一般不上釉，规格较小，常用的有18.5mm和39.0mm见方，39mm×118.5mm长方，25mm六角形等多种，其厚度一般为5mm，颜色则白、蓝、黄、绿、灰等均有，色泽稳定。陶瓷马赛克的表面有无釉的和施釉的两种，目前外墙多为无釉马赛克，内墙多用施釉马赛克。

1. 陶瓷马赛克标定规格及技术要求

根据国家标准《陶瓷马赛克》(JC/T 456—2005)规定，其标定规格及技术要求见表4-8。

2. 陶瓷马赛克的特点及用途

陶瓷马赛克具有色泽明净、图案美观、质地坚实、抗压强度高、耐污染、耐腐、耐磨、耐水、抗火、抗冻、不吸水、不滑、易清洗等特点，它坚固耐用，且造价较低。

陶瓷马赛克主要用于室内地面铺装，由于这种砖块小，不易被踩碎。适用于工业建筑的洁净车间、工作间、化验室以及民用建筑的门厅、走廊、餐厅、厨房、盥洗室、浴室等的地面铺装。也可用作高级建筑物的饰面材料，它对建筑立面具有良好的装饰效果，与外墙贴面砖相比，有造价略低、面层薄、自重轻的优点。

表 4-8 陶瓷马赛克标定规格及技术要求

项目		规格(mm)	允许误差(mm)		主要技术要求
			一级品	二级品	
单块马赛克	边长	<25.0	±0.5	±0.5	密度(g/m³)：2.3～2.4 抗压强度(MPa)：15～25 吸水率(%)：<0.2 使用温度(℃)：-20～+100 脱纸时间(min)：≯40 耐酸度(%)：>95 耐碱度(%)：>84
		>25.0	±1.0	±1.0	
	厚度	4.0 或 4.5	±0.2	±0.2	
每联马赛克	线路	2.0	±0.5	±1.0	
	联长	305.5	+2.5	+3.5	
			-0.5	-1.0	

建筑工程常用陶瓷马赛克的几种基本形状和规格见表 4-9 所示。

表 4-9 陶瓷马赛克基本形状和规格

基本形状		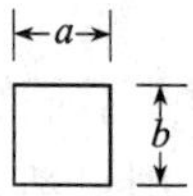				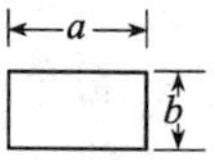	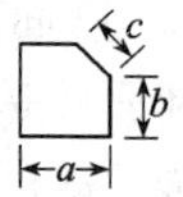	
名称		正方				长方（长条）	对角	
		大方	中大方	中方	小方		大对角	小对角
规格(mm)	a	39.0	23.6	18.5	15.2	39.0	39.0	32.1
	b	39.0	23.6	18.5	15.2	18.5	19.2	15.9
	c	—	—	—	—	—	27.9	22.8
	d	—	—	—	—	—	—	—
	（厚度）	5.0	5.0	5.0	5.0	5.0	5.0	5.0

基本形状		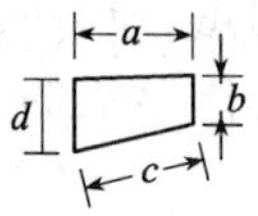	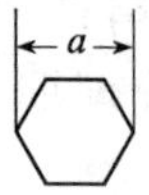	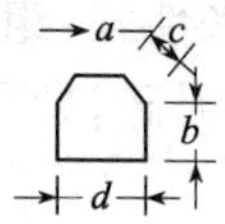	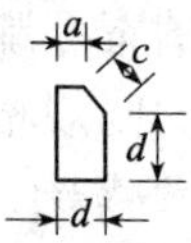
名称		斜长条(斜角)	六角	半八角	长条对角
规格(mm)	a	36.4	25	15	7.5
	b	11.9	—	15	15
	c	37.9	—	18	18
	d	22.7	—	40	20
	（厚度）	5.0	5.0	5.0	5.0

彩色陶瓷马赛克还可用以镶拼成壁画，其装饰性和艺术性均较好，用于拼贴壁画的锦砖，尺寸愈小，画面失真程度愈小，效果愈好。如北京市建筑陶瓷厂采用 12.5mm×12.5mm×5mm

的小块马赛克，已设计生产出 20 多种拼花图案，近年来又新设计镶拼成文字、花边以及形似天坛、长城、小鹿、熊猫等风景名胜和动物花鸟图案的壁画，形成了别具风格的马赛克壁画艺术。

4.2.3.4　琉璃制品

琉璃制品是我国陶瓷宝库中的古老珍品，它是用难熔黏土制成形后，经干燥、素烧、施釉、釉烧制成的。

琉璃制品的特点是质地致密，表面光滑，不易沾污，坚实耐久，色彩绚丽，造型古朴，富有我国传统的民族特色。

一般施铅釉烧成并用于建筑装饰及艺术装饰的带色琉璃制品，主要有琉璃瓦、琉璃砖、琉璃兽以及琉璃花窗、栏杆等。其中琉璃瓦是我国用于古建筑的一种高档屋面材料，采用琉璃瓦屋盖的建筑，显得格外具有东方民族精神，富丽堂皇、光彩夺目、雄伟壮观。琉璃瓦品种繁多，造型各异，主要有板瓦（底瓦）、筒瓦（盖瓦）、滴水、勾头等，另外还有飞禽走兽、龙纹大吻等形象，用作檐头和屋脊的装饰物。琉璃色彩绚丽，常用的有金黄、翠绿、宝蓝等色。

琉璃瓦价格昂贵，且自重大，故主要用于具有民族色彩的宫殿式建筑以及少数纪念性建筑物上。此外，还常用以建造园林中的亭台楼阁，以增添园林景色。

4.2.3.5　陶瓷壁画

陶瓷壁画是建筑师和艺术家相结合的装饰艺术的产物。

陶瓷壁画是大型画，它是以陶瓷面砖、陶板等建筑材料，经镶拼制作的具有较高艺术价值的现代建筑装饰，属新型高档装饰。陶瓷壁画不是原画稿的简单复制，而是艺术的再创造，它巧妙地融绘画技法和陶瓷装饰艺术于一体。经过放样、制板、刻绘、配釉、施釉、焙烧等一系列工艺，采用浸、点、涂、喷、填等多种施釉技法，以及丰富多彩的窑变技术，创造出形神兼备、巧夺天工的艺术作品。

本章小结

本章主要介绍了烧结砖瓦包括烧结普通砖、烧结多孔砖、烧结空心砖和烧结黏土瓦各自的技术性质、分类以及特点与应用；介绍了陶瓷制品的基本知识：概念、分类与组成，陶瓷制品的表面装饰以及常用陶瓷制品包括釉面砖、墙地砖、陶瓷锦砖、琉璃制品以及陶瓷壁画的特点及应用等。学习本章首先应对烧结砖瓦以及陶瓷制品的技术性质有一定了解，熟练掌握各种具体制品的特点及应用范围，重点掌握烧结普通砖规格尺寸及强度等级，了解其应用范围。

复习思考题

1. 名词解释

（1）砖的泛霜现象　（2）清水砖墙　（3）炻器

2. 填空题

（1）烧结普通砖的外形为矩形体，公称尺寸______ mm × ______ mm × ______ mm。______个砖长，______个砖宽，______个砖厚，加上砌筑砂浆缝正好为 1m。$1m^3$ 的砖砌体用砖

______块。

(2)陶瓷按坯体致密程度可分为______器、______器和______器三大类。

(3)陶瓷锦砖又称为“______”,是外国语的译音。

3. 选择题

(1)黏土砖的致命缺点是(　　)。

A. 隔声、绝热差　　B. 烧制耗能大,取土占农田

C. 自重大,强度低　　D. 砌筑不够快

(2)(　　)不适用于室外工程。

A. 陶瓷马赛克　　B. 无釉地砖　　C. 釉面砖　　D. 彩釉地砖

4. 问答题

(1)烧结普通砖的主要技术性质包括哪些内容?

(2)何谓清水砖墙? 怎样使清水砖墙获得更好的装饰效果?

(3)陶瓷的范围及分类有哪些?

(4)陶瓷制品的装饰包括哪些方面?

(5)请介绍一下釉面砖的技术性能及应用。

(6)墙地砖的种类与花式及质量要求有哪些?

(7)陶瓷马赛克的特点及用途是什么?

第5章 建筑玻璃

本章基本内容：

玻璃是构成现代建筑窗洞的主要材料，本章介绍了玻璃的一般组成成分、品种分类、基本性质以及加工处理，并着重介绍了建筑中常用的玻璃种类。

5.1 概 述

玻璃是由石英砂、纯碱、长石及石灰等在1550~1660℃高温熔融后，采用机械及手工等方法制成的非结晶无机物，随着成型方法的不同可以制成不同形状的玻璃，也可以通过改变玻璃化学成分来改进玻璃的性质。

玻璃是构成现代建筑的主要材料之一。任何建筑都离不开玻璃，玻璃工业的发展推动了建筑事业的发展。随着现代建筑的发展，玻璃及其制品也由过去单纯作为采光材料和装饰之用，逐渐向着控制光线、调节热量、节约能源、控制噪音、降低建筑物自重、改善建筑环境和提高建筑艺术等方向发展。

玻璃的品种繁多，分类方法也多样，通常按其化学组成和用途进行分类。

1. 玻璃按化学组成分类

1）钠玻璃

钠玻璃又称钠钙玻璃，它主要由SiO_2、Na_2O和CaO组成。其软化点较低，易于熔制；由于含杂质多，制品多带绿色，与其他品种玻璃相比，钠玻璃的力学性质、热性质、光学性质和化学稳定性等均较差。多用以制造普通建筑玻璃和日用玻璃制品，故又称普通玻璃。普通玻璃在建筑工程中应用十分普遍。

2）钾玻璃

钾玻璃是以K_2O替代钠玻璃中部分Na_2O，并提高玻璃中SiO_2的含量而制成。它硬而有光泽，故又称硬玻璃，其他性质也较钠玻璃好。钾玻璃多用以制造化学仪器和用具以及高级玻璃制品。

2. 玻璃按用途分类

1）建筑玻璃——平板玻璃

平板玻璃是建筑工程中应用面广且量大的建筑材料之一，它主要包括：

（1）透明窗玻璃，指普通平板玻璃，大量用作建筑采光。

（2）不透视玻璃，采用压花、喷砂等方法而制成透光不透视的玻璃。

（3）装饰平板玻璃。采用蚀花、压花、着色等手段制成具有装饰性的玻璃。

（4）安全玻璃。将玻璃进行淬火，或在玻璃中夹丝、夹层而制成的玻璃。

(5)镜面玻璃。将玻璃磨光后背面涂汞制成。

(6)特殊性能平板玻璃,能透过紫外线、红外线、吸收X射线,或具有吸热、反射等性能的玻璃。

2)建筑艺术玻璃

建筑艺术玻璃是指用玻璃制成的具有建筑艺术性的屏风、花饰、扶栏、雕塑以及马赛克等制品。

3)玻璃建筑构件

玻璃建筑构件主要有空心玻璃砖、波形瓦、平板瓦、门、壁板以及玻璃纤维增强塑料制品等。

4)玻璃质绝热、隔声材料

玻璃质绝热、隔声材料主要有泡沫玻璃,玻璃棉毡、玻璃纤维等。

以上玻璃种类中,以普通平板玻璃最为重要,这不仅是因其用量大,而且许多玻璃新品中,都是在普通平板玻璃的基础上进行加工处理而制成的。

5.2 玻璃的原料及生产

制玻璃的原料主要是各种氧化物。

5.2.1 主要原料

1. 酸性氧化物:这类氧化物主要有 SiO_2、B_2O_3等。它们在煅烧中能单独熔融成玻璃的主体,决定了玻璃的主要性质,相应地称为硅酸玻璃、硼酸玻璃。

2. 碱性氧化物:这类氧化物主要有 Na_2O、K_2S 等。它们在煅烧中能与酸性氧化物形成易熔的复盐,起了助熔剂的作用。

3. 增强氧化物:这类氧化物主要有 CaO、MgO、BaO、ZnO、PbO、Al_2O_3等。

5.2.2 辅助原料

1. 助熔剂

除了常用的碱性氧化物外,还常用萤石、硼砂、硝酸钠等。这些助熔剂在熔化过程中与原料中的其他氧化物形成低共熔物,从而降低了熔融温度。其中萤石还能与玻璃的某些着色杂质作用,增加玻璃的透明性。

2. 脱色剂

一些杂质会给玻璃带来色泽。主要是铁的氧化物所产生的颜色。常用的脱色剂有纯硒、硒酸钠、氧化钴、氧化镍等。它们在玻璃中呈现与原来颜色的补色,从而使玻璃变成无色。此外,化学脱色剂可以与着色杂质形成浅色化合物而起到脱色作用。

3. 着色剂

着色剂多为某些金属的氧化物,它们能直接熔于玻璃熔体中,将玻璃着色,如氧化铁能使玻璃呈现黄色或绿色,氧化锰能呈现紫色,氧化钴能呈现蓝色等。

4. 澄清剂

澄清剂能降低玻璃黏度,使化学反应产生的气泡易于逸出而澄清。常用的澄清剂有白砒、硫酸钠、硝酸钠等。

5. 乳浊剂

乳浊剂能使玻璃变成乳白色的半透明体。常用乳浊剂有氟和磷的化合物,它们能形成

0.1～1.0μm 的颗粒，悬浮在玻璃中，使玻璃乳浊化。

6. 氧化剂和还原剂

氧化剂能将物料中低价氧化物转变为高价氧化物，常用的有白砒和硝石。还原剂能加速氧化物在熔制中的还原反应，常用的有碳化物、SnO_2、$SnCl_2$等。

玻璃是在坩埚炉或池炉中熔制的。熔制过程中，800～900℃是硅酸盐形成阶段，在玻璃形成阶段末期（1150～1200℃）成为透明体。为了达到玻璃成型所需的黏度，将熔体温度下降200～300℃。玻璃制品制作方法有压制、吹制、吹压制、拉制、辊制、烧制等。

5.3　玻璃的基本性质

玻璃是由原料的熔融物经过冷却而成的固体。在凝结过程中，由于黏度急剧增加，原子来不及按一定晶格有序地排列，而形成无定形结构的玻璃体。因而其物理性质和力学性质是各向同性的。

1. 密度

玻璃的密度与其化学组成有关，故变化很大，且随温度升高而减小。普通建筑玻璃的密度约为2.5g/cm^3。

2. 力学性质

玻璃的力学性质决定于化学组成，制品形状、表面性质和加工方法。凡含有未熔夹杂物、结石、节瘤或具有微细裂纹的制品，都会造成应力集中，从而急剧降低其机械强度。

在建筑工程中玻璃常常经受弯曲、拉伸和冲击，很少受压，所以力学性质主要指标是抗拉强度和脆性指标。玻璃的理论抗拉强度极限为12000MPa，实际强度仅为理论强度的1/300～1/200，大致为30～60MPa，而抗压强度约为700～1000MPa以上。脆性是玻璃的主要缺点。玻璃的脆性指标（弹性模量与抗拉强度之比$E/R_{拉}$）为1300～1500（橡胶为0.4～0.6．钢为400～600、混凝土为4200～9350）。脆性指标愈大说明脆性愈高。玻璃的脆性也可根据冲击试验来确定。

3. 热物理性质

玻璃的热容量与化学成分有关。在室温下热容量的波动范围为$0.63\times10^3\sim1.05\times10^3$J/kg·℃。玻璃的热膨胀系数也决定于化学组成。普通玻璃一般在$(3\sim11)\times10^{-6}$/℃之间。普通玻璃的导热系数为0.69～0.93W/m·K。

4. 光学性质

玻璃既能透过光线，还有反射光线和吸收光线的能力，所以厚玻璃和重叠多层的玻璃，往往不易透光。

玻璃的反射光能与投射光能之比称为反射系数。反射系数的大小决定于反射面的光滑程度、折射率及投射光线的入射角的大小。

5.4　玻璃的表面处理

玻璃的表面处理具有十分重要的意义，从清洁玻璃的表面，直到制造各种涂层的玻璃，不但可以改善玻璃的外观和表面性质，还对玻璃进行了装饰。表面处理技术应用很广泛，下面简单介绍几种：

1. 玻璃的化学蚀刻

玻璃的化学蚀刻是用氢氟酸溶掉玻璃表面的硅氧。根据残留盐类的溶解度各不相同，而得到有光泽的表面或无光泽的表面。

玻璃与氢氟酸作用后生成的盐类的溶解度各不相同，氢氟酸盐类中，碱金属（钠和钾）的盐易溶于水，而氟化钙、氟化钡不溶于水。在硅氟酸盐类中，钠、钾、钡和铅盐在水中都溶解很少，而其他盐类则易于溶解。

蚀刻后玻璃的表面性质决定于氢氟酸与玻璃作用后所生成的盐类性质、溶解度的大小、结晶的大小以及是否容易从玻璃表面清除。如生成的盐类溶解度小，且以结晶状态保留在玻璃表面不易清除，遮盖玻璃表面，阻碍氢氟酸溶液与玻璃接触反应，则玻璃表面受到的侵蚀不均匀。得到粗糙又无光泽的表面，如反应物不断被清除，则腐蚀作用很均匀，并且得到非常平滑或有光泽的表面，结晶的大小对光泽度也有影响，结晶大则产生光线的漫射，表面无光泽。

影响蚀刻表面的主要因素是玻璃的化学组成和蚀刻液的组成。生产中根据不同需要采用各种蚀刻液或蚀刻膏。

2. 化学抛光

化学抛光的原理与化学蚀刻一样是利用氢氟酸破坏玻璃表面原有的硅氧膜生成一层新的硅氧膜，来使玻璃得到很高的光洁度与透光度。

化学抛光有两种方法：一种是单纯用化学侵蚀作用；另一种是用化学侵蚀和机械研磨相结合的方法，前者大都应用于玻璃器皿，后者大都应用于平板玻璃。

采用化学侵蚀法进行抛光时，除用氢氟酸外，还要加入能使侵蚀生成物（硅氧化物）溶解的添加物。一般采用硫酸，因硫酸的酸性强，同时沸点高，不易挥发。

化学侵蚀和机械研磨相结合的方法称为化学研磨法。在玻璃表面添加磨料和化学侵蚀剂，化学侵蚀生成的氟硅酸盐，通过研磨而去除，使化学抛光的效率大为提高。此方法一度被视为高效率磨光玻璃的生产方法。

3. 表面金属涂层

金属涂层广泛用于制造热反射玻璃、护目玻璃、膜层导电玻璃及玻璃器皿和装饰品等。

玻璃表面镀金属薄膜的方法，有化学法和真空沉积法。前者可分为还原法、水解法（又称液相沉积法）等。后者又分为真空蒸发镀膜法、真空电子枪蒸镀法等。

化学法中的还原法是一种古老的方法，目前仍在应用。真空蒸镀法的应用则日趋广泛。

1）化学法

化学法常应用于玻璃的表面镀银，用某些有机物（如葡萄糖）的还原反应。从银络合物的溶液中沉淀出金属银，并使银均匀分布在玻璃表面。化学镀银的特点是设备比较简单，可以在任何工厂进行。缺点是银层比较厚，原材料消耗比较大，均匀性也不如真空沉积法好，同时也容易发生污染。

化学镀金则较困难，镀铜则更为不易。

2）真空沉积法

真空沉积镀膜法近年来发展很快，走向装置大型化、工艺连续化、控制半自动化或自动化，可在大面积上均匀沉积成膜。

(1)真空蒸发镀膜法

真空蒸发镀膜法的基本原理是在低于 136.8×10^{-8}Pa 的真空条件下，把被蒸发的金属加热到蒸发温度，使之挥发沉积到玻璃表面上，形成所需要的膜层。现用真空沉积法生产的玻璃制品有反射镜、热反射玻璃及部分民用镜。

(2)阴极溅射镀膜法

在低真空(一般为 $10^{-2}\sim10^{-1}$Pa)、阴极在荷能粒子(通常为气体正离子，它是通过气体放电而产生的)的轰击下，阴极表面的原子从中逸出的现象称为阴极溅射。逸出的原子一部分受到气体分子的碰撞而回到阴极，另一部分则凝结于阴极附近的基板上而形成膜层，阴极溅射一般是在惰性气体或氧气等反应气体中进行，在生产中已使用镀金制造导电玻璃、热反射玻璃以及集成电路基板上电极等。

4. 表面着色(扩散着色)

玻璃表面着色就是在高温下用着色离子的金属、熔盐、盐类的糊膏涂覆在表面上使着色离子与玻璃中的离子进行交换，扩散到玻璃表面中去，使玻璃表面着色；有些金属离子还需要还原为原子、原子聚集成胶体而着色。表面着色的优点是设备简单，操作易掌握，且着色以后的玻璃是透明的，表面平滑光洁；缺点是生产效率低。

5.5 建筑常用玻璃的主要品种

5.5.1 普通平板玻璃

平板玻璃是建筑玻璃中用量最大的一种，习惯上将窗用玻璃、磨砂玻璃、磨光玻璃、有色玻璃等列入平板玻璃。随着科学技术的发展，不同品种之间产生了结合或渗透，有的传统工艺被改变，从而性能上产生了新的飞跃和改革，现以常用建筑玻璃品种为基础，着重阐明它的新发展。

普通平板玻璃也称单光玻璃、净片玻璃，属于钠钙玻璃。且未经研磨加工，简称窗用平板玻璃。主要用于装配门窗，起透光、挡风和保温的作用。要求具有较好的透明度和表面平整无缺陷。

普通平板玻璃的计量单位为标准箱和质量箱。厚度为2mm的普通平板玻璃，每 $10m^2$ 为1标准箱，1标准箱的质量称质量箱，为50kg。其他厚度玻璃按标准箱和质量折合计算。

1. 普通平板玻璃的分类、规格与等级

(1)普通平板玻璃因生产方法不同，可分为引拉法玻璃和浮法玻璃两种。根据国家标准《平板玻璃》(GB 11614—2009)按玻璃的厚度可各分为以下几类：

引拉法玻璃：按厚度分为2mm、3mm、4mm、5mm、6mm五类；

浮法玻璃：按厚度分为3mm、4mm、5mm、6mm、8mm、10mm、12mm. 15mm、19mm九类。

普通平板玻璃的厚度允许偏差见表5-1所示，同时，要求一片玻璃的厚薄差不得大于0.3mm。

表 5-1　普通平板玻璃厚度允许偏差

引拉法玻璃		浮法玻璃	
厚度(mm)	允许偏差(mm)	厚度(mm)	允许偏差(mm)
2	±0.15	3	±0.20
3	±0.20	4	
4	±0.20	5	±0.20
5	±0.25	6	±0.30
6	±0.30	8	±0.35
		10	
		12	±0.40

普通平板玻璃产品为矩形,按标准规定,引拉法生产的玻璃其长宽比不得大于 2.5,其中 2mm、3mm 厚玻璃尺寸不得小于 400mm × 300mm,4mm、5mm、6mm 厚玻璃不得小于 600mm × 400mm,浮法玻璃尺寸一般不小于 1000mm × 1200mm,但也不大于 2500mm × 3000mm。

(2)等级

按国家标准,普通平板玻璃根据其外观质量进行分等定级,由引拉法生产的平板玻璃分为特选品、一等品和二等品三个等级,如表 5-2 所示。浮法玻璃分为优等品、一级品和合格品三等。同时规定,玻璃的弯曲度不得超过 0.3%。

表 5-2　普通平板玻璃的等级

缺陷种类	说　　明	特选品	一等品	二等品
波筋(包括波纹辊子花)	允许看出波筋的最大角度	30°	45° 50mm 边部 60°	60° 100mm 边部,90°
气　　泡	长度 1mm 以下的	集中的不允许	集中的不允许	不限
	长度大于 1mm 的,每平方米面积允许个数	<6mm,6	< mm,8 8 ~ 10mm,2	<10mm,10 10 ~ 20mm,2
划　　伤	宽度 0.1mm 以下的,每平方米允许条数	长度<50mm,4	长度<100mm,4	不限
	宽度大于 0.1 的,每平方米面积允许条数	不许有	宽 1 ~ 0.4mm 长<100mm 1	宽 0.1 ~ 0.8mm 长<100mm 2
砂　　粒	非破坏性的,直径 0.5 ~ 2mm,每平方米面积允许个数	不许有	3	10
疙　　瘩	非破坏性的透明疙瘩,波及范围直径不超过 3mm,每平方米面积允许个数	不许有	1	3
线　　道		不许有	30mm 边部允许有宽 0.5mm 以下的 1 条	宽 0.5mm 以下的 2 条

注:1. 集中气泡是指 100mm 直径圆面积内超过 6 个。
2. 砂粒的延续部分,90°角能看出者当线道论。

2. 普通平板玻璃的质量要求

普通平板玻璃主要用于建筑物的采光并起装饰作用,镜面用平板玻璃也属于普通平板玻璃,常选用平板玻璃的特选品或磨光玻璃,平板玻璃应具有一定的透光度和外观质量。

(1)透光度

平板玻璃在透过光线时,玻璃表面要发生光线的反射、玻璃内部对光线产生吸收。从而使透过光线的强度降低,见图 5-1,平板玻璃的透光度用公式表示如下:

$$C=\frac{\Phi_2}{\Phi_1}\times 100\%$$

式中　C——玻璃的透光度;

Φ_1——光线透过玻璃前的光通量;

Φ_2——光线透过玻璃后的光通量。

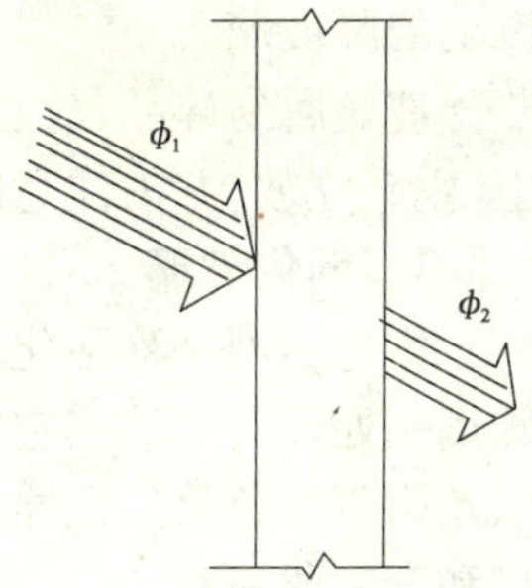

图 5-1　光线透过玻璃

我国普通平板玻璃标准中,透光率规定为:

玻璃厚 2mm	88%
玻璃厚 3mm、4mm	86%
玻璃厚 5mm、6mm	82%

影响平板玻璃透光度的主要因素为原料成分及熔制工艺,如原料中含有氧化亚铁(FeO)及三氧化二铁(Fe_2O_3)时,玻璃会着成蓝绿色或黄色,透光度采用 BTG—1 型平板玻璃透光率测定仪测定。

(2)外观质量

普通平板玻璃由于生产方法不同,可能产生各种不同的外观缺陷,直接影响产品产量和使用效果。影响平板玻璃外观质量的缺陷有以下几种:

① 波筋　波筋又称水线。在玻璃的各种外观缺陷中,波筋是最容易出现,也是最严重的一种缺陷。波筋是有槽引上法最容易产生而又不易去除的外观缺陷。

产生波筋的原因有二,一是由于拉制平板玻璃时局部厚薄不均,或是不同部位冷却情况不同,或是由于槽子砖及引上室对辊的影响造成平板玻璃表面不平所致;二是由于在熔化、澄清等过程中操作不正确,造成玻璃液局部内化学成分和物质密度不同,从而引起玻璃内部不均匀所致。

具有上述缺陷的玻璃,当光线通过玻璃板时,会产生不同的折射,形成光学畸变,如图 5-2 所示。

光学畸变的表现,是当人们用肉眼与玻璃形成一定角度观察时,会看到玻璃板面上有一条条像波浪似的条纹,通过带有这种缺陷的玻璃观察物象时,所看到的物象会发生变形、扭曲、运动着的被观察物会产生跳动感。当这种玻璃用在橱窗、运输车辆或居室时,易使观察者产生视觉疲劳。

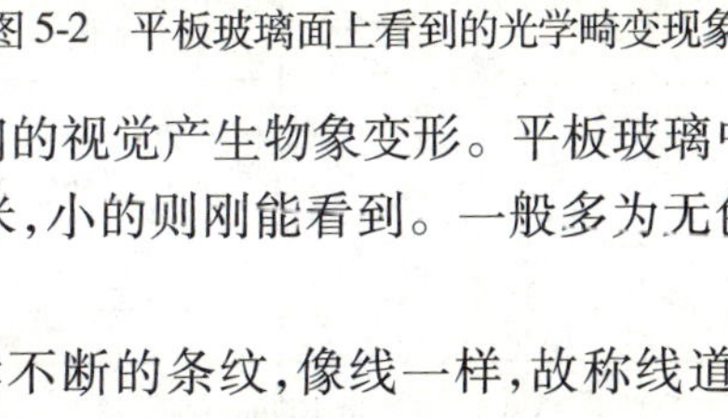

图 5-2　平板玻璃面上看到的光学畸变现象

② 气泡　玻璃液中含有气体,在成型时形成气泡。气泡影响玻璃的透光度,降低玻璃的机械强度,也影响人们的视觉产生物象变形。平板玻璃中存在的气泡有圆的、长的、单个的、成堆的,大的有几十毫米,小的则刚能看到。一般多为无色气泡,也有乳白色的。

③ 线道　线道是玻璃原板上出现的很细很亮的连续不断的条纹,像线一样,故称线道。线道降低了玻璃的外观整体美。

④ 疙瘩与砂粒　平板玻璃中异状突出的颗粒物,大的叫疙瘩或结石,小的叫砂粒。疙瘩和砂粒的存在不但影响玻璃的光学性能,还会使玻璃裁切时产生困难。

3. 普通平板玻璃的应用

普通平板玻璃大部分直接用于房屋建筑和维修,一部分加工成钢化、夹层、镀膜、中空等玻璃，少量用于工艺玻璃。

一般建筑采光用玻璃多为3mm厚的普通平板玻璃，用作玻璃幕墙、拦河、采光屋面、商店橱窗或柜台等，多采用5～6mm厚的钢化玻璃，公共建筑的大门玻璃则常用经钢化后的8mm以上的厚玻璃。

玻璃属易碎品，故通常用木箱或集装箱包装。平板玻璃在贮存、装卸和运输时，必须盖朝上、垂直立放，并需注意防潮防水。

5.5.2 钢化玻璃

钢化玻璃又称强化玻璃。它是利用加热到一定温度后迅速冷却的方法或化学方法进行特殊钢化处理的玻璃。它的强度比未经钢化处理的玻璃大4～6倍。具有较好的抗冲击性、抗弯以及耐急冷急热的性能。当玻璃破碎时，裂成圆钝的小碎块，不致伤人。钢化玻璃可分为平钢化和弯钢化两种。

钢化玻璃是普通平板玻璃的二次加工产品，钢化玻璃的生产可分为物理钢化法和化学钢化法。物理钢化又称淬火钢化，是将普通平板玻璃在炉内加热至接近软化点温度（650℃左右），使玻璃通过本身的形变来消除内部应力，然后移出加热炉，立即用多头喷嘴向玻璃两面喷吹冷空气，使其迅速均匀地冷却，当冷却到室温时，便形成了高强度钢化玻璃，如图5-3所示。由于冷却时玻璃的两个表面首先冷却硬化，待内部冷却并伴随体积收缩时，已经硬化的外部势必阻碍内部的收缩，使玻璃处于内部受拉，外部受压的应力状态，如图5-3b。当玻璃受弯曲外力作用时，玻璃表面将处于较小的拉应力和较大的压应力状态，因玻璃的抗压强度较高，所以不会造成破坏（图5-3c）。钢化玻璃内部处于较大的拉应力状态而不会破裂，这是因为内部无缺陷存在，故不易破坏。由此可知，钢化之后的平板玻璃，其强度可得到大大提高。

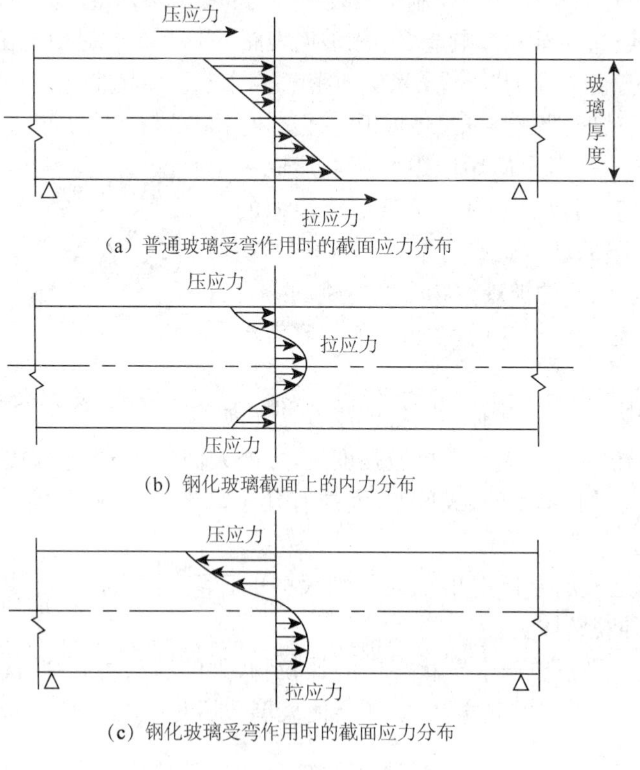

图5-3 钢化玻璃应力状态

处于这种应力状态的玻璃，一旦局部破损，便发生“应力崩溃”，破成无数小块，这些碎块没有尖锐棱角，不易伤人。因此，物理钢化玻璃是一种安全玻璃。

化学钢化玻璃是应用离子交换法进行钢化，是将含碱金属离子钠（Na^+）或钾（K^+）的硅酸盐玻璃，浸入熔融状态的锂（Li^+）盐中，使钠或钾离子在表面层发生离子交换，由于锂离子膨胀系数不小于钠、钾离子，从而在冷却过程中造成外层收缩较小而内部收缩较大，当冷却到常温后，玻璃便处于内层受拉应力而外层受压应力的状态，其效果类似于物理钢化玻璃，因此也提高了强度。

化学钢化玻璃不易自爆，且不会产生波纹、弯曲、变形等缺陷，可钢化薄玻璃。其强度较高，是物理钢化玻璃的3倍，但是破碎后仍然形成尖锐的碎片。因此，一般不作安全玻璃使用。

钢化玻璃因其安全性、抗冲击性及热稳定性好的特点，常用在建筑物玻璃构件和温室中，在冰雹地区的玻璃屋顶、玻璃天井、倾斜装配窗等玻璃构件也常采用钢化玻璃。

5.5.3　夹丝玻璃

夹丝玻璃也是安全玻璃的一种。它是将预先编织好的钢丝网，压入经软化后的红热玻璃中制成。钢丝网在夹丝玻璃中起增强作用，使其抗折强度和耐温度剧变性都比普通玻璃高，破碎时即使有许多裂缝，但其碎片仍附着在钢丝网上，不致四处飞溅而伤人，夹丝玻璃可用于公共建筑的阳台、走廊、防火门、楼梯间、电梯井、厂房天窗、各种采光屋顶等。

根据国家行业标准《夹丝玻璃》[JC 433—1991(1996)]规定，我国生产的夹丝玻璃产品分为夹丝压花玻璃和夹丝磨光玻璃两类。

产品按厚度分为：6mm、7mm、10mm三种。

产品按等级分为：优等品、一等品和合格品。

产品尺寸一般不小于600mm×400mm，不大于2000mm×1200mm。

5.5.4　夹层玻璃

夹层玻璃系由二片或多片玻璃之间嵌夹一层或多层透明塑料薄胶片，经加热、加压、黏合而成的平面或曲面的复合玻璃制品，根据不同的组合可以具有不同的性能，夹层玻璃也属安全玻璃。

玻璃原片可采用普通平板玻璃、浮法玻璃、钢化玻璃、彩色玻璃、吸热玻璃、热反射玻璃等。常用的塑料胶片为聚乙烯醇缩丁醛或赛珞璐。聚乙烯醇缩丁醛具有抗水和抗日光的作用，故常使用；赛珞璐易为潮湿所破坏，在长期日光作用下逐渐发黄而降低透明度，故这种玻璃仅供一般使用。夹层玻璃的层数有3、5、7层，最多可达9层。一般规格有(2+3)mm、(3+3)mm、(5+5)mm等。

夹层玻璃根据不同的用途可以分为平夹层玻璃、弯夹层玻璃、防弹玻璃、防盗夹层玻璃及装饰夹层玻璃。

夹层玻璃的性能特点：

1. 安全特性

夹层玻璃是性能优良的安全玻璃，无论垂直安装还是倾斜安装，均能抵挡住意外撞击的穿透。一旦玻璃遭到破坏，其碎片仍会和中间胶片黏在一起，不会掉落，能使整块玻璃依然保持完整，可继续抵挡撞击和风雨，因此，夹层玻璃在原有的抗震防爆性能的基础上还具有良好的节能环保性能，可用于建筑的内外墙。

2. 隔声和吸热特性

PVB胶片具有对声波的阻尼功能，使夹层玻璃能有效地控制声音的传播，起到良好的隔声效果。

PVB 胶片还具有过滤紫外线的功能,特制的 PVB 胶片能使夹层玻璃减弱太阳光的透射,阻挡紫外线,防止眩目。减少室内外热传导,减少热能消耗,从而保持室内温度,节约空调能耗。

3. 装饰性能

夹层玻璃内夹置云龙纸或各种图案,能具有装饰效果。

5.5.5 吸热玻璃

能吸收大量红外线辐射且能保持良好可见光透过率的玻璃称为吸热玻璃。

窗户作为室内外环境的过滤器,不仅在采光、保温、隔声、创造舒适居住环境方面有重要作用,而且其热工性能直接关系到建筑物的造价和能耗,因而建筑师必须了解吸热玻璃,正确地选用吸热玻璃,以充分发挥窗户的综合效益。

吸热玻璃的生产是在普通钠-钙硅酸盐玻璃中加入着色作用的氧化物,如氧化铁、氧化镍、氧化钴以及硒等,使玻璃带色并具有较高的吸热性能。也可在玻璃表面喷涂氧化锡、氧化锑、氧化钴等有色氧化物薄膜而制成。

吸热玻璃按颜色分为灰色、茶色、蓝色、绿色、古铜色、粉红色、金色、棕色等。按成分分为硅酸盐吸热玻璃,磷酸盐吸热玻璃、光致变色吸热玻璃与镀膜玻璃等。

吸热玻璃对光能的透射和阻挡见图 5-4 所示。由图可以看出,普通玻璃和吸热玻璃对太阳能的阻挡分别为 16% 和 40%,对太阳能的透射率分别为 84% 和 60%。

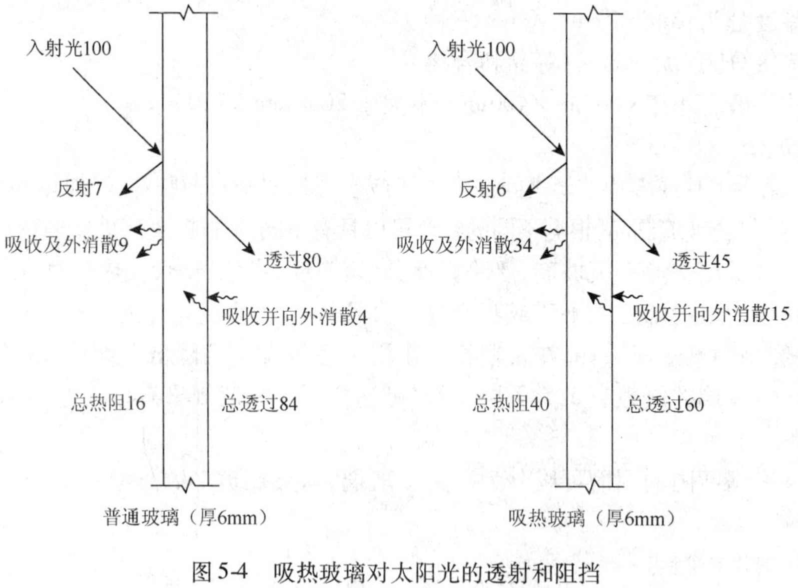

图 5-4　吸热玻璃对太阳光的透射和阻挡

目前吸热玻璃已广泛用于建筑工程门窗或外墙,以及用作车、船挡风玻璃等,起到采光、隔热、防眩等作用。它还可以按不同用途进行加工,制成磨光、夹层、镜面及中空玻璃,在外部围护结构中用它配制彩色玻璃窗。在室内装饰中,用它镶嵌玻璃隔断,装饰家具,以增加美感。无色的磷酸盐吸热玻璃能大量吸收红外线辐射热,可用于电影拷贝、电影放映、幻灯映、彩色印刷等。

5.5.6 热反射玻璃

热反射玻璃是既有较好的热反射能力,又保持平板玻璃良好透光性能的玻璃,这种玻璃又称镀膜玻璃或镜面玻璃。

吸热玻璃与热反射玻璃的划分可用下式表示：

$$S = \frac{A}{B}$$

式中　A——玻璃整个光通量的吸收系数；

B——玻璃整个光通量的反射系数。

若 $S > 1$ 时，玻璃为吸热玻璃；$S < 1$ 时，玻璃为热反射玻璃。

热反射玻璃从颜色上分，有灰色、青铜色、茶色、金色、浅蓝色、棕色、古铜色、褐色等。

热反射玻璃的生产是在玻璃表面用加热、蒸汽、化学等方法喷涂金、银、铜、铝、铬、镍、铁等金属氧化物，或粘贴有机薄膜，或以某种金属离子置换玻璃表面中原有离子而制成。从性能结构上看，有热反射、冷反射、中空热反射、夹层热反射等品种。

热反射玻璃具有良好的隔热性能，对太阳辐射热有较高的反射能力，反射率达30%以上，而普通玻璃仅 7% ~10%，如图 5-5 所示。热反射玻璃在日晒时，室内温度仍可保持稳定。光线柔和，可改变建筑物内的色调，避免眩光，改善室内的环境。镀金属膜的热反射玻璃还具有单向透像作用，使热反射玻璃在迎光面具有镜子的效能。而在背光面又如玻璃那样透视。所以在室外站在这种玻璃前，展现在眼前的是一幅周围景色的画面，丝毫看不到室内的景物，对建筑物起到遮蔽及帷幕作用，用热反射玻璃作幕墙和门窗，可使整个建筑变成一座闪闪发光的玻璃宫殿。由于热反射玻璃具有以上功能，所以它为建筑设计的创新、立面处理与构图提供了新的素材。

6mm两面反射膜蓝色反射玻璃

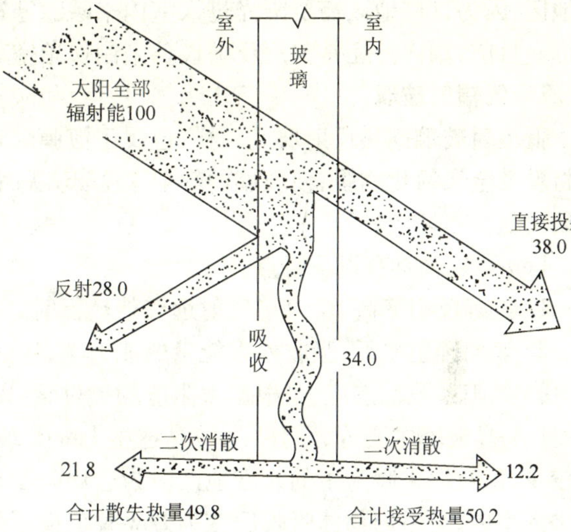

6mm单面反射膜热反射玻璃
（镀膜在室外一侧）

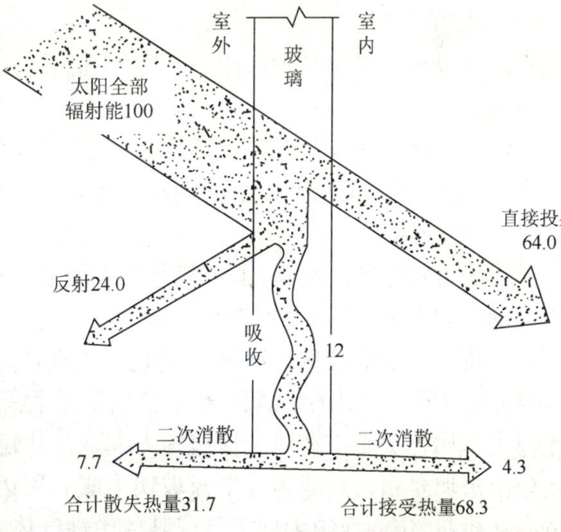

图 5-5　热反射玻璃的性能

我国生产的彩色膜热反射玻璃的规格品种多种多样，最大尺寸可为 2000mm × 1200mm，玻璃厚度有 3mm 和 6mm 两种，其主要技术性能如下：

1. 反射率高，光谱从 200 ~ 2500μm 的反射率大于 30%，最大可达 60%。

2. 化学稳定性好，在 5% 的盐酸或 5% 的氢氧化钠溶液中浸泡 24h 后，涂层的性能明显改变。

3. 耐擦洗性好，用软纤维或动物毛刷任意刷洗，涂层无明显改变。

4. 耐急冷急热性好，在 -40 ~ 50℃ 温度范围内急冷急热，涂层无明显改变。

热反射玻璃主要用于夏季光照强的地区，其隔热作用十分明显，可有效衰减进入室内的太阳热辐射，但在无阳光的环境中，其隔热作用与白玻璃无异。所以，从节能角度看，它不适用寒冷地区，因为这些地区需要阳光进入室内采暖。寒冷地区采用这种玻璃的唯一目的就是艺术装饰。目前，国内外还常采用反射玻璃来制作中空玻璃或夹层玻璃窗，以提高其绝热性能。

5.5.7 低辐射玻璃

低辐射玻璃同热反射玻璃一样，也属于镀膜玻璃。低辐射玻璃是在玻璃表面镀银等低辐射材料及金属氧化物膜，使玻璃的辐射率降低，从而降低玻璃的 U 值。低辐射玻璃又称 Low-E 玻璃。

Low-E 玻璃具有以下特点：

1. 红外反射率高，可直接反射远红外热辐射。

2. 表面辐射率低，吸收外来能量的能力小，从而再辐射的热量小。

3. 遮阳系数范围广，可根据太阳能的透过量，以适应不同地区的需要。

Low-E 玻璃主要分为两种：(1)高透型 Low-E 玻璃，遮阳系数 $Sc \geq 0.5$，对透过的太阳能衰减较少，这对以采暖为主的北方地区极为适用。冬季太阳能波段的辐射可透过这种 Low-E 玻璃进入室内，经室内物体吸收后变为 Low-E 玻璃不能透过的远红外热辐射，并与室内暖气发出的热辐射共同被限制在室内，从而节省暖气的费用。提高节能效果。(2)遮阳型 Low-E 玻璃，遮阳系数 $Sc \leq 0.5$，对透过的太阳能衰减较多，这对以空调制冷的南方地区极为适应，夏季可最大限度地限制太阳能进入室内，并阻挡来自室外的远红外热辐射，从而节省空调的使用费用，达到节能的效果。

不同的 Low-E 玻璃品种适用于不同的气候地区，就节能性而言，其功能已经覆盖了热反射镀膜玻璃。

Low-E 玻璃一般和中空玻璃或夹层玻璃结合使用，因为中空玻璃里的密闭空间能消除 Low-E 面上的空气流动，从而使 Low-E 玻璃更好地发挥作用。

5.5.8 中空玻璃

随着建筑物标准的提高，由于建筑物采用大面积窗户，冬季采暖夏季制冷所消耗的能量是相当大的。20 世纪 70 年代的“能源危机”，引起了各国对能源的重视，在建筑上，广泛采用中空玻璃和特殊性能的玻璃。1984 年全世界中空玻璃总产量约为 1 亿 m^2，其中欧洲 5600m^2，美国 3200m^2。1980 年德国北部有 95% 的新建筑物采用中空玻璃。1982 年美国的新建筑物有 80% 以上采用三层中空玻璃。目前国内大型公共建筑等也相继采用中空玻璃。

中空玻璃是由两片或多片平板玻璃构成。用边框隔开。四周边缘部分用胶接、焊接或熔接的办法密封，中间充填干燥空气或其他惰性气体，还可以制成各种不同颜色或镀以不同性能的薄膜，整体拼装构件是在工厂完成的。其构造如图 5-6 所示。有时在框底亦可放上钢化、压花、吸热、热反射玻璃等。颜色有无色、茶色、蓝色、灰色、紫色、金色、银色等。中空玻璃的玻璃与玻璃之间留有一定的空腔，因此具有良好的保温、隔热、隔声等性能。如在空腔中充以各种能漫射光线的材料或介质等，则可获得更好的声控、光控、隔热等效果。美国一幢20层的办公楼采用银色涂层的双层中空玻璃代替单层玻璃，其空调能耗降低69%。当然装设中空玻璃的费用比装设单层玻璃窗的费用高，但因它能减少采暖空调费用，综合效益还是合算的。

中空玻璃主要用于需要采暖、空调、防止噪声、结露及需要无直接光和特殊光线的建筑上，如住宅、饭店、宾馆、办公楼、学校、医院、商店等，也可用于火车、轮船等。

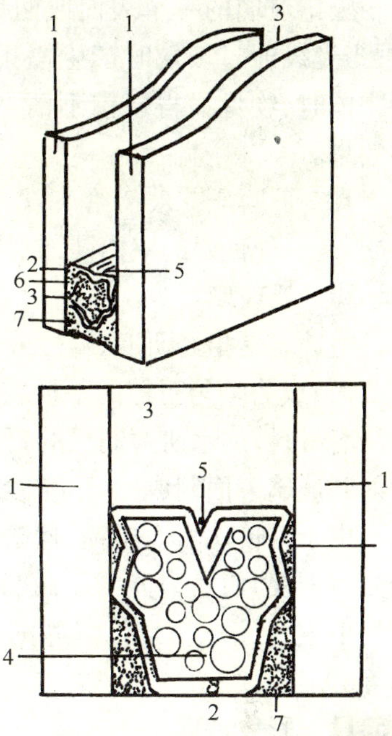

放大断面图

图5-6　中空玻璃的结构

1—玻璃原片；　2—空心铝隔框；
3—干燥空气；　4—干燥剂；
5—缝隙；　　　6—胶粘剂Ⅰ；
7—胶粘剂Ⅱ

中空玻璃的基本性能：

1. 光学性能

中空玻璃根据所选用的玻璃原片不同，具有不同的光学性能，可见光透视率范围为10%～80%，光反射率范围为25%～80%，总透过率范围为25%～50%。

2. 热工性能

中空玻璃具有优良的绝热性能，在某些条件下，其绝热性能优于混凝土墙，据统计，一些欧洲国家采用中空玻璃与单层窗玻璃相比每平方米可节省燃料40～50L。加拿大皇家集团总部大楼采用650m^{2}的热反射双层玻璃共3468片，该楼冬季比单层玻璃减少70%热损失，夏季可反射45%太阳热。

3. 隔声性能

中空玻璃具有较好的隔声性能，其隔声的效果通常与噪声的种类、声强有关，一般可使噪声下降30～40dB，对交通噪声可降低31～30dB，即能将街道汽车噪声降低到学校教室的安静程度。

4. 露点

在室内一定的相对湿度下，玻璃表面的温度达到露点以下，势必结露，直至结霜（0℃以下）。这将严重影响透视和采光，并引起其他一些不良效果。若采用中空玻璃则可使这种情况大大得到改善。在通常情况下，中空玻璃接触室内高湿度空气的时候玻璃表面温度较高，而外层玻璃温度虽低，但接触的空气湿度也低，所以不会结露。中空玻璃内部空气的干燥度是其重要指标之一。

中空玻璃的品种主要有普通中空玻璃、着色中空玻璃、热反射镀膜中空玻璃、Low-E镀膜中空玻璃等几个品种。根据地域和功能的不同，合理地选择中空玻璃，以便达到更好的节能效果。

5.5.9　压花玻璃

压花玻璃是将熔融的玻璃液在冷却过程中，通过带图案的花纹辊轴连续对辊压延而成。可一面压花，也可两面压花。压花玻璃又称花纹玻璃或滚花玻璃。在压花玻璃有花纹的一面，用汽溶胶对表面进行喷涂处理，玻璃可呈现浅黄色、浅蓝色、橄榄色等，经过喷涂处理的压花玻璃，立体感强，且可提高强度50%～70%。压花玻璃有一般压花玻璃、真空镀膜压花玻璃、彩色膜压花玻璃等。

压花玻璃的一个表面或两个表面压出深浅不同的各种花纹图案后，由于其表面高低不平，当光线通过玻璃时产生漫射。因而具有透光不透视的特点，造成从玻璃的一面看另一面物体时，物像显得模糊不清。压花玻璃因其表面有各种图案花纹，所以有良好的装饰艺术效果。

真空镀膜压花玻璃给人以一种素雅、美观、清新的感觉，花纹立体感强，并具有一定的反光性能，是一种良好的室内装饰材料。

5.5.10 毛玻璃

毛玻璃是指经研磨、喷砂或氢氟酸溶蚀等加工，使表面(单面或双面)成为均匀粗糙的平板玻璃。用硅砂、金刚砂、石榴石粉等作研磨材料，加水研磨制成的，称为磨砂玻璃；用压缩空气将细砂喷射到玻璃表面制成的，称喷砂玻璃；用酸溶蚀的称酸蚀玻璃。

由于毛玻璃表面粗糙，使透过光线产生漫射，见图5-7，造成透光不透视，使室内光线不眩目、不刺眼。一般毛玻璃用于建筑物的卫生间、浴室、办公室等的门窗及隔断，也可用作黑板及灯罩等。

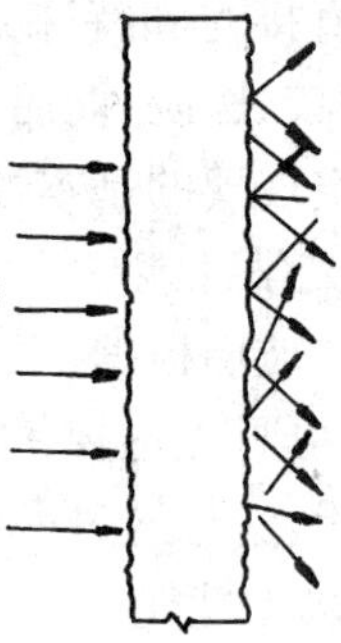

图5-7 毛玻璃对光的漫射

5.5.11 彩色玻璃

彩色玻璃又叫有色玻璃或饰面玻璃，彩色玻璃分透明和不透明的两种。透明的彩色玻璃是在玻璃原料中加入一定量的金属氧化物，按平板玻璃的生产工艺进行加工生产而成；不透明的彩色玻璃是用4～6mm厚的平板玻璃按照要求的尺寸切割而成型，然后经过喷洗、喷釉、烘烤、退火而制成。

彩色玻璃的颜色有红、蓝、黄、黑、绿、乳白等十余种。

不透明彩色玻璃又称饰面玻璃。经过退火处理的饰面玻璃可以切割，经钢化处理的饰面玻璃不能切割。

彩色玻璃可拼成各种图案花纹，并有耐蚀、抗冲刷、易清洗等特点，主要用于建筑物的内外墙、门窗装饰及对光线有特殊要求的部位。

5.5.12 釉面玻璃

釉面玻璃是一种饰面玻璃，它是在玻璃表面涂敷一层彩色熔性色釉，在熔炉中加热至釉料熔融，使釉层与玻璃牢固结合在一起，再经退火或钢化等不同热处理而制成的产品。玻璃基板可采用普通平板玻璃、压延玻璃、磨光玻璃或玻璃砖等。目前生产的釉面玻璃最大规格为3.2m×1.2m，玻璃厚度为5～15mm。

釉面玻璃具有良好的化学稳定性和装饰性，它可用于食品工业、化学工业、商业、公共食堂等室内饰面层，也可以用作教学、行政和交通建筑的主要房间、门厅和楼梯的饰面层，尤其适用于建筑物和构筑物立面的外饰面层。

5.5.13 光致变色玻璃

在玻璃中加入卤化银，或在玻璃与有机夹层中加入钼和钨的感光化合物，就能获得光致变色性。光致变色玻璃受太阳光或其他光线照射，颜色随光线的增强而逐渐变暗，当照射停止时又恢复原来颜色，光致变色玻璃的应用已开始从眼镜片向交通、医学、摄影、通信和建筑领域发展。

含氯化银的玻璃敏感波长为300～400μm，溴化银敏感波长为300～550μm，氯化银-碘化银敏感波长为300～650μm。光致变色玻璃从1964年研究，应用至今已有多年，由于生产这种玻璃要耗用大量的银，因此使用受到限制。

5.5.14　泡沫玻璃

泡沫玻璃是以玻璃碎屑为基料加入少量发气剂（闭气孔用炭黑，开口孔用碳酸钙）按比例混合粉磨，磨好后的粉料装入模内送入发泡炉发泡，然后脱模退火，制成一种多孔轻质玻璃制品。其孔隙率可达80%～90%，气孔多为封闭型，孔径一般为0.1～5mm，也有小到几个微米的。

泡沫的表观密度小（120～500kg/m^3），导热系数小（0.053～0.14W/m·K），吸声系数为0.3，抗拉强度0.4～8MPa，使用温度240～420℃，泡沫玻璃不透气、不透水、抗冻、防火、可锯、钉、钻、它属高级泡沫材料，也可作为高级建筑物墙壁的吸声装饰材料，泡沫玻璃可制成各种颜色。

5.5.15　镭射玻璃

镭射玻璃是以玻璃为基材的新一代建筑装饰材料，其特征在于经特种工艺处理，玻璃背面出现全息或其他光栅，在阳光、月光、灯光等光源照射下形成物理衍射分光。经金属反射后会出现艳丽的七色光，且同一感光点或感光面，将因光源的入射角的不同而出现不同的色彩变化，使被装饰物显得华贵高雅、富丽堂皇、梦幻迷人。

镭射玻璃的颜色有银白色、蓝色、灰色、紫色、黑色、红色等多种。镭射玻璃按其结构有单层和夹层之分。如半透半反单层（5mm）、半透半反夹层[（5+5）mm]钢化半透半反图案夹层地砖[（8+5）mm]等。

5.5.16　玻璃砖

玻璃砖又称特厚玻璃，有空心砖和实心砖两种。实心砖是采用机械压制方法制成的，空心玻璃砖是采用箱式模具压制而成的，两块玻璃加热熔接成整体空心砖。中间充以干燥空气，经退火，最后涂饰侧面而成。

空心砖有单孔和双孔两种。按性能分有：在内侧做成各种花纹，赋予它特殊的采光性，使外来光扩散的玻璃砖和使外来光向一定方向折射的指向性玻璃砖。按形状分：有正方形、矩形以及各种异型产品。按尺寸分：一般为115mm、145mm、240mm、300mm等规格。按颜色分：有使玻璃本身着色的以及在内侧面用透明着色材料涂饰的等产品。

特厚玻璃产品规格为厚度20～160mm，短边长有1200mm、800mm及600mm。最大规格有：1400mm×1200mm×25mm及3500mm×2000mm×45mm。

玻璃砖用来砌筑透光的墙壁、建筑物的非承重内外墙、淋浴隔断、门厅、通道等。特别适用于高级建筑、体育馆，用作控制透光、眩光和大阳光等场合。

玻璃砖被誉为“透光墙壁”。它具有强度高、绝热、隔声、透明度高、耐水、耐火等多种优良性能。

5.5.17　水晶玻璃

水晶玻璃又称石英玻璃，它是采用玻璃珠在耐火材料模具中制得一种装饰材料。玻璃珠是以SiO_2和其他添加剂为主要原料，经配料后用火焰烧熔结晶而成。

水晶玻璃的外层是光滑的，并带有各种形式的细网状或仿天然石料的不重复的点缀花纹。具有良好的装饰效果，机械强度高、化学稳定性和耐大气腐蚀性较好。水晶饰面玻璃的反面较粗糙，与水泥粘结性好，便于施工。

水晶玻璃饰面板适用各种建筑物的内墙面、地坪面层、建筑物外墙立面或室内制作壁画等。

5.5.18 玻璃马赛克(玻璃锦砖)

玻璃马赛克是以玻璃为基料并含有未熔解的微小晶体(主要是石英)的乳浊制品。玻璃马赛克的颜色有红、黄、蓝、白、黑等几十种。玻璃马赛克是一种小规格的彩色饰面玻璃。一般尺寸为20mm×20mm、30mm×30mm、40mm×40mm,厚4～6mm,有透明、半透明、不透明,还有带金色、银色斑点或条纹的。一面光滑,另一面带有槽纹,以利和砂浆粘贴。

玻璃马赛克具有色调柔和,朴实典雅,美观大方,化学稳定性、冷热稳定性好,不变色,不积尘,天雨自涤,历久常新,与水泥粘结好,施工方便等优点。它适用于宾馆、医院、办公楼、礼堂、住宅等建筑的外墙饰面。

5.5.19 防火玻璃

防火玻璃是一种特殊的建筑材料,即具有普通玻璃的透光性能,又具有防火材料的耐高温、阻燃等防火性能。在国家标准《建筑用安全玻璃——防火玻璃》(GB 15763.1—2001)中防火玻璃的耐火性能分为3项:耐火隔热性、热辐射强度和耐火完整性。

防火玻璃按耐火性能不同,国家标准将其分为A.B.C类产品。A类是同时满足耐火完整性和耐火隔热性要求的防火玻璃;B类是同时满足耐火完整性和热辐射强要求的防火玻璃;C类是满足耐火完整性要求的防火玻璃。

防火玻璃按结构不同分为单片防火玻璃和复合防火玻璃。单层防火玻璃是满足相应防火要求的单层玻璃。单层防火玻璃的使用性能良好,安装结构简单。单片防火玻璃经过物理钢化和化学钢化的复合处理,具有钢化玻璃的全部性能,属于安全玻璃;复合防火玻璃可以满足耐火完整性、辐射度、隔热三个性能指标,属于国标中的A类产品。

5.5.20 纳米自洁净玻璃

现代建筑的玻璃幕墙以其明亮的色彩、晶莹透亮的质感使人们赏心悦目,但空气污染会使玻璃幕墙表面失去光泽,所以其表面清理已成为幕墙建筑日常维护的难题。

纳米自洁净玻璃的研究是随着人们对半导体材料光催化性能的研究发展起来的,它是在浮法玻璃的表面沉积一层半导体氧化物纳米膜,该层膜受紫外光或太阳光照射后具有两种性质:一是光催化活性,它能够将附着在玻璃上的有机污染物降解为二氧化碳和水;二是亲水性,即水滴到玻璃上后能够铺展成水膜,而不是水滴。这两种特性可以使附着在玻璃表面的灰尘等有机污染物在雨水或自来水的冲刷下被冲掉,从而保持玻璃表面清洁,使玻璃具有自洁功能。纳米自洁净玻璃属生态环保型新型玻璃。

纳米自洁净玻璃的特性:(1)自洁性;(2)杀菌性,在自洁的同时,光催化剂还能连续不断地分解甲醛、苯、氨气等有害气体,杀灭室内空气中的各种细菌和病毒,有效地净化空气,减少污染,改善工作和生活环境;(3)透光性,纳米自洁净玻璃的透光率高,可达75%～80%;(4)膜层牢固性;(5)耐高温性,可进行钢化处理。

纳米自洁净玻璃作为生态型建筑材料在环境保护和空气净化等方面都具有广阔的应用前景,目前已被国内外广泛应用。

本章小结

本章首先对玻璃进行了一定的概述，包括玻璃的分类类别、原料成分、基本性质以及加工处理措施等。然后着重介绍了建筑中常用的玻璃种类，包括普通平板玻璃、钢化玻璃、夹丝玻璃、吸热玻璃、热反射玻璃、低辐射玻璃、中空玻璃、压花玻璃、毛玻璃、彩色玻璃、釉面玻璃、光致变色玻璃、泡沫玻璃、镭射玻璃、玻璃砖、水晶玻璃、玻璃马赛克、防火玻璃以及纳米自洁净玻璃的特点与应用。学习本章应首先了解玻璃的化学成分及原料组成；一般掌握玻璃的技术性质；重点掌握主要常用制品，如普通平板玻璃、钢化玻璃、热反射玻璃等的特点及应用范围。

复习思考题

1. 名词解释

(1)安全玻璃　　(2)中空玻璃

2. 填空题

(1)玻璃的外观质量缺陷一般有______、______、______和______等四种。

(2)常用的安全玻璃有______　______和______等。

(3)常用的透光不透视的玻璃有______　______和______等。

3. 选择题

(1)玻璃的性质，以下说法正确的是(　　)。

a. 受冲击容易破碎；b. 耐酸性好；c. 耐碱性好；d. 热稳定性差。

A. a、b、c　　B. a、b、d　　C. a、c、d　　D. b、c、d

(2)用于卫生间门窗，从一面看另一面模糊不清，即透光不透视的玻璃有(　　)。

A. 磨光玻璃　　B. 镀膜玻璃　　C. 磨砂玻璃　　D. 光致变色玻璃

(3)下列各优点中，不属于中空玻璃的优点的是(　　)。

A. 绝热性能好　　B. 隔声性能好　　C. 寒冷冬季不结霜　D. 透光率高于普通玻璃

(4)在加工玻璃时，不能切割加工的玻璃是(　　)。

A. 压花玻璃　　B. 磨砂玻璃　　C. 釉面玻璃　　D. 钢化玻璃

(5)具有单向透视特点，起帷幕作用的玻璃是(　　)。

A. 吸热玻璃　　B. 热反射玻璃　　C. 磨光玻璃　　D. 毛玻璃

4. 问答题

(1)建筑玻璃及制品在现代建筑中有哪些功能?

(2)试述平板玻璃的作用。

(3)吸热玻璃与热反射玻璃有何区别?

(4)常用装饰玻璃的品种、特性及用途是什么?

第6章　气硬性胶凝材料

本章基本内容：

胶凝材料又称胶结材料，具有一系列优良的粘结性能，在建筑工程中应用广泛。本章主要介绍了建筑中常用的气硬性胶凝材料的制作、性质、特点及应用。

能将散粒材料或块状材料胶结为一个整体材料的材料称为胶凝材料。按化学成分，将胶凝材料分为有机胶凝材料和无机胶凝材料。建筑上使用的沥青、合成树脂属于有机胶凝材料。无机胶凝材料按硬化条件分为气硬性胶凝材料和水硬性胶凝材料。气硬性胶凝材料只能在空气中硬化，也只能在空气中保持和发展其强度；水硬性胶凝材料则既能在空气，又可在水中更好地硬化，并保持和发展其强度。故气硬性胶凝材料的耐水性差，不能用在潮湿环境或水中。而水硬性胶凝材料的耐水性好，可以用于水中。

建筑工程中主要应用的气硬性胶凝材料有石灰、石膏、水玻璃和其他胶粘剂等。

6.1　石　　灰

石灰是建筑工程中应用最早的气硬性胶凝材料。

6.1.1　石灰的原料及生产

以碳酸钙为主要成分的天然岩石均可用来煅烧石灰，主要化学变化为：

$$CaCO_3 \xrightarrow{900℃} CaO + CO_2 \uparrow$$

$$MgCO_3 \xrightarrow{600℃} MgO + CO_2 \uparrow$$

氧化钙和氧化镁即为生石灰的主要成分。根据氧化镁含量的多少，将生石灰分为钙质石灰（MgO 含量 $<5\%$）和镁质石灰（MgO 含量 $\geq 5\%$）。国家建材行业标准《建筑生石灰》（JC/T 479—1992）将生石灰划分为三个质量等级，具体指标如表 6-1 所示。

表 6-1　建筑生石灰的技术指标（JC/T 479—1992）

项　　目	钙质生石灰			镁质生石灰		
	优等品	一级品	合格品	优等品	一级品	合格品
CaO + MgO 含量（%）≥	90	85	80	85	80	75
未消化残渣含量(5mm 圆孔筛余)（%）≤	5	10	15	5	10	15
CO_2（%）≤	5	7	9	6	8	10
产浆量（$L \cdot kg^{-1}$）≥	2.8	2.3	2.0	2.8	2.3	2.0

生石灰的质量与煅烧温度和煅烧时间有直接关系：当煅烧温度过低或煅烧时间不足时，生

石灰中残留有未分解的石灰岩残渣，即欠火石灰；当煅烧温度过高时，由于石灰岩中的易熔成分熔融，所形成的生石灰结构致密，并被熔物包裹，即过火石灰。

欠火石灰无胶凝性能，从而降低了石灰的质量和利用率；过火石灰则难于水化，给工程应用带来不便。

原料纯净，煅烧正常的生石灰是白色或灰白色块状体，质轻色匀，呈松软多孔结构。生石灰的密度约为3.2g/cm^3，表观密度为800~1000kg/m^3。

6.1.2 生石灰的熟化(水化)和硬化

块状生石灰使用前，通常加水熟化成石灰膏或消石灰粉，其化学反应为：

$$CaO + H_2O \longrightarrow Ca(OH)_2 + 64.9kJ$$

该反应迅速，其主要特点是：体积膨胀达1~2.5倍，生石灰品质越好膨胀越厉害；水化放热量很高，达建筑石膏水化放热量的10倍，水泥水化放热量的9倍。

在建筑工地上，石灰多在化灰池中熟化成石灰膏。欠火石灰是含碳酸钙的硬块而不能熟化成为渣子。过火石灰则因其熟化缓慢，当用于建筑抹灰以后，可能继续熟化而产生膨胀，使平整的抹灰面表面鼓包、开裂或局部脱落。为消除过火石灰的危害，必须将生灰在化灰池内放置2周以上(称陈伏)，使其充分熟化后方可使用。

石灰在空气中逐渐硬化，是由两个同时进行的过程来完成的：

(1)结晶作用。石灰浆体中水分蒸发或被砌体吸收，氢氧化钙逐渐从过饱和溶液中析出，形成结晶。

(2)碳化作用。氢氧化钙与空气中二氧化碳和水化合，生成不溶于水的碳酸钙结晶，释放出水分：

$$Ca(OH)_2 + CO_2 + nH_2O = CaCO_3 + (n+1)H_2O$$

此谓石灰的碳化。由于空气中二氧化碳浓度很低，碳化过程十分缓慢，碳化与结晶过程的同时进行，使得石灰浆逐渐凝结而硬化。

生石灰与少量的水作用会形成消石灰粉(熟石灰)，使用时加水调制成石灰浆。国家建材行业标准《建筑消石灰粉》(JC/T 481—1992)将消石灰粉按其种类划分为三个质量等级，如表6-2所示。

表6-2 建筑消石灰粉的技术指标(JC/T 481—1992)

项目		(CaO+MgO)含量(%)≥	游离水(%)	体积安全性	细度	
					0.9mm筛的筛余(%)≤	0.125mm筛的筛余(%)≤
钙质消石灰粉	优等品	70	0.4~2	合格	0	3
	一级品	65	0.4~2	合格	0	10
	合格品	60	0.4~2	—	0.5	15
镁质消石灰粉	优等品	65	0.4~2	合格	0	3
	一级品	60	0.4~2	合格	0	10
	合格品	55	0.4~2	—	0.5	15
白云石消石灰粉	优等品	65	0.4~2	合格	0	3
	一等品	60	0.4~2	合格	0	10
	合格品	55	0.4~2	—	0.5	15

6.1.3 石灰的技术性质

石灰作为胶凝材料,其技术性质如下:

(1)可塑性好。生石灰熟化成石灰浆时,能形成颗粒极细的微粒(约1μm),该颗粒在浆体中可吸附水膜,使浆体可塑性明显改善。故在砌砖结构的水泥砂浆中,常掺入一定量的石灰膏。

(2)硬化慢,强度低。硬化慢主要是碳化过程缓慢所致。1:3的石灰砂浆28天强度约0.2~0.5MPa,所以石灰不能用作结构材料。

(3)体积收缩小。石灰浆体硬化过程中,由于蒸发大量水分而导致体积明显收缩,一般不能单独使用,必须掺入适量骨料或加筋材料(如麻刀、纸筋)。

(4)耐水性差。未硬化的石灰浆处于潮湿环境中,由于水分不能很好蒸发而难以硬化;已硬化的石灰浆长期受潮或受水浸泡,由于$Ca(OH)_2$晶体溶解而导致强度下降甚至溃散。

6.1.4 石灰的应用

石灰与黏土可配成灰土,再加入砂或碎砖、炉渣可配成三合土,经夯实,具有一定强度和耐水性,可用于建筑物的基础、垫层以及路基等。

配制水泥石灰砂浆和石灰砂浆。用熟化好的石灰膏和水泥、砂配制成的混合砂浆是目前用量最大、用途最广的砂浆品种;用石灰膏和砂或麻刀、纸筋配制成的石灰砂浆、麻刀灰、纸筋灰则广泛用作内墙和顶棚的抹灰材料。

目前在建筑工程中已大量应用磨细生石灰(将块状生石灰磨细并袋装成生石灰粉)代替石灰膏或消石灰粉配制砂浆或灰土,其优点有:

(1)由于磨细生石灰的细度高,比表面积大,水化反应很快,从根本上消除过火石膏可能造成的危害,故不需“陈伏”,提高了工效,节约施工场地,改善了环境条件。

(2)石灰中的欠火石灰被磨细,提高了石灰的利用率。

(3)将石灰的熟化过程和硬化过程有机地联系起来,熟化过程所放热量加速了硬化的进行,从一定程度上克服了石灰硬化慢的缺点。

磨细生石灰需经机械加工,成本有所提高,也不宜久存。

《建筑生石灰粉》(JC/T 480—1992)将生石灰粉分为三个质量等级,具体指标如表6-3所示。

表6-3 建筑生石灰粉的技术指标(JC/T 480—1992)

项目		钙质消石灰粉			镁质消石灰粉		
		优等品	一级品	合格品	优等品	一级品	合格品
$(CaO+MgO)$含量(%)≥		85	80	75	80	75	70
CO^2 含量(%)≤		7	9	11	8	10	12
细度	0.9mm筛的筛余/(%)≤	0.2	0.5	1.5	0.2	0.5	1.5
	0.125mm筛的筛余/(%)≥	7.0	12.0	18.0	7.0	12.0	18.0

6.2 石膏及其制品

石膏及其制品作为新型建筑材料已在建筑工程中广泛应用,如各种石膏板、粉刷石膏等。

6.2.1 石膏的原料及生产

天然石膏岩(二水石膏$CaSO_4 \cdot 2H_2O$)是生产建筑石膏的主要原料。

天然二水石膏在107～170℃加热煅烧即得建筑石膏，其化学反应如下：

$$CaSO_4 \cdot 2H_2O \xrightarrow{107\sim170^{\circ}C} CaSO_4 \cdot \frac{1}{2}H_2O + \frac{3}{2}H_2O \uparrow$$

β型半水石膏即为建筑石膏（熟石膏），通常为白色粉末。改变上述反应的温度或压力条件，将会生成不同品种的石膏，如α型半水石膏（高强石膏）、无水石膏等。这些石膏的性质与β型半水石膏有着十分显著的差异。

6.2.2　建筑石膏的技术特性

1. 凝结硬化快。建筑石膏加水拌合数分钟后，便开始失去塑性，初凝仅需5min，终凝为20～30min，一周后即完全硬化。这一性质不利于制品成型，为此常掺入缓凝剂，如硼砂、柠檬酸、亚硫酸盐纸浆废液、骨胶等，以延缓其水化时间，方便生产。

2. 凝结硬化过程中体积略为膨胀，其膨胀量约1.0%，所以石膏在使用中不会因不均匀收缩而开裂，作为装饰材料使用时表面光滑细腻，形体饱满，尺寸准确。

3. 质轻多孔。建筑石膏水化反应的理论需水量为18.6%，但在实际生产中，为了成型方便，实际用水量常达60%～80%，超出理论需水量的水分在制品成型后慢慢蒸发而成为孔隙，孔隙率约为50%～80%。因此，石膏制品质轻而多孔，具有良好的绝热性能和吸声性能。但强度较低，吸水率高，抗冻性差。

4. 防火性能良好。建筑石膏硬化后成为二水石膏，其中结晶水约占20.9%。当石膏制品受到高温作用时，结晶水蒸发而形成“气幕”，具有阻止火热蔓延作用。

5. 耐水性差。在潮湿条件下，石膏的强度显著降低，所以石膏制品一般不宜用于相对湿度70%以上的环境中。

6. 良好的加工性能。建筑石膏硬化后可锯、可刨、可钉、可钻性，这为安装施工提供了很大的方便。

7. 石膏制品装饰性好。石膏制品在成型时易做成各种复杂的图案花纹及造型，具有颜色洁白，质感细腻，用于室内装饰显得宁静高雅。近几年来国内外建筑物普遍采用石膏装饰制品作为室内墙面和顶棚的装修和装饰材料。

6.2.3　建筑石膏制品

石膏制品主要有装饰石膏板和石膏工艺装饰部件等。人们逐渐认识到，在门类众多的装饰材料中，石膏制品具有不老化、无污染、对人体健康无害等独到的优点，因此现代建筑的室内墙面和顶棚装饰采用石膏制品作为装饰材料已呈日益增多的趋势。

1. 装饰石膏板

装饰石膏板是以建筑石膏为主要原料，掺入适量纤维加筋材料和聚乙烯醇外加剂与水一起搅拌成均匀的料浆，注入带有图案花纹的硬质模具内成型，再经硬化、干燥而成的不带图护面纸的装饰板材。其主要特征是表面具有各种图案花纹，可获得良好的装饰效果。有的产品在生产时，可在其表面粘贴一层聚氯乙烯装饰面层，以一次完成装饰工序。当用作吊顶板材时考虑兼有吸声效果，则可将板材穿以圆形或方形的盲孔或全穿孔，通常将孔呈图案布置，以增加板材的装饰效果。

装饰石膏板按板材耐湿性能分为普遍板、防潮板两类。每类按其板面特征又分为平板、孔板及浮雕板三种，具体分类及代号见表6-4所示。

表 6-4　装饰石膏板分类及代号

分　类	普　通　板			防　潮　板		
	平板	孔板	浮雕板	平板	孔板	浮雕板
代号	P	K	D	FP	FK	FD

装饰石膏板为正方形，其棱边形状有直角和倒角形两种；常用规格有四种：300mm×300×8mm、400mm×400mm×8mm、500mm×500mm×10mm 及 600mm×600mm×10mm。当用作建筑层高为 10m 左右的吊顶时，常选用 500mm×500mm×9mm 和 600mm×600mm×11mm 的装饰石膏板。

按技术标准《装饰石膏板》(JC/T 799—2007)规定，装饰石膏板产品标记顺序为：产品名称、板材分类代号、板材边长、标准号。例如尺寸为 500mm×500mm×9mm 的防潮板，其标记为：装饰石膏板 FK500 JC/T 799—2007。

装饰石膏板技术性能指标见表 6-5，断裂荷载应不小于表 6-6 的规定。

表 6-5　装饰石膏板技术性能指标

项　　目			优等品		一级品		合格品	
			平均值	最大值	平均值	最大值	平均值	最大值
边长(mm)			0 -2		+1 -2			
厚度(mm)			±0.5		±1.0			
不平度(mm)≤			1.0		2.0		3.0	
直角偏离度(mm)≥			1		2		3	
单位面积质量≤(kg/m^2)	P、K、FP、FK	厚度 9mm	8.0	9.0	10.0	11.0	12.0	13.0
		厚度 11mm	10.0	11.0	12.0	13.0	14.0	15.0
	D. FD	厚度 9mm	11.0	12.0	13.0	14.0	15.0	16.0
含水率(%)≤			2.0	2.5	2.5	3.0	3.0	3.5
吸水率(%)≤			5.0	6.0	8.0	9.0	10.0	11.0
受潮挠度(mm)≤			5	7	10	12	15	17

表 6-6　装饰石膏板断裂荷载值　　N

项　　目	优　等　品		一　等　品		合　格　品	
	平均值	最小值	平均值	最小值	平均值	最小值
P、K、FP、FK	176	159	147	132	118	106
D. FD	186	168	150	137	147	132

装饰石膏板具有轻质、强度较高、绝热、吸声、阻燃、抗震、耐老化、变形小、能调节室内湿度等特点，且加工性能好，施工方便。

普通装饰吸声石膏板适于宾馆、礼堂、会议室、招待所、医院、候机室等用作吊顶板材，以及安装在这些室内四周墙壁的上部，也可用在住宅的顶棚和墙面装饰。

高效防水装饰吸声石膏板主要用于对装饰和吸声有一定要求的建筑物室内顶棚和墙面装饰，特别适用于环境湿度>70%的工矿车间、地下建筑、人防工程及对防水有特殊要求的建筑工程。

吸声石膏板适用于各种音响效果要求高的场所，如影剧院，播音室等。

2. 纸面石膏板

纸面石膏板包括普通纸面石膏板、耐火纸面石膏板和装饰吸声纸面石膏板三种。它们是以建筑石膏为主要原料，掺入适量纤维和外加剂等制成芯板，再在其表面贴以厚质护面纸而制成的板材。板材因厚纸护面，所以抗折强度较高，挠度变形比无护面纸的石膏板小得多。

普通纸面石膏板和耐火纸面石膏板为矩形，板长有 1800mm、2100mm、2400mm、2700mm、3000mm、3300mm 和 3600mm 等几种，宽度有 900mm、1200mm 两种，厚度有 9mm、12mm、15mm、18mm 等几种（耐火板还有 21mm 和 25mm 厚）。一般情况下均采用 9mm 和 12mm 厚的板。板材的棱边（长边）形状有五种，具体形状和代号见图 6-1 和表 6-7 所示。

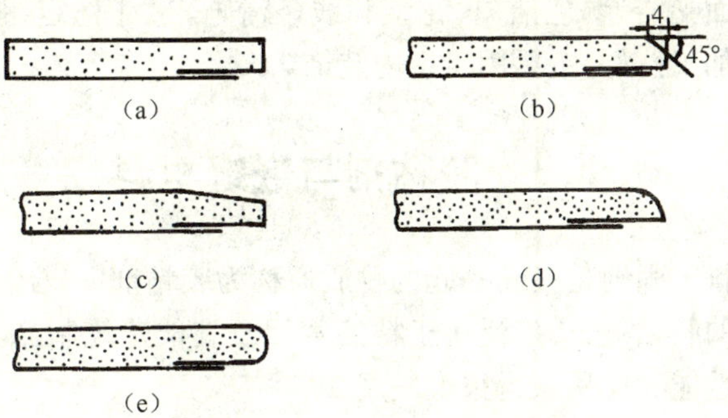

图 6-1　纸面石膏板的棱边形状

(a)矩形棱边；(b)45°倒角棱边；(c)楔形棱边；(d)半圆形棱边；(e)圆形棱边

表 6-7　普通纸面石膏板、耐火纸面石膏板棱边种类及代号

分类	普通纸面石膏板					耐火纸面石膏板				
棱边形状	矩　形	45°倒角	楔　形	半圆形	圆　形	矩　形	45°倒角	楔　形	半圆形	圆　形
代号	PJ	PD	PC	PB	PY	HJ	HD	HC	HB	HY

装饰吸声纸面石膏板的主要形状为正方形，常用尺寸有 500mm × 500mm 和 600mm × 600mm 两种，板厚有 9mm 和 12mm 两种。用作活动式装配吊顶时，以选用 9mm 厚的板材为宜。

纸面石膏板于 1890 年在美国首创，之后在世界各国发展很快。它适用于办公楼、旅馆、影剧院、宾馆、商店、车站、住宅等建筑的室内吊顶和墙面的装修和装饰材料。

3. 嵌装式装饰石膏板

嵌装式装饰石膏板也是以建筑石膏为主要原料，掺入适量的纤维增强材料和外加剂，与水搅拌成均匀的料浆，经浇注成型、硬化、干燥而成的不带护面的板材。板材背面凹入而四周边加厚，并制有嵌装企口，板材正面为平面或带有一定深度的浮雕花纹图案，也可以穿以盲孔，这种板称为穿孔嵌装式装饰石膏板。当采用该种板作饰面板时，在其背面复合吸声材料，使板具有一定吸声特性的板材，则称为嵌装式装饰吸声石膏板。

嵌装式装饰石膏板为正方形。其棱面形式有直角形和倒角形。规格为：边长 600mm × 600mm，边厚大于 28mm，边长 500mm × 500mm，边厚大于 25mm。

嵌装式装饰石膏板的形状构造见图 6-2。

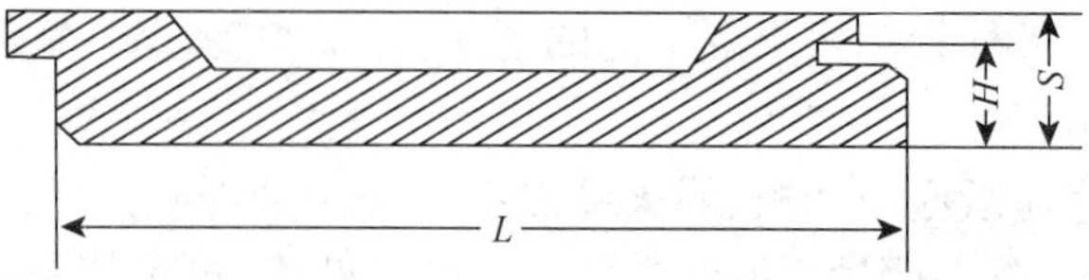

图 6-2　嵌装式装饰石膏板构造示意图

4. 艺术装饰石膏制品

艺术装饰石膏制品主要包括浮雕艺术石膏线角、线板、花角、壁炉、罗马柱、花饰等。这些制品均采用优质建筑石膏为基料,配以纤维增强材料、胶粘剂等,与水拌匀制成料浆,经浇注成型、硬化、干燥而成。

这些制品具有表面光洁,颜色洁白,花型和线条清晰,尺寸稳定,强度高,无毒,阻燃等特点,并且拼装容易,可加工性好,主要用于室内装饰。

6.3　胶粘剂与嵌缝材料

能直接将两种材料牢固地粘接在一起的物质通称为胶粘剂。皮胶、鱼胶、骨胶、淀粉、豆蛋白等动植物胶是传统的胶粘剂,曾广泛用于粘接木材及其他建筑制品。随着合成树脂工业的发展,胶粘剂的品种、性能和应用获得很大发展。

目前采用的胶粘剂,大部分为合成树脂。其中,结构用胶粘剂,多为热固性树脂,如酚醛树脂、环氧树脂、有机硅、脲醛树脂等;非结构用胶粘剂,多为热塑性树脂,如聚乙烯醇、醋酸乙烯、过氯乙烯树脂等。

作为胶粘剂,必须具备下列条件:(1)具有足够的流动性,保证被粘接表面能充分浸润;(2)不易老化;(3)易于调节粘接性和硬化速度:(4)膨胀或收缩变形小;(5)粘接强度大。

6.3.1　胶粘剂

6.3.1.1　胶粘剂的分类与组成

1. 胶粘剂的分类

1)按强度特性分类

按强度特性的不同,胶粘剂可分为结构胶、次结构胶和非结构胶。结构胶对强度、耐热、耐油和耐水等有较高的要求。用于金属的结构,室温剪切强度要求在 10 ~ 30MPa,10^6 循环剪切疲劳后强度为 4 ~ 8MPa;非结构胶不承受较大荷载,只起定位作用。介于二者之间的胶粘剂,称为“次结构胶”。

2)按固化形式分类

按固化形式的不同,胶粘剂可分为溶剂型、反应型和热熔型。

溶剂型胶粘剂中的溶剂从粘合端面挥发或被粘物自身吸收,形成粘合膜而发挥粘合力,是一种纯粹的物理可逆过程。固化速度随环境的温度、湿度、被粘物的疏松程度、含水量以及粘合面的大小、加压方法而变化。这种类型的胶粘剂,有环氧、聚苯乙烯、丁苯等。

反应型胶粘剂的固化是由不可逆的化学变化而引起的。按照配方及固化条件,可分为单组分、双组分甚至三组分等的室温固化型、加热固化型等多种形式。这类胶粘剂有酚醛、聚氨酯、硅橡胶等。

热熔型胶粘剂,以热塑性的高聚物为主要成分,是不含水或溶剂的固体聚合物,通过加热熔融粘合,随后冷却、固化,发挥粘合力。这一类型的胶粘剂有酯酸乙烯、丁基橡胶、松香、虫胶、石蜡等。

3)按主要成分分类

- 胶粘剂
  - 有机胶粘剂
    - 天然胶粘剂
      - 动物胶:鱼胶、骨胶、虫胶等。
      - 植物剂:淀粉、松香、阿拉伯树胶等。
    - 合成胶粘剂
      - 热固性树脂胶粘剂:环氧、酚醛、脲醛、有机硅、丙烯酸双酯、聚酰来胺等。
      - 热塑性树脂胶粘剂:聚酯酸乙烯酯、乙烯-酯酸乙烯酯等。
      - 橡胶型胶粘剂:氯丁胶、丁腈胶、硅橡胶等。
      - 混合型胶粘剂:酚醛-环氧、酚醛-丁腈、环氧-尼龙等。
  - 无机胶粘剂
    - 磷酸盐型
    - 硅酸盐型
    - 硼酸盐型

2. 胶粘剂的组成

尽管胶粘剂的品种很多,但其组成一般主要有粘接料、固化剂、增塑剂、填料、稀释剂、改性剂等几种。对某一种胶粘剂来说,不一定都含有这些成分,同样也不限于这几种成分,而主要是由它们的性能和用途来决定。

1)粘接料。粘接料简称粘料,它是胶粘剂中最基本的组分,它们的性质决定了胶粘剂的性能、用途和使用工艺,一般胶粘剂是用粘料来命名的。

2)固化剂。有的胶粘剂(如环氧树脂)若不加固化剂本身不能变成坚硬的固体。固化剂也是胶粘剂的主要成分,其性质和用量对胶粘剂的性能起着重要作用。

3)增塑剂。增塑剂是为了改善粘接层的韧性、提高其抗冲击强度的一种试剂,常常根据胶粘剂的种类,加入适量的增塑剂。

4)填料。填料一般在胶粘剂中不发生化学反应,但加入填料可以改善胶粘剂的机械性能,降低成本。

5)稀释剂。加稀释剂主要是为了降低胶粘剂的黏度,便于操作,提高胶粘剂的湿润性和流动性。

6)改性剂。为了改善胶粘剂某一性能,满足特殊要求,常加入一些改性剂。如为提高胶结强度,可加入偶联剂。另外还有防老化剂、稳定剂、防腐剂、阻燃剂等多种。

6.3.1.2　建筑中常用胶粘剂

1. 酚醛树脂胶粘剂

酚醛树脂是热固树脂中最早工业化并用于胶粘剂的品种之一。它的胶结强度高,但必须在加热、加压条件下进行粘接。酚醛树脂可用松香、干性油或脂肪酸等改性,改性后的酚醛树脂可溶性增加,韧性提高,主要用于胶结纤维板、非金属材料及塑料等。

2. 环氧树脂类胶粘剂

环氧树脂类胶粘剂是以环氧树脂为主要原料,掺加适量固化剂、增塑剂、填料、稀释剂等配制而成,具有粘接强度高、收缩性小、稳定性高、耐化学腐蚀、耐热、耐久等优点,对于铁制品、玻璃、陶瓷、木材、塑料、皮革、水泥制品、纤维材料等都具有良好的粘接能力,适用于水中作业和需耐酸碱等场合及建筑物的修补，故俗称万能胶。

3. 聚酯酸乙烯乳液胶粘剂(俗称白乳胶)

由酯酸乙烯单体聚合而成，是建筑材料工业用量较大的一种胶粘剂。该乳液是一种白色黏稠液体，呈酸性，具有亲水性，且流动性好，内聚力低，耐水性差，干固温度不宜过低或过高。其主要用于承受力不太大的胶结中，如纸张、木材、纤维等的胶粘。

4. 聚氨酯胶粘剂

聚氨酯胶是以多异氰酸酯和聚氨基甲酸酯(简称聚氨酯)为主体材料的胶粘剂。该胶粘剂具有粘接力强、适用范围广，可用于粘接不同的被粘物，如用于橡胶、皮革、织物、金属、陶瓷等的胶接。

6.3.1.3　建筑工程中胶粘剂的选用

胶粘剂在建筑上应用十分广泛。它不但广泛用于建筑施工及建筑室内外装修工程中，如地面、墙面、吊顶工程的装修粘贴，还常用于屋面防水、地下防水、管道工程、新旧混凝土的接缝以及金属构件及基础的修补等。

胶粘剂品种很多，性能各异，如何根据材料性质及环境条件，正确选用胶粘剂的品种，是保证胶接质量、充分发挥其性能的必要条件。

1. 壁纸、墙布用胶粘剂

1)聚乙烯醇水溶液(胶水)

它是按聚乙烯醇：水=5：100的质量比，在水浴加温下溶解而得，具有芬芳气味、无毒、使用方便等特点。

2)801胶

以聚乙烯醇与甲醛在酸性介质中缩聚反应后再经氨基化而成，具有无毒、无味、不燃、游离醛含量低等特性。

3)聚酯酸乙烯乳液(白乳胶)

以酯酸乙烯为主要原料，经乳液聚合而制得的一种芳香的白色乳状胶液。其特点是常温自干、成膜性好、耐候、耐霉菌性良好，不含有机溶剂，无刺激性臭味。

2. 塑料地板用胶粘剂

1)水性10号地板胶

以聚酯酸乙烯乳液为基体料配制而成，是一种单组分水溶性胶液，具有胶接强度高、无毒、无味、快干、耐老化、耐油等特性，价格便宜，施工安全、简便，存放稳定。

2)水乳型地板胶粘剂

以改性剂和填料碳酸钙改性聚酯酸乙烯乳液作为基料配制而成，具有粘接强度高、无毒、施工简便、耐老化、价格便宜等特点。

3)8123聚氯乙烯塑料地板胶粘剂

以氯丁乳胶为基料，加入增稠剂、填料等配制而成，是一种水乳型胶粘剂，具有无毒、无味、不燃、施工方便，初始粘接强度高，防水性能好等优点。

4)801强力胶

系氯丁-酚醛型单组分胶粘剂，具有室温固化、使用方便、初始粘接力高、胶膜柔软、耐冲击、耐油、耐介质等优点，可在80℃以下使用。

5)CBJ-84胶粘剂

以合成橡胶为主要原料，经配制加工而成，具有施工方便，初始强度高，耐酸碱，耐一般有机溶剂等优点。

3. 竹、木用胶粘剂

1)8109胶

系脲醛缩合物的水溶液，使用时加固化剂氯化铵配制而成，具有常温固化、粘接力强、价廉等特点。

2)铁锚206胶

由酚醛树脂、固化剂组成，特点是室温固化，但胶膜较脆。

3)SJ-2水基胶

由酯酸乙烯-丙烯酸酯共聚乳液及添加剂等组成的单组分胶液，具有室温干燥、使用方便、初始粘接力和涂刷性好等特点。

4. 瓷砖、大理石胶粘剂

1)JDF-503通用瓷砖胶粘剂

以水泥为基料，用聚合物改性的粉状产品，具有耐水、耐久性良好，操作方便，价格低等特点。

2)JD-580耐水型瓷砖胶粘剂

以耐水性强的新型聚合物乳液为基料，与适量的触变剂、防腐剂、增稠剂、交联剂以及复合填料配制而成的一种预混型单组分膏状瓷砖胶粘剂，具有胶层薄、饰面不下滑，可调节时间长，强度高，工效快，洁净等特点。

3)JDF-505多彩勾缝剂

具有多种颜色，是瓷砖胶粘剂的配套产品，具有勾缝不开裂，耐久性好，无毒、无味等特点。

4)双组分SF-1型装饰石材胶粘剂

以水玻璃为胶粘剂，配以改性剂、助剂、硬化剂和填料，经加工而成。

5. 玻璃、有机玻璃专用胶粘剂

1)AE室温固化透明丙烯酸酯胶

AE胶为无色透明黏稠液体，能在室温下快速固化，一般4～8h内即可完全固化，固化后其透光率和折射系数与有机玻璃基本相同，具有粘接力强、操作方便等特点。

2)WH-Z有机玻璃胶粘剂

系为无色透明的胶状液体。耐水、耐油、耐碱、耐弱酸、耐盐雾腐蚀，适用于有机玻璃制品，赛璐珞制品的胶合。

3)聚乙烯醇缩丁醛胶粘剂

以聚乙烯醇在酸性催化剂存在下与醛反应而得，对玻璃粘接力好，且透明度、耐老化性及抗冲击性好，故适宜于玻璃的粘接。

6. 混凝土界面胶粘剂

1)JD-601混凝土界面胶粘剂

该胶粘剂是一种聚合物混合乳液，是增强混凝土表面粘接的材料，可大大提高新旧混凝土与抹面砂浆的粘合力，可取代传统凿毛等工序，避免了砂浆空鼓、分层、粘接不牢等弊病。

2)YJ-302混凝土界面处理剂

这是一种水泥砂浆粘接增强剂，适用于新老混凝土及饰面砖、大理石等的表面涂敷处理，以增加水泥砂浆对它们的粘接力，从而解决抹灰砂浆空鼓、面砖脱落、新老混凝土脱层等问题。

6.3.2 嵌缝材料

嵌缝材料是嵌堵结构或构件接缝用的材料。作为嵌缝材料必须具备较好的柔韧性，便于操作，弹性良好，与接缝表面的粘结强度高，嵌缝后接缝严密、不漏水，能保证嵌缝质量。

聚氯乙烯胶泥是以聚氯乙烯树脂和煤焦油为基料，掺配适量增塑剂、稳定剂和填料，在加热条件下塑化而成的防水嵌缝材料。

聚氯乙烯胶泥具有良好的柔韧性、防水性、抗渗性和黏结性，耐热、耐寒、耐腐蚀、抗老化，施工简便，原料来源广，价格低廉，是一种较好的屋面防水嵌缝材料。聚氯乙烯胶泥也用于渠道、管道等的接缝、混凝土和砖墙裂缝的修补以及耐腐蚀工程等。

硅橡胶是一种优质的嵌缝材料，具有低温柔韧性好（-60℃）、耐热性高（150℃）、耐腐蚀、耐久等优点，但价格较贵，适用于低温或高温下的嵌缝。

聚硫橡胶嵌缝材料兼有塑料和合成橡胶的性能，如常温下不氧化，不易变色，收缩小，防老化性好，适用于细小接缝的嵌缝，尤其是多孔或暴露的表面接缝。环氧聚硫橡胶具有粘结性好、强度高等特点，但价格较贵，适用于变形小，密封要求高的工程。

6.4 其他胶凝材料

6.4.1 水玻璃

水玻璃是一种溶解于水的、由碱金属氧化物和二氧化硅结合而成的硅酸盐材料。水玻璃分为钠水玻璃和钾水玻璃两类，俗称泡花碱。钠水玻璃为硅酸钠水溶液。钾水玻璃为硅酸钾水溶液。土木工程中主要使用钠水玻璃。当工程技术要求较高时也可采用钾水玻璃。优质纯净的水玻璃为无色透明的黏稠液体，溶于水，当含有杂质时呈淡黄色或青灰色。

水玻璃在空气中的凝结固化与石灰的凝结固化非常相似，主要通过碳化和脱水结晶固结两个过程来实现，随着碳化反应的进行，硅胶含量增加，接着自由水分蒸发和硅胶脱水成固体SiO_2而凝结硬化。其特点是：①速度慢。由于空气中CO_2浓度低，故碳化反应及整个凝结固化过程缓慢。②体积收缩。③强度低。

为加速水玻璃的凝结固化速度和提高强度，水玻璃使用时一般要求加入固化剂氟硅酸钠，氟硅酸钠的掺量一般为12%～15%。掺量少，凝结固化慢，且强度低；掺量太多，则凝结硬化过快，不便施工操作，而且硬化后的早期强度虽高，但后期强度明显降低。因此，使用时应严格控制固化剂掺量，并根据气温、湿度、水玻璃的模数、密度在上述范围内适当调整。即：气温高、模数大、密度小时选下限，反之亦然。

水玻璃的性质如下：

（1）粘接力和强度较高

水玻璃硬化后的主要成分为硅凝胶和固体，比表面积大，因而具有较高的粘接力。但水玻璃自身质量、配合料性能及施工养护对强度有显著影响。

（2）耐酸性好

可以抵抗除氢氟酸（HF）、热磷酸和高级脂肪酸以外的几乎所有无机和有机酸。

（3）耐热性好

硬化后形成的二氧化硅网状骨架，在高温下强度下降很小，当采用耐热耐火骨料配制水玻璃砂浆和混凝土时，耐热度可达1000℃。因此水玻璃混凝土的耐热度，也可以理解为主要取决于骨料的耐热度。

(4)耐碱性和耐水性差

因水玻璃溶于碱,不能在碱性环境中使用。同样由于 NaF、Na_2CO_3 均溶于水而不耐水,但可采用中等浓度的酸对已硬化水玻璃进行酸洗处理,提高耐水性。

水玻璃在建筑中的主要应用:

(1)涂刷材料表面,提高抗风化能力

水玻璃溶液涂刷或浸渍材料后,能渗入缝隙和孔隙中,固化的硅凝胶能堵塞毛细孔通道,提高材料的密度和强度,从而提高材料的抗风化能力。但水玻璃不得用来涂刷或浸渍石膏制品。因为水玻璃与石膏反应生成硫酸钠(Na_2SO_4),在制品孔隙内结晶膨胀,导致石膏制品开裂破坏。

(2)加固土壤

将水玻璃与氯化钙溶液交替注入土壤中,两种溶液迅速反应生成硅胶和硅酸钙凝胶,起到胶结和填充孔隙的作用,使土壤的强度和承载能力提高,常用于粉土、砂土和填土的地基加固,称为双液注浆。

(3)配制速凝防水剂

水玻璃可与多种矾配制成速凝防水剂,用于堵漏、填缝等局部抢修。这种多矾防水剂的凝结速度很快,一般为几分钟,其中四矾防水剂不超过1min,故工地上使用时必须做到即配即用。

(4)配制耐酸胶凝、耐酸砂浆和耐酸混凝土

耐酸胶凝是用水玻璃和耐酸粉料(常用石英粉)配制而成,与耐酸砂浆和混凝土一样,主要用于有耐酸要求的工程,如硫酸池等。

(5)配制耐热胶凝、耐热砂浆和耐热混凝土

水玻璃胶凝主要用于耐火材料的砌筑和修补。水玻璃耐热砂浆和混凝土主要用于高炉基础和其他有耐热要求的结构部位。

6.4.2 镁质胶凝材料

镁质胶凝材料是以氧化镁为主要成分的气硬性胶凝材料,常用天然菱镁矿作为原料,也称为菱苦土

镁质胶凝材料与水拌合后的水化反应与石灰熟化相似。特点是速度快、放出大量热。其凝结硬化机理也与石灰相似,即:速度慢;体积收缩大;而且强度很低。因此,很少直接加水使用。为了加速镁质胶凝材料的凝结硬化速度,提高强度,充分发挥其材料特性,常在使用时加入适量固化剂,如:氯化镁、硫酸镁、氯化铁等盐类的水溶液,其中氯化镁的溶液应用较多。调制的镁质胶凝材料在干燥条件下具有硬化快、强度高等优点。

由于氯盐吸湿性大,易返潮,因此用氯化镁配制的镁质胶凝材料制品遇水或在潮湿环境中极易吸水变形,使强度下降,甚至遭到破坏。为提高其耐水性,可掺加适量填充材料,如砖粉、滑石粉、粉煤灰等,也可掺加少量外加剂,如磷酸或磷酸盐、水溶性树脂等。制品中掺入硫酸镁和硫酸亚铁固化剂可提高耐水性,但强度相对较低。

镁质胶凝材料与刨花、木丝、亚麻皮或其他植物纤维可制成刨花板、木丝板等板材;加入泡沫剂时,可制成泡沫菱苦土,是一种多孔轻质材料,可作保温板。

菱苦土与木屑、颜料等制作的板材易铺设于地面,即菱苦土地板,保温性好,无噪声,不起灰,弹性好,表面光滑,防火耐磨,主要用于室内和车间地面。

此外,由于制品中氯离子含量高,因此对铁钉、钢筋有很强的腐蚀性,因此应尽量避免用铁

钉固定其板材或与钢材等易锈材料直接接触。

本章小结

本章介绍了石灰的原料及生产、技术性质、特点及应用;介绍了石膏及其制品的原料制作、技术性质及应用;介绍了胶粘剂与嵌缝材料的生产、技术性质、特点及应用;介绍了其他的胶凝材料如水玻璃、镁质胶凝材料特点及应用。学习本章首先应了解石灰、石膏及胶粘剂的成分组成与技术性质,掌握各种分类制品的特点及应用范围;重点掌握石灰的熟化及硬化。

复习思考题

1. 填空题

(1)生产石膏的主要原料是______,它在107~170℃以下煅烧脱水后得到的______即为______。.

(2)生石灰的主要成分是______,加水生成$Ca(OH)_2$的过程,称为______。

(3)石灰浆体在空气中逐渐硬化,是由______和______两个同时进行的过程来完成的。

(4)建筑石膏的初凝时间仅需______分钟,终凝时间为______分钟,一周后既完全硬化。

(5)建筑石膏在凝结硬化过程中体积膨胀约为______%。

2. 选择题

(1)下列叙述,(　　)有错。

A. 石灰熟化时放出大量的热。

B. 石灰熟化时体积增大1~2.5倍。

C. 石灰陈伏期应在两周以上。

D. 石灰在储灰坑中保存时,应注意石灰浆表面不能有水层。

(2)石膏制品不宜用于(　　)。

A. 吊顶材料　　B. 影剧院的穿孔贴面板

C. 非重型隔墙板　　D. 冷库内的墙贴面

(3)石膏制品抗火性能好的原因是(　　)。

A. 制品内部孔隙率大　　B. 含有大量结晶水

C. 吸水性强　　D. 硬化快

(4)石灰的硬化过程(　　)进行。

A. 在水中　　B. 在空气中　　C. 在潮湿环境　　D. 既在水中又在空气中

3. 问答题

(1)欠火石灰和过火石灰熟化时有何特征?

(2)建筑石膏有哪些技术特征?

(3)胶粘剂有哪几种类型?

(4)简述水玻璃的主要性质和用途。

(5)作为胶粘剂,应具备哪些条件?

第7章 水 泥

本章基本内容:

水泥作为三大建筑工程材料之一,在建筑中被广泛应用。本章主要介绍工程中常用种类水泥的原料、生产工艺、技术性质以及特点与应用。

水泥呈粉末状、颗粒态,它属于水硬性无机胶凝材料。与适量水混合后,经过一系列物理化学作用,由可塑性浆体变成坚硬的石状体,并能将散粒状材料(如砂、石等)胶结成具有一定物理力学性质的石状体。水泥浆体不仅能在空气中硬化,而且能更好地在水中硬化,保持并发展其强度。

水泥是三大建筑工程材料之首(水泥、钢材、木材称为三大建筑材料),在工业与民用建筑、水利、公路、铁路、海港及国防工程上被广泛应用。

水泥按性质与用途可分为通用水泥、专用水泥与特种水泥。其中,通用水泥应用最为广泛,它包括:硅酸盐水泥、普通硅酸盐水泥、矿渣硅酸盐水泥、火山灰质硅酸盐水泥(简称"火山灰水泥")、粉煤灰硅酸盐水泥和复合硅酸盐水泥。专用水泥是以所用工程名称来命名的,如油井水泥、大坝水泥、火电站水泥等。特种水泥是具有某种特性的水泥,如膨胀水泥、快硬水泥、自应力水泥、抗渗性无收缩水泥等。按水泥的矿物组成可分为:硅酸盐水泥、铝酸盐水泥、硫铝酸盐水泥、铁铝酸盐水泥等。

7.1 硅酸盐水泥

按我国国家标准《通用硅酸盐水泥》(GB 175—2007/XG1—2009)规定:硅酸盐水泥熟料和适量石膏,及规定的混合材料制成的水硬性胶凝材料称为通用硅酸盐水泥(即国外通称的波特兰水泥"Portland Cement")。水泥的发明经历了漫长的过程,1824 年 10 月 21 日,英国利兹(Leeds)城的泥水匠阿斯谱丁(J. Aspdin)获得英国第 5022 号的"波特兰水泥"专利证书,从而一举成为流芳百世的水泥发明人。

硅酸盐水泥分两种类型,不掺加石灰或粒化高炉矿渣的称Ⅰ型硅酸盐水泥,代号 P·Ⅰ。在硅酸盐水泥熟料粉磨时掺加不超过水泥重量 5% 的石灰石或粒化高炉矿渣混合材料的称Ⅱ型硅酸盐水泥,代号 P·Ⅱ。

硅酸盐水泥熟料是指以适当成分的生料烧至部分熔融,所得以硅酸钙为主要成分的产物,简称熟料。

7.1.1 硅酸盐水泥的原料及生产

生产硅酸盐水泥的原料,主要是石灰质与黏土质两类原料。石灰质原料包括石灰岩、白垩、石灰质凝灰岩等,它主要提供 CaO,每生产 1t 熟料,需用石灰岩 1.1 ~ 1.3t;黏土质原料主要包括各类黏土、黄土等，它主要提供 SiO_2、Al_2O_3、Fe_2O_3，每吨熟料用量为 0.3 ~ 0.4t。为补充铁质及改善煅烧条件，还可加入铁粉、萤石等。

硅酸盐水泥的生产工艺过程概括起来，可谓“两磨一烧”，即：(1)生料的配制和磨细；(2)生料经煅烧，使之部分熔融而形成熟料；(3)将熟料、0 ~ 5% 的石灰石或粒化高炉矿渣(通称混合材料)与适量石膏共同磨细，即成为硅酸盐水泥。水泥生产的主要工艺流程如下：

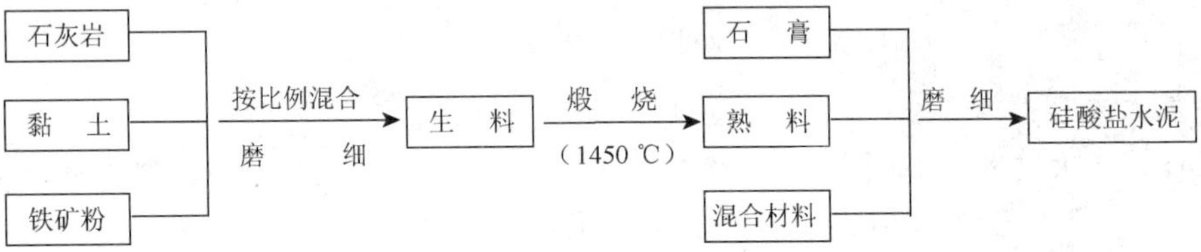

图 7-1　硅酸盐水泥生产工序

生产水泥的方法，按生料制备方式的不同可分为湿法和干法；按煅烧窑类型可分为回转(旋)窑和立窑。我国采用湿法和回转(旋)窑。

7.1.2　硅酸盐水泥熟料的矿物组成及矿物成分的水化反应

通过煅烧，形成具有一定矿物组成的熟料，是水泥生产的关键。生料在煅烧过程中，各种原料分解成氧化钙、氧化硅、氧化铝和氧化铁。在更高的温度下，氧化钙与氧化硅、氧化铝和氧化铁相化合，形成以硅酸钙为主要成分的熟料矿物。

硅酸盐水泥熟料的主要矿物组成及其含量范围如下：

熟料矿物	简写	含量
硅酸三钙 $3CaO \cdot SiO_2$	C_3S	42% ~ 61%
硅酸二钙 $2CaO \cdot SiO_2$	C_2S	15% ~ 32%
铝酸三钙 $3CaO \cdot Al_2O_3$	C_3A	4% ~ 11%
铁铝酸四钙 $4CaO \cdot Al_2O_3 \cdot Fe_2O_3$	C_4AF	10% ~ 18%

除此以外，还有少量游离氧化钙(CaO)、游离氧化镁(MgO)等等。

水泥颗粒与水接触，其表面的熟料矿物立即与水产生水化反应，并放出一定的热量。其反应式如下：

$$2(3CaO \cdot SiO_2) + 6H_2O \longrightarrow 3CaO \cdot 2SiO_2 \cdot 3H_2O + 3Ca(OH)_2$$

$$2(2CaO \cdot SiO_2) + 4H_2O \longrightarrow 3CaO \cdot 2SiO_2 \cdot 3H_2O + Ca(OH)_2$$

$$3CaO \cdot Al_2O_3 + 6H_2O \longrightarrow 3CaO \cdot Al_2O_3 \cdot 6H_2O$$

$$4CaO \cdot Al_2O_3 \cdot Fe_2O_3 + 7H_2O \longrightarrow 3CaO \cdot Al_2O_3 \cdot 6H_2O + CaO \cdot Fe_2O_3 \cdot H_2O$$

不同矿物成分的水化特点也不同，各种熟料单独与水作用时的特点如表 7-1 所示。

表 7-1　水泥熟料矿物的特性

矿物名称	性　　能		
	凝结硬化速度	水化放热量	强度
硅酸三钙	快	大	高
硅酸二钙	慢	小	早期低、后期高
铝酸三钙	最快	最大	最低
铁铝酸四钙	快	中	中

由表7-1看出，不同熟料矿物与水作用时所表现的性能是不同的。水泥是由几种矿物组成的混合物，改变熟料中矿物组成的相对含量，水泥的技术性能会随之变化。例如提高硅酸三钙的含量，可以制得快硬高强水泥；又如降低铝酸三钙和硅酸三钙的含量，提高硅酸二钙的含量，可制造水化热低的低热水泥。

7.1.3　硅酸盐水泥的凝结硬化

水泥加水拌合后（图7-1a），最初形成具有可塑性的浆体，然后逐渐变稠失去可塑性，但尚不具有强度，这一过程称为凝结。此后，强度逐渐提高，并变成坚硬的石状物体——水泥石，这一过程称为硬化。水泥的凝结和硬化过程是人为地划分的，实际上是一个连续的复杂的物理化学过程，这些变化决定了水泥的一系列的技术性能，因此了解水泥的凝结和硬化过程，对于了解水泥的性能和使用是很重要的。

水泥凝结硬化的机理非常复杂，简单地说，水泥遇水后，在水泥颗粒表面即发生水化反应，水化产物立即溶于水中，同时，水泥颗粒又暴露出一层新的表面，水化反应继续进行。由于各种水化产物溶解度很小，而水化产物的生成速度远大于水化产物向溶液中扩散的速度，所以很快使水泥颗粒周围液相中的水化产物达到饱和或过饱和状态，并从溶液中析出，成为高度分散的凝胶体（图7-2b）。随着水化作用继续进行，凝胶体不断增加，游离水分不断减少，水泥浆逐渐失去塑性，即出现凝结现象，但此时尚不具有强度（图7-2c）。

随着水化产物的不断增加，水泥颗粒之间的毛细孔不断被填实，加之水化产物中的氢氧化钙晶体不断贯穿于水化硅酸钙凝胶体之中，逐渐形成具有一定强度的水泥石，从而进入了硬化阶段（图7-2d）。水化产物进一步增加，水分不断丧失，使水泥石强度不断发展。

水泥的水化是一个漫长的过程，较粗水泥颗粒的内部很难完全水化。因此，硬化后的水泥石是由晶体、凝胶、未完全水化颗粒、游离水及气孔等组成的非匀质体。

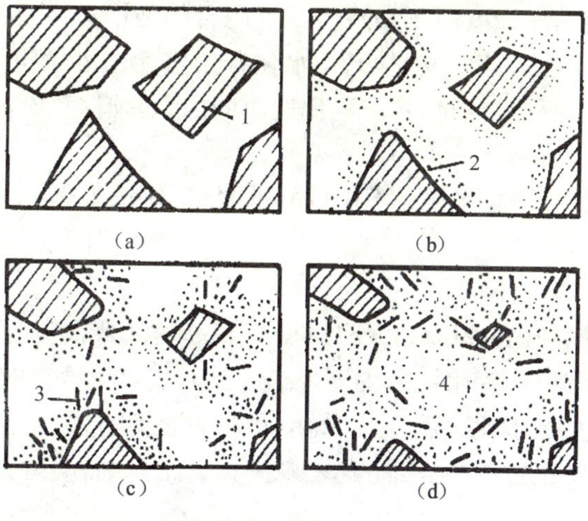

图7-2　水泥凝结硬化过程示意图

1—未水化水泥颗粒；2—水泥凝胶体；3—氢氧化钙等结晶体；4—毛细管孔隙

由此可见，水泥的水化和硬化过程是一个连续的过程。水化是水泥产生凝结硬化的前提，而凝结硬化是水泥水化的结果。凝结和硬化又是同一过程的不同阶段，凝结标志着水泥浆失去流动性而具有一定的塑性强度，硬化则表示水泥浆固化后所建立的网状结构具有一定的机械强度。

7.1.4 影响水泥凝结硬化的主要因素

影响水泥凝结硬化的因素，除矿物成分、细度、用水量外，还有养护时间（龄期），环境温、湿度以及石膏掺量等。

1. 矿物成分

水泥的矿物成分是影响水泥凝结硬化的最重要的内在因素。不同的矿物成分单独与水反应时所表现出来的特点是不同的。C_3A 的水化速度最快，放热量最大而强度不高；C_2S 水化速度最慢，放热量最少而早期强度不高，后期强度却增长迅速。由此可见，改变水泥的矿物组成，将使其凝结硬化的情况产生明显的变化。

2. 石膏

水泥中掺入适量石膏，可以调节水泥的凝结硬化速度。水泥粉磨时，若不掺入适量石膏，水泥会发生瞬凝现象；若石膏掺量过多，会在后期引起水泥石的膨胀开裂。

3. 细度

在矿物成分相同的情况下，水泥颗粒细度越细，其比表面积越大，水化速度越快，水化热越多，凝结硬化速度越快。

4. 养护时间（龄期）

水泥石的强度随着硬化时间而增长，一般在 3 ~ 7d 内强度增长最快，在 28d（标准龄期）以内增长较快，以后渐慢，但持续时间很长。

5. 温度和湿度

温度对水泥的水化以及凝结和硬化的影响很大，当温度高时，水泥的水化作用加速，从而凝结和硬化的速度也就加快，所以用蒸汽养护是加速水泥凝结和硬化的方法之一。当温度低时，凝结和硬化的速度减慢；当温度低于 0℃时，水化基本停止；因此，冬期施工时，需采用保温措施，以保证水泥正常凝结和强度的正常发展。水泥石的强度只有在潮湿的环境中才能不断增长，若处于干燥环境中，当水分蒸发完毕后，水化作用将无法继续进行，硬化即行停止，强度也不再增长，所以混凝土工程在浇筑后 2 ~ 3 周的时间内，必须注意洒水养护。

7.1.5 硅酸盐水泥的技术性质

根据国家标准《通用硅酸盐水泥》（GB 175—2007/XG1—2009），对硅酸盐水泥的主要技术性质有如下规定：

1. 细度

研究表明，水泥颗粒粒径在 40μm 以下，才具有较高的活性，若粒径大于 100μm，则基本无活性。水泥颗粒的粗细程度称为水泥的细度。细度是影响水泥性能的重要物理指标。颗粒愈细，与水反应的表面积愈大，水化速度愈快，凝结硬化的速度愈快，早期强度也愈高；但硬化收缩较大，易出现裂缝，在储运过程中，活性丧失愈快。水泥愈细，粉磨过程能耗愈大，使水泥生产成本提高。

国家标准规定硅酸盐水泥和普通硅酸盐水泥细度用比表面积表示，比表面积不小于 $300m^2/kg$；矿渣硅酸盐水泥、火山灰质硅酸盐水泥、粉煤灰硅酸盐水泥和复合硅酸盐水泥细度以筛余表示，其 80μm 方孔筛的筛余不大于 10% 或 45μm 方孔筛的筛余不大于 30%。

2. 标准稠度用水量

标准稠度是人为规定稠度，标准稠度用水量指按一定方法将水泥调制成具有标准稠度的净浆所需的加水量与水泥试样量的百分比。测定水泥的凝结时间和安定性所用净浆必须是标准稠度的净浆。硅酸盐水泥的标准用水量一般在23% ~31%之间。

3. 凝结时间

水泥凝结时间分为初凝和终凝。初凝时间为从水泥加水拌合起至水泥浆开始失去可塑性所需的时间;终凝时间则为从水泥加水拌合起至水泥浆完全失去塑性并开始产生强度所需的时间。

水泥的凝结时间对使用具有重要的意义。水泥的初凝不宜过早,以便在施工时有足够的时间完成混凝土和砂浆的搅拌、运输、浇筑和砌筑等操作;水泥的终凝不宜过迟,以使混凝土在浇捣、施工完毕后,尽快地硬化,达到一定的强度,以利于下一步施工工序的进行。国家标准规定:硅酸盐水泥的初凝时间不得早于45min;终凝时间不得迟于390min。

4. 体积安定性

体积安定性是指水泥在凝结硬化过程中体积均匀变化的性能。

体积安定性不良的原因,一般是由于熟料中所含游离氧化钙、游离氧化镁或石膏掺量过多所致。熟料中所含游离氧化钙或游离氧化镁都是过烧的,水化很慢,往往在水泥硬化后才开始水化,这些氧化物在水化时体积剧烈膨胀,使水泥石开裂。当石膏掺量过多时,在水泥硬化后,石膏与水化铝酸钙反应生成三硫型水化硫铝酸钙,体积膨胀,也会引起水泥石开裂。

按国家标准规定,水泥体积安定性用沸煮法检验必须合格。该法只能检验游离氧化钙所引起的水泥体积安定性不良,沸煮法有试饼法和雷氏夹法两种试验方法,二者试验结果出现争议,以雷氏夹法为准。游离氧化镁需在压蒸条件下才能加速水化。而石膏的危害需长时间在常温水中才能发现,两者均不便于快速检验,所以国家标准规定,水泥熟料中氧化镁含量不得超过5.0%,三氧化硫含量不得超过3.5%。以控制水泥的体积安定性。

体积安定性不良的水泥不能用于工程中。

5. 强度

水泥的强度是水泥性能的重要指标,也是评定水泥强度等级的依据。强度除受到水泥的矿物组成、细度、石膏掺量、龄期、环境温度、湿度影响之外,还与试验方法有关。

按照国家标准规定将水泥和标准砂按1∶3的比例混合,加入规定数量的水,按规定方法制成标准尺寸(40mm×40mm×160mm)的试件,在标准条件下养护后进行抗折、抗压强度试验,根据3d和28d龄期的强度,硅酸盐水泥分为42.5、42.5R、52.5、52.5R、62.5、62.5R六个强度等级。水泥在各龄期的强度值不得低于表7-2的数值。

表7-2 硅酸盐水泥的强度(GB 175—2007/XG1—2009)

品种	强度等级	抗压强度(MPa)		抗折强度(MPa)	
		3d	28d	3d	28d
硅酸盐水泥	42.5	17.0	42.5	3.5	6.5
	42.5R	22.0		4.0	
	52.5	23.0	52.5	4.0	7.0
	52.5R	27.0		5.0	
	62.5	28.0	62.5	5.0	8.0
	62.5R	32.0		5.5	

注:R代表早强型水泥。

6. 水化热

水泥的水化是放热反应，水泥在凝结硬化过程中放出的热量，称为水泥的水化热。水泥的水化放热量和放热速度主要决定于水泥的矿物组成和细度。水化放热对大体积混凝土构筑物是有害的，对一般建筑的冬期施工则是有利的。

7.1.6 水泥石的腐蚀

硅酸盐水泥硬化而成的水泥石，在通常的使用条件下是耐久的。但在某些侵蚀性液体或气体作用下，水泥石的结构会逐渐遭到破坏，促使强度降低，以致全部溃裂，这种现象称为水泥石的腐蚀。

引起水泥石腐蚀的原因很多，作用也很复杂，现列举几种主要的侵蚀作用。

1. 软水腐蚀（溶出性腐蚀）

蒸馏水、冷凝水、雨水、雪水以及含重碳酸盐甚少的河水及湖水均属软水。水泥石中氢氧化钙易溶解于软水，氢氧化钙的溶出会促使水泥石中其他水化物分解。而引起水泥石结构的破坏，强度降低。

2. 硫酸盐腐蚀（膨胀性侵蚀）

在海水、地下水及盐沼水中，常含有大量硫酸盐，与水泥石中某些化合物反应，生成能产生膨胀的结晶体，使水泥石结构破坏，称为硫酸盐腐蚀。

常见的硫酸盐为硫酸钠、硫酸钾、硫酸铵及硫酸钙等。它们中有的与水泥石中的氢氧化钙置换反应生成二水石膏：

$$Ca(OH)_2 + Na_2SO_4 + 2H_2O \longrightarrow CaSO_4 \cdot 2H_2O + 2NaOH$$

二水石膏与水泥石中的水化铝酸三钙反应，生成三硫型水化硫铝酸钙：

$$3CaO \cdot Al_2O_3 \cdot 6H_2O + 3(CaSO_4 \cdot 2H_2O) + 19H_2O \longrightarrow 3CaO \cdot Al_2O_3 \cdot 3CaSO_4 \cdot 31H_2O$$

生成的三硫型水化硫铝酸钙比原来的 $3CaO \cdot Al_2O_3 \cdot 6H_2O$ 固相所占的体积约增大 1.5 倍，产生局部膨胀应力，使水泥石结构遭到严重破坏。三硫型水化硫铝酸钙呈针状晶体，常称为“水泥杆菌”。

当水中硫酸盐浓度较高或存在硫酸钙时，硫酸盐将在孔隙中直接结晶成二水石膏，体积膨胀，也导致水泥石破坏。

3. 溶解性化学腐蚀

（1）一般酸性水腐蚀。某些地下水或工业废水中常含有游离的酸性物质，这种酸性物质能与水泥石中的氢氧化钙作用生成相应的钙盐，所生成的钙盐或易溶于水，或在水泥石孔隙内形成结晶，体积膨胀，产生破坏作用，这种破坏作用，称为一般酸性水腐蚀。

（2）碳酸腐蚀。在工业污水和地下水中常溶解有较多的二氧化碳，与水泥石中的氢氧化钙作用生成易溶于水的化合物而引起水泥石的破坏，称为碳酸腐蚀。

（3）镁盐腐蚀。海水与地下水中常含有大量镁盐，主要是硫酸镁和氯化镁对水泥石的腐蚀。

综上所述，使硅酸盐水泥遭受腐蚀的根本原因，在于水泥石本身成分中存在有引起腐蚀的氢氧化钙和水化铝酸钙；另外也由于水泥石本身不够密实，使侵蚀性介质易于进入内部。根据产生腐蚀的原因，可采取下列防腐蚀措施。

（1）根据侵蚀环境特点，选择适当品种的水泥。

（2）尽量提高水泥石的密实度，减少渗透作用，如降低水灰比，掺加外加剂和混合材料等。

（3）当侵蚀作用较强时，可在混凝土或砂浆表面设置耐腐蚀性强且不透水的防护层，如采用耐酸石材、耐酸陶瓷、沥青及塑料等材料。

7.2 掺混合材料的硅酸盐水泥

通用硅酸盐水泥按混合材料的品种和掺量分为硅酸盐水泥、普通硅酸盐水泥、矿渣硅酸盐水泥、火山灰质硅酸盐水泥、粉煤灰硅酸盐水泥和复合硅酸盐水泥。

7.2.1 水泥用混合材料

在水泥磨细时，所掺入的天然或人工的矿物材料，称为混合材料。

混合材料按其性能可分为活性混合材料（水硬性混合材料）和非活性混合材料（填充性混合材料）。混合材料掺入硅酸盐水泥熟料中不仅提高水泥产量、降低成本还改善了某些技术性能，扩大了水泥的应用范围。

非活性混合材料磨成细粉与石灰加水拌合后，不能或很少生成具有胶凝性的水化物，在水泥中仅起填充作用。例如石英砂、黏土、石灰岩及慢冷矿渣等。

活性混合材料磨成细粉加水后本身并不硬化，与石灰加水拌合后，在常温下能生成具有胶凝性的水化物，既能在空气中硬化，又能在水中继续硬化。这类混合材料常用的有粒化高炉矿渣和火山灰质混合材料。火山灰质混合材料包括火山灰、硅藻土、沸石、凝灰岩、烧黏土、煅烧煤矸石、煤渣与粉煤灰等。

活性混合材料的主要成分是活性氧化硅和活性氧化铝，它们是在氢氧化钙溶液中发生水化反应：

$$x\mathrm{Ca(OH)_2} + \mathrm{SiO_2} + (m-x)\mathrm{H_2O} \longrightarrow x\mathrm{CaO}\cdot\mathrm{SiO_2}\cdot m\mathrm{H_2O}$$

$$y\mathrm{Ca(OH)_2} + \mathrm{Al_2O_3} + (n-y)\mathrm{H_2O} \longrightarrow y\mathrm{CaO}\cdot\mathrm{Al_2O_3}\cdot n\mathrm{H_2O}$$

当液相中有石膏存在时，还能与水化铝酸钙反应，生成水化硫铝酸钙，这些水化物能在空气中凝结硬化，并能在水中继续硬化，具有一定的强度。

窑灰是从水泥回转窑窑尾废气中收集下的粉尘。作为一种混合材料，窑灰的性能介于非活性混合材料和活性混合材料之间。

7.2.2 普通硅酸盐水泥（P·O）

普通硅酸盐水泥是由≥80%且<95%的水泥熟料和石膏，>5%且≤20%的混合材料共同磨细制成的水硬性胶凝材料。其初凝时间要求与硅酸盐水泥相同，不得低于45min；终凝时间不得迟于10h。

根据3d和28d龄期的强度，普通硅酸盐水泥分为42.5.42.5R、52.5.52.5R四个强度等级。水泥在各龄期的强度值不得低于表7-3的数值。

表7-3 普通硅酸盐水泥的强度（GB 175—2007/XG1—2009）

品种	强度等级	抗压强度（MPa）		抗折强度（MPa）	
		3d	28d	3d	28d
普通硅酸盐水泥	42.5	17.0	42.5	3.5	6.5
	42.5R	22.0		4.0	
	52.5	23.0	52.5	4.0	7.0
	52.5R	27.0		5.0	

注：R代表早强型水泥。

普通硅酸盐水泥由于混合材料掺量少,矿物组成变化不大,基本性能与硅酸盐水泥相似,它是应用较为广泛的一种水泥。

7.2.3 矿渣硅酸盐水泥(P·S)

矿渣硅酸盐水泥是由硅酸盐水泥熟料和粒化高炉矿渣、适量石膏磨细制成的水硬性胶凝材料。根据混合材料掺量的不同,又分为P·S·A型和P·S·B型两种。其中P·S·A型是由≥50%且<80%的水泥熟料和石膏,>20%且≤50%的粒化高炉矿渣混合磨细而成;P·S·B型是由≥30%且<50%的水泥熟料和石膏,>50%且≤70%的粒化高炉矿渣混合磨细而成。

矿渣硅酸盐水泥的特点是具有较强的抗软水、抗硫酸盐腐蚀的能力;早期强度低,后期强度增进率大;水化热小,放热速度慢;具有良好的耐热性能。

矿渣硅酸盐水泥、火山灰质硅酸盐水泥、粉煤灰硅酸盐水泥和复合硅酸盐水泥的强度如表7-4所示。

表7-4 矿渣硅酸盐水泥、火山灰质硅酸盐水泥、粉煤灰硅酸盐水泥和复合硅酸盐水泥的强度(GB 175—2007/XG1—2009)

品种	强度等级	抗压强度(MPa)		抗折强度(MPa)	
		3d	28d	3d	28d
矿渣硅酸盐水泥 火山灰质硅酸盐水泥、 粉煤灰硅酸盐水泥、 复合硅酸盐水泥	32.5	10.0	32.5	2.5	5.5
	32.5R	15.0		3.5	
	42.5	15.0	42.5	3.5	6.5
	42.5R	19.0		4.0	
	52.5	21.0	52.5	4.0	7.0
	52.5R	23.0		5.0	

注:R代表早强型水泥。

7.2.4 火山灰质硅酸盐水泥(P·P)

火山灰质硅酸盐水泥是由硅酸盐水泥熟料和火山灰质混合材料、适量石膏磨细制成的水硬性胶凝材料。它是由≥60%且<80%的水泥熟料和石膏,>20%且≤40%的火山灰质混合材料共同磨细而成。

火山灰质硅酸盐水泥的特点是抗软水腐蚀的能力、抗渗性能较好;早期强度低,后期强度增进率大;水化热小,放热速度慢;干缩率大,易裂,不宜用于干燥环境中,宜用于水中或地下工程。

7.2.5 粉煤灰硅酸盐水泥(P·F)

粉煤灰硅酸盐水泥是由硅酸盐水泥熟料和粉煤灰、适量石膏磨细制成的水硬性胶凝材料。它是由≥60%且<80%的水泥熟料和石膏,>20%且≤40%的粉煤灰混合磨细而成。

粉煤灰从化学成分及形成条件上来看,它属于火山灰质材料。但它含有大量的氧化铝玻璃球,这些玻璃球表面致密,内部表面积比不规则形状的火山灰混合材小得多,因此粉煤灰硅酸盐水泥除具有矿渣硅酸盐水泥、火山灰质硅酸盐水泥的共同特性外,其自身特点是结构致密,水化慢,早期强度略低,但后期强度高;吸水性小,需水量低,干缩率小,抗裂性好,保水性较差,易泌水。

7.2.6 复合硅酸盐水泥(P·C)

复合硅酸盐水泥是由硅酸盐水泥熟料和两种或两种以上的混合材料,适量石膏磨细制成的水硬性胶凝材料。它是由≥50%且<80%的水泥熟料和石膏,>20%且≤50%的混合材料共同磨细而成。它是以后水泥发展的一个重要方向。

复合硅酸盐水泥的出现,不仅扩大了混合材料的范围,解决了水泥工业混合材料供应不足的问题,更有利于消除环境污染,也使水泥的命名得以简化。大量试验证明,采用复掺两种以上混合材料的水泥性能较单掺混合材料的水泥性能具有明显的优越性。

7.3 装饰水泥

在建筑工程中,常采用白色硅酸盐水泥和彩色硅酸盐水泥制成色浆或砂浆,用于饰面刷浆或陶瓷铺贴的勾缝;也可以其为胶凝材料用于制作水刷石、水磨石、人造大理石等丰富多彩的建筑物饰面与制品;还是城市景观及雕塑的理想材料。由于白色硅酸盐水泥和彩色硅酸盐水泥以其良好的装饰功能被加以广泛应用,故称其为装饰水泥。

7.3.1 白色硅酸盐水泥

白色硅酸盐水泥是由氧化铁含量少的硅酸盐水泥熟料、适量石膏及0~10%的石灰石或窑灰混合磨细的水硬性胶凝材料(简称白水泥,代号P·W)。

白水泥与硅酸盐水泥的主要区别在于氧化铁含量少,因而色白。一般硅酸盐水泥熟料呈暗灰色,主要由于水泥中存在三氧化二铁(Fe_2O_3)等成分之故。当三氧化二铁含量在3%~4%时,熟料呈暗灰色;在0.45%~0.7%时,带淡绿色;而降低到0.35%~0.4%后,即略带淡绿,接近白色,因此白色硅酸盐水泥的生产特点主要是降低三氧化二铁的含量。此外,对于其他着色氧化物(氧化锰、氧化铬和氧化钛等)的含量也要加以限制。通常采用较纯净的高岭土、纯石英砂、纯石灰岩或白垩等作原料;在较高温度(1500~1600℃)下煅烧成熟料;生料的制备、熟料的粉磨、煅烧和运输,均应在没有着色物沾污的条件下进行。例如,磨机衬板用花岗岩、陶瓷或优质耐磨钢制成,研磨体采用硅质卵石、瓷球等材料;燃料最好用无灰分的气体(天然气)或液体燃料(重油);铁质输送设备必须涂敷耐磨油漆。

根据国标《白色硅酸盐水泥》(GB/T 2015—2005),白色硅酸盐水泥强度等级分为32.5、42.5、52.5三种,水泥在各龄期所要求的强度不低于表7-5所示的数值。

表7-5 白色硅酸盐水泥的强度(GB/T 2015—2005)

强度等级	抗压强度 (MPa)		抗折强度 (MPa)	
	3d	28d	3d	28d
32.5	12.0	32.5	3.0	6.0
42.5	17.0	42.5	3.5	6.5
52.5	22.0	52.5	4.0	7.0

白水泥细度以筛余表示,其80μm方孔筛的筛余不大于10%;初凝时间不得早于45min;终凝时间不得迟于12h;安定性用沸煮法检验必须合格;三氧化硫含量不超过3.5%。此外,对于白水泥还有白度的要求,其白度值不低于87。

7.3.2 彩色硅酸盐水泥

彩色硅酸盐水泥是由硅酸盐水泥熟料、适量石膏(或白色硅酸盐水泥),混合材料及着色剂磨细或混合制成的带有色彩的水硬性胶凝材料。

按生产方法可分为两大类:染色法与直接烧成法。

所谓染色法是将硅酸盐水泥熟料(白水泥熟料或普通水泥熟料),适量石膏和碱性颜料共同磨细制成。这是目前国内外生产彩色水泥应用最广泛的方法。另一种与染色法类似的简易方法是将颜料直接与水泥混合而配制彩色水泥,但这种方法颜料用量大,色彩也不易均匀。

所谓直接烧成法是在水泥生料中加入着色原料而直接煅烧成彩色水泥熟料,再加入适量石膏共同磨细制成彩色水泥。常用着色原料为金属氧化物或氢氧化物,例如,加入氧化铬(Cr_2O_3)或氢氧化铬($Cr(OH)_3$)可制得绿色水泥,加入氧化锰(Mn_2O_3)在还原气氛中可制得浅蓝色水泥,在氧化气氛中可制得浅紫色水泥。这种方法着色剂用量很少,有时也可用工业副产品作着色剂,但目前生产的水泥颜色有限,且颜色受煅烧温度和气氛影响大,不易控制。

根据《彩色硅酸盐水泥》(JC/T 870—2000)的要求,彩色水泥的基本色有红、黄、蓝、绿、棕、黑等;彩色硅酸盐水泥强度等级分为27.5、32.5、42.5三种,水泥在各龄期所要求的强度不低于表7-6所示的数值。

表7-6 彩色硅酸盐水泥的强度(JC/T 870—2000)

强度等级	抗压强度 (MPa)		抗折强度 (MPa)	
	3d	28d	3d	28d
27.5	7.5	27.5	2.0	5.0
32.5	10.0	32.5	2.5	5.5
42.5	15.0	42.5	3.5	6.5

彩色水泥细度以筛余表示,其80μm方孔筛的筛余不大于6%;初凝时间不得早于1h;终凝时间不得迟于12h;安定性用沸煮法检验必须合格;三氧化硫含量不超过4.0%。此外,对于彩色水泥还有色差及颜色耐久性的要求,同色同编号彩色水泥色差不得超过3.0CIELAB色差单位;同色不同编号彩色水泥色差不得超过4.0CIELAB色差单位;500h人工加速老化试验,老化前后色差不得超过6.0CIELAB色差单位。

7.4 水泥在工程中的应用

正确选择水泥品种、严格质量验收、妥善运输与储存等是保证工程质量、杜绝质量事故的重要措施。

7.4.1 水泥品种的选择原则

不同品种的水泥具有不同的性能及特点,深入理解这些性能及特点是正确选择水泥品种的基础。一般来说,选择水泥品种应考虑环境条件、工程特点、混凝土所处部位等相关因素。

表7-7　常用水泥的选用

混凝土工程特点或所处环境条件		优先选用	可以使用	不得使用
环境条件	在普通气候环境中的混凝土	普通硅酸盐水泥	矿渣硅酸盐水泥、火山灰质硅酸盐水泥、粉煤灰硅酸盐水泥	
	在干燥环境中的混凝土	普通硅酸盐水泥	矿渣硅酸盐水泥	火山灰质硅酸盐水泥、粉煤灰硅酸盐水泥
	在高湿度环境中或永远处在水下的混凝土	矿渣硅酸盐水泥	普通硅酸盐水泥、火山灰质硅酸盐水泥、粉煤灰硅酸盐水泥	
	严寒地区的露天混凝土、寒冷地区的处在水位升降范围内的混凝土	普通硅酸盐水泥	矿渣硅酸盐水泥	火山灰质硅酸盐水泥、粉煤灰硅酸盐水泥
	严寒地区处在水位升降范围内的混凝土	普通硅酸盐水泥		火山灰质硅酸盐水泥、粉煤灰硅酸盐水泥、矿渣硅酸盐水泥
	受侵蚀性环境水或侵蚀性气体作用的混凝土	根据侵蚀性介质的种类、浓度等具体条件按专门(或设计)规定选用		
工程特点	厚大体积的混凝土	矿渣硅酸盐水泥	普通硅酸盐水泥、火山灰质硅酸盐水泥	硅酸盐水泥、快硬硅酸盐水泥
	要求快硬的混凝土	快硬硅酸盐水泥、硅酸盐水泥	普通硅酸盐水泥	矿渣硅酸盐水泥、火山灰质硅酸盐水泥、粉煤灰硅酸盐水泥
	高强混凝土	硅酸盐水泥	普通硅酸盐水泥、矿渣硅酸盐水泥	火山灰质硅酸盐水泥、粉煤灰硅酸盐水泥
	有抗渗要求的混凝土	普通硅酸盐水泥、火山灰质硅酸盐水泥		不宜使用矿渣硅酸盐水泥
	有耐磨性要求的混凝土	硅酸盐水泥、普通硅酸盐水泥	矿渣硅酸盐水泥	火山灰质硅酸盐水泥、粉煤灰硅酸盐水泥
部位	受水冲刷、水位变化区、溢流面等的混凝土	硅酸盐水泥、普通硅酸盐水泥		火山灰质硅酸盐水泥
	水中或地下、蒸汽养护的混凝土	矿渣硅酸盐水泥、粉煤灰硅酸盐水泥、火山灰质硅酸盐水泥		

注:蒸汽养护时用的水泥品种,宜根据具体条件通过试验确定。

7.4.2　装饰水泥的应用

装饰水泥在建筑装饰工程中主要应用在配制彩色水泥浆及配制装饰混凝土或装饰砂浆等方面。

1. 配制彩色水泥浆

彩色水泥浆是以各种彩色水泥为基料,同时掺入适量氯化钙促凝早强剂与皮胶水胶料配制而成的刷浆材料。适用于混凝土、砖石、砂浆、石棉板、纸筋灰等基层。

彩色水泥色浆的配制须分头道浆与二道浆两层工序。头道浆的水灰比为0.75,二道浆的水灰比为0.65。施工时先润湿基层,刷头道浆,待其有足够强度再刷二道浆,浆面初凝后,立即进行洒水养护,至少三天。

彩色水泥色浆可用作建筑物内、外墙面粉刷及天棚、柱子等装饰粉刷。

2. 配制装饰混凝土

以白色硅酸盐水泥和彩色硅酸盐水泥为胶凝材料，加以适当品种的骨料制成的装饰性混凝土，既能满足结构要求的物理力学性能，又能克服普通水泥混凝土颜色灰暗、单调的缺陷，从而获得良好的装饰效果。

3. 配制装饰砂浆。

4. 制造各种色彩的水磨石、水刷石、斩假石等饰面。

5. 用于城市景观的装饰部件或制品或雕塑。

7.4.3 水泥的运输及储存

水泥的运输和储存，主要是防止受潮，不同品种、强度等级和出厂日期的水泥应分别储运，不得混杂，避免错用并应先存先用，不可储存过久。

水泥是水硬性胶凝材料，在储运的过程中不可避免地要吸收空气中的水分而受潮结块，丧失胶凝活性，使强度大为降低。水泥强度愈高，细度愈细，吸湿受潮越严重，活性损失越快。在正常储存条件下，经3个月后，水泥强度降低10%～25%；6个月后降低25%～40%。

为此，储存水泥的库房必须干燥，库房地面应高出室外地面30cm。若地面有良好的防潮层并以水泥砂浆抹面，可直接储存水泥；否则应用木材垫离地面20cm。袋装水泥堆垛不宜过多，一般为10袋。袋装水泥垛一般离开墙壁和窗户30cm以上。水泥垛应设立标志牌，注明生产厂家、品种、强度等级、出厂日期等。应尽量缩短水泥储存期。通常水泥不宜超过3个月；高铝水泥不宜超过2个月；快硬水泥、双快水泥不宜超过1个月，否则应重新测定强度等级按实测强度使用。

露天临时储存袋装水泥应选地势高、排水畅通的场地，并做好上盖下垫，以防受潮。

散装水泥应按品种、强度等级及出厂日期分库存放，储存应密封良好，严格防潮。

本章小结

本章介绍了硅酸盐水泥原料、生产工艺、技术性质、特点与应用；介绍了掺混合材料的硅酸盐水泥的种类、特点及应用；介绍了装饰水泥的种类、性质特点及应用。介绍了水泥在工程中的应用原则及运输储存。学习本章一般掌握硅酸盐水泥的原料生产、化学组成；熟练掌握硅酸盐水泥的技术性质；重点掌握硅酸盐水泥的凝结硬化及其影响因素；清晰了解硅酸盐水泥制品的特点及应用。

复习思考题

1. 填空题

（1）硅酸盐水泥的生产工艺过程可以概括为“______”。

（2）普通硅酸盐水泥的初凝时间不得早于______min，终凝时间不得迟于______h。

（3）硅酸盐水泥的标准稠度需水量一般在______%～______%之间。

(4)在正常储存条件下,经3个月后,水泥强度降低______;6个月后降低______。

2. 选择题

(1)硅酸盐水泥矿物中,(　　)水化热最大。

A. C_3S　　B. C_2S　　C. C_3A　　D. C_4AF

(2)P·Ⅱ型水泥指(　　)。

A. 火山灰质硅酸盐水泥　　B. 粉煤灰硅酸盐水泥

C. 矿渣硅酸盐水泥　　D. 混合材掺量不超过5%的硅酸盐水泥

(3)新实行的水泥强度试验标准中,水泥胶砂水灰比为(　　)。

A. 0.44　　B. 0.46　　C. 0.48　　D. 0.50

(4)厚大体积混凝土不宜单独使用(　　)。

A. 粉煤灰硅酸盐水泥　　B. 矿渣硅酸盐水泥

C. 火山灰质硅酸盐水泥　　D. 硅酸盐水泥

(5)国家标准中规定,水泥(　　)检验不合格时,需作废品处理。

A. 强度　　B. 初凝时间　　C. 温度　　D. 终凝时间

(6)粘贴玻璃马赛克时,宜用(　　)。

A. 硅酸盐水泥　　B. 火山灰质硅酸盐水泥

C. 矿渣硅酸盐水泥　　D. 白色硅酸盐水泥

3. 问答题

(1)硅酸盐水泥熟料由哪几种矿物组成的?它们的水化产物是什么?各矿物与水作用的特点是什么?

(2)硅酸盐水泥有哪些主要技术性质?

(3)什么是水泥的体积安定性?水泥体积安定性不良的原因是什么?

(4)国家标准对几种通用水泥的细度是如何规定的?

(5)国家标准对水泥的凝结时间是如何规定的?在工程中的应用有什么意义?

(6)何谓水泥混合材料?它们对生产水泥起什么作用?

(7)硅酸盐水泥和普通硅酸盐水泥的技术性质特点是什么?适合于什么工程使用?

(8)矿渣硅酸盐水泥、火山灰质硅酸盐水泥、粉煤灰硅酸盐水泥、复合硅酸盐水泥的技术性质特点是什么?适合于什么工程使用?

(9)简述白水泥、彩色水泥的概念及应用。

第8章 混 凝 土

本章基本内容:

混凝土是当代最重要的土建材料。本章主要介绍了混凝土的原料成分、生产加工,混凝土的各项技术性质及检测标准,混凝土的种类及特点应用。

混凝土是由胶凝材料、水、粗细骨料及其他材料按适当比例配合,经搅拌、成型和硬化而成的人造石材。实质上混凝土是由多种性能不同的材料组合成的复合材料。

混凝土是当代最重要的土建材料。用途广,用量大,我国年使用量已超过5亿 m^3,其主要原因是混凝土具有原材料丰富、适应性强、可塑性良好、装饰性好、匹配性好、耐久性良好等技术经济特点。同时,混凝土的缺点是自重大、比强度小,抗拉强度低,变形能力差和易于开裂等。

混凝土按表观密度可分为重混凝土(表观密度大于2800kg/m^3)、普通混凝土(表观密度在2000~2800kg/m^3)、轻混凝土(表观密度在500~2000kg/m^3)、特轻混凝土(表观密度在500kg/m^3以下)。按所用胶凝材料混凝土可分为水泥混凝土、聚合物浸渍混凝土、聚合物胶结混凝土、沥青混凝土、硅酸盐混凝土、水玻璃混凝土等。按用途可分为结构混凝土、装饰混凝土、道路混凝土、耐热混凝土、防水混凝土等。

一般来说,对混凝土的基本要求是:具有符合设计要求的强度;具有与施工条件相适应的施工和易性;具有与环境相适应的耐久性;在满足上述基本要求的同时应具有良好的经济性。混凝土的技术性质在很大程度上是由原材料的性质及其相对含量决定的。同时施工工艺对混凝土的质量也有很大影响。

8.1 混凝土的组成材料

普通混凝土的基本组成材料是:水泥、水、砂子和石子,另外还常掺入适量的掺合料和外加剂。硬化后的混凝土结构见图8-1。其中,水泥和水形成水泥浆,水泥浆包裹在砂粒表面并填充砂粒间的空隙而形成水泥砂浆;水泥砂浆包裹石子表面并填充石子空隙。

混凝土在硬化前,水泥浆起润滑作用,使混凝土拌合物具有一定的流动性和可塑性,以满足施工工艺需要。水泥浆硬化后,起胶结作用,把砂石骨料胶结成坚硬的人造石材,并产生力学强度。

混凝土是一个宏观匀质、微观非匀质的堆聚结构。混凝土的质量和技术性能在很大程度上是由原材料的性质及其相对含量所决定的。因此,必须了解混凝土原材料的性质、作用及质量要求,合理选择原材料,才能保证所配混凝土的质量。

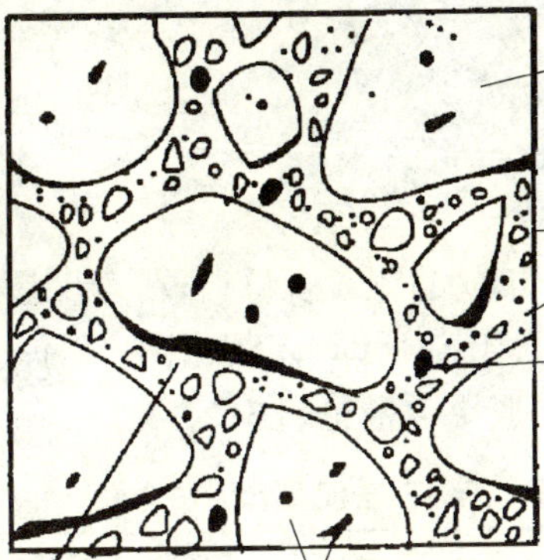

图 8-1　混凝土结构图

8.1.1　水泥

水泥是混凝土中的胶结材料，是混凝土强度的本质来源。水泥也是混凝土原材料中价格最贵的材料。合理选择水泥的品种和强度等级，是决定混凝土强度、耐久性及经济性的主要因素。

8.1.2　骨料

均匀集于胶凝材料之中，颗粒状、起填充支撑或改性作用的材料称为混凝土用骨料。混凝土用骨料，按其粒径大小不同分为细骨料和粗骨料。粒径在 150μm ~ 4.75mm 之间的，称为细骨料；粒径大于 4.75mm 的称为粗骨料。骨料必须具备一定的性质，才可赋予混凝土一定的性能，其相关关系见表 8-1。

表 8-1　骨料性质与混凝土性能的相关关系

序号	骨料性质	混凝土性能
1	颗粒表观密度、粒形、级配、颗粒最大尺寸	表观密度
2	强度、粒形、颗粒最大尺寸、表面状况、洁净度	强度
3	弹性模量、泊松比	弹性模量
4	弹性模量、粒形、颗粒最大尺寸、级配、洁净度	收缩、徐变
5	弹性模量、热膨胀系数	热膨胀系数
6	导热系数	导热系数
7	比热	比热
8	① 孔隙率、孔结构、渗透性、含泥量、安定性、抗拉强度、饱水度 ② 孔结构、弹性模量 ③ 热膨胀系数、比热 ④ 硬度、抗冲击韧性 ⑤ 含活性 SiO_2 成分	耐久性 ① 抗冻性、安定性 ② 抗干湿变化 ③ 抗冷热变化 ④ 耐磨性 ⑤ 抗碱-骨料反应

根据我国《建设用砂》(GB/T 14684—2011)及《建设用卵石、碎石》(GB/T 14685—2011)的规定，骨料按技术要求分为Ⅰ类、Ⅱ类、Ⅲ类三种类别。Ⅰ类宜用于强度等级大于 C60 的混凝土；Ⅱ类宜用于强度等级 C30 ~ C60 及抗冻、抗渗或其他要求的混凝土；Ⅲ类宜用于强度等级小于 C30 的混凝土。

8.1.2.1 细骨料

细骨料包括天然砂和人工砂。

对砂的质量和技术要求有以下几个方面:

1. 含泥量和泥块含量

含泥量是指天然砂中粒径小于75μm的颗粒含量;石粉含量是指人工砂中粒径小于75μm的颗粒含量;泥块含量则指砂中粒径大于1.18mm,经水浸洗,手捏后小于600μm的颗粒含量。

根据国家标准天然砂的含泥量和泥块含量见表8-2。

表8-2 天然砂含泥量和泥块含量

项目	指标		
	Ⅰ类	Ⅱ类	Ⅲ类
含泥量(按质量计)(%)	<1.0	<3.0	<5.0
泥块含量(按质量计)(%)	0	<1.0	<2.0
泥块含量(按质量计)(%)	0	<1.0	<2.0

注:根据使用地区和用途,在试验验证的基础上,可由供需双方协商确定。

2. 有害物质含量

砂中不应混有草根、树叶、树枝、塑料、煤块、炉渣等杂物。砂中如含有云母、轻物质、有机物、硫化物及硫酸盐、氯盐等,其含量应符合表8-3的规定。

表8-3 砂中有害物质含量

项目	指标		
	Ⅰ类	Ⅱ类	Ⅲ类
云母(按质量计)(%),<	1.0	2.0	2.0
轻物质(按质量计)(%),<	1.0	1.0	1.0
有机物(比色法)	合格	合格	合格
硫化物及硫酸盐(按 SO_3 质量计)(%),<	0.5	0.5	0.5
氯化物(以氯离子质量计)(%),<	0.01	0.02	0.06

注:轻物质指表观密度小于2000kg/m^{3}的物质。

3. 砂的细度模数和颗粒级配

砂的颗粒级配,是指不同粒径砂颗粒的分布情况。混凝土中砂粒之间的空隙是由水泥浆填充的,为节约水泥和提高混凝土强度,就应尽量减少砂粒之间的空隙。从图8-2可以看出:同样粒径的砂空隙率最大;两种粒径的砂搭配起来,空隙率就减小了;三种粒径的砂搭配,空隙率会更小。因此,减小砂粒间的空隙,就必须有大小不同的砂粒合理搭配。

砂的颗粒级配,用筛分析法进行测定。用细度模数表示砂的粗细程度,用级配区表示砂的级配。筛分析的方法,是将500g干砂试样,按规定方法,由粗至细依次过筛,筛的尺寸(方孔孔径)为9.50mm、4.75mm、2.63mm、1.18mm、600μm、300μm、150μm。然后称量余留在各筛上的砂量,并计算出各筛上的分计筛余百分率(各筛上的筛余量占砂样总质量的百分率)a_1、a_2、a_3、a_4、a_5、a_6及累计筛余百分率(各筛和比该筛粗的所有分计筛余百分率之和)A_1、A_2、A_3、A_4、A_5、

A_6。砂的粗细程度用细度模数(M_x)表示,其计算公式为:

$$M_x = \frac{(A_2 + A_3 + A_4 + A_5 + A_6) - 5A_1}{100 - A_1}$$

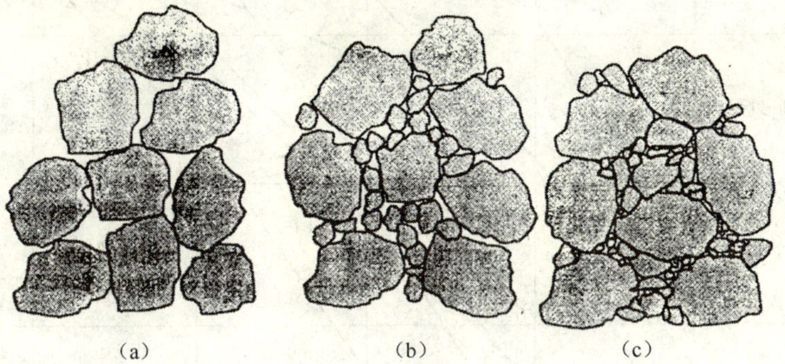

图 8-2　砂的颗粒级配

(a)单一级配;(b)间断级配;(c)连续级配

普通混凝土用砂的细度模数范围一般为 3.7 ~ 1.6,其中 M_x 在 3.7 ~ 3.1 为粗砂,M_x 在 3.0 ~ 2.3 为中砂,M_x 在 2.2 ~ 1.6 为细砂。

砂的颗粒级配用级配区表示,以级配区或筛分曲线判定砂级配的合格性。对细度模数为 3.7 ~ 1.6 的砂,根据 600μm 孔径筛(控制粒级)的累计筛余百分率,划分为Ⅰ区、Ⅱ区、Ⅲ区三个级配区(见表 8-4)。

表 8-4　颗粒级配

累计筛余(%)／级配区／方筛孔径	Ⅰ区	Ⅱ区	Ⅲ区
9.50mm	0	0	0
4.75mm	10 ~ 0	10 ~ 0	10 ~ 0
2.36mm	35 ~ 5	25 ~ 0	15 ~ 0
1.18mm	65 ~ 35	50 ~ 10	25 ~ 0
600μm	85 ~ 71	70 ~ 41	40 ~ 16
300μm	95 ~ 80	92 ~ 70	85 ~ 55
150μm	100 ~ 90	100 ~ 90	100 ~ 90

注:1. 砂的实际颗粒级配与表中所列数字相比,除 4.75mm 和 600μm 筛档外,可以略有超出,但超出总量应小于 5%。
2. Ⅰ区人工砂中 150μm 筛孔的累计筛余可以放宽到 100% ~ 85%,2 区人工砂中 150μm 筛孔的累计筛余可以放宽到 100% ~ 80%,3 区人工砂中 150μm 筛孔的累计筛余可以放宽到 100% ~ 75%。

以累计筛余百分率为纵坐标,以筛孔尺寸为横坐标,根据表 8-4 的数值可以画出砂Ⅰ、Ⅱ、Ⅲ三个级配区的筛分曲线(见图 8-3)。通过观察所计算的砂的筛分曲线是否完全落在三个级配区的任一区内,即可判定该砂级配的合格性。同时,也可根据筛分曲线偏向情况,大致判断砂的粗细程度。当筛分曲线偏向右下方时,表示砂较粗;偏向左上方时,表示砂较细。

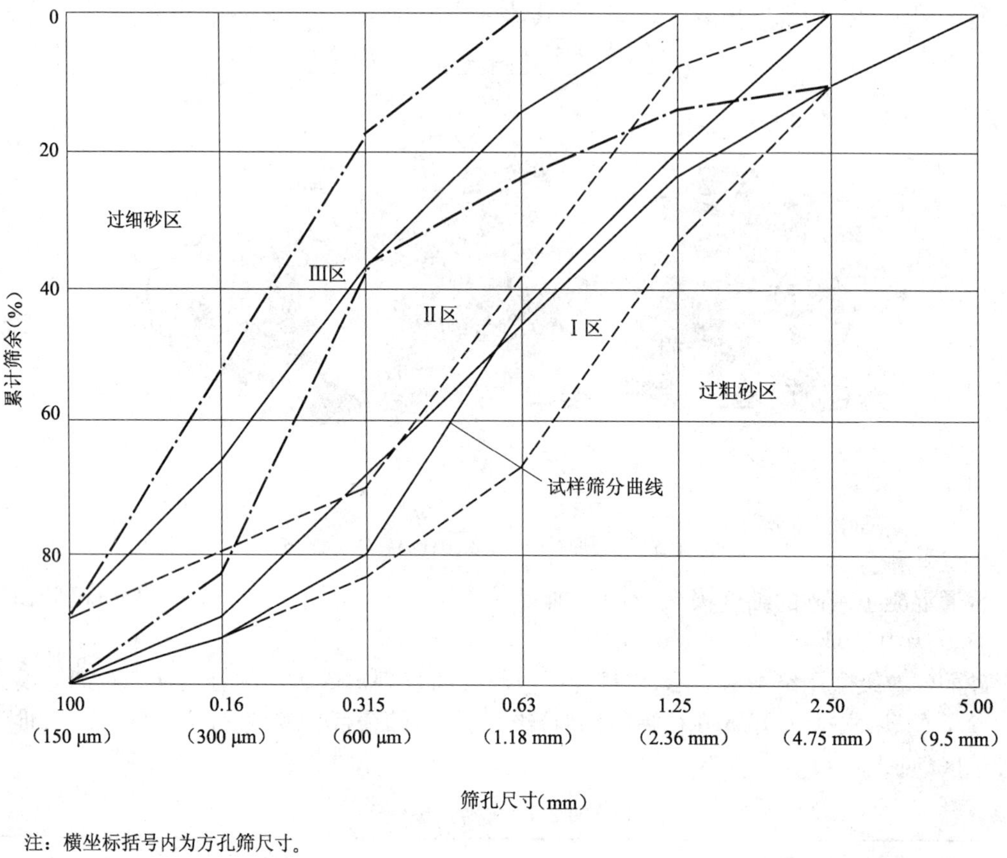

图 8-3　细骨料级配曲线

8.1.2.2　粗骨料

普通混凝土常用的粗骨料分卵石和碎石两类。

骨料表面的粗糙程度及孔隙特征等影响骨料与水泥石之间的粘结性能，进而影响混凝土的强度。碎石表面粗糙且具有吸收水泥浆的孔隙特征，所以与水泥石的粘结能力强；卵石表面光滑且少棱角，与水泥石粘结能力差，但混凝土拌合物的和易性较好。在相同条件下，碎石混凝土比卵石混凝土强度约高 10% 左右。

根据《建设用卵石、碎石》(GB/T 14685—2011)，对卵石和碎石的质量及技术要求主要有以下几个方面。

1. 含泥量和泥块含量

卵石、碎石的含泥量指粒径小于 75μm 的颗粒含量；泥块含量指粒径大于 4.75mm 经水洗、手捏后小于 2.36mm 的颗粒含量。各类产品中含泥量及泥块含量应符合表 8-5 的规定。

表 8-5　卵石、碎石含泥量和泥块含量

项　目	指　标		
	Ⅰ类	Ⅱ类	Ⅲ类
含泥量(按质量计)(%)	<0.5	<1.0	<1.5
泥块含量(按质量计)(%)	0	<0.5	<0.7

2. 有害物质

卵石、碎石中不应混有草根、树叶、树枝、塑料、煤块和炉渣等杂物。其有害物质含量应符合表8-6的规定。

表8-6　卵石、碎石中有害物质含量

项　　目	指　　标		
	Ⅰ类	Ⅱ类	Ⅲ类
有机物	合格	合格	合格
硫化物及硫酸盐（按 SO_3 质量计）(%)，<	0.5	1.0	1.0

3. 针、片状颗粒含量

粗骨料比较理想的颗粒形状是近似立方体形或球形，而三维长度相差较大的针、片状颗粒则较差。根据标准规定，卵石和碎石的针、片状颗粒含量应符合表8-7的规定。

表8-7　卵石和碎石的针、片状颗粒含量

项　　目	指　　标		
	Ⅰ类	Ⅱ类	Ⅲ类
针、片状颗粒(%)(按质量计)，<	5	15	25

4. 强度

为保证混凝土强度，粗骨料必须有足够的强度。碎石和卵石的强度，采用岩石立方体强度和压碎指标两种方法检验。

岩石立方体强度检验是将碎石的母岩制成边长为5cm的立方体或直径与高均为5cm的圆柱体试件，浸水饱和后，测定其极限抗压强度。根据标准规定，岩石抗压强度：火成岩应不小于80MPa；变质岩应不小于60MPa；水成岩应不小于30MPa。

压碎指标是石子抵抗压碎的能力，压碎指标值越小，表示石子抵抗受压破坏的能力越强，间接地表示了石子强度的高低。

8.2　混凝土拌合物的和易性

新拌合的混凝土在凝结之前称为混凝土拌合物，又称新拌混凝土，混凝土拌合物必须具有良好的和易性，才能便于施工和获得均匀密实的混凝土，从而保证混凝土的强度和耐久性。

8.2.1　和易性的概念

和易性是指混凝土拌合物易于施工操作（搅拌、运输、浇注、捣实），并能获得质量均匀、成型密实的混凝土的性能。和易性是一项综合性的技术指标，包括流动性、黏聚性和保水性等三方面的性能。

流动性是指混凝土拌合物在自重或外力作用下，能产生流动并均匀密实地填满模型的性能。流动性的大小，反映混凝土拌合物的稀稠程度，直接影响浇捣施工的难易和混凝土质量。

黏聚性是指混凝土拌合物内组分之间具有一定的凝聚力，在运输和浇注过程中不致发生分层离析现象，使混凝土保持整体均匀的性能。

保水性是指混凝土拌合物具有一定保持内部水分的能力，在施工过程中不致产生严重的泌水现象。保水性差的混凝土拌合物，在施工过程中，一部分水易从内部析出至表面，在混凝土内部形成泌水通道，使混凝土的密实性变差，降低混凝土的强度和耐久性。

混凝土拌合物的流动性、黏聚性、保水性三者之间互相关联又互相矛盾。如黏聚性好，往往保水性也好，但流动性可能较差；当增大流动性时，黏聚性和保水性往往变差。因此，拌合物的和易性良好，就是要使这三方面的性能在某种具体工作条件下得到统一，达到均匀良好的状况。

8.2.2 和易性的测定方法

混凝土拌合物的和易性内涵比较复杂，难以用一种简单的测定方法和指标来全面恰当地表达。根据我国现行标准《普通混凝土力学性能试验方法标准》(GB/T 50081—2002)规定，用坍落度和维勃稠度来测定混凝土拌合物的流动性，并辅以直接经验来评定黏聚性和保水性，来确定和易性。

8.2.2.1 坍落度试验

将混凝土拌合物按规定方法装入坍落度筒内，刮平后将坍落度筒垂直提起，置于拌合物锥体一侧，如图8-4所示。混凝土拌合物在自重作用下将坍落变形，坍落度筒筒高与坍落后混凝土拌合物锥体最高点之间的高度差(单位:mm)为坍落度值。坍落度愈大，表示拌合物的流动性愈大。

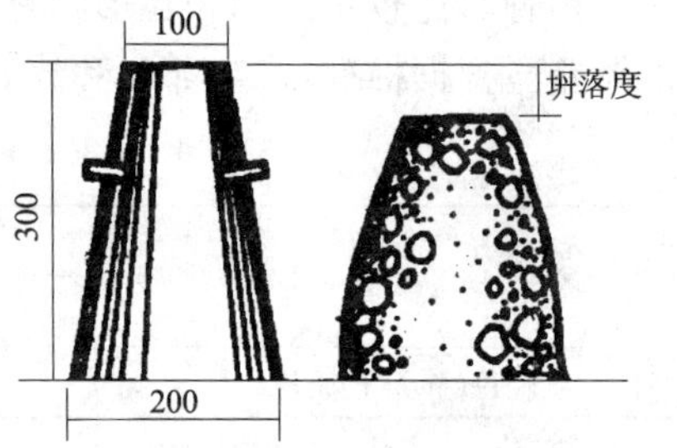

图8-4 坍落度的测定

为了评定拌合物的黏聚性和保水性，在测定坍落度时还应同时观察下列现象：用捣棒在已坍落的拌合物锥体四周轻轻敲打，若锥体整体逐渐下沉，则表示黏聚性良好；如锥体突然倒坍或砂浆与石子发生明显的离散现象，则表示黏聚性不良。保水性是以混凝土拌合物中稀浆泌出的数量来评定的。提起坍落度筒以后，如有较多稀浆泌出，锥体底部也因稀浆泌出而骨料外露，则表示保水性不良；如提起坍落度筒以后，拌合物锥体周围没有或仅有少量稀浆，则表示保水性良好。

8.2.2.2 维勃稠度试验

当拌合物的坍落度小于10mm时，则为干硬性混凝土，须用维勃稠度(S)表示其流动性。维勃稠度值越大，混凝土拌合物越干稠，流动性越小。维勃稠度仪见图8-5。

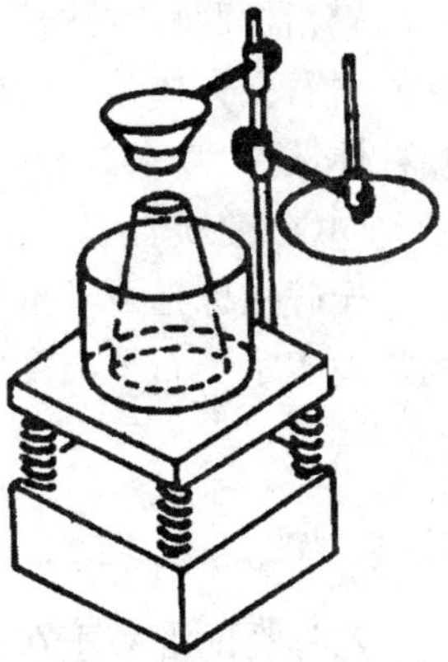

图8-5 维勃稠度仪

8.2.3 流动性(坍落度)的选择

混凝土拌合物坍落度的选择，应根据施工所需混凝土流动性确定。混凝土拌合物浇注时的坍落度宜按表8-8选用。

表8-8 混凝土浇注时的坍落度

项 目	混凝土	坍落度(mm)
1	干硬性	小于10
2	塑性	10~90
3	流动性	100~150
4	大流动性	大于或等于160

8.2.4 影响和易性的主要因素

8.2.4.1 水泥浆的影响

水泥浆是混凝土中的润滑剂。在水灰比不变时,增加水泥浆的数量可以有效地提高流动性,但水泥浆过多将会出现流浆现象,使拌合物的黏聚性变差。在水泥浆数量不变的情况下,若水灰比减小,则水泥浆变稠,拌合物的黏聚性改善面流动性减小;若增大水灰比,则拌合物流动性提高而黏聚性、保水性变差。

8.2.4.2 砂率的影响

混凝土中砂子的用量占砂石骨料总用量的百分率称为砂率。砂率过大,意味着骨料的总表面很大,在水泥浆不变的情况下,水泥浆包裹层将很薄,减弱了润滑作用,致使流动性降低。若砂率过小,说明砂量很少,而粗骨料很多。这时,很少的水泥砂浆量也难以充分地包裹粗骨料表面,也将使流动性下降。为了保证混凝土拌合物具有良好的和易性,应选用最佳砂率。在水泥浆数量不变的情况下,采用最佳砂率可使拌合物具有较大的流动性。当保持坍落度不变的条件下,采用最佳砂率能减少水泥用量。

8.2.4.3 水泥品种和细度的影响

一般来说,普通水泥拌制的混凝土拌合物的流动性和保水性较好。火山灰水泥需水性大,密度小,在用水量小的条件下,所配制的混凝土拌合物的黏聚性好而流动性差,矿渣水泥配制的混凝土拌合物则易泌水,流动性大。

8.2.4.4 骨料的影响

级配良好的骨料,具有较小的空隙率,在水泥浆数量一定的条件下,可形成较厚的水泥浆包裹层,润滑作用大,拌合物流动性提高。

另外,骨料的颗粒形状、表面粗糙程度,含泥量大小均会影响拌合物的和易性。

8.2.4.5 混凝土外加剂的影响

在混凝土拌合物中掺入适量的外加剂(如减水剂、引气剂)可改善其和易性。

8.3 混凝土的强度

混凝土的强度是评定和控制混凝土质量的最重要参数。它包括抗压强度、抗拉强度、抗弯强度、抗剪强度等。其中抗压强度最大,抗拉强度最小,因此,在结构工程中混凝土主要用于承受压力。

8.3.1 混凝土标准立方体抗压强度

国家标准《普通混凝土力学性能试验方法标准》(GB/T 50081—2002)规定:按规定方法制定边长为150mm的混凝土立方体试件,在标准条件(温度20℃ ±2℃,相对湿度95%以上)下,或在水中养护到28d龄期,所测得的抗压强度值为混凝土标准立方体抗压强度,以f_{cu}表示。

为了正确进行设计和控制工程质量,根据混凝土立方体抗压强度标准值(以$f_{cu,k}$表示),将混凝土划分为不同的强度等级。混凝土立方体抗压强度标准值,系指按标准方法制作和养护的立方体试件,在28d龄期,用标准试验方法测得的抗压强度总体分布中的一个值,强度低于该值的百分率不超过5%(即具有强度保证率为95%的立方体抗压强度)。混凝土强度等级采用符号C与标准立方体抗压强度标准值(以N/mm^2即MPa计)表示,共划分为C10、C15、C20、C25、C30、C35、C40、C45、C50、C55、C60、C65、C70、C75及C80共15个强度等级。其中

C60 以上为高强混凝土,C80 为超高强混凝土。

8.3.2 混凝土的轴心抗压强度(f_{cp})

在实际工程中,很多钢筋混凝土构件为棱柱体或圆柱体形,为了使被测得的混凝土强度接近于混凝土实际构件的实际情况,在钢筋混凝土结构计算中,计算轴心受压构件(例如柱子、桁架的腹杆等)时,都采用混凝土的轴心抗压强度 f_{cp} 作为设计依据。

根据国家标准《普通混凝土力学性能试验方法标准》(GB/T 50081—2002)的规定,轴心抗压强度采用 150mm × 150mm × 300mm 的棱柱体作为标准试件。轴心抗压强度值 f_{cp} 比同截面的立方体抗压强度值 f_{cu} 小,棱柱体试件高宽比(h/a)越大,轴心抗压强度越小,但当 h/a 达到一定值后,强度不再降低。在立方体抗压强度 f_{cu} 为 10 ~ 55MPa 范围内时,轴心抗压强度 f_{cp} = (0.70 ~ 0.80)f_{cu}。

8.3.3 影响混凝土强度的因素

由于配制普通混凝土的碎石或卵石的强度,均高于混凝土强度,所以混凝土的强度主要取决于水泥石的强度以及水泥石与骨料的粘结强度,影响这两种强度的主要因素如下:

8.3.3.1 水泥强度与水灰比

水泥强度和水灰比是影响混凝土的最关键因素。

水泥是混凝土中的胶结组分,高强度等级水泥可形成高强度的水泥石并与骨料表面牢固粘结,故可提高混凝土强度。

当混凝土所用水泥等原材料不变时,混凝土的强度主要取决于水灰比。在一定范围内,水灰比增大,混凝土强度降低,反之灰水比增大,混凝土强度提高。这是因为,水泥矿物成分水化仅需 23% 的水,实际施工时,为了满足和易性的要求,常需 40% ~ 70% 的水,超出矿物成分水化用水量的水,在施工后,蒸发而成为孔隙。水灰比越大,混凝土硬化后的孔隙率越大,故强度越低。

大量研究表明:在常用流动性混凝土范围内(水灰比 0.4 ~ 0.7),混凝土强度与灰水比呈正比线性关系,即随水灰比增加而有规律下降,如图 8-6 所示。

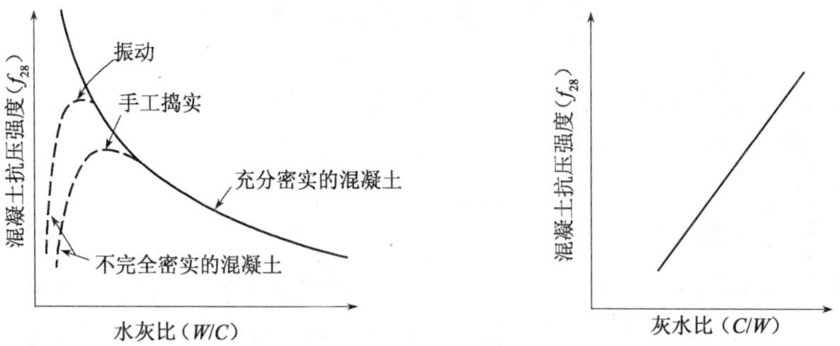

图 8-6 水灰比、灰水比与强度的关系

混凝土强度与灰水比,水泥强度及粗骨料品种间的经验公式如下:

$$f_{cu} = \alpha_a f_{ce}\left(\frac{C}{W} - \alpha_b\right)$$

式中 f_{cu}——混凝土 28d 龄期的抗压强度,MPa;

C——1m^3 混凝土中水泥用量,kg;

W——1m^{3}混凝土中水的用量，kg；

f_{ce}——水泥的实际强度，MPa，水泥厂为保证水泥出厂强度，所生产水泥的实际强度要高于其强度的标准值（$f_{ce,k}$），在无法取得水泥实际强度数据时，可用式 $f_{ce}=\gamma_c f_{ce,k}$，其中 γ_c 为水泥强度值的富余系数，一般为1.13。

α_a、α_b——回归系数，与骨料品种及水泥品种等因素有关，其数值通过试验求得，若无实验统计资料，则可按《普通混凝土配合比设计规程》（JGJ 55—2011）提供的 α_a、α_b 系数取用。碎石 $\alpha_a=0.46$；$\alpha_b=0.07$。卵石 $\alpha_a=0.48$；$\alpha_b=0.33$。

以上的经验公式，一般只适用于流动性混凝土及低流动性混凝土，对于干硬性混凝土则不适用。利用混凝土强度公式，可根据所用水泥的强度和水灰比来估算所配混凝土的强度，也可以根据水泥强度和要求混凝土强度等级来计算应采用的水灰比。

8.3.3.2 骨料的品种、品质和数量

粗骨料的颗粒浑圆、级配良好，或表面粗糙均可提高混凝土强度。一般碎石混凝土强度高于卵石混凝土。反之，针、片状颗粒多，级配不良，杂质含量过多均可降低混凝土的强度。

在较高强度等级的混凝土中，适当增大骨料用量，可明显提高混凝土强度。

8.3.3.3 养护条件

环境温度对混凝土的强度增长有明显影响。通常养护温度高，可以加速水泥早期水化速度，混凝土早期强度也高。但早期养护温度越高，混凝土后期强度的增进率越小。一般认为混凝土的最佳养护温度为10～25℃，如图8-7所示。

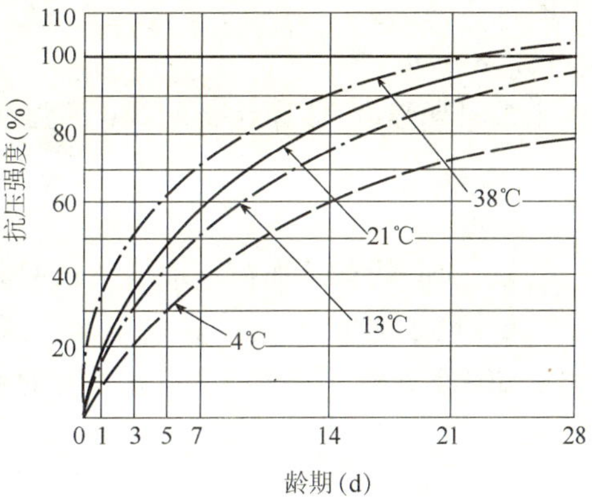

图8-7 养护温度对混凝土强度的影响

环境湿度对混凝土强度也有显著影响。湿度适当可使水泥水化充分进行，混凝土强度迅速增长；若湿度不足，则水泥水化不充分，甚至停止水化，这不仅严重降低混凝土强度，而且使混凝土结构疏松，甚至干缩开裂，因此，混凝土浇灌后，必须有充分的保湿时间，当使用硅酸盐水泥、普通水泥和矿渣水泥配制混凝土时，保湿时间不少于7d；当用火山灰水泥和粉煤灰水泥时，保湿时间不少于14d。

8.3.3.4 龄期

混凝土在适当的温湿度条件下养护时，其强度随龄期的增长而增长，初期增长较快，28d以后强度增长缓慢，但可长期持续增长，如图8-8所示。

普通水泥配制的流动性混凝土，在标准养护条件下，混凝土强度的增长，大致与其龄期的

常用对数成正比(龄期不少于3d)。

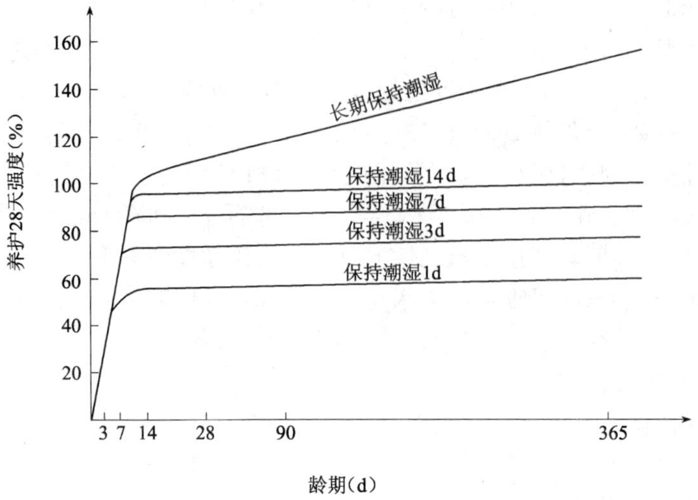

图8-8 混凝土强度与保持潮湿日期的关系

$$f_n = f_{28} \times \frac{\lg_n}{\lg_{28}}$$

式中 f_n——nd龄期混凝土的抗压强度,MPa;

f_{28}——28d龄期混凝土的抗压强度,MPa;

$\lg_n$、$\lg_{28}$——n和28的常用对数,$n > 3$d。

根据上式,可以利用混凝土的早期强度,估算混凝土28d的强度。因影响混凝土强度的因素很多,上式只能作为参考。

8.3.3.5 试验条件

试验条件是指试件尺寸、形状、表面状态及加荷速度等。试验条件不同,会影响混凝土强度的试验值。如相同的混凝土试件尺寸越小,测得的强度越高。试件尺寸影响强度的主要原因,是试件尺寸大时,内部孔隙、缺陷等出现的几率也大,导致有效受力面积减少及应力集中,从而引起强度降低。

8.3.3.6 施工因素

在混凝土施工中,必须按照施工规范要求,准确称量配料,充分搅拌,均匀而适度地振捣,否则将降低混凝土质量。

8.4 混凝土的耐久性

混凝土除具有设计要求的强度外,还应具有在使用环境条件下经久耐用的性能。例如受压力水作用的混凝土应不渗漏;与水接触并遭受冰冻作用的混凝土,应具有抗冻性等。耐久性是混凝土的一项综合性能,除抗渗性、抗冻性以外,还包括碳化性能、耐化学腐蚀性能等。

8.4.1 混凝土的抗渗性

水塔、储水池以及地下结构所用的混凝土都必须具有一定的抗渗性。抗渗性是指混凝土抵抗压力渗透的性能。

抗渗性用抗渗等级表示。抗渗等级是以 28d 龄期的标准试件，在标准试验方法下所能承受的最大静水压表示，共有 P4、P6、P8、P10、P12 五个等级，表示混凝土能抵抗 0.4MPa、0.6MPa、0.8MPa、1.0MPa、1.2MPa 的静水压力而不透水。

混凝土渗水的主要原因是混凝土的内部存在着与外界连通的孔隙。降低混凝土的水灰比，改善骨料级配，选择合适的水泥品种并增加用量，加强施工管理，加强养护等均可提高混凝土的密实性，降低孔隙率，从而提高抗渗性。在混凝土中加适量引气剂可改善孔隙特征，减少连通孔隙，明显提高抗渗性。

8.4.2　混凝土的抗冻性

抗冻性是指混凝土在饱和水条件下，能经受多次冻融循环而不破坏，也不严重降低强度的性能。抗冻性用抗冻等级来表示。它是以 28d 龄期的混凝土试件，在饱和水后承受反复冻融循环，以抗压强度损失不超过 25%，且质量损失不超过 5% 时所能承受的最多循环次数表示。抗冻等级有 F10、F15、F25、F50、F100、F150、F200、F250 和 F300 共九个等级，分别表示混凝土能承受冻融循环的最大次数不少于 10、15、25、50、100、150、200、250 和 300 次。

8.4.3　混凝土的碳化（中性化）

水泥水化产物中的氢氧化钙遇到空气中的二氧化碳，在有水存在的条件下即可发生碳酸化反应而形成碳酸钙，由于碳酸钙属中性产物，故碳化也叫中性化。碳化降低混凝土的碱度，使混凝土中钢筋具备了锈蚀条件，同时也增加了混凝土的收缩。

为了防止碳化作用的不利影响，在工程中通常采用以下措施：对钢筋混凝土结构采用适当厚度的混凝土保护层，使碳化深度在建筑物设计年限内达不到钢筋表面，以免锈蚀；提高混凝土密实度，减少二氧化碳进入混凝土内的通道，在混凝土表面涂刷保护层等。

8.4.4　提高混凝土耐久性的主要措施

混凝土所处的环境和使用条件不同，对其耐久性的要求也不相同，但影响耐久性的因素却有许多相同之处。混凝土的密实程度是影响耐久性的主要因素，其次是原料的性质、施工质量等。提高混凝土耐久性的主要措施有：

（1）合理选择水泥品种，根据混凝土工程的特点和所处的环境条件选用水泥。

（2）选用质量良好，技术条件合格的砂石骨料。

（3）控制水灰比及保证足够的水泥用量，是保证混凝土密实度并提高耐久性的关键。《普通混凝土配合比设计规范》（JGJ 55—2011）规定了工业与民用建筑所用混凝土的最大水灰比和最小水泥用量的限值，见表 8-9。

（4）掺入减水剂或引气剂，改善混凝土的孔隙结构，对提高混凝土的抗渗性和抗冻性有良好作用。

（5）改善施工操作、保证施工质量。

表 8-9　混凝土的最大水灰比和最小水泥用量

环境条件	结构物类型	最大水灰比			最小水泥用量（kg）		
		素混凝土	钢筋混凝土	预应力混凝土	素混凝土	钢筋混凝土	预应力混凝土
干燥环境	·正常的居住或办公用房屋内部件	不作规定	0.65	0.60	200	260	300

续表

环境条件		结构物类型	最大水灰比			最小水泥用量(kg)		
			素混凝土	钢筋混凝土	预应力混凝土	素混凝土	钢筋混凝土	预应力混凝土
潮湿环境	无冻害	·高湿度的室内部件 ·室外部件 ·在非侵蚀性土和(或)水中的部件	0.70	0.60	0.60	225	280	300
	有冻害	·经受冻害的室外部件 ·在非侵蚀性土和(或)水中且经受冻害的部件 ·高湿度且经受冻害的室内部件	0.55	0.55	0.55	250	280	300
有冻害和除冰剂的潮湿环境		·经受冻害和有除冰剂作用的室内和室外部件	0.50	0.50	0.50	300	300	300

注:1. 当用活性掺合料取代部分水泥时,表中的最大水灰比及最小水泥用量,即为取代前的水灰比和水泥用量。
2. 配制 C15 及其以下等级的混凝土,可不受本表限制。

8.5 混凝土外加剂

所谓混凝土外加剂是在拌制混凝土拌合物的过程中掺入的,用以改善混凝土性能的物质,掺入量一般不大于水泥质量的5%。

8.5.1 混凝土外加剂的分类

按主要功能分类:

(1)改善混凝土拌合物流变性能的外加剂。包括各种减水剂、引气剂和泵送剂等。

(2)调节混凝土凝结时间、硬化性能的外加剂。包括缓凝剂,早强剂和速凝剂等。

(3)改善混凝土耐久性的外加剂。包括引气剂、防水剂和阻锈剂等。

(4)改善混凝土其他性能的外加剂。包括加气剂、膨胀剂、着色剂等。

有的外加剂同时具有两种主要功能,则按其主要功能命名。如某种外加剂具有早强作用和减水作用,叫早强减水剂等。

8.5.2 常用混凝土外加剂

目前,在工程中常用的外加剂主要有减水剂、引气剂、早强剂、缓凝剂、防冻剂等。

8.5.2.1 混凝土减水剂

减水剂是指在混凝土流动性基本相同的条件下,能减少拌合用水的外加剂。根据减水剂的作用效果及功能情况,减水剂可分为普通减水剂、高效减水剂、早强减水剂、缓凝减水剂、引气减水剂等。

减水剂本身一般不与水泥起化学反应,但可以改善混凝土的流动性,使水泥的水化过程和内部结构发生变化,从而显著改善混凝土的一系列物理力学性能。

掺减水剂的混凝土与未掺减水剂的同配比混凝土比较,具有如下效果:

1. 在保证混凝土拌合物和易性和水泥用量不变的条件下,可减少用水量,降低水灰比,从而提高混凝土的强度和耐久性。

2. 在保持混凝土强度(水灰比不变)和流动性不变的情况下,可节约水泥用量。

3. 在保持水灰比与水泥用量不变的情况下,可提高混凝土拌合物的流动性,满足各种施工工艺的要求。

4. 在拌合物中加入减水剂后，可减少拌合物的泌水离析现象；延缓拌合物的凝结时间；降低水泥水化放热速度；显著提高混凝土的抗渗性及抗冻性，使耐久性得到提高。

常用减水剂有：木质素磺酸钙减水剂及萘磺酸盐甲醛缩合物减水剂。

8.5.2.2 混凝土早强剂

早强剂是指加速混凝土早期强度发展的外加剂。常用的早强剂有以下几种：

1. 氯盐早强剂

氯化钙是最常用的氯盐早强剂，掺量一般为水泥质量的1% ~2%，可使1d强度提高14% ~20%，7d强度提高115% ~125%。

氯化钙产生的氯离子易使钢筋锈蚀。为此《混凝土结构工程施工质量验收规范》(GB 50204—2002)规定，在钢筋混凝土中氯盐掺量不得超过水泥质量的1%；预应力钢筋混凝土，使用冷拔钢丝和冷拉钢筋的混凝土均不得掺用氯盐；无筋混凝土中不得超过3%。

为了抑制氯化钙对钢筋的锈蚀作用，常将氯化钙与阻锈剂亚硝酸钠($NaNO_2$)复合使用。

2. 硫酸盐早强剂

主要有硫酸钠，硫代硫酸钠，硫酸钙等，以 $Na_2SO_4 \cdot 10H_2O$ 效果最佳。硫酸钠掺量为水泥质量的0.5% ~2%，具有明显的早强效果，而对钢筋无锈蚀作用。

8.5.2.3 混凝土缓凝剂

能延长混凝土拌合物凝结时间，而不显著影响混凝土后期强度的外加剂，称为缓凝剂。

由于缓凝剂在水泥及其水化物表面上的吸附作用，或与水泥反应生成不溶层而达到缓凝的效果。缓凝剂同时还具有减水、增强、降低水化热等多种功能。它适用于高温季节施工的混凝土工程和需长时间停放或长距离运输的混凝土。

常用的缓凝剂有糖类(如糖钙)，木质素磺酸盐类，羟基羧酸及其盐类(如柠檬酸、酒石酸钠等)，无机盐类(如锌盐、硼酸盐等)。

8.6 普通混凝土配合比设计

混凝土的配合比是指混凝土中各组成材料之间的比例关系。确定比例关系的工作为配合比设计。常用的表示方法有两种，一种是以1m^3混凝土中各项材料的质量表示，如水泥(m_c)300kg、水(m_w)180kg、砂(m_s)720kg、石子(m_g)1200kg；另一种表示方法是以各组成材料相互间的质量比表示，通常以水泥质量为1，如某混凝土配合比为：水泥300kg、砂660kg、石1260kg、水170kg、则可表示为：

水泥∶砂∶石∶水 =1∶2.2∶4.2∶0.57

混凝土配合比设计应根据原材料的性能和混凝土的技术要求，通过计算和试配调整，确定出混凝土中各组成材料的用量。

混凝土配合比设计的基本要求是：

(1)满足混凝土结构设计的强度等级及施工进度要求的强度等级。

(2)满足施工要求的和易性。

(3)满足工程所处环境和使用条件对混凝土耐久性的要求。

(4)符合经济原则，节约水泥，降低成本。

在混凝土配合比设计中，确定水泥、水、砂与石子这四项基本组成材料用量之间的三个比例关系。即：水与水泥之间的比例关系，常用水灰比表示；砂与石子之间的比例关系，常用砂率表示；水泥浆与骨料之间的比例关系，常用单位用水量来反映。水灰比、砂率、单位用水量是混凝土配合比的三个重要参数，它们与混凝土各项性能密切相关。在配合比设计中正确地确定这三个参数，就能使混凝土满足配合比设计的四项基本要求。

混凝土配合比设计的步骤：首先根据所用原材料性能及对混凝土的技术要求，参照混凝土强度公式及有关资料，经初步计算得出初步配合比；按初步配合比试拌少量混凝土，调整配合比使和易性符合要求，并进一步检验强度（如有耐久性要求应进行检验）确定出试验室配合比；根据施工现场砂、石含水率，将试验室配合比换算为施工配合比。

初步配合比的设计步骤：

（1）混凝土试配强度（$f_{cu,o}$）的确定

根据混凝土强度等级的定义，强度等级所表示的强度值应具有95%的强度保证率。在配合比设计时，必须使混凝土的配制强度（$f_{cu,o}$）高于设计要求的强度标准（$f_{cu,k}$）。试配强度按下式计算：

$$f_{cu,o}=f_{cu,k}+1.645\sigma$$

式中 $f_{cu,o}$——混凝土试配强度，MPa；

$f_{cu,k}$——混凝土立方体抗压强度标准值，MPa；

σ——混凝土强度标准差，MPa。

标准差σ反映强度分布离散程度，其值越大，表示混凝土强度离散程度越大，说明施工单位管理水平越差；σ值越小，表明强度的离散程度越小，施工管理水平越好。1.645是当混凝土强度的保证率为95%时的概率度值。

标准差σ的确定方法如下：

A. 当施工单位具有近期的同一配合比混凝土强度资料时，σ可按下式求得：

$$\sigma=\sqrt{\frac{\sum_{i=1}^{n} f_{cu,i}-n\bar{f}_{cu}^{3}}{n-1}}$$

式中 $f_{cu,i}$——第i组试件的强度值，MPa；

f_{cu}——n组试件强度的平均值，MPa；

n——混凝土试件的组数，$n\geqslant 25$。

当混凝土强度等级为C20或C25时，如计算值$\sigma<2.5$MPa，取2.5MPa；当强度等级等于或大于C30时，如计算值$\sigma<3.0$MPa，取$\sigma=3.0$MPa。

B. 当施工单位无历史统计资料时，σ可按表8-10取值。

表8-10 混凝土σ取值

混凝土强度等级	<C20	C20～C35	>C35
σ（MPa）	4.0	5.0	6.0

（2）初步确定水灰比（W/C）

根据已知的混凝土配制强度（$f_{cu,o}$）及所用水泥的实际强度（f_{ce}）或水泥强度等级，按混凝土强度公式计算出所要求的水灰比值：

混凝土强度等级小于C60级时，混凝土水灰比宜按下式计算：

$$f_{cu,o}=\alpha_a f_{ce}\left(\frac{C}{W}-\alpha_b\right)$$

$$\frac{W}{C}=\frac{\alpha_a \cdot f_{ce}}{f_{cu,o}+\alpha_a \cdot \alpha_b \cdot f_{ce}}$$

式中　α_a、α_b——回归系数；

f_{ce}——水泥28d抗压强度实测值，MPa。

当无水泥28d抗压强度实侧值时，f_{ce}可按下式确定：

$$f_{ce}=r_c \cdot f_{ce,g}$$

式中　r_c——水泥强度等级值的富余系数，可按实际统计资料确定；

$f_{ce,g}$——水泥强度等级值，MPa。

回归系数 α_a、α_b 宜按下列规定确定：

A. 回归系数 α_a 和 α_b 应根据工程所使用的水泥、骨料，通过试验由建立的水灰比与混凝土强度关系式确定。

B. 当不具备上述试验统计资料时，其回归系数可按表8-11采用。

表8-11　回归系数 $\alpha_a\alpha_b$ 选用表（JGJ 55—2000）

系数 \ 种品子石	碎　石	卵　石
α_a	0.46	0.48
α_b	0.07	0.33

为了保证混凝土的耐久性，水灰比还不得大于表8-9中规定的最大水灰比值，如计算的水灰比大于规定的最大水灰比时，应采用规定的最大水灰比值。

(3)选取1m³混凝土的用水量(m_{wo})

每立方米混凝土用水量的确定，应符合下列规定：

A. 干硬性和塑性混凝土用水量确定

a. 水灰比在0.40～0.80范围内时，根据粗骨料的品种、粒径及施工要求确定混凝土拌合物稠度，其用水量可按表8-12、表8-13选取。

表8-12　干硬性混凝土的用水量　　kg/m³

拌合物稠度		卵石最大粒径(mm)			碎石最大粒径(mm)		
项目	指标	10	20	40	16	20	40
维勃稠度(s)	16～20	175	160	145	180	170	155
	11～15	180	165	150	185	175	160
	5～10	185	170	155	190	180	165

表8-13　塑性混凝土的用水量　　kg/m³

拌合物稠度		卵石最大粒径(mm)				碎石最大粒径(mm)			
项目	指标	10	20	31.5	40	16	20	31.5	40

续表

拌合物稠度		卵石最大粒径(mm)				碎石最大粒径(mm)			
坍落度(mm)	10~30	190	170	160	150	200	185	175	165
	35~50	200	180	170	160	210	195	185	175
	55~70	210	190	180	170	220	205	195	185
	75~90	215	195	185	175	230	215	205	195

注:1. 本表用水量系采用中砂时的平均值。采用细砂时,每立方米混凝土用量可增加5~10kg;采用粗砂时,则可减少5~10kg。
2. 掺用各种外加剂或掺合料时,用水量应相应调整。

b. 水灰比小于0.40的混凝土以及采用特殊工艺的混凝土的用水量,应通过试验确定。

B. 流动性和大流动性混凝土的用水量计算

a. 以表8-13中坍落度90mm的用水量为基础,按坍落度每增加20mm,用水量增加5kg,计算出未掺外加剂时混凝土的用水量。

b. 掺外加剂时的混凝土用水量按下式计算:

$$M_{wa} = m_{wo}(1-\beta)$$

式中 M_{wa}——掺外加剂时,每$1m^3$混凝土的用水量,kg/m^3;

m_{wo}——未掺外加剂时,每$1m^3$混凝土的用水量,kg/m^3;

β——外加剂的减水率,%,应经试验确定。

(4)计算$1m^3$混凝土的水泥用量(m_{co})

根据已确定的水灰比和用水量,可计算出每立方米混凝土水泥用量。

$$m_{co} = \frac{m_{wo}}{\frac{W}{C}}$$

为了保证混凝土的耐久性,计算所得水泥用量还必须满足表8-9所规定的最小水泥用量要求,如果计算出的水泥用量小于规定的最小水泥用量,则应采用规定的最小水泥用量。

(5)选取合理的砂率值(β_s)

应当根据混凝土拌合物的和易性,通过试验求出合理砂率。如无历史资料,坍落度为10~60mm的混凝土砂率可根据骨料种类、规格和水灰比,按表8-14选用。

表8-14 混凝土的砂率 %

水灰比(W/C)	卵石最大粒径(mm)			碎石最大粒径(mm)		
	10	20	40	16	20	40
0.40	26~32	25~31	24~30	30~35	29~34	27~32
0.50	30~35	29~34	28~33	33~38	32~37	30~35
0.60	33~38	32~37	31~36	36~41	35~40	33~38
0.70	36~41	35~40	34~39	39~44	38~43	36~41

注:1. 本表数值系中砂的选用砂率,对细砂或粗砂,可相应地减小或增大砂率。
2. 对坍落度大于60mm的混凝土,可经试验确定,也可在上表的基础上,按坍落度每增大20mm,砂率增大1%的幅度予以调整;坍落度小于10mm的混凝土,其砂率应经试验确定。
3. 只用一个单粒级粗骨料配制混凝土时,砂率应适当增大。
4. 对薄壁结构砂率取偏大值。

(6)计算粗、细骨料的用量m_{go}及m_{so}

粗、细骨料的用量可用质量法或体积法求得。

A. 质量法

如果原材料情况比较稳定，所配制的混凝土拌合物的表观密度将接近一个固定值，这样可以先假设一个 $1m^3$ 混凝土拌合物的质量值，并可列出以下两个公式：

$$\begin{cases} m_{co} + m_{go} + m_{so} + m_{wo} = m_{cp} \\ \beta_s = \dfrac{m_{so}}{m_{so} + m_{go}} \times 100\% \end{cases}$$

式中　m_{co}——$1m^3$ 混凝土的水泥用量，kg/m^3；

m_{go}——$1m^3$ 混凝土的粗骨料用量，kg/m^3；

m_{so}——$1m^3$ 混凝土的细骨料用量，kg/m^3；

m_{wo}——$1m^3$ 混凝土的水用量，kg/m^3；

β_s——砂率，%。

m_{cp}——$1m^3$ 混凝土拌合物假定质量，kg/m^3，其值可取 $2350 \sim 2450kg/m^3$。

解联立方程式，即可求出 m_{go}、m_{so}。

B. 体积法

假定混凝土拌合物的体积等于各组成材料绝对体积和混凝土拌合物中所含空气体积之总和。因此，在计算 $1m^3$ 混凝土拌合物的各材料用量时，可列出以下公式：

$$\begin{cases} \dfrac{m_{co}}{\rho_c} + \dfrac{m_{go}}{\rho_g} + \dfrac{m_{so}}{\rho_s} + \dfrac{m_{wo}}{\rho_w} + 0.01\alpha = 1 \\ \beta_s = \dfrac{m_{so}}{m_{so} + m_{go}} \times 100\% \end{cases}$$

式中　ρ_c——水泥密度，可取 $2900 \sim 3100kg/m^3$；

ρ_g——粗骨料的表观密度，kg/m^3；

ρ_s——细骨料的表观密度，kg/m^3；

ρ_w——水的密度，可取 $1000kg/m^3$；

α——混凝土的含气量百分数，在不使用引气型外加剂时可取 1。

解联立方程，即可求出 m_{go}、m_{so}。

通过以上六个步骤，便可将水、水泥、砂和石子的用量全部求出，得出初步计算配合比，供试配调整，确定试验室配合比用。

（7）施工配合比

以上系参照一些经验公式和经验资料确定的混凝土初步配合比，未必完全符合工程实际情况，也未必是最经济的配合比。所以应按照初步配合比试拌少量混凝土，检验和易性能否满足设计要求，并酌情调整。在此基础上校核强度，确定出既能满足强度要求又节约水泥的试验室配合比。

设计配合比是以干燥材料为基准的，而工地堆放的砂、石都含有一定的水分，且随气候变化而经常变化。所以，现场材料的实际称量应按工地砂、石含水情况进行修正，修正后的配合比称为施工配合比。

假定工地堆放的砂含水率为 $a(\%)$，石子的含水率为 $b(\%)$，则将上述配合比换算为施工

配合比,其材料称量为:

$$m'_c = m_c (kg)$$
$$m'_s = m_s (1 + 0.01a)(kg)$$
$$m'_g = m_g (1 + 0.01b)(kg)$$
$$m'_w = m_w - 0.01am_s - 0.01bm_g (kg)$$

8.7 装饰混凝土

8.7.1 装饰混凝土概述

普通混凝土已成为当今各类建筑材料中应用最为广泛的材料,但美中不足之处是它的外观色彩灰暗呆板,深浅不均而给人以不明快之感。装饰混凝土就是为了改进普通混凝土的这个缺点,而在近几十年内逐渐发展起来的一种新兴的装饰方法。它可融结构装饰于一体,将构件制作与装饰处理同时进行,并获得别具一格的装饰效果。

普通混凝土用作地面或墙体材料,具有强度高、耐久性好等优点,但其单调灰暗的色调,缺乏质感的表面,显然不能满足人们的审美要求。但是,若能充分利用混凝土塑性成型及材料构成的特点,采取适当的措施,使其表面具有装饰性的线形、图案、纹理、层感及色彩,那么就可以满足各种装饰的不同要求,展现出独特的建筑装饰艺术效果。

使混凝土获得装饰效果的手段很多,可概括为三个方面。

1. 线型与质感

混凝土是塑性成型材料。几乎可以加工成任意形态。墙体、构件成型时,利用适当的模具,采用一定的工艺方法,使混凝土表面形成一定线形或纹理质感,这是混凝土装饰的主要手段之一,此称清水装饰混凝土。

尺寸较大的构件,要求规矩挺拔的线形,如窗套、翼肋、大的分格缝等,一般宜通过钢模板成型。纹理质感则可通过模板、模衬、表面加工或露明粗、细骨料形成。

在墙体表面形成线形、质感时,要有一定的凹凸程度,使一部分混凝土成为纯装饰性的混凝土。这样必然要相应增加自重和造价,因此,设计表面纹样时,要充分考虑上述经济因素,根据建筑物的体量、等级,合理选择纹样与凹凸程度。

决定线形和质感效果的一个重要因素,是它们之间的比例、尺度关系及应用部位。一般来说,用于室内时可以适当纤细些,用于室外,特别是体量较大的高层建筑,则可以粗犷一些。

2. 色彩

清水装饰混凝土的基本色调是单调的灰色,这主要取决于所用水泥的颜色,但由于它表面凹凸不平,在光线作用下产生光影明显的变化,这就使普通混凝土的灰暗,呆板与颜色深浅不一的表面感受有所改善。

采用露骨料装饰混凝土,其色彩随着表层剥落的深浅和水泥、砂或石、渣品种而异。表面剥离程度浅,表面比较平整,水泥和细骨料的颜色起主要作用;随着剥离程度的加深,粗骨料颜色的影响加大。在露骨料装饰混凝土的表面上,由于表面光影及多种材料颜色、质感的综合作用,色彩比较活泼,远较一般混凝土表面丰富多彩。但如采用普通水泥和普通砂、石,则其远看效果仍偏于灰暗。

国外改变清水装饰混凝土颜色的主要措施,一是采用白水泥、彩色水泥或掺加颜料,二是外罩涂料。由于我国目前的白水泥、彩色水泥产量少、价格高，整体着色的白水泥、彩色水泥混凝土应用较少，但用白水泥或彩色水泥或掺加颜料在混凝土制品表面做出彩色饰面层已有较多应用。混凝土表面喷涂色调广泛、经久耐用的涂料是适合我国国情的做法。

改变露骨料装饰混凝土色彩的有效措施是，换用色彩明亮的水泥或骨料。尤其是选用适当的骨料，不仅可以获得较好的色彩，而且骨料色泽稳定，耐污染，具有极好的耐久性。

3. 造型与图案

利用混凝土塑性成型特点，给予混凝土制品一定的造型，或使混凝土表面带有几何图案及立体浮雕花饰，是近年来发展起来的混凝土装饰手段。

一定造型的混凝土制品，可以广泛用于城市雕塑，园林设施（假山、长椅、仿树桩休息墩等）、道路、桥梁等。既美观耐久，又经济实用。

在混凝土模板内，按设计布置一定花纹和图案的衬模，待混凝土硬化拆模后，便可使混凝土表面形成立体装饰图案。北京地区用衬模成型的装饰混凝土，有条纹图案和仿蘑菇石图案等，装饰效果良好，已形成一定的应用规模。

8.7.2　白水泥与彩色水泥混凝土

以白水泥或彩色水泥为胶凝材料制成的混凝土即为白水泥混凝土或彩色水泥混凝土。它是一种整体着色的装饰混凝土。该类混凝土不仅要满足装饰效果的要求，还要满足结构要求的基本力学性能。

从建筑装饰功能上来说，白水泥混凝土或彩色水泥混凝土所用的骨料与普通混凝土所用的骨料不同。它们所用的骨料，除一般骨料外还需使用价格较高的彩色骨料。由于这类彩色碎石或砂的尺寸、形状、化学成分是不同的，因此要特别注意这类骨料对混凝土基本性能的影响。

白水泥混凝土或彩色水泥混凝土的配制原理及其影响技术性能的因素与普通混凝土基本相同，但在其配合比设计和生产工艺控制过程中，必须充分考虑其装饰功能并要采取相应措施。

8.7.3　彩色混凝土

8.7.3.1　彩色混凝土的分类

彩色混凝土是彩色水泥或白水泥掺加颜料以及彩色粗细骨料和涂料罩面来实现的。

（1）整体着色混凝土

它是用无机颜料混入拌合物中，获得的水泥、砂、石全部着色的混凝土。投料和拌合顺序是：砂、颜料、粗骨料、水泥，充分干拌均匀后加水再搅拌。

（2）表面着色混凝土

如想仅在混凝土表面着色，可用水泥（1份）、砂（0.5～1份）、无机颜料（适量），拌匀后干撒在新成型混凝土表面并抹平，或用水泥、粉煤灰、颜料、水拌合成色浆，喷涂在新成型的混凝土表面。

8.7.3.2　彩色混凝土的生产

配制彩色混凝土，要用同色、同批冲洗过的骨料，并在运输、使用中妥为保管。特别是配制浅色混凝土的或自身是浅色的骨料，更应保持清洁。生产和施工时应注意以下几点：

（1）为提高亮度，抵消白水泥中的黄光，可在白水泥中添加少许蓝色颜料。

（2）因毛细孔多，射入光散射程度提高，致使混凝土颜色变浅、变淡，所以高水灰比时成型的混凝土比低水灰比的颜色较浅而亮。要求施工中水灰比、振动条件应严加控制。

(3)养护温度会影响某些颜料的稳定性,又会影响水化结晶体的粗细,导致变色、串色。用人工养护时要控制温度,温度越高,混凝土颜色越浅淡而亮。自然养护时不易出现这些情况。但水泡、浇水养护还是容易增加浮浆,加速“泛白”,用薄膜等覆盖物易留下水斑纹。

(4)所有脱模剂不应与模板面、颜料起不良反应。

(5)吸水多的木模板使混凝土的浆层颜色变深,钢模则相反。

(6)可选用混凝土专用颜料,即由颜料加助剂加工而成。助剂主要是离子型表面活性剂,起分散、润湿作用。一般是把颜料、助剂研磨分散后,预制成浆状物。

常采用的彩色混凝土制品有白色混凝土墙面、栏杆及雕塑;彩色混凝土墙面、屋面、现浇地面;彩色混凝土地面砖、花格砖等。

彩色装饰混凝土表面容易泛霜,对于碱含量较高或原材料中可溶物含量较高的混凝土不适宜,对于掺外加剂的混凝土应慎用。

8.7.4 清水装饰混凝土

清水装饰混凝土是利用混凝土结构构件本身造型的竖线条或几何外形取得简单、明快、大方的立面效果,从而获得装饰性;或在成型时利用模板等在构件表面做出凹凸花纹,使立面质感更加丰富而获得装饰效果。由于这类混凝土基本保持了原有的外观质地,因此称为清水装饰混凝土。

8.7.5 露骨料混凝土

露骨料混凝土即外表面暴露骨料的混凝土。它可以是外露混凝土自身的砂石,也可以是预铺的一层水泥石渣或水泥粗石子。露骨料混凝土饰面在国外应用较多,国内近年也在采用。其基本作法是将未完全硬化的混凝土表面剔除水泥浆体,使表层骨料有一定程度的暴露,而不再外涂其他材料。它是依靠骨料的色泽、粒形、排列、质感等来实现刻意的装饰效果,达到自然与艺术的结合。这是水刷石、剁斧石、水磨石类方法的延续和演变。

露骨料的实施方法,可在水泥硬化前与硬化后进行。按制作工艺分为水洗法、缓凝法、酸洗法、水磨法、喷砂法、抛丸法、斧剁法等。酸洗法因为对混凝土有腐蚀破坏作用,一般很少使用。水磨法、斧剁法则与水磨石、剁斧石的生产工艺相同。

水洗法常用在预制构件中,可在板材浇灌后带模抬高一端,呈倾斜状,然后水洗正面除浆,并将骨料面刷洗干净。

缓凝法常用在受模板限制或工序影响,无法及时除浆露石时,表层部分混凝土配合使用缓凝剂,脱模后也容易水洗除浆。如果在反打工艺底模内铺撒一层似花岗石色彩、质感的彩色石渣,上面再浇灌混凝土(部分使用缓凝剂),起模后水洗石渣面。

抛丸法是用粒径为0.5~1mm和2.4~4mm的砂丸,冲击混凝土表层水泥浆,并将其部分剥离。处理后的混凝土表面变毛,有种特殊的效果。喷丸类似玻璃喷砂工艺,是在喷丸室内自动进行的,把构件送入喷丸直射区,砂丸高速(65~80m/s)冲击板面。

露骨料混凝土饰面属高档次作法,有部分石材外露使饰面色泽稳定,接近自然又耐久、此外骨料面上还不易“返白”。

8.7.6 装饰混凝土应用现状

8.7.6.1 国外应用概况

近年来装饰混凝土在各发达国家发展速度很快,在城市建设和房屋建筑广泛使用装饰混凝土及制品。

在城市建设方面，公共建筑的内外墙面较多地采用装饰混凝土，如美国的肯尼迪机场，法国巴黎戴高乐机场候机大厅等建筑均成功获得了良好的装饰效果。街道行人路面、花园及公园步行小径普遍铺设彩色混凝土地砖。在城市景观中，装饰混凝土已成为重要材料，它可以做成彩色防滑路面、停车场、坡道、围栏、挡土墙、花盆等，即美观耐久，又经济适用。装饰混凝土用作城市雕塑主体材料在国外也很普遍，德国波恩贝多芬纪念馆前重达25吨的贝多芬塑像，就是用装饰混凝土制作的。美国用装饰混凝土制作家具用于公共场所。美国一家装饰混凝土公司甚至将多种产品布置成一个室外混凝土公司，造型独特，别具趣味。有的国家在公园里用钢丝网水泥塑造人物、鸟兽，栩栩如生，游客流连忘返。国外许多公园的假山、长椅、池塘等也都采用装饰混凝土浇筑而成。

8.7.6.2　国内应用概况

我国装饰混凝土虽然起步较晚，但发展较快，除水泥花阶砖、彩色联锁砖等地面材料已形成一定规模的生产使用外，墙体、屋面材料和其他混凝土建筑艺术品也已在开发应用中。

我国北京、天津、西安等地先后进行了室外彩色地砖的开发研制，产品也用于城市街道、码头、广场、人行道。

我国从20世纪70年代开始研制装饰混凝土墙板，目前使用的有预制墙板、现浇墙板与构件等。上海在20世纪80年代中期建造的四平路与天宝路口一幢面积11519m^2，高18层的大楼，剪力墙均采用装饰混凝土，并用丙烯酸涂料罩面。北京地区用得较多的是反打成型的条纹状外墙面、仿蘑菇石饰面阳台板等，已形成一定的应用规模。加拿大驻中国使馆新馆的梁、柱、墙体等采用材质和纹理较好的木模板反打做出木纹清晰的混凝土，装饰效果独特。

国内装饰混凝土砌块已开始发展。中国建材研究院研制的劈离砌块已用于一些公共建筑的外墙裙和立交桥的护坡上。

装饰混凝土是艺术和技术加工的混凝土饰面，它是把构件制作与装饰处理同时进行的一种施工技术。它可简化施工工序、缩短工期，其装饰效果和耐久性更为人们普遍称道，同时，装饰混凝土材料来源广、造价低、经济效果显著，所以，装饰混凝土有广阔的发展前景。

本章小结

本章主要介绍了混凝土的生产原料：水泥、骨料，混凝土拌合物和易性的概念、测定，混凝土的强度，混凝土的耐久性包括抗渗性及抗冻性等，混凝土的外加剂种类，混凝土的配合比设计，装饰混凝土的种类、特点及应用。学习本章需一般掌握混凝土的原料、生产；重点掌握混凝土的强度、和易性等技术性质；着重了解混凝土的配合比设计；要对混凝土制品的种类及特点应用有一定了解。

复习思考题

1. 填空题

(1)一般混凝土中砂、石含量占混凝土体积的______以上，起骨架作用，故分别称为细骨料和粗骨料。

(2)混凝土中骨料,粒径在______之间的,称为细骨料,粒径大于______的称为粗骨料。

(3)国家标准规定测量混凝土强度的立方体试件边长尺寸为______。

(4)混凝土的和易性是一项综合性技术指标,包括______、______和______等三方面的性能。

2. 选择题

(1)石子级配中,(　　)级配的空隙率最小。

A. 连续　　B. 间断　　C. 单粒　　D. 均匀

(2)坍落度是用来表示塑性混凝土(　　)的指标。

A. 和易性　　B. 流动性　　C. 保水性　　D. 黏聚性

(3)掺用引气剂后混凝土的(　　)显著提高。

A. 强度　　B. 抗冲击性　　C. 弹性模量　　D. 抗冻性

(4)气温升高时,长距离输送的混凝土所加的缓凝减水剂数量宜(　　)。

A. 加大　　B. 减少　　C. 不变　　D. 以上答案都不对

(5)为保证耐久性,一般结构的钢筋混凝土水泥用量不宜少于(　　)kg/m^3。

A. 200　　B. 220　　C. 240　　D. 260

3. 问答题

(1)普通混凝土的组成材料有哪几种?在混凝土凝结硬化前后各起什么作用?

(2)砂子的粗细程度如何表示?按细度分为哪几种砂?

(3)何谓骨料的颗粒级配?骨料级配良好的标准是什么?有什么技术经济意义?

(4)影响混凝土拌合物和易性的因素有哪些?如何影响?

(5)什么是最佳砂率?有何技术及经济意义?

(6)影响混凝土强度的因素有哪些?如何影响?

(7)什么是减水剂?混凝土中掺入减水剂有什么技术经济效果?

(8)混凝土配合比设计的任务是什么?需要确定的三个参数是什么?怎样确定?

(9)何谓混凝土耐久性?提高耐久性有哪些措施?

(10)何谓装饰混凝土?使混凝土获得装饰效果的手段有哪些?

(11)什么是清水装饰混凝土?

(12)什么是露骨料混凝土?可以通过哪些制作工艺获得露骨料效果?

第9章 建筑砂浆

本章基本内容：

本章的主要内容为建筑砂浆的组成原料、技术性质，介绍了建筑砂浆的分类及各自的特点与应用。

建筑砂浆是由胶凝材料、细骨料、掺加料和水配制而成。建筑工程中，砂浆主要用于砌体的砌筑、墙地面找平、防水抹面、装饰面层、勾缝修补和制作保温层等。随着砂浆日益多功能化，在保温隔热、吸声、防辐射等更多领域得到应用。

根据用途，建筑砂浆分为砌筑砂浆、抹面砂浆（如普通抹面砂浆、装饰砂浆等）及特种砂浆（如防水砂浆、绝热砂浆、耐酸砂浆等）。根据胶凝材料不同，可分为水泥砂浆（由水泥、细骨料和水配制而成）、石灰砂浆、混合砂浆（由水泥、细骨料、掺加料和水配制而成）。根据搅拌方式不同，可分为预拌砂浆和现场拌制砂浆。

9.1 建筑砂浆的原材料

9.1.1 水泥

普通水泥、矿渣水泥、火山灰水泥、粉煤灰水泥以及砌筑水泥等都可用来配制砌筑砂浆。水泥强度等级（MPa）通常为砂浆强度等级的4~5倍，常用水泥的强度等级为32.5、42.5。当水泥强度等级较高时，可掺加适量混合材料如粉煤灰等。特殊用途的砂浆，如修补裂缝、嵌缝等应采用膨胀水泥；耐酸砂浆、耐热砂浆可采用水玻璃；装饰砂浆可采用白水泥和彩色水泥等。

9.1.2 掺加料

掺加料是为改善砂浆和易性而加入的无机材料。如石灰膏、电石膏（电石消解后，经过滤后的产物）、粉煤灰、黏土膏等。掺加料应符合下列规定：

（1）生石灰熟化成石灰膏时，应用孔径不大于3mm×3mm的网过滤，熟化时间不得少于7d；磨细生石灰粉的熟化时间不得少于2d。沉淀池中贮存的石灰膏，应采取防止干燥、冻结和污染的措施，严禁使用脱水硬化的石灰膏。

（2）采用黏土或亚黏土制备黏土膏时，宜用搅拌机加水搅拌，通过孔径不大于3mm×3mm的网过筛。用比色法鉴定黏土中的有机物含量时应浅于标准色。

（3）制作电石膏的电石渣应用孔径不大于3mm×3mm的网过滤，检验时应加热至70℃并保持20min，没有乙炔气味后，方可使用。

（4）消石灰粉不得直接用于砌筑砂浆中。

（5）石灰膏、黏土膏、电石膏试配时的稠度，应为（120±5）mm。

（6）粉煤灰的品质指标和磨细石灰的品质指标，应符合国家标准《用于水泥和混凝土中的粉煤灰》(GB 1596—2005)及行业标准《建筑生石灰粉》(JC/T 480—1992)的要求。

9.1.3 砂

砌筑砂浆用砂的质量要求应符合《建设用砂》(GB/T 14684—2011)的规定。一般砌筑砂浆采用中砂拌制,既能满足和易性要求,又能节约水泥,因此建议优先选用,其中毛石砌体宜选用粗砂。砂的含泥量不应超过5%。强度等级为M2.5的水泥混合砂浆,砂的含泥量不应超过10%。

对于光滑的抹面及勾缝砂浆应采用洁净的细砂。

9.1.4 水

配制砂浆用水应符合现行行业标准《混凝土用水标准》(JGJ 63—2006)的规定。

9.1.5 外加剂

外加剂是在拌制砂浆过程中掺入,用以改善砂浆性能的物质。砌筑砂浆中掺入砂浆外加剂,应具有法定检验机构出具的产品砌体强度型式检验报告,并经砂浆性能试验合格后,方可使用。

9.2 砂浆的主要技术性质

9.2.1 砂浆的和易性

新拌砂浆应具有良好的和易性,和易性良好的砂浆易在粗糙的砖石基面上铺抹成均匀的薄层,且能与底面紧密粘结,既便于施工操作,提高劳动生产率,又能保证工程质量。砂浆和易性包括流动性和保水性两方面的含义。

(1)流动性(稠度)

砂浆流动性是指砂浆在自重或外力作用下产生流动的性能。砂浆流动性以稠度(即沉入度)表示,用砂浆稠度仪测定。砌筑砂浆的稠度按表9-1规定选用;抹面砂浆的稠度及砂的最大粒径按表9-2选用。

表9-1 砌筑砂浆的稠度

砌体种类	砂浆稠度(mm)
烧结普通砖砌体	70~90
轻骨料混凝土小型空心砌块砌体	60~90
烧结多孔砖,空心砖砌体	60~80
烧结普通砖平拱式过梁 空斗墙,筒拱 普通混凝土小型空心砌块砌体 加气混凝土砌块砌体	50~70
石砌体	30~50

表9-2 抹面砂浆的稠度及砂的最大粒径

抹面层	稠度(人工抹面)(mm)	砂的最大粒径(mm)
底层	100~120	2.5
中层	70~90	2.5
面层	70~80	1.2

(2)保水性

新拌砂浆能保持内部水分不泌出流失的能力称为保水性。保水性不好的砂浆在运输和施工过程中容易产生泌水和离析,并且铺抹于基底,水分易被基面吸走,从而使砂浆干涩,不便施工。同时也影响水泥的正常水化硬化,使强度和粘结力下降。因此,为保证砌筑和抹灰质量,砂浆应具有良好的保水性。

砂浆保水性通常以分层度来表示,用砂浆分层度筒测定。砂浆的分层度一般以10~20mm为宜,但不得大于30mm。分层度过大,表示砂浆易产生分层离析,不利于施工及水泥硬化。分层度值接近于零的砂浆,容易产生干缩裂缝。

9.2.2　砂浆的强度等级

砂浆以抗压强度为主要指标。将砂浆按规定方法作成70.7mm×70.7mm×70.7mm的立方体,在标准条件下养护至28d,测其抗压强度平均值(MPa),据此确定砂浆的强度等级。砂浆强度等级分为:M2.5、M5、M7.5、M10、M15、M20共六个等级。砌筑砂浆强度等级为M10及M10以下宜用水泥混合砂浆。

9.2.3　粘结力

砌筑砂浆必须有足够的粘结力,才能将砖石粘结为坚固的整体,砂浆粘结力的大小,将影响砌体的抗剪强度、耐久性、稳定性及抗震能力,是影响砌体强度最重要的参数。抹面砂浆是薄层附着在基底表面上,因此,只有砂浆有足够粘结力,才能保证其不空鼓、开裂脱落等。用作粘贴贴面装饰材料的砂浆,更必须具有较强的粘结力,以保证贴面材料与基层间的牢固粘结。

一般砂浆的粘结力随砂浆的抗压强度提高而增大,此外,砂浆的粘结力还与基层材料的表面状况、清洁程度、润湿状况及施工、养护条件等有关。

9.2.4　砂浆的变形

砂浆在承受荷载、温度变化或湿度变化时容易产生变形。如果变形过大或不均匀,则会降低砌体或抹灰的质量,引起沉陷或开裂。为了减少抹面砂浆因收缩而引起的开裂,可在砂浆中加入麻刀、纸筋等纤维材料。

砌筑砂浆稠度、分层度、抗压强度三项指标必须同时符合要求。

9.3　砌筑砂浆

9.3.1　砌筑砂浆的应用

用于砌筑砖、石、砌块等砌体的砂浆称为砌筑砂浆。它起着传递荷载的作用,是砌体的重要组成部分。目前常用的砌筑砂浆有水泥砂浆和水泥混合砂浆、石灰砂浆三种。工程使用应根据砌体种类选用,可参照表9-3进行。

表9-3　砂浆种类的选择

砂浆种类	适用范围
水泥混合砂浆	地面以上的承重和非承重砖石砌体
水泥砂浆	1. 片石基础、砖基础及一般地下构筑物 2. 砖平拱、钢筋砖过梁等,要求砂浆强度等级高的水塔、烟囱、筒拱
石灰砂浆	平房或临时性建筑

9.3.2 砌筑砂浆的配合比设计

砌筑砂浆要根据工程类别及砌体部位的设计要求，选择其强度等级，再按砂浆强度等级来确定其配合比。

确定砂浆配合比，一般情况下可查阅有关手册或资料来选择。重要工程用砂浆须进行配合比设计。根据《砌筑砂浆配合比设计规程》（JGJ/T 98—2010），砂浆配合比按下列步骤计算。

（1）水泥混合砂浆配合比计算

A. 确定砂浆的试配强度（$f_{m,o}$）

砂浆的试配强度应按下列计算：

$$f_{m,o}=f_z+0.645\sigma$$

式中 $f_{m,o}$——砂浆的试配强度，精确至0.1MPa；

f_z——砂浆抗压强度平均值，精确至0.1MPa；

σ——砂浆现场强度标准差，精确至0.1MPa。

砌筑砂浆现场强度标差的确定应符合下列规定：

a. 当有统计资料时，按下式计算：

$$\sigma=\sqrt{\frac{\sum_{i=1}^{n}f_{m,i}^2-n\mu f_m^2}{n-1}}$$

式中 $f_{m,i}$——统计周期内同一品种砂浆第 i 组试件的强度，MPa；

μf_m——统计周期内同一品种砂浆 n 组试件强度的平均值，MPa；

n——统计周期内同一品种砂浆试件的总组数，$n\geqslant25$。

b. 当不具有近期统计资料时，砂浆现场强度标准差 σ 可按表9-4取用。

表9-4 砂浆强度标准差 σ 选用值 MPa

砂浆强度等级 / 施工水平	M2.5	M5.0	M7.5	M10	M15	M20
优　良	0.50	1.00	1.50	2.00	3.00	4.00
一　般	0.62	1.25	1.88	2.50	3.75	5.00
较　差	0.75	1.50	2.55	3.00	4.50	6.00

B. 水泥用量计算

a. 每立方米砂浆中的水泥用量按下式计算：

$$m_{ce}=\frac{1000(f_{m,o}-\beta)}{\alpha\cdot f_{ce}}$$

式中 m_{ce}——每立方米砂浆的水泥用量，精确至1kg/m^3；

$f_{m,o}$——砂浆的试配强度；精确至0.1MPa；

f_{ce}——水泥的实测强度，精确至0.1MPa；

α、β——砂浆的特系征数，其中 $\alpha=3.03$，$\beta=-15.09$。

b. 在无法取得水泥的实测强度值时，可按下式计算 f_{ce}：

$$f_{ce}=\gamma_c\cdot f_{ce,k}$$

式中 $f_{ce,k}$——水泥强度等级对应的强度值；

γ_c——水泥强度等级值的富余系数，该值应按实际统计资料确定。无统计资料时 γ_c 可取 1.0。

C. 掺加料用量计算

水泥混合砂浆的掺加料用量按下式计算：

$$m_o = m_a m_c$$

式中 m_o——每立方米砂浆的掺加料用量，精确至 $1kg/m^3$；

m_c——每立方米砂浆水泥用量，精确至 $1kg/m^3$；

m_a——每立方米砂浆水泥和掺加料的总量（宜在 300 ~ $500kg/m^3$ 之间），精确至 $1kg/m^3$。

D. 砂用量计算

每立方米砂浆中砂子用量，应按干燥状态（含水率小于0.5%）的堆积密度值作为计算值（kg/m^3）。

E. 用水量计算

每立方米砂浆中的用水量，根据砂浆稠度等要求可选用 240 ~ $310kg/m^3$。混合砂浆中的用水量，不包括石灰膏或黏土膏中的水；当采用细砂或粗砂时，用水量分别取上限或下限。稠度小于 70mm 时，用水量可小于下限；施工现场气候炎热或干燥季节，可酌情增加水量。

（2）水泥砂浆材料用量可按表 9-5 选用

表 9-5 每立方米水泥砂浆材料用量

强度等级	每立方米砂浆水泥用量（kg/m^3）	每立方米砂子用量（kg/m^3）	每立方米砂浆用水量（kg/m^3）
M2.5 ~ M5	200 ~ 230	砂子的堆积密度值	270 ~ 330
M7.5 ~ M10	220 ~ 280		
M15	280 ~ 340		
M20	340 ~ 400		

表 9-5 中水泥强度等级为 32.5 级，大于 32.5 级水泥用量宜取下限；根据施工水平合理选择水泥用量；当采用细砂或粗砂时，用水量分别取上限或下限；稠度小于 70mm 时，用水量可小于下限，施工现场气候炎热或干燥季节，可酌量增加用水量。试配强度应按式 $f_{m,o} = f_Z + 0.645\sigma$ 计算。

无论是查表或计算所得的配合比，都必须经过试配调整，使之达到满意的和易性和强度要求，最后将确定的各种材料用量换算成以水泥为 1 的配合比。

9.4 抹面砂浆

抹面砂浆是涂抹在建筑物和构筑物的表面，既能保护墙体，又具有一定装饰性的建筑材料。根据砂浆的功能不同，一般可将抹面砂浆分为普通抹面砂浆、防水砂浆、装饰砂浆和特种砂浆等。与砌筑砂浆相比，抹面砂浆的特点和技术要求有：

（1）抹面层不承受荷载；

（2）抹面砂浆应具有良好的和易性，容易抹成均匀平整的薄层，便于施工；

（3）抹面层与基底层要有足够的粘结强度，使其在施工中或长期自重作用下不脱落、不开裂；

(4)抹面层都为薄层,并分层涂抹,面层要求平整、光洁、细致、美观;

(5)多用于干燥环境,大面积暴露在空气中。

9.4.1 普通抹面砂浆

普通抹面砂浆对建筑物和墙体起到保护作用。它可以抵抗风、雨、雪等自然环境对建筑物的侵蚀,并提高建筑物的耐久性,同时经过抹面的建筑物表面或墙面又可以达到平整、光洁、美观的效果。

常用的普通抹面砂浆有水泥砂浆、石灰砂浆、水泥混合砂浆、麻刀石灰砂浆(简称麻刀灰)、纸筋石灰砂浆(简称纸筋灰)等。

1. 普通抹面砂浆的要求

普通抹面砂浆通常分为两层或三层进行施工。

(1)底层抹灰的作用是使砂浆与基底能牢固地粘结,因此要求底层砂浆具有良好的和易性、保水性和较好的粘结强度。

(2)中层抹灰主要是找平,有时可省略。

(3)面层抹灰是为了获得平整、光洁的表面效果

2. 普通抹面砂浆的使用

(1)水泥砂浆宜用于潮湿或强度要求较高的部位;

(2)混合砂浆多用于室内底层或中层或面层抹灰;

(3)石灰砂浆、麻刀灰、纸筋灰多用于室内中层或面层抹灰;

(4)水泥砂浆不得涂抹在石灰砂浆层上。

9.4.2 装饰砂浆

普通抹面砂浆虽有一定的装饰作用,但其装饰作用毕竟是非常有限的。装饰砂浆是指专门用于建筑物室内外表面装饰,以增加建筑物美观为主要作用的砂浆。它是在抹面施工的同时,经各种艺术处理而获得特殊的表面形式,以满足艺术审美需要的一种表面装饰。

9.4.2.1 装饰砂浆的种类及其饰面特性

装饰砂浆获得装饰效果的具体做法可分为两类。

一类是通过水泥砂浆的着色或水泥砂浆表面形态的艺术加工,获得一定色彩、线条、纹理质感,达到装饰目的,称为灰浆类饰面。这种以水泥、石灰及其砂浆为主形成饰面装饰做法的主要优点是材料来源广泛,施工操作方便,造价比较低廉,而且通过不同的艺术加工方法,可以形成不同的装饰效果,如搓毛、拉毛、喷毛以及仿面砖、仿毛石等饰面。

另一类是在水泥浆中掺入各种彩色石碴作骨料,制得水泥石碴浆抹于墙体基层表面,然后用水洗、斧剁、水磨等手段除去表面水泥浆皮,露出石碴的颜色、质感的饰面做法,称为石碴类饰面。它与灰浆类饰面的主要区别在于:石碴类饰面主要靠石碴的颜色、颗粒形状来达到装饰目的,而灰浆类饰面则主要靠掺入颜料以及砂浆本身所能形成的质感来达到装饰目的。与石碴相比,水泥等材料的装饰质感及耐污染性比较差,而且多数石材的耐光性比颜料好,所以,石碴类饰面的色泽比较明亮,质感相对地更丰富,并且不易褪色和污染。但石碴类饰面相对于砂浆类而言工效较低,造价较高。当然,随着技术与工艺的演变,这种差别正在日益缩小。

9.4.2.2 装饰砂浆的组成材料

1. 胶凝材料

装饰砂浆所用胶凝材料与普通抹面砂浆基本相同,只是更多地使用白水泥和彩色水泥。

2. 骨料

装饰砂浆所用骨料除普通砂外，还常用石英砂、彩釉砂、着色砂以及石渣、石屑、砾石、彩色瓷粒、玻璃珠等。

3. 颜料

掺颜料的砂浆，一般用在室外抹灰工程中，如假大理石、假面砖、喷涂、弹涂和彩色砂浆抹面。这些饰面长期处于风吹、日晒、雨淋之中，且受到大气中有害气体的腐蚀和污染等。因此，选择合适的颜料，是保证饰面质量、避免褪色和变色、延长使用年限的关键。

颜料选择要根据其价格、砂浆品种、建筑物所处环境和设计要求而定。建筑物处于受酸侵蚀的环境中时，要选用耐酸性好的颜料；受日光曝晒的部位，要选用耐光性好的颜料；碱度高的砂浆，要选用耐碱性好的颜料；设计要求鲜艳颜色，可选用色彩鲜艳的有机颜料。

9.4.2.3 *灰砂类砂浆饰面*

1. 拉毛灰

拉毛灰是在水泥砂浆或水泥混合砂浆抹灰中层基面上，抹上水泥混合砂浆、纸筋灰或水泥石灰浆等，并利用拉毛工具将砂浆拉起波纹和斑点的毛头，做出一种凹凸质感较强的饰面层，一般适用于有音响要求的礼堂、影剧院、会议室等室内墙面，也可用于外墙面，阳台栏板或围墙等外饰面。

拉毛灰有拉长毛、短毛，拉粗毛、细毛之分，此外还有条筋形拉毛等。条筋形拉毛的外观类似树皮。

2. 甩毛灰

甩毛灰是用竹丝刷等工具将罩面灰浆往中层砂浆基面上甩洒，形成大小不一又很有规律的云朵状毛面。也有先在基质上刷水泥色浆，再甩上不同颜色的罩面灰浆，并用抹子轻轻压平，形成两种颜色的套色做法。甩出的云朵必须大小相称，纵横相间，既不杂乱无章，也不整齐划一，以免呆板。

3. 搓毛灰

搓毛灰是在罩面灰浆初凝时，用硬木抹子由上至下搓出一条细而直的纹路，也可水平方向搓出一条L形细纹路，当纹路明显搓出后即停。这种装饰方法工艺简单、造价低、效果朴实大方。

4. 扫毛灰

扫毛灰是用竹丝扫帚把按设计组合分格的面层砂浆，扫出不同方向的条纹，或做成仿岩石的装饰抹灰。扫毛灰做成假石以代替天然石饰面，工序简单、造价便宜，适用于影剧院、宾馆的内墙和庭院的外墙饰面。

扫毛仿石，具有岩石纹理，用多种几何图形的扫毛块石和谐地组合在一起，具有一定的线形与纹理质感，造型美观，质朴淡雅，视觉舒适。不同条纹的光影作用，使不同分块面上明暗变化，形成明显的质感区别，装饰效果好。

5. 拉条抹灰

拉条抹灰是用专用模具把面层砂浆做出竖线条的饰面。模具是将松木条的一边刻成设计的凹槽，抹上面层砂浆后，立即用模具由上而下拉出线条，使面层具有一定线形的纹理质感。线条有细条形、粗条形、半圆形、波形、梯形、方形等多种形式，适用于公共建筑的门厅、会议室、观众厅等。

6. 假面砖

假面砖是采用掺氧化铁系颜料的水泥砂浆，通过手工操作达到类似面砖装饰效果的饰面做法，适合于房屋建筑外墙抹灰饰面。

7. 假大理石

假大理石是用掺适当颜料的石膏色浆和素石膏浆按 1∶10 比例配合，通过手工操作，做成具有大理石表面特征的装饰抹灰。如果做得好，在颜色、花纹和光洁度等方面都接近天然大理石效果，适用于高级装饰工程中的内墙抹灰。

8. 外墙喷涂

外墙喷涂是用挤压式砂浆泵或喷斗将聚合物水泥砂浆喷涂在墙面基层或底灰上，形成饰面层。在涂层表面再喷一层甲基硅醇钠或甲基硅树脂疏水剂，以提高涂层耐久性和减少墙面污染。根据涂层质感可分为：波面喷涂，其表面灰浆饱满，波纹起伏；颗粒喷涂，表面不出浆，布满细碎颗粒；花点喷涂，在波面喷涂层上，再喷以不同色调的砂浆点，远看似水刷石或花岗石饰面效果。

9. 外墙滚涂

外墙滚涂是将聚合物水泥砂浆抹在墙体表面上，用辊子滚出花纹，再喷罩疏水剂形成饰面层。这种工艺，施工方法简单，容易掌握，对局部施工尤为适用。

10. 弹涂

用弹涂器将不同色彩的水泥浆弹涂在基面上，形成 3～5mm 的扁圆形斑点，不同色点互相衬托，构成一种彩色的装饰面层。彩色水泥点硬化后再罩一层抗污染的疏水涂料。

9.4.2.4 *石渣类砂浆饰面*

1. 水刷石

在水泥砂浆基层上，先薄刮一层水泥净浆，随即抹水泥石渣浆，其体积配合比依石渣粒径而定，当石渣粒径为 8mm 时，水泥∶石渣＝1∶1，粒径为 6mm 时，水泥∶石渣＝1∶1.25，粒径为 4mm 时，水泥∶石渣＝1∶1.3，水泥石渣浆厚度为石碴粒径的 2.5 倍。要求将水泥石渣浆拍实拍平，当它开始凝结时，用毛刷蘸水或用喷雾器把水泥浆冲洗掉，直至石渣半露为止。水刷石饰面具有石料饰面的朴实的质感效果，如果再结合适当的艺术处理，如分格、分色、凹凸线条等，可使饰面获得自然美观、明快庄重、秀丽淡雅的艺术效果。因此，水刷石是一种颇受人们欢迎的传统外墙装饰工艺，长期以来在我国各地被广泛采用。其缺点是现场湿作业量大，劳动条件差，费工费料。

水刷石除用于建筑物外墙面外，檐口、腰线、窗套、阳台、雨篷、勒脚及花台等部位亦常使用。

2. 斩假石

斩假石又称剁斧石。它是以水泥石碴浆或水泥石屑浆作面层抹灰，待其硬化具有一定强度后，用钝斧及各种凿子等工具，在面层斩剁出类似石材经雕琢的纹理效果的一种人造石材装饰方法。

斩假石在石碴类饰面的各种做法中，装饰效果最好。它既具有貌似真石的质感，又有精工细作的特点，给人以朴实自然、素雅庄重的感觉。其缺点是费工费时，劳动强度大，工效较低。

斩假石饰面一般多用于局部小面积装饰，如勒脚、台阶、柱面、扶手等。

3. 水磨石

水磨石是由水泥、彩色石碴或白大理石碴及水按适当比例配合，需要时掺入适量颜料，经搅拌、浇注捣实、养护、硬化、表面打磨、草酸冲洗、干后上蜡等工序制成，既可现场制作，也可工厂预制。

石碴类饰面除上述做法外，还有拉假石、干粘石等做法。它们虽同属石碴类饰面，但在装饰效果，特别在质感上有明显的不同。水刷石最为粗犷，而干粘石粗中带细，斩假石则典雅凝重，而水磨石则有润滑细腻之感。在颜色花纹方面，色泽之华丽和花纹之美观首推水磨石，斩假石的颜色一般较浅，很像斩凿过的灰色花岗石，水刷石有青灰、奶黄等颜色，干粘石的色彩主要决定于所用石碴的颜色，这三者都不能像水磨石那样，能在表面做出细巧的图案花纹。

9.5　特种砂浆

9.5.1　防水砂浆

防水砂浆的配置和防水混凝土类似，主要通过掺入少量能改善抗渗性的有机物或无机物类外加剂，从而达到防水的目的。其主要有引气剂防水砂浆、减水剂防水砂浆、三乙醇胺防水砂浆和三氯化铁防水砂浆。

1. 引气剂防水砂浆

引气剂防水砂浆是应用较普遍的一种外加剂防水砂浆，其具有良好的和易性、抗渗性、抗冻性和耐久性

2. 减水剂防水砂浆

减水剂防水砂浆是通过掺入各种减水剂配制的防水砂浆。使用减水剂防水砂浆能够在保持相同和易性的情况下，提高砂浆的密实性。

3. 三乙醇胺防水砂浆

三乙醇胺一般用作早强剂，用来配制防水砂浆，可提高砂浆的抗渗性。

4. 氯化铁防水砂浆

氯化铁防水砂浆是在砂浆拌合物中，加入少量氯化铁防水剂配制而成的具有高抗渗性、高密实度的砂浆。

5. 膨胀防水砂浆

膨胀防水砂浆就是利用膨胀水泥或掺加膨胀剂配制的，在凝结硬化过程中产生一定的体积膨胀，补偿由于干燥失水和温度变化造成的收缩。

9.5.2　保温和吸声砂浆

1. 膨胀聚苯颗粒保温砂浆

膨胀聚苯颗粒保温砂浆是指以聚苯乙烯（EPS）颗粒作为主要轻骨料，水泥为胶结料，再配以合成纤维、高分子聚合物胶粘剂、辅助性骨料等配制的保温砂浆，目前广泛应用于各种外墙外保温或内保温体系，其导热率小，保温性能优良，同时因合成纤维和聚合物胶粘剂的有效应用，因而具有良好的抗烈性、抗渗性，具备较好的性价比。

2. 无机轻骨料保温砂浆

无机轻骨料保温砂浆是指采用水泥等胶凝材料和膨胀珍珠岩、膨胀蛭石、陶粒砂等无机轻质多孔骨料，按照一定的比例配制的砂浆。其具有重量轻、保温隔热性能好等特点，主要用于

屋面、墙体保温和热水、空调管道的保温层。

3. 相变保温砂浆

将已经过处理的相变材料掺入抹面砂浆即可制成相变保温砂浆。相变材料可以用很小的体积储存很多的热能而且在吸热的过程中保持温度基本不变,因此可用作室内的冬季保温和夏季制冷材料,令室内保持良好的热舒适度,通过这种方法可以降低建筑能耗,从而实现建筑节能。

4. 吸声砂浆

吸声砂浆与保温砂浆类似,也是采用水泥等胶凝材料和聚苯颗粒、膨胀珍珠岩、膨胀蛭石、陶粒砂等轻骨料,按照一定比例配制的砂浆。由于其骨料内部孔隙率大,因此吸声性能十分优良,主要用于室内吸声墙面和顶面。

9.5.3 预拌砂浆

预拌砂浆是由无机胶粘剂、有机胶粘剂、骨料、填料与添加剂等原料,按科学配料、精确计量和工业化生产的多品种、多用途的预混粉体,作为商品供应。在施工现场,只需加入一定量的拌合水,均匀拌合即可使用。

与传统形式的砂浆相比,它具有产品质量高、用途广泛、生产效率高、环境效益好等优点,是建筑行业发展的一个新方向。表 9-6 介绍了预拌砂浆的种类与用途。

表 9-6 预拌砂浆的种类与用途

预拌砂浆的种类	用途
聚合物外墙腻子、内墙耐水腻子、粉刷石膏等	墙面抹灰
中空微珠保温砂浆、聚苯颗粒保温砂浆、抗裂抹面砂浆、聚苯板强力胶粘剂等	保温隔热
彩色干粉涂料、彩色水泥干粉涂料等	装饰
自流平地坪砂浆、混凝土彩色艺术地坪预拌砂浆、彩喷艺术地坪预拌砂浆、非金属和金属耐磨地坪预拌砂浆等	地面抹灰、装饰
水泥基渗透结晶防水涂料、弹性防水涂料	防水
外墙瓷砖勾缝剂、内墙瓷砖勾缝剂、地坪瓷砖勾缝剂、纸面石膏板嵌缝剂、轻质混凝土板嵌缝剂等	彩色勾缝、嵌缝体系
瓷砖胶粘剂、石材胶粘剂、墙板胶粘剂、多用途界面剂等	胶粘剂
砌筑类预拌砂浆	砌筑
隧道用预拌砂浆等	特殊用途

本章小结

本章主要介绍了建筑砂浆的原料:水泥、掺加料、砂、水及外加剂;介绍了砂浆的技术性质:和易性、强度、粘结力及变形。介绍了工程中常用的建筑砂浆;砌筑砂浆、抹面砂浆、装饰砂浆、特种砂浆的种类、特点及应用。学习本章应一般了解建筑砂浆的原料、组成;掌握建筑砂浆的强度等技术性质;了解工程中常用砂浆的特点及应用;重点掌握砌筑砂浆的配合比设计。

复习思考题

1. 填空题

(1)根据用途,建筑砂浆分为______、______、防水砂浆及特种砂浆。

(2)根据胶凝材料不同,砂浆可分为水泥砂浆、______、______。

(3)砂浆的分层厚度一般以______为宜,但不得大于______。

2. 选择题

(1)凡涂在建筑物或构件中表面的砂浆,可统称为( )。

A. 砌筑砂浆 B. 抹面砂浆 C. 混合砂浆 D. 防水砂浆

(2)在抹面砂浆中掺入纤维材料可以改变砂浆的( )。

A. 强度 B. 抗拉强度 C. 保水性 D. 分层度

(3)红砖在砌筑前,一定要进行浇水润湿,其目的是( )。

A. 把砖冲洗干净 B. 保证砌砖时砌筑砂浆的稠度

C. 增强砂浆对砖的胶结力 D. 减少砌筑砂浆需水量

(4)砂浆的稠密度是用砂浆稠度测定仪的试锥下沉深度(mm)来标定的,砖砌体的砌筑砂浆采用的稠密度宜为( )mm。

A. 20~30 B. 50~70 C. 70~90 D. 90~120

(5)建筑砂浆流动性用( )表示。

A. 沉入度 B. 坍落度 C. 分层度 D. 针入度

(6)砌筑砂浆强度同混凝土相比,除考虑抗压强度外,还应考虑( )。

A. 抗拉强度 B. 粘结强度 C. 深度 D. 光洁度

3. 问答题

(1)常用建筑砂浆有哪些类型?

(2)何谓砌筑砂浆?

(3)何谓砂浆的和易性?为什么砂浆必须有一定的稠度和保水性?

(4)抹面砂浆有哪些技术要求?

第10章 金属材料

本章基本内容：

本章主要掌握建筑中常用的金属材料钢材的制作和分类、力学性能、化学成分及各种钢材制品的特点与应用。介绍了铝合金的性质分类、制作处理以及铝合金制品的特点与应用。最后介绍了铜和铜制品的分类与应用。

金属材料是指由一种以上的金属元素或金属元素与某些非金属元素组成的合金的总称。现代超高层建筑多用金属材料建造。

金属材料可分为黑色金属和有色金属两大类。黑色金属指铁碳合金，主要是铁和钢；黑色金属以外的所有金属及其合金通称为有色金属，如铜、铝及其合金等。所谓合金是由两种或两种以上的元素组成的金属。

金属材料与其他材料相比，具有较高的强度，能抵抗较大的变形，并能制成各种形状的制品和型材，所以广泛用于建筑工程。

10.1 建筑钢材

建筑钢材具有以下主要优点：

1. 强度高。钢材的抗拉、抗压、抗弯、抗剪强度都很高，常温下具有承受较大冲击荷载的韧性，为典型的韧性材料。在钢筋混凝土中，能弥补混凝土抗拉、抗弯、抗剪和抗裂性能较低的缺点。

2. 塑性好。在常温下钢材能承受较大的塑性变形，便于冷弯、冷拉、冷拔、冷轧等各种冷加工。冷加工能改变钢材的断面尺寸和形状，并改变钢材的性能。

3. 质量均匀，性能可靠，可以用多种方法焊接或铆接，并可进行热轧和锻造，还可通过热处理方法，在很大范围内改变和控制钢材的性能。

10.1.1 钢的冶炼和分类

10.1.1.1 钢的冶炼

铁矿石经冶炼后得到铁，铁再冶炼则得钢。由于铁和碳的化合力极强，所以工业上很难得到纯铁。含碳量低于0.04%的铁称为熟铁，熟铁软而易加工，但力学强度很差。含碳量2.0%以上称为生铁，并含有较多的Si、S、P、Mn等杂质。

将生铁的碳含量降低到2.0%以下，使S、P等杂质含量降至一定范围内即成为钢。所以炼钢基本原理是除碳、造渣和脱氧。

1. 除碳 通过氧化法，可将一部分碳变为气体而逸出。

$$2Fe + O_2 \longrightarrow 2FeO$$

$$2FeO + C \longrightarrow 2Fe + CO_2$$

2. 造渣　在氧化还原反应中可将生铁中的Si、Mn变为钢渣，上浮于钢水之上而排出。

$$FeO + Mn \longrightarrow Fe + MnO$$

$$2FeO + Si \longrightarrow 2Fe + SiO_2$$

铁水中的S、P杂质只有在碱性条件下才能除去，通常加入一定量的石灰石。

$$5FeO + 2P + 3CaO \longrightarrow Fe + Ca_3(PO_4)_2$$

$$2FeO + Si \longrightarrow 2Fe + SiO_2$$

3. 脱氧　由于锰、硅、铝与氧的结合能力大于氧与铁的结合能力，所以脱氧时给钢水中加入锰铁、硅铁或铝锭作为还原剂，将钢水中的FeO还原为铁，使氧变为Mn、Si或铝的氧化物而进入钢渣。

脱氧减少了钢材中的气泡，并克服了元素分布不均（通常称为偏析）的缺点，可明显改善钢材的技术性质。

目前，常用的炼钢方法有三种：平炉炼钢、转炉炼钢和电炉炼钢。平炉是应用较早的炼钢炉，它以生铁、铁矿石或废钢铁为原料，以煤气或重油为燃料进行冶炼。平炉冶炼时间长，去除杂质更为彻底，钢的质量好，但成本较高，用于冶炼优质碳素钢、合金钢及其他有特殊要求的专用钢。氧气转炉炼钢是由炉顶向炉内吹入高压氧气，使熔融铁水中的碳和硫等杂质被氧化除去，得到较纯净的钢水。转炉炼钢周期短，生产效率高，杂质清除较充分，钢的质量较好，可以生产优质碳素钢和合金钢。电炉炼钢是用电为热源，废钢及生铁为原料，电炉温度可以自由调控，清除杂质较容易，钢的质量好，但成本高，用于冶炼优质碳素钢和特殊合金钢。

合金钢是在炼钢过程中人为地加入一种或几种合金元素而制成。常用的合金元素有硅、锰、铬、钛等，它们可使钢的某些性质得到显著改善。

10.1.1.2　钢的分类

钢的分类可按冶炼方法、化学成分、质量等级及用途等多种方法进行分类。

1. 按冶炼方法分
   - 按炉种分
     - 平炉钢
     - 转炉钢（氧气转炉钢、空气转炉钢）
     - 电炉钢
   - 按脱氧程度分
     - 镇静钢
     - 半镇静钢
     - 特别镇静钢
     - 沸腾钢

2. 按化学成分分
   - 碳素钢
     - 低碳钢　含碳量$<0.25\%$
     - 中碳钢　含碳量$0.25\% \sim 0.60\%$
     - 高碳钢　含碳量$>0.60\%$
   - 合金钢
     - 低合金钢　合金元素总含量$<5\%$
     - 中合金钢　合金元素总含量$5\% \sim 10\%$
     - 高合金钢　合金元素总含量$>10\%$

3. 按质量分
   - 普　通　钢　P≤0.045%，S≤0.05%～0.055%
   - 优　质　钢　P≤0.035%，S≤0.035%
   - 高级优级质钢　P≤0.025%，S≤0.025%
   - 特级优质钢　P≤0.025%，S≤0.015%

4. 按用途分
   - 结构钢
     - 工程结构用钢
       - 建筑用钢(圆钢、角钢、工字钢)
       - 专门用途钢(船舶、桥梁、锅炉用钢)
     - 机械零件用钢
       - 渗碳钢
       - 调质钢
       - 弹簧钢
       - 轴承钢
   - 工具钢
     - 量具钢
     - 刃具钢
     - 模具钢
   - 特殊性能钢——不锈钢、耐热钢、耐磨钢、电工用钢等

10.1.2　建筑钢材的力学性能

建筑钢材的力学性能主要有抗拉、冷弯、冲击韧性和耐疲劳性等。

10.1.2.1　抗拉性能

抗拉性能是建筑钢材的重要性能。由拉力试验测定的屈服强度、抗拉强度和伸长率是建筑钢材的重要技术指标。

建筑钢材的抗拉性能，可通过低碳钢(软钢)受拉的应力-应变图说明，见图 10-1。

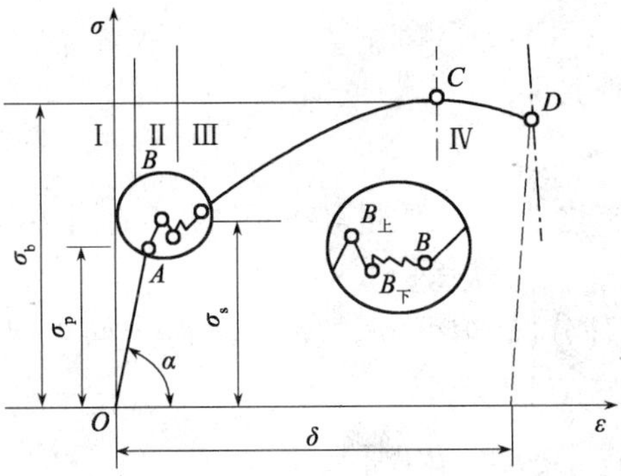

图 10-1　拉伸时 σ-ε 曲线

软钢受拉的全过程可分为四个阶段：弹性阶段($O\to A$)、屈服阶段($A\to B$)、强化阶段($B\to C$)和颈缩阶段($C\to D$)。

1. 弹性阶段

在 $O\to A$ 范围内应力与应变成正比关系，如果卸去外力，试件则恢复原状而无残余变形，这种性质称为弹性，这个阶段称为弹性阶段。

弹性阶段的最高点(A 点)所对应力称为比例极限或弹性极限，用 σ_p 表示。应力和应变的比值为常数，称为弹性模量，用 E 表示，$E=\sigma/\varepsilon$。弹性模量反映钢材的刚度，即产单位应变时所需应力的大小，它是计算钢结构变形的重要指标。建筑工程中广泛应用的 Q235 碳素结构

钢的弹性模量 $E = (2.0 \sim 2.1) \times 10^5 MPa$。

2. 屈服阶段

当应力超过比例极限后，应力和应变不再成正比关系，应力的增长滞后于应变的增长，从 $B_上 \to B_下$ 点甚至出现了应力减少的情况。这一现象称为屈服，这一阶段称为屈服阶段。在屈服阶段内，若卸去外力，则试件不能完全恢复，即产生了塑性变形。$B_上$ 点对应的应力称为屈服上限，$B_下$ 点所对应的应力称为屈服下限。由于 $B_下$ 点比较稳定且容易测定，故常以屈服下限作为钢材的屈服强度，用 σ_s 表示。

钢材受力达到屈服强度后，尽管尚未断裂，但由于变形的迅速增长，已不能满足使用要求，故设计中一般以屈服强度作为钢材强度的取值依据。

对于在外力作用下屈服现象不明显的钢材（某些合金钢或含碳高的钢材），则规定产生残余变形为 0.2% 原标距长度时的应力作为该钢材的屈服强度，用 $\sigma_{0.2}$ 表示，称为屈服强度 $\sigma_{0.2}$，如图 10-2 所示。

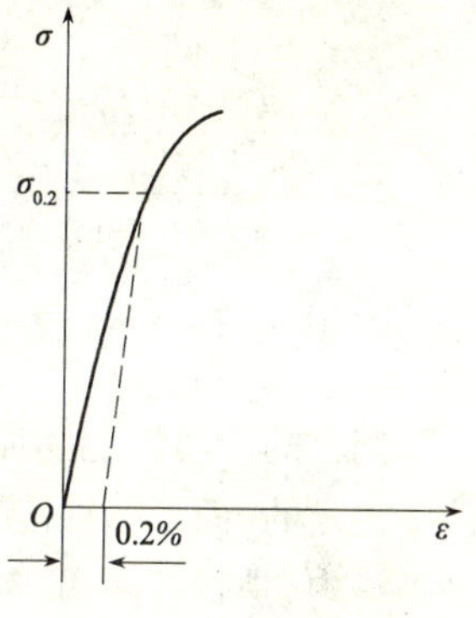

图 10-2　硬钢的屈服强度

3. 强化阶段

当钢材屈服到一定程度以后，由于内部晶格扭曲，晶粒破碎等原因，阻止了塑性变形的进一步发展，钢材抵抗能力重新提高，表现在应力-应变图上即曲线由 $B_下$ 点开始上升至最高点 C，这一过程通常称为强化阶段。对应于最高点 C 的应力称为极限抗拉强度，用 σ_b 表示，它是钢材所能承受的最大应力。Q235 钢的屈服强度在 235MPa 以上，抗拉强度在 375MPa 以上。

抗拉强度在设计计算中虽然不能直接利用，但是屈服强度与抗拉强度之比是评价钢材受力特征的一个参数。屈强比（σ_s / σ_b）越小，反应钢材受力超过屈服点工作时的可靠性越大、安全性越高，但是该比值过小，又说明钢材强度的利用率偏低，浪费材料。钢材的 σ_s / σ_b 常为 0.60 ~ 0.75。

4. 颈缩阶段

当钢材强化达到 C 点后，在试件薄弱处的断面将显著减小，塑性变形急剧增加，产生“颈缩”现象而很快断裂如图 10-3 所示。

将断裂后的试件拼合起来，便可量出标距范围的长度 L_1，L_1 与试件受力前原标距长度 L_0 之差为塑性变形值，它与 L_0 之比称为伸长率 δ，则按下式计算：

$$\delta = \frac{L_1 - L_0}{L_0} \times 100\%$$

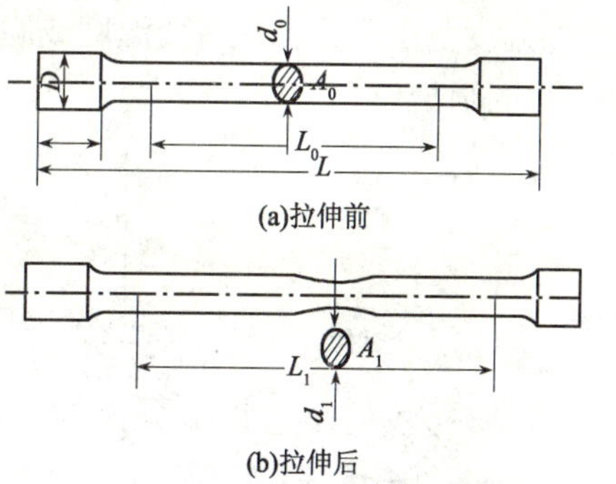

图 10-3　钢的拉伸试件示意图

伸长率表示钢材塑性变形能力的大小，是钢材的重要技术指标。尽管结构是在弹性范围内使用，但其应力集中处的应力可能超过屈服点。良好的塑性变形能力，可使应力重新分布，从而避免结构过早破坏。

10.1.2.2　冷弯性能

冷弯性能指钢材在常温下承受弯曲变形的能力，是建筑钢材的工艺性能指标。

建筑钢材的冷弯性能，常用弯曲角度 α 和弯心直径 d 与试件直径（或厚度 a）的比值来表示。弯曲角度愈大，d/a 愈小，说明试件受弯曲程度愈高。钢材的技术标准中对不同的钢材的冷弯指标均有具体规定。当按规定的弯曲角度 α 和 d/a 值对试件进行冷弯时，试件受弯处不发生裂纹、断裂或起层，即认为冷弯性能合格。

图 10-4 和图 10-5 分别为冷弯试验及弯曲角度相同、不同 d/a 时的弯曲情况。

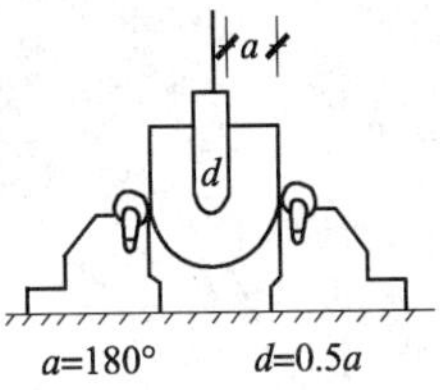

图 10-4　冷弯试验

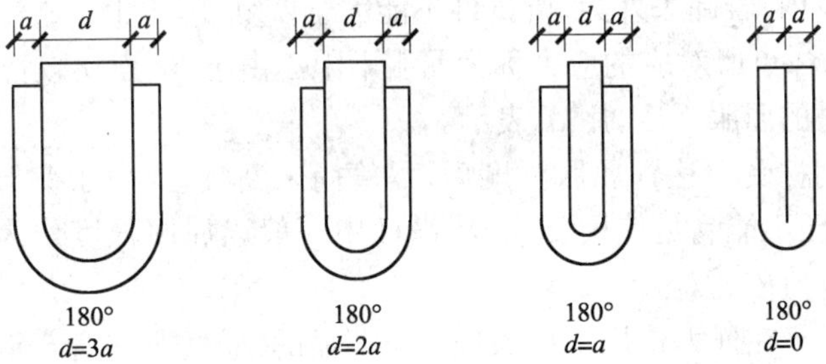

图 10-5　钢材冷弯

钢材的冷弯性能和伸长率均是塑性变形能力的反应。但伸长率是在试件轴向均匀变形条件下测定的，而冷弯性能则是在更严格条件下钢材局部变形的能力。它可揭示钢材内部结构是否均匀，是否存在内应力和夹杂物等缺陷。

冲击韧性指钢材抵抗冲击荷载的能力。冲击韧性指标是通过标准试件的冲击韧性试验确定的，如图 10-6 所示。以摆锤冲击试件刻槽的背面，将其打断，试件单位截面积上所消耗的功即为钢材的冲击韧性指标，以 α_k 表示（J/cm^2），α_k 值越大，表明钢材的冲击韧性越好。

钢材的冲击韧性对钢的化学成分、组织状态以及冶炼、轧制质量都较敏感。例如，钢中硫、磷的含量较高，存在偏析，非金属夹杂质或焊接形成的微裂缝等均会使冲击韧性显著降低。

试验表明钢材在常温下不显示脆性，但随着温度下降到一定程度则可以发生脆性断裂，这一性质称为钢材的冷脆性。

冲击韧性随温度降低而下降的规律是开始下降缓慢，当达到一定温度时则突然下降。这时的温度范围称为脆性转变温度或脆性临界温度，如图 10-7 所示，其数值愈低，表明钢材的低温冲击韧性愈好。

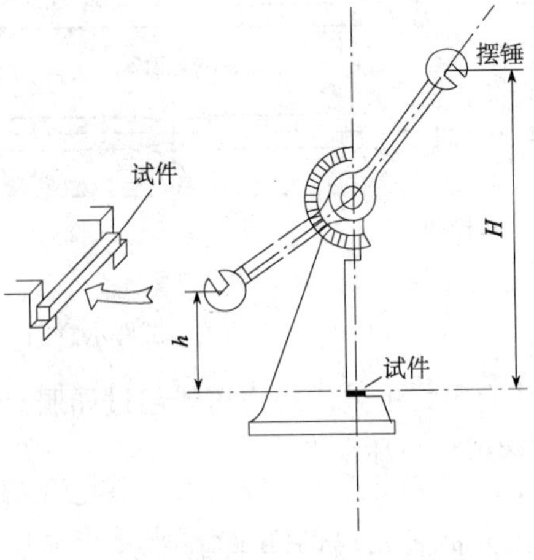

图 10-6　摆锤式冲击韧性试验

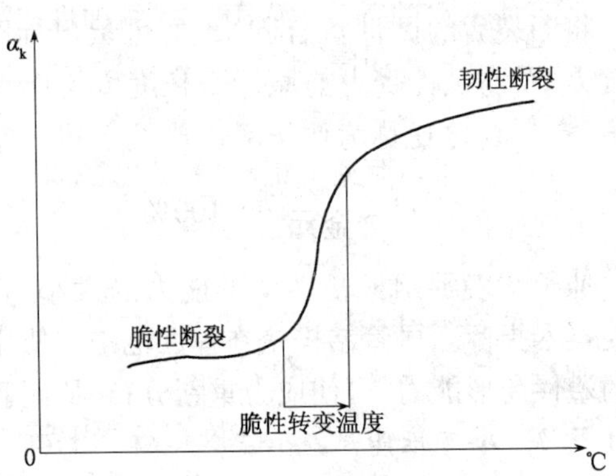

图 10-7　钢材的脆性转变温度

10.1.2.3　硬度

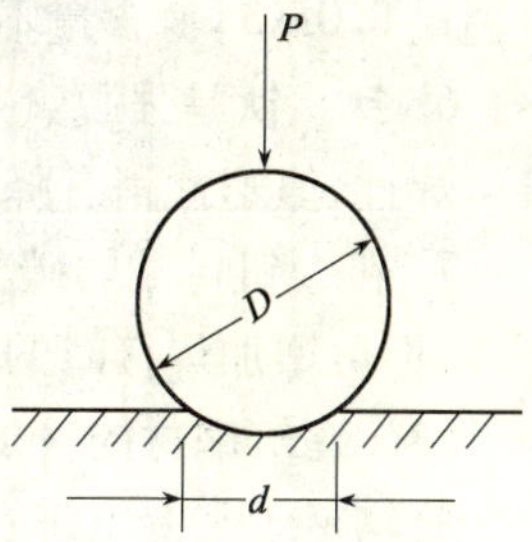

图 10-8　布氏硬度示意图

硬度是金属材料的基本性能之一。建筑钢材的硬度指标常用布氏硬度表示。它是用标准规定直径大小的硬钢球，在规定的荷载作用下压入钢材表面后，荷载值与压痕面积之商，如图 10-8 所示，由下式计算：

$$H_B = \frac{P}{F} = \frac{2P}{\pi D(D - \sqrt{D^2 - d^2})}$$

10.1.3　化学成分对钢材性能的影响

钢中主要化学元素为铁(Fe)，另外还有少量的碳(C)、硅(Si)、锰(Mn)、硫(S)、磷(P)、氧(O)、氮(N)等，这些少量元素对钢材性能影响很大。

1. 碳　碳是决定钢材性能的重要元素。它对钢材力学性质的影响如图 10-9 所示。如图表明含碳量增加，钢材的强度和硬度增加，塑性和韧性下降，但含碳量大于 1.0% 时，由于钢材变脆，强度反而下降了。

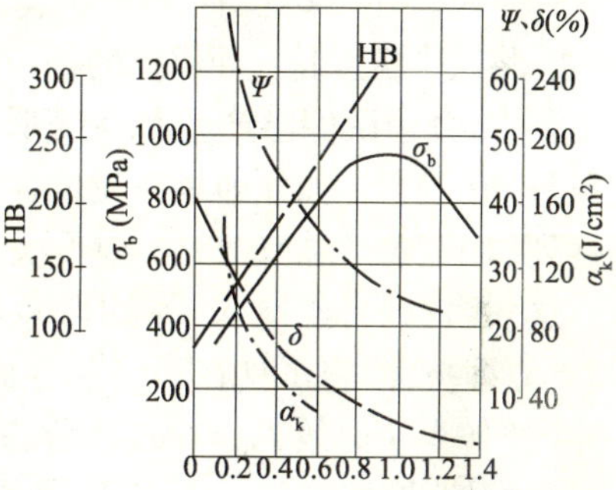

图 10-9　含碳量对碳素钢性能的影响

含碳量增加，还会使焊接性能、耐锈蚀性能下降并增加钢的脆性和时效敏感性。含碳量大于 0.3% 时，可焊性明显下降。

2. 硫　硫是钢材中最主要的有害元素之一。它以 FeS 的形式存在，是一种低熔点化合物，硫化物的低熔点易使钢材焊接时形成热裂纹，这种高温下产生热裂纹的特性叫热脆性。热脆性严重损害了钢的可焊性和热加工性。

硫还会降低钢材所有的物理力学性能，如冲击韧性、耐疲劳性、抗腐蚀性等。因此硫是钢中的有害元素之一，一般不得超过 0.05%，硫的含量也是区分钢材品质的重要指标之一。

3. 磷　磷是钢材的主要有害元素之一，含量一般不得超过 0.045%，也是区分钢材品质的重要指标之一。

磷是炼钢时原料带入的，它可显著降低钢材的塑性和韧性，特别是低温下的冲击韧性下降更为显著，磷的偏析较为严重，分布不均匀，含量高时可与铁形成 Fe_3P 夹杂质。磷使钢冷脆性增加而可焊性下降。

磷可使钢材的强度、耐磨性、耐腐蚀性提高，尤其与铜等合金元素共存时效果更为明显。

4. 硅、锰　硅和锰均是为了脱氧去硫而加入的元素。因为硅、锰和氧的结合力大于铁与氧的结合力，锰与硫的结合力大于铁与硫的结合力，所以可使有害的 FeO 和 FeS 分别形成为 SiO_2、MnO 及 MnS 而进入钢渣中，硫的减少可使钢材热脆性下降，力学性能得到改善。

硅是钢的主要合金元素，含量常在 1% 以内，大部熔于铁素体中，可提高强度，对塑性和韧性的影响不明显。

锰是低合金结构钢的主要合金元素，含量常在 1% ~2%，熔于铁素体中，可使晶粒细化，提高强度。

5. 氧、氮　氧和氮都是在炼钢过程中进入钢液的。未除尽的氧、氮大部分以化合物的形式存在，如 FeO、Fe_4N 等。这些非金属化合物夹杂物降低了钢材的强度、冷弯性能和焊接性能。氧还使热脆性增加，氮使冷脆性及时效敏感性增加。因此氧、氮均为有害元素，氧含量不得超过0.05%,氮含量不得超过0.03%。

6. 钛　钛是强脱氧剂,能细化晶粒,显著提高钢的强度并改善韧性,减少时效敏感性,改善可焊性,但塑性稍有降低,是常用的合金元素。

7. 钒　钒可减弱碳与氮对钢材的不利影响,也可细化晶粒,有效地提高强度,减少时效敏感性,但可增加焊接时的淬硬倾向。

10.1.4　建筑钢材的冷加工及时效处理

将钢材于常温下进行冷拉、冷拔或冷轧,使其产生塑性变形,从而提高屈服强度。这个过程称为冷加工强化处理。

工程中常用冷拉和冷拔来提高屈服强度、节约钢材。但冷加工往往导致塑性、韧性及弹性模量的降低。

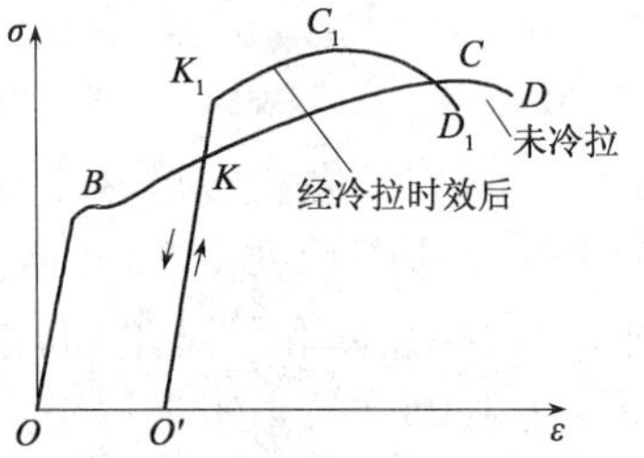

图 10-10　钢筋冷拉曲线

图10-10中O、B、C、D为未经冷拉和时效试件的应力-应变曲线。将试件拉至超过屈服点的任一点K,然后卸去荷载,在卸荷过程中,由于试件已产生塑性变形,故曲线沿KO′下降,KO′大致与BO平行。如立即重新拉伸,则新的屈服强度将高至原来达到的K点。以后的应力-应变关系将与原来曲线KCD相似。这表明:钢材经冷拉后,屈服点将提高。如在K点卸荷后,不立即拉伸,将试件在常温下存放15~20天后(自然时效),或加热到100~200℃并保持一定时间(人工时效),这个过程称为时效处理。经过时效后再拉伸,钢材屈服点将升高至K_1点。继续拉伸,曲线将沿$K_1C_1D_1$发展,表明钢材经冷拉时效后,屈服点和抗拉强度都得到提高。时效还可以使冷拉损失的弹性模量基本恢复,硬度增加,但塑性和韧性则进一步降低。

钢材的时效是普遍而长期的过程。未经冷拉的钢材同样存在时效问题,冷拉只是加速了时效的发展。

冷拔是将低碳钢丝(φ6以下的盘条)从孔径略小于被拔钢丝直径的硬质拔丝模中强力地拔出,使钢丝断面减小,长度伸长的过程。

冷轧是使低碳钢丝通过硬度轧辊,在钢丝表面轧制出呈一定规律分布的轧痕。

冷加工具有明显的经济效益。如冷拉后屈服强度可提高15%~20%,冷拔后屈服强度可提高40%~60%,作为钢筋混凝土中的受力主筋,可适量减小设计截面或减少配筋量,节约钢材。

冷拉可简化施工工艺,可使盘条钢筋开盘、矫直、冷拉三道工序合为一道工序,直条钢筋则可矫直、除锈、冷拉合为一道工序。

冷加工和时效一般同时采用,应通过试验确定性能冷拉控制参数和时效方式。一般来说,强度低的钢筋宜采用自然时效,强度较高的钢筋宜采用人工时效。

10.1.5　建筑钢材的技术标准及选用

建筑钢材可分为钢结构用型钢和钢筋混凝土用钢筋。

10.1.5.1　碳素结构钢

碳素结构钢包括一般结构钢和工程用热轧钢板、钢带、型钢等。现行国家标准《碳素结构钢》(GB/T 700—2006)具体规定了它的牌号表示方法、代号和符号、技术需求、试验方法、检验规则等。

1. 牌号表示方法

标准中规定:碳素结构钢按屈服点的数值(MPa)分为195、215、255、275五种;按硫磷杂质的含量由多到少分为A、B、C、D四个质量等级;按照脱氧程度不同分为特殊镇静钢(TE)、镇静钢(Z)、半镇静钢(b)和沸腾钢(F)。钢的牌号由代表屈服点的字母Q、屈服点数值、质量等级和脱氧程度四个部分顺序组成。对于镇静钢和特殊镇静钢，在钢的牌号中予以省略。如 Q235-A·F，表示屈服点为235MPa 的 A 级沸腾钢；Q235-C 表示屈服点为235MPa 的 C 级镇静钢。

2. 技术要求

碳素结构钢的技术要求包括化学成分、力学性能、冶炼方法、交货状态及表面质量五个方面，碳素结构钢的化学成分、力学性能、冷弯试验指标应分别符合表 10-1、表 10-2、表 10-3 的要求。

表 10-1　碳素结构钢的化学成分（GB/T 700—2006）

牌号	等级	化学成分（%）					脱氧方法
		C	Mn	Si	S	P	
				不大于			
Q195	—	0.06~0.12	0.25~0.50	0.30	0.050	0.045	F、b、Z
Q215	A	0.09~0.15	0.25~0.55	0.30	0.050	0.045	F、b、Z
	B				0.045		
Q235	A	0.14~0.22	0.30~0.65	0.30	0.050	0.045	F、b、Z
	B	0.12~0.20	0.30~0.70		0.045		
	C	≤0.18	0.35~0.80		0.040	0.040	Z
	D	≤0.17			0.035	0.035	TZ
Q255	A	0.18~0.28	0.40~0.70	0.30	0.050	0.045	F、b、Z
	B				0.045		
Q275	—	0.28~0.38	0.50~0.80	0.35	0.050	0.045	b、Z

表 10-2　碳素结构钢的力学性能

牌号	等级	拉伸试验													冲击试验	
		屈服点 σ_s（MPa）						抗拉强度 σ_b（MPa）	伸长率 δ_5（%）						温度（℃）	V形冲击功（纵向）（J）
		钢材厚度（直径）（mm）							钢材厚度（直径）（mm）							
		≤16	>16~40	>40~60	>60~100	>100~150	>150		≤16	>16~40	>40~60	>60~100	>100~150	>150		
		≥							≥							≥
Q195	—	（195）	（185）	—	—	—	—	315~430	33	32	—	—	—	—	—	—
Q215	A	215	205	195	185	175	165	335~450	31	30	29	28	27	26	—	—
	B														20	27
Q235	A	235	225	215	205	195	185	375~500	26	25	24	23	22	21	—	—
	B														20	27
	C														0	
	D														-20	
Q255	A	255	245	235	225	215	205	410~550	24	23	22	21	20	19	—	—
	B														20	27
Q275	—	275	265	255	245	235	225	490~630	20	19	18	17	16	15	—	—

表 10-3　碳素结构钢的工艺性能

牌号	试样方向	冷弯试验 $B=2a$,180°		
		钢材厚度(直径)(mm)		
		60	>60~100	>100~200
		弯心直径 d		
Q195	纵	0	—	—
	横	0.5a		
Q215	纵	0.5a	1.5a	2a
	横	a	2a	2.5a
Q235	纵	a	2a	2.5a
	横	1.5a	2.5a	3a
Q255	—	2a	3a	3.5a
Q275	—	3a	4a	4.5a

碳素结构钢的冶炼方法采用氧气转炉、平炉和电炉。一般为热轧状态交货,表面质量也应符合有关规定。

3. 各类牌号钢材的性能和用途

从上表中可知,钢材随钢号的增大,含碳量增加,强度和硬度相应提高,而塑性和韧性则降低。

建筑工程中应用最广泛的是 Q235 号钢。其含碳量为 0.14% ~0.22%,属低碳钢,具有较高的强度,良好的塑性、韧性及可焊性,综合性能好,能满足一般钢结构和钢筋混凝土用钢要求,且成本较低。在钢结构中主要使用 Q235 钢轧制成各种型钢、钢板。

Q195 和 Q215 号钢,强度低,塑性和韧性较好,易于冷加工,常用作钢钉、铆钉、螺栓及铁丝等。Q215 号钢经冷加工后可代替 Q235 号钢使用。

Q255. Q275 号钢,强度较高,但塑性、韧性差,可焊性也差,不易焊接和冷弯加工,可用于轧制带肋钢筋,作螺栓配件等,但更多用于机械零件和工具等。

10.1.5.2　低合金高强度结构钢

低合金高强度结构钢是在碳素结构钢的基础上,添加少量的一种或几种合金元素(总含量小于 5%)的一种结构钢。其目的是为了提高钢的屈服强度、抗拉强度,它是综合性较为理想的建筑钢材,尤其在大跨度、承受动荷载和冲击荷载的结构中更适用。另外,与使用碳素钢相比,可节约钢材 20% ~30%,而成本并不很高。

1. 牌号表示方法

根据国家标准《低合金高强度结构钢》(GB/T 1591—2008)规定,共有五个牌号。所加元素主要有锰、硅、钒、钛、铌、铬、镍及稀土元素。其牌号的表示方法由屈服点字母 Q、屈服点数值、质量等级(分 A、B、C、D、E 五级)三个部分组成。

2. 标准与选用

低合金高强度结构钢的化学成分、力学性能见表 10-4、表 10-5。

表 10-4　低合金高强度结构钢的化学成分(GB/T 1591—2008)

牌号	质量等级	化学成分(%)										
		C≤	Mn	Si	P≤	S≤	V	Nb	Ti	Al≥	Cr≤	Ni≤
Q295	A	0.16	0.80~0.15	0.55	0.045	0.045	0.02~0.15	0.015~0.060	0.02~0.20	—		
	B	0.16	0.80~0.15	0.55	0.040	0.040	0.02~0.15	0.015~0.060	0.02~0.20	—		
Q345	A	0.02	1.00~1.60	0.55	0.045	0.045	0.02~0.15	0.015~0.060	0.02~0.20	—		
	B	0.02	1.00~1.60	0.55	0.040	0.040	0.02~0.15	0.015~0.060	0.02~0.20	—		
	C	0.20	1.00~1.60	0.55	0.035	0.035	0.02~0.15	0.015~0.060	0.02~0.20	0.015		
	D	0.18	1.00~1.60	0.55	0.030	0.030	0.02~0.15	0.015~0.060	0.02~0.20	0.015		
	E	0.18	1.00~1.60	0.55	0.025	0.025	0.02~0.15	0.015~0.060	0.02~0.20	0.015		
Q390	A	0.20	1.00~1.60	0.55	0.045	0.045	0.02~0.20	0.015~0.060	0.02~0.20	—	0.30	0.70
	B	0.20	1.00~1.60	0.55	0.040	0.040	0.02~0.20	0.015~0.060	0.02~0.20	—	0.30	0.70
	C	0.20	1.00~1.60	0.55	0.035	0.035	0.02~0.20	0.015~0.060	0.02~0.20	0.015	0.30	0.70
	D	0.20	1.00~1.60	0.55	0.030	0.030	0.02~0.20	0.015~0.060	0.02~0.20	0.015	0.30	0.70
	E	0.20	1.00~1.60	0.55	0.025	0.025	0.02~0.20	0.015~0.060	0.02~0.20	0.015	0.30	0.70
Q420	A	0.20	1.00~1.70	0.55	0.045	0.045	0.02~0.20	0.015~0.060	0.02~0.20	—	0.40	0.70
	B	0.20	1.00~1.70	0.55	0.040	0.040	0.02~0.20	0.015~0.060	0.02~0.20	—	0.40	0.70
	C	0.20	1.00~1.70	0.55	0.035	0.035	0.02~0.20	0.015~0.060	0.02~0.20	0.015	0.40	0.70
	D	0.20	1.00~1.70	0.55	0.030	0.030	0.02~0.20	0.015~0.060	0.02~0.20	0.015	0.40	0.70
	E	0.20	1.00~1.70	0.55	0.025	0.025	0.02~0.20	0.015~0.060	0.02~0.20	0.015	0.40	0.70
Q460	C	0.20	1.00~1.70	0.55	0.035	0.035	0.02~0.20	0.015~0.060	0.02~0.20	0.015	0.70	0.70
	D	0.20	1.00~1.70	0.55	0.030	0.030	0.02~0.20	0.015~0.060	0.02~0.20	0.015	0.70	0.70
	E	0.20	1.00~1.70	0.55	0.025	0.025	0.02~0.20	0.015~0.060	0.02~0.20	0.015	0.70	0.70

注:表中的 Al 为全铝含量。如化验酸溶铝时,其含量应不小于 0.010%。

表 10-5　低合金高强度结构钢的力学性能(GB/T 1591—2008)

牌号	质量等级	屈服点 σ_s(MPa) 厚度(直径,边长)(mm)				抗拉强度 σ_b(MPa)	伸长率 δs(%)	V 形冲击功(A_{kv},纵向)(J)				180°弯曲试验 d—弯心直径;a—试件厚度(直径) 钢材厚度(直径)(mm)	
		≤15	>16~35	>35~50	>50~100			+20℃	0℃	-20℃	-40℃	≤16	>16~100
		≥					≥						
Q295	A	295	275	255	235	390~570	23					$d=2a$	$d=3a$
	B	295	275	255	235	390~570	23	34				$d=2a$	$d=3a$
Q345	A	345	325	295	275	470~630	21					$d=2a$	$d=3a$
	B	345	325	295	275	470~630	21	34				$d=2a$	$d=3a$
	C	345	325	295	275	470~630	22		34			$d=2a$	$d=3a$
	D	345	325	295	275	470~630	22			34		$d=2a$	$d=3a$
	E	345	325	295	275	470~630	22				27	$d=2a$	$d=3a$

续表

牌号	质量等级	屈服点 σ_s(MPa)				抗拉强度 σ_b(MPa)	伸长率 δs(%)	V 形冲击劲(A_{kv},纵向)(J)				180°弯曲试验 d—弯心直径; a—试件厚度(直径)	
		厚度(直径,边长)(mm)						+20℃	0℃	-20℃	-40℃		
		≤15	>16~35	>35~50	>50~100		≥					钢材厚度(直径)(mm)	
		≥										≤16	>16~100
Q390	A	390	370	350	330	490~650	19					$d=2a$	$d=3a$
	B	390	370	350	330	490~650	19	34				$d=2a$	$d=3a$
	C	390	370	350	330	490~650	20		34			$d=2a$	$d=3a$
	D	390	370	350	330	490~650	20			34		$d=2a$	$d=3a$
	E	390	370	350	330	490~650	20				27	$d=2a$	$d=3a$
Q420	A	420	400	380	360	520~680	18					$d=2a$	$d=3a$
	B	420	400	380	360	520~680	18	34				$d=2a$	$d=3a$
	C	420	400	380	360	520~680	19		34			$d=2a$	$d=3a$
	D	420	400	380	360	520~680	19			34		$d=2a$	$d=3a$
	E	420	400	380	360	520~680	19				27	$d=2a$	$d=3a$
Q460	C	460	400	420	400	550~720	17		34			$d=2a$	$d=3a$
	D	460	400	420	400	550~720	17			34		$d=2a$	$d=3a$
	E	460	400	420	400	550~720	17				27	$d=2a$	$d=3a$

在钢结构中常采用低合金高强度钢结构钢轧制型钢、钢板,来建筑桥梁、高层及大跨度建筑。在重要的钢筋混凝土结构或预应力钢筋混凝土结构中,主要应用低合金钢加工成的热轧带肋钢筋。

10.1.5.3　钢筋混凝土结构用钢

钢筋混凝土用钢筋的直径通常为 6~40mm,小于 6mm 者为钢丝。

1. 热轧钢筋

用加热钢坯轧成的条形成品,称为热轧钢筋。它是建筑工程中用量最大的钢材品种之一,主要用于钢筋混凝土和预应力混凝土结构的配筋。

热轧钢筋按其轧制外形分为:热轧光圆钢筋、热轧带肋钢筋。带肋钢筋通常为圆形横截面,且表面带有两条纵肋和沿长度方向均匀分布的横肋。按肋纹的形状分为月牙肋和等高肋(如图 10-11所示)。月牙肋的纵横肋不相交,而等高肋的纵横肋相交。月牙肋钢筋有生产简便、强度高、应力集中敏感性小、疲劳性能好等优点,但其与混凝土的粘结锚固性能稍逊于等高肋钢筋。根据《钢筋混凝土用钢　第 1 部分:热轧光圆钢筋》(GB 1499.1—2008)和《钢筋混凝土用钢　第 2 部分:热轧带肋钢筋》(GB 1499.2—2007/XG1—2009),热轧钢筋的力学性能及工艺性能应符合表 10-6 的规定。H、R、B 分别为热轧、带肋、钢筋三个词的英文首位字母。

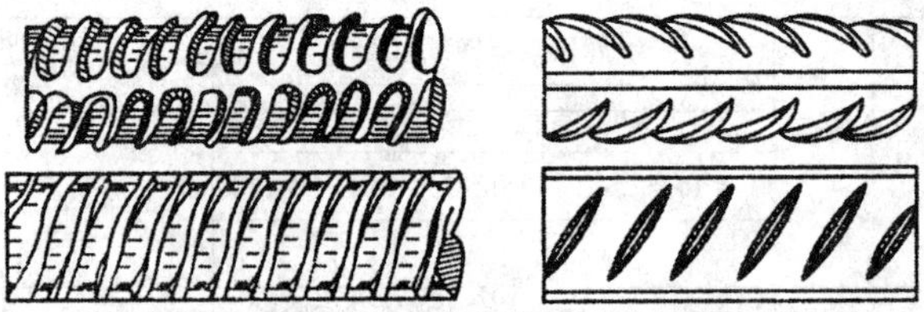

图 10-11　带肋钢筋外形

表 10-6　热轧钢筋的性能

强度等级代号	外形	钢种	公称直径 a (mm)	屈服强度 (MPa)	抗拉强度 (MPa)	伸长率 δ_s (%)	冷弯试验	
							角度	弯心直径
HRB235	光圆	低碳钢	8 ~ 20	235	370	25	180°	$d = a$
HRB335	月牙肋	低碳低合金钢	6 ~ 25	335	490	16	180°	$d = 3a$
			28 ~ 50					$d = 4a$
HRB400			6 ~ 25	400	570	14	180°	$d = 4a$
			28 ~ 50					$d = 5a$
HRB500	等高肋	中碳低合金钢	6 ~ 25	500	630	12	180°	$d = 6a$
			28 ~ 50					$d = 7a$

热轧钢筋中的低碳钢筋热轧圆盘条，直径 8 ~ 20mm，也广泛地应用在建筑及金属制品中。盘条分为建筑用盘条和拉丝用盘条两类，所用钢材的牌号有 Q195、Q215、Q235，其力学及工艺性能应符合表 10-7 的规定。

表 10-7　低碳钢热轧圆盘条力学性能与工艺性能

用途	牌号	力学性能			冷弯试验 180°
		屈服点 σ_s (MPa)	抗拉强度 σ_b (MPa)	伸长率 δ_{10} (%)	d:弯心直径 a:试样直径
建筑用	Q215	不小于 215	不小于 375	不小于 27	$d = 0$
	Q235	不小于 235	不小于 410	不小于 23	$d = 0.5a$
拉丝用	Q195		不大于 390	不小于 30	$d = 0$
	Q215		不大于 420	不小于 28	$d = 0$
	Q235		不大于 490	不小于 23	$d = 0.5a$

2. 冷拔低碳钢丝

冷拔低碳钢丝是将直径为 6.5 ~ 8mm 的 Q235 热轧盘条钢筋经冷拔加工而成。

冷拔钢丝分为甲、乙两级，甲级钢丝适用于作预应力筋，乙级钢丝适用于作焊接网、焊接骨架、箍筋和构造钢筋。其机械性能应符合表 10-8 的规定。

表 10-8　冷拔低碳钢丝的力学性能

钢丝级别	直径(mm)	抗拉强度(MPa)		伸长率(标距 100mm)(%)不小于	180°反复弯曲(次数)不小于
		1 组	2 组		
		不小于			
甲级	5	650	600	3.0	4
	4	700	650	2.5	4
乙级	3 ~ 5	550		2.0	4

注：1. 甲级钢丝应采用符合Ⅰ级热轧钢筋标准的圆盘条拔制；

2. 预应力冷拔低碳钢丝经机械调直后，抗拉强度标准值应降低 50MPa。

钢筋混凝土结构用钢除热轧钢筋、冷拔低碳钢丝外，还有冷轧带肋钢筋和预应力混凝土用的热处理钢筋，高强钢丝及钢绞线等。

10.1.6 钢材的锈蚀及防止

1. 钢材的锈蚀

钢材的锈蚀是指其表面与周围介质发生化学作用或电化学作用而遭到破坏。钢材锈蚀不仅使截面积减小、性能降低甚至报废，而且因产生锈坑，可造成应力集中，加速结构破坏。根据锈蚀作用机理，钢材的锈蚀可分为化学锈蚀和电化学锈蚀两种。

(1)化学锈蚀

化学锈蚀是指钢材直接与周围介质发生化学反应而产生的锈蚀。这种锈蚀多数是氧化作用，使钢材表面形成疏松的氧化物。在常温下，钢材表面形成一薄层氧化保护膜 FeO，可以起一定的防止钢材锈蚀的作用，故在干燥环境中，钢材锈蚀进展缓慢。但在温度或湿度较高的环境中，化学锈蚀进展加快。

(2)电化学锈蚀

电化学锈蚀是指钢材与电解质溶液接触，形成微电池而产生的锈蚀。潮湿环境中钢材表面会被一层电解质水膜所覆盖，而钢材本身含有铁、碳等多种成分，由于这些成分的电极电位不同，形成许多微电池。在阳极区，铁被氧化成为 Fe^{2+} 离子进入水膜；在阴极区，溶于水膜中的氧被还原为 OH^- 离子。随后两者结合生成不溶于水的 $Fe(OH)_2$，并进一步氧化成为疏松易剥落的红棕色铁锈 $Fe(OH)_3$。电化学锈蚀是钢材锈蚀的最主要形式。

影响钢材锈蚀的主要因素有环境中的湿度、氧，介质中的酸、碱、盐，钢材的化学成分及表面状况等。一些卤素离子，特别是氯离子能破坏保护膜，促进锈蚀反应，使锈蚀迅速发展。

钢材锈蚀时，伴随体积增大，最严重的可达原体积的 6 倍，在钢筋混凝土中会使周围的混凝土胀裂。埋入混凝土中的钢材，由于混凝土的碱性介质(新浇混凝土的 pH 值为 12 左右)，在钢材表面形成碱性保护膜，阻止锈蚀继续发展，故混凝土中的钢材一般不易锈蚀。

2. 锈蚀的防止

钢结构防止锈蚀通常采用表面刷漆的方法。常用的底漆有红丹、环氧富锌漆、铁红环氧底漆等，面漆有调和漆、醇酸磁漆、酚醛磁漆等。薄壁钢材可采用热浸镀锌或镀锌后加涂塑料涂层等措施。

混凝土配筋的防锈措施，根据结构的性质和所处环境等，考虑混凝土的质量要求，主要是提高混凝土的密实度，保证足够的钢筋保护层厚度，限制氯盐外加剂的掺入量。混凝土中还可掺用阻锈剂

预应力钢筋一般含碳量较高，又多是经过变形加工或冷加工的，因而对锈蚀破坏较敏感，特别是高强度热处理钢筋，容易产生锈蚀现象。所以，重要的预应力混凝土结构，除了禁止掺用氯盐外，还应对原材料进行严格检验。

钢材的化学成分对耐锈性影响很大，通过加入某些合金元素，可以提高钢材的耐锈蚀能力。例如，在钢中加入一定量的铬、镍、钛等合金元素，可制成不锈钢。

10.2 建筑装饰用钢材制品

现代建筑装饰中，金属制品已被广泛采用，如柱子外包不锈板或铜板，墙面、顶棚镶贴铝合金板，楼梯扶手采用不锈钢管或铜管等。由于金属装饰制品坚固耐用，装饰表面具有独特艺术风格与强烈的时代感，且安装方便，故在一些要求高级装饰的公共建筑中，越来越多地被采用。

10.2.1　不锈钢及其制品

不锈钢装饰具有以下一些特点:其一,不锈钢装饰件与其他金属装饰件一样,具有金属的光泽和质感;其二,不锈钢与铝合金一样,具有不易锈蚀的特点,因此可以较长时间地保持初始的装饰效果;其三,不锈钢具有如同镜面的效果,因其镜面的反射作用,可取得与周围环境中的色彩和景物交相辉映的效果,并且在灯光的配合下,可形成夺目的高光部分,使之成为空间环境中的注意点和兴趣中心,对空间环境的效果起到强化、点缀和烘托的作用;其四,不锈钢饰件与铝合金饰件相比,具有强度和硬度较大的优点,在施工和使用过程中不易发生变形。综上所述,不锈钢用作建筑装饰具有非常明显的优越性。

不锈钢的定义是各式各样的,因此,不锈钢所包含的钢种范围也是不固定的。根据比较标准的定义,不锈钢是指以铬(Cr)为主加元素的合金钢。铬在不锈钢中,因其性质比铁活泼,首先与环境中的氧化合,生成一层与钢基体牢固结合的致密氧化层(称作钝化膜),能很好地保护不锈钢不致生锈。铬的含量越高,钢的抗腐蚀性越好。不锈钢中还需加入镍(Ni)、锰(Mn)、钛(Ti)、硅(Si)等合金元素,以改善不锈钢的性能。

1. 不锈钢装饰制品

建筑装饰用不锈钢制品主要是薄钢板,它用热轧钢板和冷轧钢板两种。常用不锈钢板的厚度在0.2~2mm之间,其中厚度小于1mm的薄板用得最多。

不锈钢除制成薄板外,还可加工成型材、管材及各种异型材,在建筑上可用作屋面、幕墙、隔墙、门、窗、内外墙饰面、栏杆扶手等。

2. 彩色不锈钢板

彩色不锈钢板是在不锈钢板上进行技术性和艺术性加工,使其表面成为具有各种绚丽色彩的不锈钢装饰板,颜色有蓝、灰、紫、红、青、绿、金黄、橙、茶色等多种。

彩色不锈钢板具有抗腐蚀性强、较高的机械性能、彩色面层经久不褪色、色泽随光照度不同会产生色调变幻等特点,而且彩色面层能耐200℃的温度,耐盐雾腐蚀性能超过一般不锈钢,耐磨和耐刻划性能相当于箔层镀金的性能。当弯曲90°时,彩色层不会损坏。

10.2.2　彩色涂层钢板

彩色涂层钢板,又称“彩色有机涂层钢板”,是以冷轧钢板或镀锌钢板为基板,经过刷磨、除油、磷化、钝化等表面处理,在基板的表面形成了一层极薄的磷化、钝化膜,以增强基层的耐蚀性和提高漆膜对基材的附着力。经过表面处理的基板在通过辊涂机时,基板两面涂覆一定厚度的涂层,再经过烘烤炉加热使涂层固化。一般涂覆烘干两次,即获得彩色涂层钢板。有机涂层可配制成各种不同的颜色和花纹。涂层必须具有良好的防腐蚀和防水蒸气渗透的能力,避免产生腐蚀斑点;必须具有与基板粘结的良好性能。

彩色涂层钢板具有绝缘、耐磨、耐酸碱、耐油及醇的侵蚀等特点,并有良好的加工性能,可切断、弯曲、钻孔、铆接、卷边等。它可以用作墙板、层面板、瓦楞板、防水汽渗透板、排气管、通风板等。

10.2.3　彩色压型钢板

彩色压型钢板是以镀锌钢板为基材,经过成型机轧制,并涂敷各种耐腐蚀涂层与彩色烤漆而制成的轻型围护结构材料。这种钢板具有质量轻、抗震性好、耐久性强、色彩鲜艳、易加工以及施工方便等优点。适用于工业与民用及公共建筑的屋盖、墙板及墙壁装贴等。板型见图10-12,规格见表10-9。

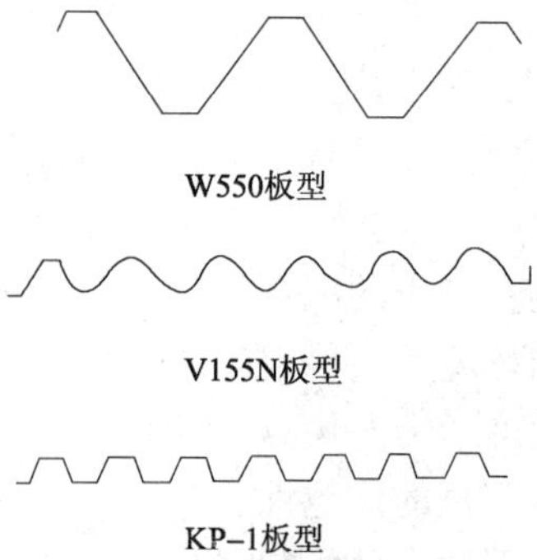

图 10-12　压型钢板板型

表 10-9　压型钢板的规格

压型钢板	板宽(mm)	板厚(mm)	波高(mm)	波距(mm)
W550	550	0.8	130	275
V155N	677	0.5～0.6	35	115
KP-1	650	1.2	25	90

10.2.4　轻钢龙骨

轻钢龙骨是以镀锌钢带或薄钢板由特制轧机经多道工艺轧制而成。它具有强度大、通用性强、耐火性好、安装简易等优点，可装配各种类型的石膏板、钙塑板、吸音板等。用作墙体隔断和吊顶的龙骨支架，美观大方。它广泛用于各种民用建筑及轻纺工业厂房，对室内装饰造型、隔音等功能起到良好的效果。

轻钢龙骨断面有 U 形、C 形、T 形及 L 形。吊顶龙骨代号 D，隔断龙骨代号 Q。吊顶龙骨分主龙骨(又叫大梁龙骨、承重龙骨)。隔断龙骨则分为竖龙骨、横龙骨和通贯龙骨等。

轻钢龙骨的断面形状如图 10-13。

轻钢龙骨产品的规格，技术要求、试验方法和检验规则见国家标准《建筑用轻钢龙骨》(GB 11981—2008)。

隔断龙骨主要规格有 Q50、Q75 和 Q100。吊顶龙骨主要规格有 D38、D45、D50 和 D60。

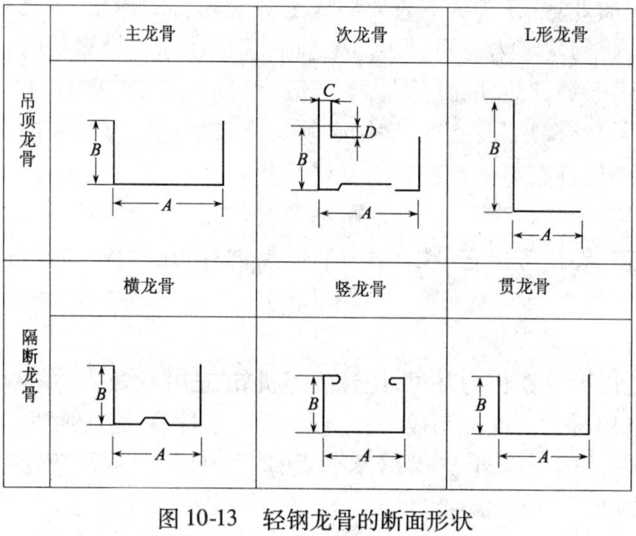

图 10-13　轻钢龙骨的断面形状

表10-10及表10-11列出浙江某厂和北京某厂生产的轻钢龙骨的型号和规格。

表10-10 浙江产轻钢龙骨

序号	名称	型号	系	规格代号	断面形式	规格（LhB）（mm）	材料厚度（mm）	截面面积（cm^2）	单位质量（kg/m）	备注
1	轻钢龙骨	U	上人	U	UD	2000×62×31.5	1.5	1.88	1.47	该产品各龙骨及配件采用环塑表面涂层，有橘黄，墨绿、天蓝等各色，也可根据用户所需配制其他颜色
2				C	UZ	2000×50×19	0.5	0.5	0.39	
3				C	UZ_1	500×25×19	0.5	0.4	0.312	
4				C	U_2	600×25×19	0.5	0.4	0.312	
5			不上人	U	UD	2000×36×12	1	0.6	0.468	
6				C	UZ	2000×19×50	0.5	0.5	0.39	
7				C	UZ_1	450×19×25	0.5	0.4	0.312	
8				C	UZ_2	550×19×25	0.5	0.4	0.312	
9		T	上人	C	TD	2000×62×31.5	1.5	1.88	1.47	
10				T	TZ	1820×45×25	0.35	0.47	0.367	
11				T	TZ_1	550×30×25	0.35	0.33	0.257	
12				T	TZ_2	655×30×25	0.35	0.33	0.257	
13				L	TB	1820×25×25	0.35	0.21	0.164	
14			不上人	T	TZ	1820×45×25	0.35	0.47	0.367	
15				T	TZ_1	550×30×25	0.35	0.33	0.257	
16				T	TZ_2	650×30×25	0.35	0.33	0.257	
17				L	TB	1820×25×25	0.35	0.21	0.164	
18	隔墙	C	单双排	U	CZ	2000×98×50	1	1.98	1.544	
19				C	CE	2000×180×40	1	1.8	1.40	

表10-11 北京产轻钢龙骨

序号	名 称	代号	断面型式	断面尺寸（mm）	断面面积（cm^2）	单位质量（kg/m）
1	沿顶沿底（地）龙骨	GL—1	M	50×40×0.63	0.73	0.61
2	沿顶沿地龙骨	GL—2	M	75×40×0.63	0.93	0.73
3	沿顶沿地龙骨	GL—3	M	100×40×0.63	1.08	0.85
4	整龙骨	GL—4	C	50×50×0.63	1.01	0.79
5	整龙骨	GL—5	C	75×50×0.63	1.16	0.91
6	竖龙骨	GL—6	C	100×50×0.63	1.31	1.02
7	吊顶龙骨	GL—7	C	60×27×0.63	0.80	0.63

10.3 铝和铝合金

纯铝为银白色轻金属，其强度、硬度较低（$\sigma_b=80\sim100MPa$），塑性好，在空气中很容易氧化形成氧化铝薄膜，因而有良好的耐蚀性。

为了提高铝的强度等力学性质，可加入镁、锰、硅、铜等合金元素，组成铝合金。铝合金已在现代建筑中广泛应用，如用作梁、柱、屋架结构材料；用作幕墙、门窗、外墙板、屋面板等装饰材料等。

10.3.1 铝的冶炼

铝的提炼，首先是从铝矿石中提取 Al_2O_3，然后通过电解得到金属铝。在工业上一般用熔盐电解法，电解出来的铝其纯度为97%，必须再一次精炼。工业上一般用氯化法得到纯度更高的金属铝，称为原铝。原铝经铸造得到铝锭。

10.3.2 铝合金的性质及分类

铝合金的机械性能比铝明显提高，并保持铝轻质的固有特性，使用更加广泛，不仅用于建筑装饰，还能用于建筑结构。

铝合金与碳素钢相比，显示出特有的良好性能，见表10-12。

表10-12 铝合金与碳素钢性能比较

项　　目	铝　合　金	碳　素　钢
密度 ρ(g/cm^3)	2.7～2.9	7.8
弹性模量 E(MPa)	63000～80000	210000～220000
屈服点 σ_s(MPa)	210～500	210～600
抗拉强度 σ_b(MPa)	380～550	320～800
比强度 σ_s/ρ(MPa)	73～190	27～77
σ_b/ρ(MPa)	140～220	41～98

由表可知，铝合金的弹性模量约为钢的1/3，而铝合金的比强度却是钢的几倍。铝的屈服强度采用条件屈服点 $\sigma_{0.2}$。铝合金的线膨胀系数约为钢的两倍，但因弹性模量小，由温度变化引起的内应力并不大。就铝合金而言，由于弹性模量较低，所以刚度和承受弯曲的能力较小。

铝合金可按加工方法和合金元素分类：

1. 按加工方法分类

铝合金按加工方法可分为铸造铝合金和变形铝合金。变形铝合金又可分为不能热处理强化和可通过热处理强化两种。所谓变形铝合金就是通过冲压、弯曲、辊轧等工艺使其组织、形状发生变化的铝合金。可热处理强化型铝合金是能用热处理的方法提高强度的铝合金。

2. 按合金元素分类

常用铝合金如防锈铝中的A1-Mn合金，Al-Mg合金，可热处理强化型铝合金的Al-Mg-Si合金，Al-Zn-Mg合金，Al-Cu-Mg合金及Al-Zn-Mg-Cu合金等。建筑工程中应用最广泛的是Al-Mn-Si铝合金。

我国 LD_{31} 锻铝具有与低碳钢相近似的屈服强度和抗拉强度，但重量比钢轻2/3，所以比强度远远超过低碳钢，是高层建筑、大跨度建筑的理想结构材料。

铝合金的弹性模量比钢低，但在应用中可通过挤压成型做成多种断面的空心型材，以提高刚度，弥补弹性模量的不足。

10.3.3 铝合金的表面处理

铝材表面自然氧化膜薄而软，在腐蚀性较强的条件下，不能起到有效的保护作用。为了提高铝材的抗蚀性能，常用人工方法使氧化膜增厚，在此基础上再进行着色处理。经过处理后的铝合金耐蚀、耐磨、耐光、耐气候均好，色泽美观，提高了装饰效果。

1. 阳极氧化处理

一般用硫酸法，处理后型材表面呈银白色，它是建筑用铝型材的主要品种。

阳极氧化处理主要通过控制氧化条件及工艺参数，使铝材表面形成比自然氧化膜（厚度小于0.1μm）厚得多的氧化膜层（厚度达5～20μm）。Al_2O_3膜层本身是致密的，但在结晶中存在缺陷。因硫酸电解中的H^+、SO_2^{-2}、HSO_4离子会浸入膜层，使氧化膜局部溶解，在型材表面形成大量小孔，所以要进行封孔处理，以提高表面的硬度、耐磨性、耐腐蚀性等。致密的膜层也为进一步着色创造了条件。

阳极氧化实质上就是水的电解，水的电解在阴极上生成氢（H），在阳极上生成氧（O），氧和铝结合成三氧化二铝（Al_2O_3），其反应为：

阴极　$2H^+ + 2e \longrightarrow H_2\uparrow$

阳极　$2Al^{3+} + 3O^{2-} \longrightarrow AlO_3$ + 放热

铝及铝合金经氧化处理和着色后，表面膜层为多孔状，容易吸附有害物质，使表面污染或腐蚀，故需进行表面封孔处理。建筑铝型材的封孔是利用水合封孔（沸水封孔、常压封孔或高压蒸汽封孔）和有机涂层封孔（电脉或浸渍封孔）等。

2. 表面着色处理

经中和水选或阳极氧化后的铝型材，可以进行表面着色处理。着色方法有自然着色法、金属盐电解着色法、化学浸渍着色法、涂漆法等。最常用的是自然着色法。

自然着色法是铝材在特定的电解液和电解条件下被阳极氧化而又同时着色的方法。电解着色法是对常规硫酸溶液中生成的氧化膜进一步电解，使电解液所含的金属阳离子沉积到氧化膜孔中而着色的方法。

铝合金着色是通过铝材中不同合金元素及其含量，以及控制热处理条件来着色的。不同铝合金由于所含合金成分及其含量不同，在常规硫酸及其他有机溶液中阳极氧化所生成的膜层颜色也不同，见表10-13。

表10-13　各种铝合金采用不同的自然着色法生成的颜色

合金	主要成分	硫酸电解	卡尔考拉法（磺基水杨酸、硫酸）	杜拉诺狄克法（磺基钛酸、硫酸）	Alandox（9%～10%含氧酸）
1100		银白色	青铜色	青铜色	暗黄色
3003	Mn1.25，Fe0.7	浅黄色	暗灰、黑灰		
4043	Si5.5，Fe0.8	灰黑色	灰褐色		灰绿色
5005	Mg1.0	银白色	深青铜色		
5052	Mg2.5，Cr0.25	浅黄色	浅青铜色	浅青铜色	黄色
5038	Mg4.5，Mn0.8，Cr0.2	暗灰色	黑色		
5357	Mg1.0，Mn0.3	浅灰色	褐色		
6061	Si0.6，Mg1.0，Cr0.2，Cu0.3	浅灰色	深青铜色	黑色	
6063	Si0.4，Mg0.7	银白色	浅青铜色	青铜色	灰黄色
6351	Si1.0，Mg0.6，Mn0.6	暗灰色			暗灰褐色
7075	Cu1.6，Mg2.5，Zn5.5，Mn0.3	浅灰色	暗蓝黑色	黑色	

10.4 建筑铝合金制品

建筑上常用的铝合金制品有铝合金装饰板材、铝合金吊顶龙骨、铝合金门窗及幕墙建筑等。另外，家具设备及室内装饰配件也大量采用铝合金。

10.4.1 铝合金门窗

在现代建筑中采用铝合金门窗，尽管价格较高，但由于长期维修费用低，性能好、美观、节约能源等，所以在世界范围内得到了广泛的应用。

10.4.1.1 铝合金门窗的性能特点

铝合金门窗与钢、木门窗相比，具有以下特点：

1. 质量轻

铝合金门窗每平方米耗用铝型材平均 8 ~ 12kg，而每平方米钢门窗耗钢量平均 17 ~ 20kg。

2. 密封性能好

铝合金门窗的气密性、水密性、隔声性和隔热性都比普通门窗显著提高。因此，对防尘、隔声、保温、隔热特殊要求的建筑，适宜采用铝合金门窗。

3. 耐腐蚀、耐用、使用维修方便

铝合金门窗不需要涂漆，不褪色、不脱落，表面不需要维修。铝合金门窗强度高，坚固耐用，零件使用寿命长，施工快。

4. 色调美观，造型新颖大方

铝合金门窗框料型材的表面既可保留铝材的银白色，也可根据需要制成各种柔和的颜色或带色的花纹，还可以在铝材表面涂装一层聚丙烯酸树脂保护装饰膜，表面光滑美观，便于和建筑物外观、自然环境以及各种使用要求相协调。铝合金门窗造型新颖大方，线条明快，色调柔和，增加了建筑物立面和内部的美观。

10.4.1.2 铝合金门窗的性能

铝合金门窗通常要进行以下主要性能的检验：

1. 强度

铝合金门窗的强度是用在压力箱内对窗进行压缩空气加压试验时，所加风压的等级来表示的，单位是 N/m^2。一般性能的铝窗强度可达 1961 ~ 2353N/m^2。高性能铝窗可达 2352 ~ 2746N/m^2。在上述压力测定窗扇中央最大位移量，应小于窗框沿高度的 1/70。

2. 气密性

铝窗在压力试验箱内，使窗的前、后形成 2.94 ~ 4.9N/m^2 的压力差，其每平方米面积每小时的通气量（m^3）表示窗的气密性，单位是 $m^3/h \cdot m^2$。一般性能的铝窗，当前、后压力差为 1N/m^2时，气密性可达 8$m^3/h \cdot m^2$以下，高密封性能铝窗可达 2$m^3/h \cdot m^3$以下。

3. 水密性

铝窗在压力箱内，对窗的外侧加周期为 2s 的正弦波脉冲压力，同时向窗以每分钟每平方米喷射 4L 的人工降雨，进行连续 10min 的风雨交加试验，在窗的一侧不应有漏渗水现象。在水密性试验时，所施加的脉冲风压是以平均压力表示的，一般性能铝窗为 343N/m^2，抗台风高性能窗可达 490$N/h \cdot m^2$。

4. 开闭力

当装好玻璃后，打开或关闭窗扇所需的外力应在49N以下。

5. 隔声性

在音响试验室内，对铝窗的音响透过损失进行试验可以发现，当音响频率达到一定值后，铝窗的音响透过损失趋于恒定，用这种方法测定出隔声性能的等级曲线。有隔声要求的铝窗音响透过损失为25dB，即响声透过铝窗后，声级降低25dB。高隔声性能铝窗，音响透过损失为30～45dB。

6. 隔热性

通常用窗的热对流阻抗值(R)来表示隔热性能。单位是$m^2 \cdot h \cdot ℃/kJ$。一般分成三级：$R_1 = 0.05$，$R_2 = 0.06$，$R_3 = 0.07$。采用6mm双层玻璃高性能隔热窗，热对流阻抗值可达$0.05m^2 \cdot h \cdot ℃/kJ$。

10.4.1.3　铝合金门窗的技术标准

1. 产品代号

按铝合金门窗的国家标准，其产品代号详见表10-14。

表10-14　铝合金门窗产品代号

产品名称	平开铝合金窗		平开铝合金门		推拉铝合金窗		推拉铝合金门	
	不带纱扇	带纱扇	不带纱扇	带纱扇	不带纱扇	带纱扇	不带纱扇	带纱扇
代号	PLC	APLC	PLM	SPLM	TLC	ATLC	TLM	STLM

产品名称	滑轴平开窗	固定窗	上悬窗	中悬窗	下悬窗	主转窗
代号	HPLC	GLC	SLC	CLC	CLC	LLC

2. 品种规格

平开铝合金门窗和推拉铝合金门窗的品种规格见表10-15.

表10-15　铝合金门窗品种规格

名　称	洞　口　尺　寸(mm)		厚度基本尺寸系列(mm)
	高	宽	
平开铝合金窗	600，900，1200，1500，1800，2100	600，900，1200，1500，1800，2100	40，45，50，55，60，65，70
平开铝合金门	2100，2400，2700	800，900，1000，1200，1500，1800	40，45，50，55，60，70，80
推拉铝合金窗	600，900，1200，1500，1800，2100	1200，1500，1800，2100，12400，2700，300	40，55，60，70，80，90
推拉铝合金门	2100，2400，2700，3000	1500，1800，2100，2400，3000	70，80，90

设计选用铝合金门窗应注明门窗的规格型号。铝合金门窗的规格型号是以门窗的洞口尺寸表示的。如洞口的宽和高分别为1800mm和2400mm的门，其规格型号为“1824”；若洞口的宽和高均600mm的窗，其规格型号为“0606”。

3. 产品分类及分级

铝合金门窗按其风压强度、气密性和水密性三项性能指标，可分为A、B、C三类，每类又分为优等品、一等品和合格品三种，见表10-16。

表 10-16　铝合金门窗按性能指标的分类

门窗	类　别	等　级	综合性能指标值		
			风压强度性能(Pa)	空气渗透性能($m^3/m^2 \cdot h$)≤Pa	雨水渗透性能(Pa)≥
平开铝合金窗	A 类(高性能窗)	优等品(A_1级)	3500	0.5	500
		一等品(A_2级)	3500	0.5	450
		合格品(A_3级)	3000	1.0	450
	B 类(中性能窗)	优等品(B_1级)	3000	1.0	400
		一等品(B_2级)	3000	1.5	400
		合格品(B_3级)	2500	1.5	350
	C 类(低性能窗)	优等品(C_1级)	2500	2.0	350
		一等品(C_2级)	2500	2.0	250
		合格品(C_3级)	2500	2.5	250
平开铝合金门	A 类(高性能门)	优等品(A_1级)	3500	1.0	350
		一等品(A_2级)	3000	1.0	300
		合格品(A_3级)	2500	1.5	300
	B 类(中性能门)	优等品(B_1级)	2500	1.5	250
		一等品(B_2级)	2500	2.0	250
		合格品(B_3级)	2000	2.0	200
	C 类(低性能门)	优等品(C_1级)	2000	2.5	200
		一等品(C_2级)	2000	2.5	150
		合格品(C_3级)	1500	3.0	150
推拉铝合金窗	A 类(高性能门)	优等品(A_1级)	3500	0.5	400
		一等品(A_2级)	3000	1.0	400
		合格品(A_3级)	3000	1.0	350
	B 类(中性能门)	优等品(B_1级)	3000	1.5	350
		一等品(B_2级)	2500	1.5	300
		合格品(B_3级)	2500	2.0	250
	C 类(低性能门)	优等品(C_1级)	2500	2.0	250
		一等品(C_2级)	2000	2.5	150
		合格品(C_3级)	1500	3.0	100
推拉铝合金门	A 类(高性能门)	优等品(A_1级)	3000	1.0	300
		一等品(A_2级)	3000	1.5	300
		合格品(A_3级)	2500	1.5	250
	B 类(中性能门)	优等品(B_1级)	2500	2.0	250
		一等品(B_2级)	2500	2.0	200
		合格品(B_3级)	2000	2.5	200
	C 类(低性能门)	优等品(C_1级)	2000	2.5	150
		一等品(C_2级)	2000	3.0	150
		合格品(C_3级)	1500	3.5	100

铝合金门窗按空气声隔声性能,分为四个等级。要求隔声的门窗,其隔声量应≥25dB,见表 10-17。

铝合金门窗按隔热保温性能,可分为三级。凡传热阻值≥0.25$m^2 \cdot K/W$ 者为保温门窗,见表 10-18。

铝合金门窗表面膜的处理方法，有阳极氧化和阳极氧化复合表膜法，其膜厚度分级分别见表10-19和表10-20。

表10-17　铝合金门窗的隔声性能分级　dB

级　别		Ⅰ	Ⅱ	Ⅲ	Ⅳ	Ⅴ
空气声计权隔声量≥	门	40	35	30	25	
	窗		40	35	30	25

表10-18　铝合金门窗保温性能分级　$m^2 \cdot K/W$

级　别	Ⅰ	Ⅱ	Ⅲ
传热阻值≥	0.5	0.33	0.25

表10-19　阳极氧化膜分级　μm

级　别	Ⅰ	Ⅱ	Ⅲ
阳极氧化膜厚度≥	20	15	10

表10-20　阳极氧化复合表膜厚度分级　μm

级　别	Ⅵ	Ⅶ
阳极氧化复合表膜厚度≥	12	7

10.4.1.4　*产品标记规则*

铝合金门窗产品标记，以推拉铝合金窗的标记规则，示例如下：

推拉铝合金窗标记为：TLC60—3012—2000·1.5·250·0.25—Ⅱ

其中　TLC——推拉铝合金窗；

60——窗厚度基本尺寸为60mm；

3012——洞口宽3000mm，高1200mm；

2000——风压强度性能值2000Pa；

1.5——空气渗透性能值为1.5m^3/m·h；

250——雨水渗漏性能值为250Pa；

25——空气声计权隔声值为25dB；

0.25——传热阻值为0.25m^2·K/W；

Ⅱ——阳极氧化膜厚度为Ⅱ级

10.4.1.5 *技术要求*

对铝合金门窗的技术要求，包括材料、表面处理、装配要求和表面质量等几个方面。有关具体要求，见铝合金门窗的国家标准。

其他铝合金门窗有折叠铝合金门、旋转铝合金门、铝合金自动门、铝合金卷帘门、铝合金百叶窗帘等。

10.4.2　铝合金装饰板

1. 铝合金花纹板

铝合金花纹板是采用防锈铝合金材料，用特制的花纹轧辊轧制而成。花纹图案有：1号方格形花纹板、2号扁豆形花纹板、3号五条形花纹板、4号三条形花纹板、5号指针形花纹板、6

号菱形花纹板。花纹美观大方,筋高适中,不易磨损,防滑性能好,防蚀性能强,便于冲洗。花纹板板材平整,裁剪尺寸准确,便于安装,广泛用于现代建筑墙面装饰以及楼梯踏步等处。

2. 铝合金浅花纹板

铝合金浅花纹板是优良的建筑装饰材料之一,其花纹精巧别致,色泽美观大方,除具有普通铝板共有的优点外,刚度提高20%,抗污垢、抗划伤、擦伤能力均有提高,尤其是增加了立体图案和美丽的色彩,更使建筑物生辉。

铝合金浅花板在酸(包括强酸)中的耐蚀性良好,对白光的反射率达75% ~90%,热反射率达85% ~95%,通过表面处理可得到不同色彩的浅花纹板。

3. 铝及铝合金波纹板

铝及铝合金波纹板横切面的图形是一种波纹形状。其颜色有银白色和其他多种颜色,具有一定的装饰效果。银白色的还具有很强的光反射能力。它经久耐用,在大气中可使用20年不需更换,适用于做工程的围护结构,也可作墙面和屋面。

4. 铝及铝合金压型板

铝及铝合金压型板具有重量轻、外形美观、耐腐蚀、耐久、易安装、施工进度快等优点,可以通过表面处理得到各种色彩的压型板,是目前广泛应用的一种新型建筑装饰材料。主要用于建筑物的外墙和屋面。该板也可作复合墙板,用于有隔热保温要求工业厂房的围护结构。

5. 铝及铝合金冲孔平板

铝及铝合金冲孔平板是用各种铝合金平板经机械冲孔而成的。其特点是具有良好的防腐蚀性能,光洁度高,有一定强度,易于机械加工成各种规格,有良好的防震、防潮、防火性能和消声效果,经表面处理后,可获得各种色彩。主要用于有消声要求的各类建筑中,如纺织厂、各种控制室、电子计算机房的天棚及墙壁等。

10.4.3 铝合金吊顶龙骨

铝合金吊顶龙骨具有不生锈、质轻、美观、防火、抗震、安装方便等特点,适用于室内吊顶装饰。

铝合金龙骨材料规格如表10-21。LT铝合金龙骨配套系列如表10-22。LT铝合金龙骨安装示意图如图10-14。

表10-21 LT铝合金龙骨零件表

代号名称	简图	质量(kg/m)	长度(m)	备注
LT-23 龙骨	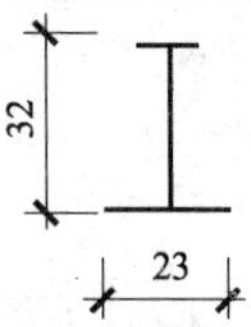	0.2	1.2	
LT-23 横撑龙骨	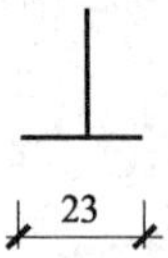	0.135	1.2	
LT-边龙骨	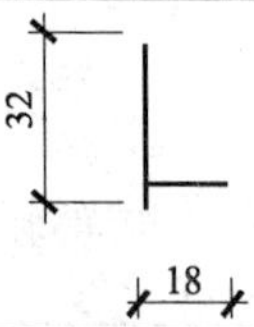	0.15	1.2	

续表

代号名称		简图	质量(kg/m)	长度(m)	备注
LT-异型龙骨		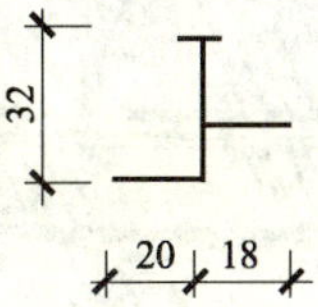	0.25	1.2	
TC23 吊钩	LT-23 龙骨 LT 异型 龙骨吊钩	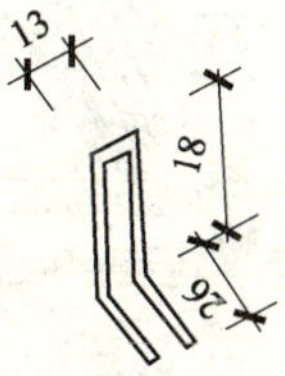	0.012	$\phi3.5$	
TC50 吊钩	LT-23 龙骨 LT 异型 龙骨吊钩	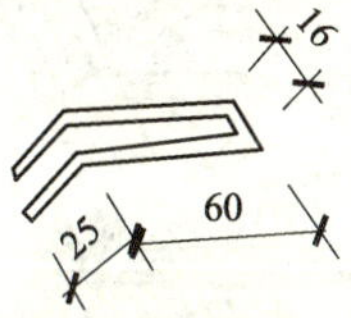	0.014	$\phi3.5$	10 号铅丝用于次龙骨与主龙骨垂直时
LT 异型 龙骨吊挂钩		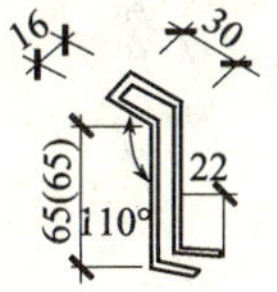	0.019 (0.017)	$\phi3.5$	
LT-23 龙骨 LT 异型龙骨　连接件			0.025	0.8	
LT-23 横撑龙骨　连接钩			0.0007	0.8	

表 10-22　LT 铝合金龙骨配套系列

型号	主龙骨	主龙骨吊件	主龙骨连接件	LT-23 LT 吊形 吊件	异型吊钩	三个系列通用件
TC60 系列		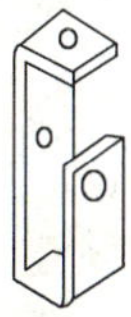	$L=100$mm $H=60$mm	$A=31$mm $B=70$mm	$A=31$mm $B=75$mm	 TC-23
TC50 系列		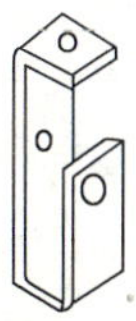	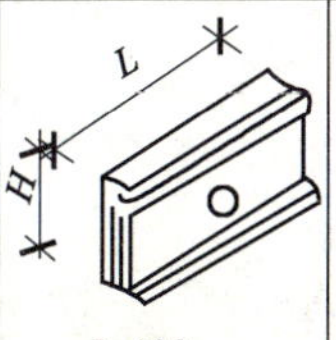 L=100mm H=50mm	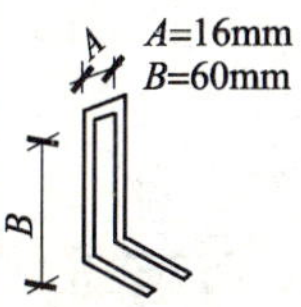	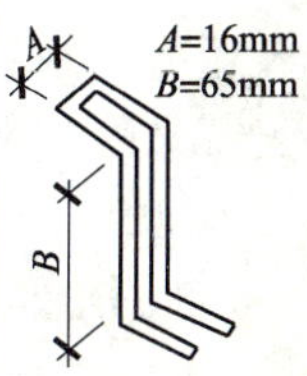	 LT-23横撑  LT-异型龙骨
TC38 系列		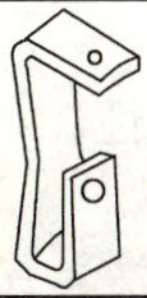	$L=82$mm $H=39$mm	$A=13$mm $B=48$mm	$A=131$mm $B=55$mm	 LT-边龙骨

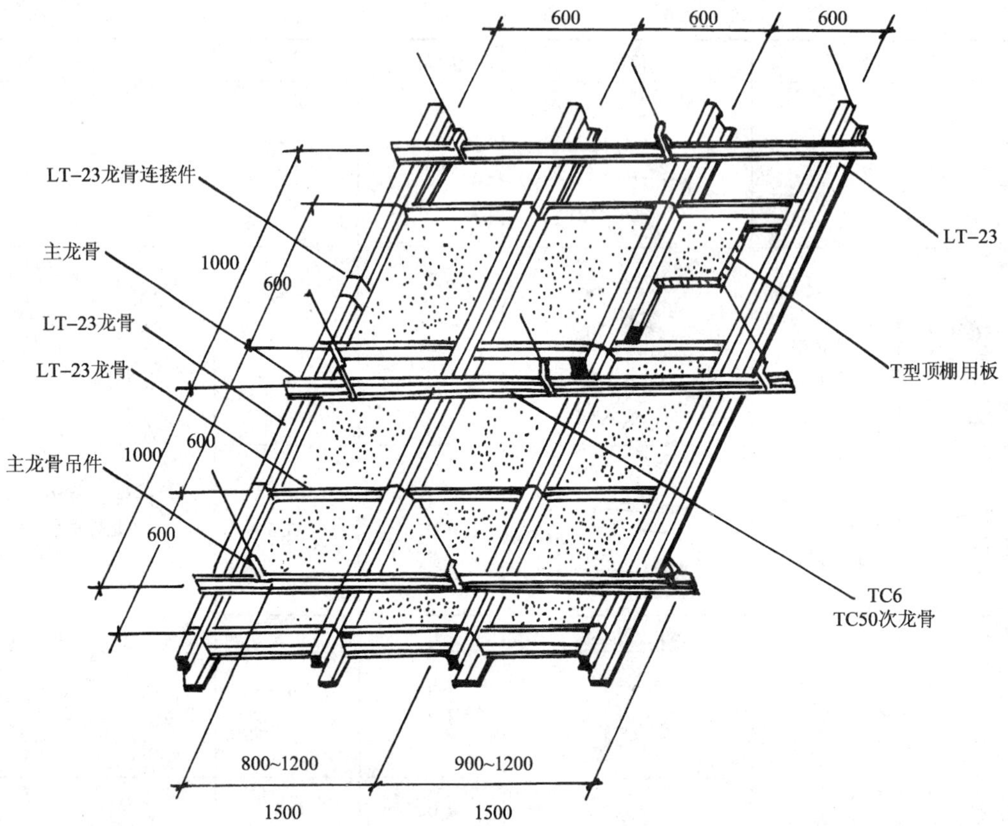

图 10-14 LT 铝合金龙骨安装示意图

10.4.4 铝箔

铝箔是用纯铝或铝合金加工成 0.063 ~ 0.2mm 的薄片制品，具有良好的防潮、绝热性能。铝箔以多功能保温隔热材料和防潮材料形式，广泛用于建筑。建筑上常用的有铝箔牛皮纸、铝箔布、铝箔泡沫塑料板、铝箔波纹板等。

10.4.5 铝粉

在建筑工程中铝粉（俗称银粉）常用于制备各种装饰涂料和金属防锈涂料，也用于土方工程中的发热剂和加气混凝土中的发气剂。铝粉掺入混凝土中发生下列反应发气：

$$\alpha Al + 3Ca(OH)_2 + 6H_2O = 3CaO \cdot AlO_3 \cdot 6H_2O + 3H_2$$

另外铝合金还可压制五金零件，如把手、铰锁以及标志、商标、提把、嵌条、包角等装饰制品，金属感强，美观又耐久不腐。

10.5 铝合金玻璃幕墙骨架型材及构造

10.5.1 概述

建筑物的外立面装饰大面积玻璃，由于玻璃本身的特殊性能，显得格外光亮、华丽、挺拔，较之其他饰面材料，无论是色彩还是光泽，都给人全新的感觉。

玻璃幕墙从某种角度来看，可以说是建筑物外窗的无限扩大，以致将建筑物的外表全部用玻璃包上，由采光、保温、防风雨等较为单纯的功能，变为多功能的装饰品，甚至建筑物装上玻璃幕墙，可以使人产生许多联想与象征。玻璃幕墙新颖动人，洁净挺拔的外表，本身就是一个成功的广告。玻璃幕墙这种高级、考究、现代化的昂贵材料，以及其安装时所需的先进设备和技术，就是雄厚经济实力的象征。因而在国外，一些比较重要的商业建筑总是优先考虑采用。特别是在高层和超高层建筑中，应用的比例更大。但是玻璃幕墙的出现，由于采用全封闭，以及有些幕墙的热隋性比传统砖石结构性能差，从而加重了空调的负荷。另外，大量使用热反射玻璃，其透光性能比透明玻璃差，要用人工照明来加以补偿，而人工照明不仅消耗了能量，又散发了热量。这样，又增加了空调的负荷量。

大量使用热反射玻璃，马路上的街景和建筑互相投射映照，虽然可以使建筑物的外表获得景致丰富的效果，但是容易给人一种以假乱真的错觉，被认为是交通事故的潜在肇因。此外，因种种原因造成的玻璃破碎，也是很头痛的问题，国内外发生的类似事故并不少。但是，玻璃幕墙作为一种外墙饰面做法，有其独特之处。有些因技术因素所产生的问题，完全可以通过技术上的改进求得解决。至于美学方面的看法，往往是褒贬不一，也没有必要非一致不可。玻璃幕墙本身是一种昂贵的装饰材料，而耗能方面的增加，对某些建筑来说也是事实。但是，是否采用玻璃墙，应全面衡量，要从使用质量、美学标准、经济效益全面权衡，进行综合评价，才能做出公证的评价。

10.5.2　铝合金玻璃幕墙骨架型材及构造

玻璃幕墙的结构，以其主要部分可分为两大方面：一是饰面的玻璃，二是固定玻璃的骨架，将玻璃与骨架连结而成为玻璃幕墙。骨架支撑玻璃、固定玻璃，然后通过连结件与主体结构相连。将玻璃的及墙体所受到的风荷载及其他荷载传给主体结构，使之与主体结构成为一体。玻璃幕墙的结构，虽然可以概括为两大方面，但在具体构造上，可因主体结构的形式不同，选用的骨架及玻璃材料不同，就有可能造成构造结构的不同。

玻璃幕墙的骨架由铝合金挤压型材组成，骨架分立柱和横档。型材断面已规格化，断面尺寸大，抗风压的能力强。

图 10-15 是高度为 160mm 的立柱型材断面，图 10-16 是与图 10-15 立柱配套使用的横档断面。

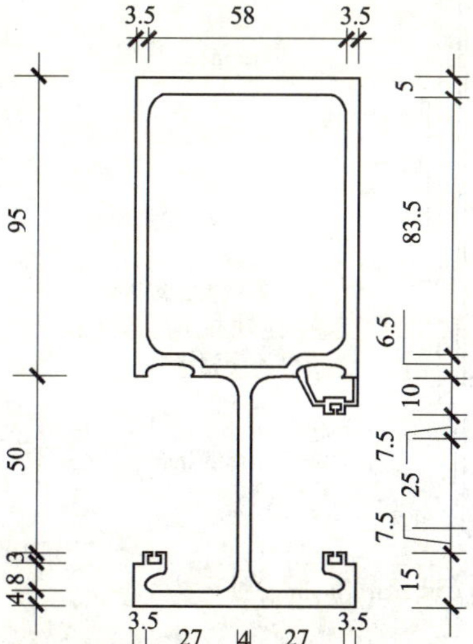

图 10-15　玻璃幕墙立柱断面

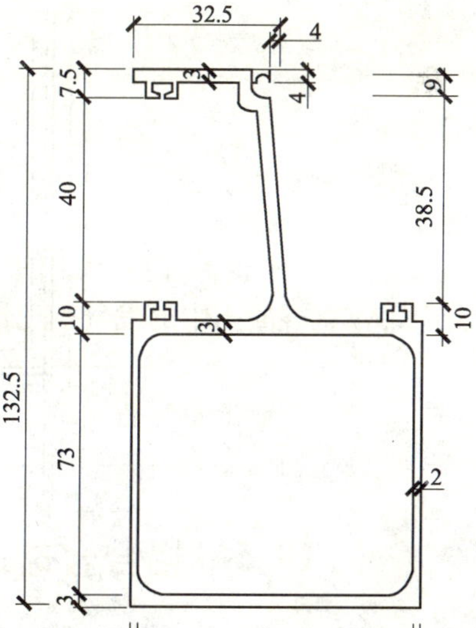

图 10-16　玻璃幕墙横档断面

用这种型材构成的骨架特点是型材本身兼有固定玻璃的凹槽,而不用另行安装其他配件。

玻璃幕墙的立柱与主体结构之间,用连接板固定。一般使用两根角钢,角钢的一条肢与结构固定,另一肢用不锈钢螺栓将方柱拧牢。其固定如图 10-17 所示。立柱的接长则如图 10-18 所示。

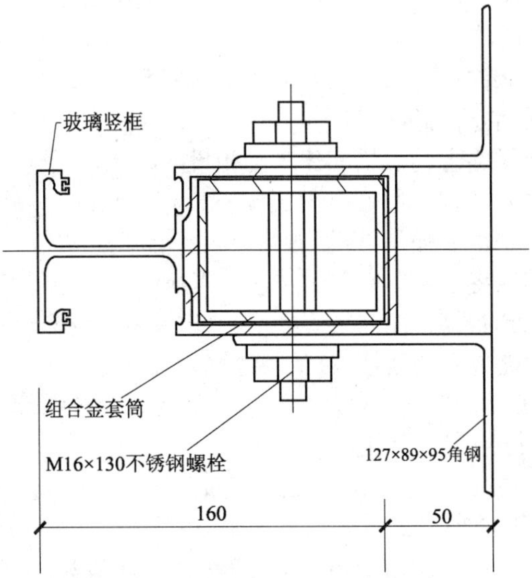

图 10-17　立柱固定节点构造(尺寸单位:mm)

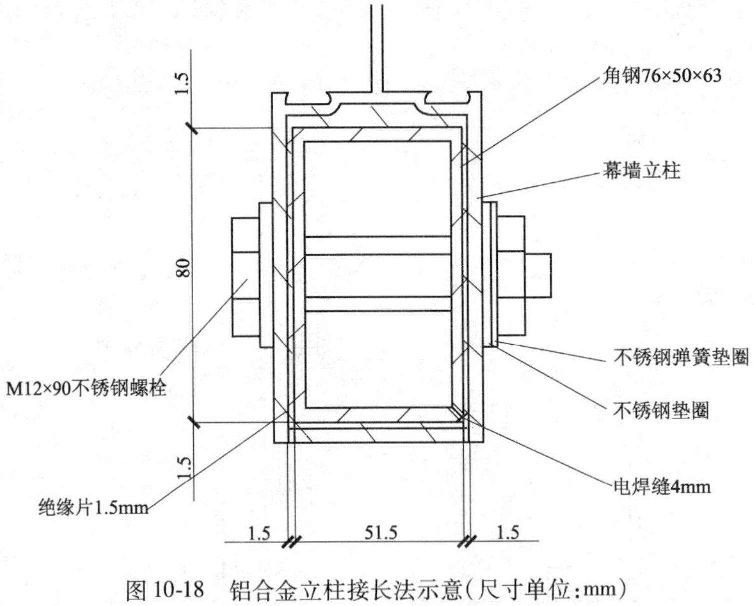

图 10-18　铝合金立柱接长法示意(尺寸单位:mm)

安装玻璃时,先在立柱的内侧装上玻璃压条,然后将玻璃放入槽内,再用密封材料密封。如图 10-19 所示。

横档装配玻璃,与立柱在构造上有所不同,横档支承玻璃的部位呈倾斜状,目的是排除因密封不严而流入凹槽内的雨水,外侧用一条盖板封住。图 10-20 是在横档上玻璃的安装构造。

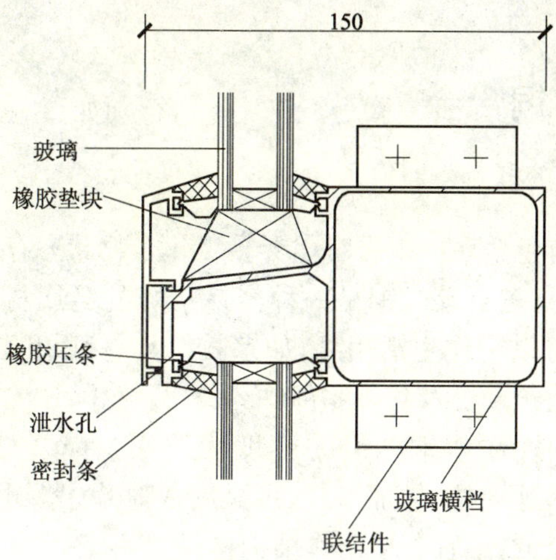

图 10-19 铝合金横档上玻璃的安装构造(尺寸单位:mm)

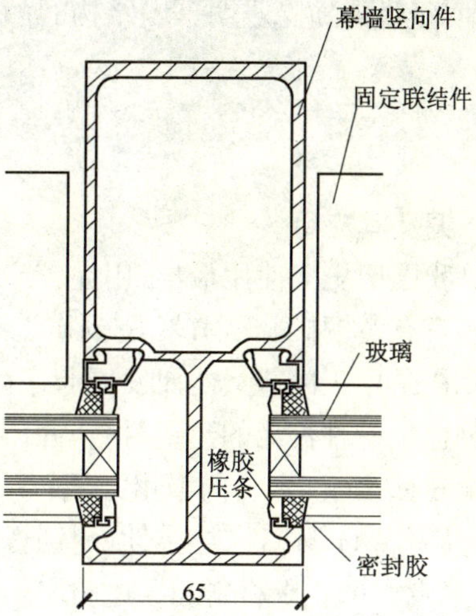

图 10-20 双层中空玻璃在立柱上的安装构造(尺寸单位:mm)

10.5.3 不露骨架结构的玻璃幕墙(隐框玻璃幕墙)

玻璃直接与骨架连接,外面不露骨架。这种类型的玻璃幕墙,其主要的特点在于立面不见骨架,也不见窗框。所以,使得幕墙外表更加新颖简洁。

隐框幕墙玻璃的安装是用高强胶粘剂将玻璃粘到铝合金框上。见图 10-21 所示。

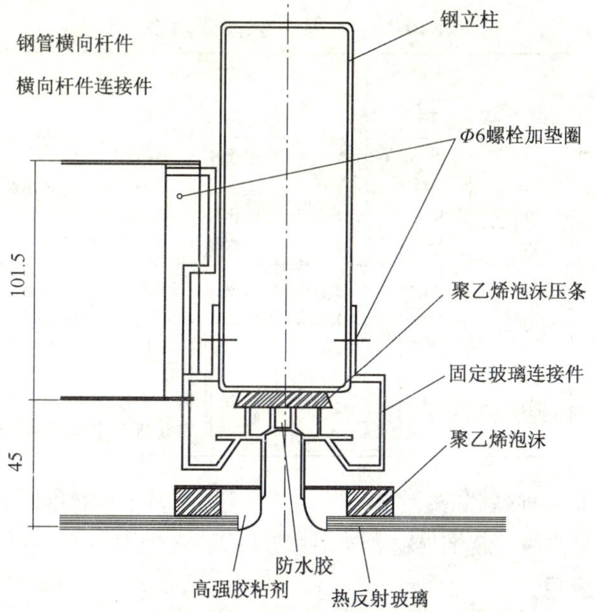

图 10-21 不露骨架幕墙构造(尺寸单位:mm)

隐框玻璃幕墙在国内外由于设计、材料使用、施工等种种原因,都出现过一些事故。所以,不能盲目采用。

为了保证玻璃不致从框架上脱落,又使幕墙有类似隐框的外观效果,可以采用半隐框幕墙,即横明竖隐或横隐竖明幕墙结构。

10.6 铜和铜合金

10.6.1 铜及其应用

铜是我国历史上使用最早,用途较广的一种有色金属。铜在自然界多以化合物状态存在。炼铜的矿石有黄铜矿、辉铜矿、斑铜矿、赤铜矿和孔雀石等。铜是一种容易精炼的金属材料。铜合金最初是用于制造兵器而发展起来的,它也可以用作生活用品,如宗教祭具、货币和装饰品等。铜也是一种古老的建筑材料,并广泛用于建筑装饰及各种零部件。

纯铜表面氧化生成的氧化薄膜呈紫红色,故称紫铜。铜的密度为 8.92g/cm^3,熔点1083℃,具有高的导电性、导热性、耐蚀性及良好的延展性、易加工性,可延展成薄片(紫铜片)和线材,是良好的止水材料和导电材料。纯铜强度低,不宜直接用作结构材料。

我国纯铜产品分两类:一类属冶炼产品,另一类属加工产品。纯铜的牌号分四种,即一号铜、二号铜、三号铜、四号铜。纯铜的冶炼产品有:铜锭、铜线锭和电解铜三种。纯铜的加工产品是铜锭经加工变形后获得的各种形状的纯铜材。纯铜锭的代号用化学元素符号“Cu”后面加顺序号表示。纯铜加工产品代号用汉语拼音字母“T”和顺序号表示,即 T_1、T_2、T_3、T_4,编号越大,纯度越低。纯铜的有害杂质是氧,但可用磷、锰脱氧。含氧在 0.01% 以下的叫纯铜,氧铜用 TU 表示,磷、锰脱氧铜用 TUP 和 TUMn 表示。纯铜的冶炼产品和加工产品的牌号、成分及用途见表 10-23。

表 10-23 纯铜牌号、成分,用途

组别	牌号	代号		含铜量不小于(%)	杂质含量不大于(%)				用途举例
		冶炼产品	加工产品		铋	铅	氧	总和	
纯铜	一号铜	Cu—1	T_1	99.95	0.002	0.005	0.02	0.05	作导体,导电器材等
	二号铜	Cu—2	T_2	99.90	0.002	0.005	0.06	0.10	高级铜合金
	三号铜	Cu—3	T_3	99.70	0.002	0.010	0.10	0.30	一般用铜材及铜基合金
	四号铜	Cu—4	T_4	99.50	0.003	0.050	0.10	0.50	普通铜合金,一般用铜材
无氧铜			TU_1	99.97	0.002	0.005	0.003	0.03	电真空器材用铜材
			TU_2	99.95	0.002	0.005	0.003	0.05	焊接等用铜材
			TUP	99.50	.003	0.010	0.010	0.49	
			TUMn	99.60	0.002	0.007	$P<0.4$ Mn 0.003	0.30	电真空器件用铜材

在古建筑中,铜材是一种高档的装饰材料,用于宫廷、寺庙、纪念性建筑以及商店铜字招牌等。在现代建筑中,铜仍然是高级的装饰材料。如南京五星级金陵饭店正门大厅选用铜扶手和铜栏杆。

10.6.2 铜合金及其应用

在铜中掺加锌、锡等元素可制成铜合金。铜合金主要有黄铜、白铜和青铜,其强度、硬度等机械性能得到提高。

10.6.2.1 黄铜

1. 普通黄铜

铜和锌的合金叫普通黄铜。普通黄铜呈现金黄色或黄色,色泽随含锌量的增加而逐渐变淡。工业用黄铜的含锌量为30% ~45%。含锌30%左右的黄铜称7∶3黄铜或α黄铜，其延展性好，可通过冷加工制成薄板或线材。含锌约40%的黄铜，称6∶4或α+β黄铜，其硬度高，主要用于铸造，但在高压下通过轧制和挤压也可成型。铜合金的机械强度、硬度、耐磨性都比纯铜高，且价格比纯铜低。

黄铜不易生锈腐蚀，延展性较好，易于加工成各种建筑五金，装饰制品，水暖器材和机械零件。

2. 特殊黄铜

为了增加黄铜的强度韧性和其他特殊性质，在铜、锌之外，再添加某些其他元素，便组成特殊黄铜，如锡黄铜、铅黄铜、锰黄铜、镍黄铜、铁黄铜等。

(1)锡黄铜　锡黄铜中含锡2%以上时，则硬度和强度增大，但延伸性显著减小。在α+β黄铜或α黄铜中添加的1%的锡，有较强的抵抗海水浸蚀的能力，故称为海军黄铜。

(2)镍黄铜(白铜)　镍黄铜是在黄铜中添加15% ~20%的镍的合金，呈现美丽的银白色，故称白铜。它的力学性质、耐热性和耐腐蚀性等都特别好，如果进行冷加工，则更增大其屈服点，疲劳强度也会更高。镍黄铜多作弹簧，或用作制造首饰等装饰品及餐具，也可作建筑、化工、机械材料。在α+β黄铜中加M_n1% ~2%，可得高强度黄铜，适用于特别要求高强度和耐腐蚀性的部位、铸件和锻件，也可制造涡轮叶片和船舶、矿山机械和器具。

(3)黄铜粉　黄铜粉俗称生粉，常用以调制装饰涂料代替“贴金”。

10.6.2.2　青铜

青铜是铜和锡为主要成分的合金。

1. 锡青铜

锡青铜含锡量约30%以下，它的抗拉强度以含锡量在15% ~20%之间为最大；而延伸率则以含锡量在10%以内比较大，超过这个限度，就会急剧变小。含锡10%的铜称炮铜，炮铜的铸造性能好，机械性质也好。因其在近代炼铜方法发明之前，曾用于制造大炮，故得名炮铜。

2. 铝青铜

铜铝合金中含铝在15%以下时称铝青铜，工业用的这种铜合金含铝量大部在12%以下。单纯的铜铝合金是没有的，实际上大都还添加少量的铁和锰，以改善其力学性能。含铝10%以上的铜合金，随着热处理不同其性质各异。这种青铜耐腐蚀性很好，经过加工的材料，其强度近于一般碳素钢，在大气中不变色，即使加热到高温也不会氧化。这是由于合金中铝经氧化形成致密的薄层所致。可用于制造铜丝、棒、管、板、弹簧和螺栓等。

本章小结

本章主要介绍了建筑钢材的冶炼和分类、钢材的力学性能、化学成分对钢材性能的影响、钢材的加工处理以及钢材的选用标准；建筑装饰用钢材制品的特点应用；铝和铝合金的冶炼、分类、表面处理；建筑中常用的铝合金制品性能特点及应用；铝合金玻璃幕墙骨架型材及构造；铜和铜合金的应用。学习本章首先了解钢材的成分及冶炼分类；重点学习钢材的加工处理及选用标准；掌握钢材制品的特点及应用。

复习思考题

1. 填空题

(1)铁和钢的主要成分是______和______,二者的主要区别在于______。钢的含碳量一般在______以下。

(2)根据脱氧程度不同,钢可分为______、______、______和______。

(3)根据化学成分不同,钢材可分为______和______两类;根据含磷和硫的多少,钢材可分为______、______、______和______四类。

2. 选择题

(1)下面几种钢筋中,表面光圆的是(　　)。

A. R235　　B. 20MnSi　　C. 25MnSi　　D. 40MnV

(2)不锈钢中,(　　)元素主要起耐腐蚀作用。

A. C(碳)　　B. Si(硅)　　C. Ti(钛)　　D. Cr(铬)

(3)碳钢中的主要强化组分(　　)。

A. 渗碳体　　B. 奥氏体　　C. 铁素体

(4)使钢材产生热脆性的有害物质主要是(　　)。

A. C(碳)　　B. S(硫)　　C. P(磷)　　D. O(氧)

(5)钢材经冷加工(冷拉、冷拔、冷轧)后,性能将会发生显著改变,主要是(　　)。

a. 强度提高;b. 塑性增大;c. 变硬;d. 变脆。

A. a、b、c　　B. a、b、d　　C. 变质　　D. a、c、d

(6)以下四种热处理方法中,可使钢材表面硬度大大提高的方法是(　　)。

A. 正火　　B. 回火　　C. 淬火　　D. 退火

3. 问答题

(1)软钢在拉伸试验时,在应力-应变上分哪几个阶段?屈服点和抗拉强度有何实用意义?

(2)如何计算钢材的伸长率?

(3)钢材冷弯性能有何实用意义?冷弯试验的主要规定有哪些?

(4)碳、硅、锰、磷、硫诸元素在碳素钢中有何主要影响?

(5)碳素结构钢和低合金高强结构钢的牌号是怎样表示的?

(6)热轧钢筋共有几个牌号?技术要求有哪些内容?

(7)什么是钢材的冷加工与时效?

(8)不锈钢板有什么特性?

(9)铝合金门窗有什么特点?

(10)铝合金装饰板有哪几种?应用在什么场合?

4. 计算题

有两根公称直径为16mm的钢筋作拉伸试验,测得其屈服点上荷载分别为72.2kN、72.3kN;抗拉强度荷载分别为104.5kN、108.5kN;试件的标距为80mm,拉断后的标距分别为96.0mm、94.4mm。试计算其屈服点、抗拉强度和伸长率。

第11章 木　　材

本章基本内容：

本章主要内容为木材的分类构造，木材的物理力学性质，木材的装饰性能与应用，木材的处理；最后介绍了人工板材的种类及应用。

木材是人类运用最早的建筑装饰材料之一，木材的历史几千年来源远流长。近几年来，虽然出现了许多新型的建筑材料，但作为三大建筑材料之一，木材由于其本身所具有的独特优点，早已成为了建筑材料行业中永不凋谢的风景。

11.1　木材的构造

11.1.1　木材的分类

树木的种类繁多，按树叶形状的不同，可分为针叶树种和阔叶树种两大类。

1. 针叶树

针叶树种树叶细而长，多为四季常绿树，且树干通直高大，纹理顺直，材质均匀，木质较软而易于加工，故又称“软木材”。针叶树木材强度较高，表观密度和胀缩变形较小，耐腐蚀性较强，为建筑工程中主要承重构件用材。常用树种有松、柏、杉等。

2. 阔叶树

阔叶树种树叶宽而大，叶脉呈网状分布，多为落叶树，树干通直部分较短，分枝较多，材质较硬，较难加工，故又称“硬木材”。阔叶树木材胀缩翘曲变形大，并且易开裂，在建筑工程中常用作尺寸较小的构件，但这类木材的纹理通常较明显、美观，具有很好的装饰性，常用于家具制造及室内装修工程的主要饰面用材，体现自然韵律。常用树种有榉木、胡桃木、樱桃木、水曲柳等。

11.1.2　木材的构造

由于树种和生长环境的不同，各种木材在构造上有很大差别，构造上的差别决定了木材性能上的不同，所以掌握木材的性能先要了解木材的构造，通常从宏观和微观两个角度进行分析。

1. 木材的宏观构造

木材的宏观构造是指用肉眼或放大镜所能看到的木材的组织部分，可通过树木的三个切面来进行观察，即横切面（垂直于树轴的面），径切面（通过树轴的纵切面）和弦切面（平行于树轴的纵切面）。如图11-1。

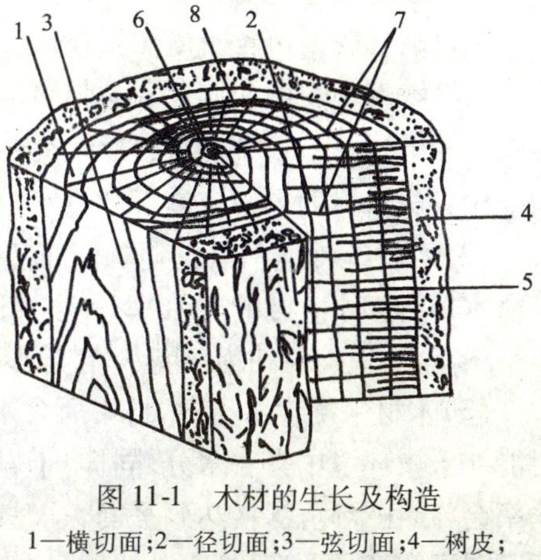

图11-1　木材的生长及构造

1—横切面；2—径切面；3—弦切面；4—树皮；5—木质部；6—髓心；7—髓线；8—年轮

由图可见，从外至内树木是由树皮、木质部和髓心等部分组成，其中木质部所占面积最大，是建筑材料使用的主要部分，也是研究木材性能的主要部分，树皮以前绝大部分无使用价值，只有黄菠萝和栓皮栎两种树的树皮是高级的保温、隔热材料，但现在可将树皮通过工艺加工，制成人造板材，变废为宝，有效利用，或直接使用进行相关自然主题的局部装饰，适用于粗犷、原始、古朴的装饰风格。髓心是树木最早形成的木质部，位于树干中心，它质地松软，强度低，易腐朽，从髓心向外的辐射线称为髓线，与周围连结较差，木材干燥时即会沿此开裂，在横切面上靠近髓心颜色较深的部分，称为"心材"；靠近外围颜色较浅的部分，称为"边材"，横切面上深浅相间的同心圆环，称为"年轮"，在同一年轮中，春天生长的木质，颜色较浅，质地较松，称为春材（又称早材）；夏秋两季生长的木质，颜色较深，质地相对密实，称为夏材（又称晚材）。对于同一树种，夏材所占比例越大，木材强度越高，材质越好。

2. 木材的微观构造

木材的微观构造是指用显微镜所能观察到的木材微观结构。通过显微镜可以观察到木材是由无数管状细胞紧密结合而成，它们绝大部分呈纵向排列，少数呈横向排列（如髓线）。如图 11-2。

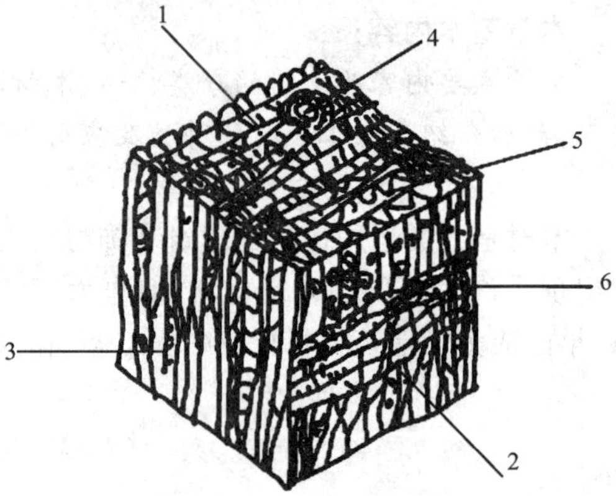

图 11-2　针叶树微观构造

1—横切面；2—径切面；3—弦切面；
4—树脂道；5—管胞；6—髓线

每一个细胞又由细胞壁和细胞腔两部分组成，细胞壁又由若干细纤维组成，通过纤维之间的微小空隙来渗透和吸附水分。细胞壁越厚，细胞腔越小，木材越密实，表观密度和强度越大，但随之胀缩变形也越大，反之越小。夏材的细胞壁较春材厚实，细胞腔也较春材窄小。

11.2　木材的物理力学性质

木材的物理力学性质主要包括含水量、湿胀干缩、强度等，其中含水量对木材的湿胀干缩和强度影响很大。

11.2.1　木材的含水量

木材的含水量以含水率表示，即指木材中所含水的重量占木材干燥重量的百分比值。

（1）木材中的水分：木材中所含水分可分为存在于细胞壁内的吸附水和存在于细胞腔与细胞间隙中的自由水两部分，其中吸附水的变化是影响木材强度和胀缩的主要因素，而自由水的变化只与木材的表观密度、保存性、燃烧性、干燥性和渗透性有关。

（2）木材纤维饱和点：当木材细胞壁内的吸附水达到饱和状态，而细胞腔与细胞间隙中无自由水时，这时木材的含水率称为"纤维饱和点"，纤维饱和点随树种不同而不同，通常为25%～35%，平均值约为30%。它是影响木材物理力学性质发生变化的临界点。

（3）木材平衡含水率：木材中所含水分会随所处环境温度和湿度的变化而变化，潮湿的木材能在干燥环境中失去水分，同样，干燥的木材也会在潮湿环境中吸收水分，最终木材中的含水率会与周围环境湿度达到平衡，这时的木材含水率称为"平衡含水率"，平衡含水率会随温度和湿度的变化而变化。

11.2.2　木材的湿胀与干缩

木材具有明显的湿胀干缩特性。当木材从潮湿状态干燥至纤维饱和点时,其尺寸不改变,如果继续干燥,当细胞壁中的吸附水开始蒸发时,则木材体积发生收缩,反之,干燥木材吸湿后,将发生体积膨胀,直到含水率达到纤维饱和点为止,此后,木材含水率继续增大,也不再膨胀。

由于木材构造的不均匀性,造成了各方面胀缩不一致,其中沿弦向最大,径向次之,纵向最小。如图11-3。

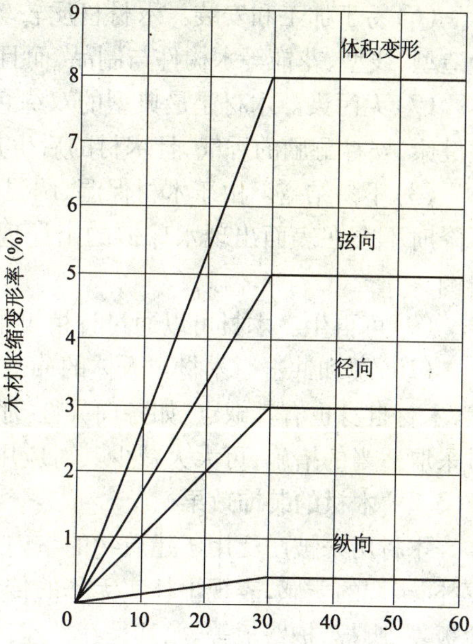

图11-3　含水率对木材胀缩变形的影响

木材的湿胀干缩对木材的使用有很大影响,干缩会使木结构构件产生裂缝或发生翘曲变形,湿胀则造成凸起。为避免这种现象发生,加工前应先将木材处于木构件所处的环境中,以求木材的含水率与所处环境的温度和湿度相适应,达到平衡含水状态。

11.2.3　木材的表观密度

木材的表观密度是指木材单位体积的重量,用 g/cm^3 表示。木材的表观密度与木材的含水率和孔隙率有关,木材的含水率大,表观密度大;反之则小;木材的孔隙率小,则表观密度大;反之则小。同一树种,木材的表观密度也会因产地、生长环境、树龄的不同而不同。

11.2.4　木材的强度

木材的强度主要是指其抗拉、抗压、抗弯和抗剪强度,由于木材结构的各向不均匀,致使各向强度有很大差异,故木材的强度有顺纹和横纹之分,作用力方向与木材纤维方向平行时,称“顺纹”;作用力方向与纤维方向垂直时,则称为“横纹”,木材的顺纹强度比其横纹强度要大得多,所以建筑工程中均充分利用木材的顺纹抗拉、抗压、抗弯强度,而避免使其横向受力,木材强度的大小,除了与木材的受力方向有关外,还受其含水率,荷载持续时间及木材自身缺陷等因素的影响。见表11-1。

表11-1　木材各种强度的关系

抗　压		抗　拉		抗　弯	抗　剪	
顺纹	横纹	顺纹	横纹		顺纹	横纹切断
100	10~20	200~300	6~20	150~200	15~20	50~100

11.3　木材的装饰性能与应用

11.3.1　木材的特性

(1)木材质轻,但强度高。木材的表观密度一般为 $550kg/m^3$ 左右,但其顺纹抗拉强度和抗弯强度均在100MPa左右,因此木材比强度高,属轻质高强材料,具有很大的使用价值。

(2)木材弹性和韧性好。木材能承受较大的冲击荷载和振动作用。

(3)木材的导热系数小。木材为多孔结构的材料,其孔隙率可达50%,一般木材的导热系数为 0.30W/(m·K)左右,钢铁的导热率是木材的 200 倍,故其具有良好的保温隔热性能。

(4)装饰性好。木材具有美丽的天然纹理,用作室内装饰或家具制作,给人以回归自然的高雅美感。

(5)木材的耐久性好。许多古老的木构建筑虽经千百年的风吹雨淋仍然保存完好。

(6)易于加工和安装。木材材质较软,可任意进行锯、刨、削、切、钉、雕刻等加工,做成各种造型、线型、花饰等木构件与制品,而且安装施工方便。

(7)无污染。木材是最典型的双绿色材料,本身无污染源,有的木材有芳香酊,能发出有益健康、安神醒脑的香气,且木材的后生是极易被土壤消化吸收的有机肥料。

(8)不易结露。由于木材保湿、调湿的性能比金属、石材等材料强,所以当气候潮湿、温度下降时不会在表面出现水珠似的出汗现象,当木材用作地板时,不会因为地面滑而造成人员滑倒。

(9)可再生。木材可以通过种植再生,只要合理利用森林资源就可取之不尽,用之不竭。

(10)缓和冲击。木材与人体的冲击抗力比其他建筑材料柔和,有益于人体安全健康。当然,木材自身也有其缺点,如各向异性、胀缩变形大、易腐、易燃、天然疵病多等,但这些缺点,通过采取适当的措施,可大大减少其对应用的影响。

11.3.2 木材的装饰效果

木材历来被广泛用于建筑物的室内外装修与装饰工程中,木材以美丽的天然花纹、给人以淳朴、亲切的质感,表现出朴实无华的传统自然美,从而获得独特的装饰效果。如门窗、楼梯、地板、踢脚板、护壁板等,尤其是在古建筑中,木材更是被广泛使用的主要材料,它给人以自然美的享受。

11.3.3 各种装饰纯木制品

各种装饰纯木制品品种繁多,主要包括纯木地板、纯木门窗、纯木家具、纯木线条、纯木楼梯等。

1. 条木地板

条木地板是使用最普遍的木质地面,分空铺和实铺两种。空铺条木地板是由龙骨、水平支撑和地板三部分构成。地板有单层和双层两种,双层者下层为毛板,面层为硬木板。普通条木板(单层)的板材常选用松、杉等软木树材,硬木条板多选用水曲柳、柞木、枫木、柚木、榆木等硬质木材。条木地板材质要求耐磨、不易腐蚀、不易变形开裂。地板宽度一般不大于 120mm,板厚为 20~30mm。条木拼缝处加工成企口或错口,直接铺钉在木龙骨上,端头接缝要相互错开。条木地板铺设完工后,应经过一段时间,待木材变形稳定后再进行抛光、清扫及涂刷油漆。条木地板有素板和漆板之分。素板是用户安装完毕后再上油漆,而漆板是指生产商在木地板生产过程中就涂上了漆。目前,市场上比较流行无需上漆的一次成型实木地板(简称实木漆板),它以明显高于安装后手工油漆质量及相对简便的安装过程,迅速引起了消费者的注意,但价格大大高于同级未上油漆的实木地板。条木地板脚感舒适,有自然暖感,但受潮后易发生虫蛀湿胀,导致木地板翘曲变形,结构腐朽,且日常维护保养较麻烦,常需上光、打蜡,否则日久发黑,易失去光泽,价位较高,适用于档次较高的家庭及公共场所使用。

2. 拼花木地板

拼花木地板是一种高级的室内地面装饰材料,分单层和双层两种,二者面层均为拼花硬木板层,双层者下层为毛板层。面层拼花板材多选用水曲柳、柞木、核桃木、栎木、榆木、槐木、柳桉等质地优良、不易腐朽开裂的硬质木材。拼花板材的尺寸一般为长 250 ~ 300mm，宽 40 ~ 60mm，厚 20 ~ 25mm，木条均带有企口。双层拼木地板的固定方法，是将面层小板条用暗钉钉在毛板上，单层拼木地板是采用适宜的粘结材料，将硬木面板条直接粘贴在混凝土地面上。拼花木地板通过小木板条不同方向的组合，可拼造出多种图案花纹，经抛光、油漆、打蜡后木纹清晰美观，给人以自然、高雅的感受。

3. 实木门窗

实木门窗由实木加工制作而成，表面与内芯相同，是木门窗中的精品，给人以稳重、高雅之感，但由于天然木材含水率的问题，质量不易稳定，易出现变形、翘曲等现象。

4. 木装饰线条

木装饰线条（又称木线条）通常采用材质较好的木材加工而成，线条有多种断面形状，种类丰富，主要适用于建筑物室内墙面的墙腰饰线，门框装饰线，顶棚装饰角线、门窗镶边、家具镶边，楼梯栏杆扶手等，使用时应注意色泽一致，厚薄均匀，表面光滑无坑洞、疤裂、枯朽等部分。

11.4　木材的处理

11.4.1　木材的干燥

树木在生长过程中，不断地吸收水分，被伐倒的树木虽然经过运输、存储，水分有所减少，但体内仍有很多的水分没有排出，如果采用这种含水量大的木材制成产品，将会由于水分蒸发，木材干缩导致制品开裂、翘曲变形等问题，时间久了，也易产生腐朽、虫蛀等现象，所以板、方材都必须经过木材的干燥处理，将木材含水率降到一定的允许范围内，再加工使用。

木材的干燥方法分为天然干燥法和人工干燥法两种。天然干燥法是指在自然条件下进行木材干燥，天然干燥不需要什么设备，只要将木材合理堆放在阳光充足和空气流通的地方，经过一定时间就可使木材干燥，达到所要求的含水率，这种方法成本低，但受气候条件的影响较大；人工干燥法是指把木材放在保暖性和气密性都完好的特制容器或建筑物内，利用加温加热设备人工控制介质的湿温度以及气流循环速度，使木材在一定时间内干燥到指定含水率的一种干燥方法。

11.4.2　木材的防腐及防虫

1. 木材的腐朽

木材的腐朽为真菌侵害所致。真菌分霉菌、变色菌和腐朽菌三种，其中前两种真菌对木材质量影响较小，但腐朽菌对木材的质量影响很大。腐朽菌寄生在木材的细胞壁中，它能分泌出一种酵素，把细胞壁物质分解成简单的养分，供自身摄取生存，从而导致木材产生腐朽，但真菌在木材中生存和繁殖必须具备三个条件，即：

（1）水分。真菌繁殖生存时适宜的木材含水率是 35% ~ 50%，亦即木材含水率在纤维饱和点以上时易产生腐朽，而对含水率在 20% 以下的木材不会发生腐朽。

（2）温度。真菌繁殖的适宜温度为 25 ~ 35℃，温度低于 5℃ 时，真菌停止繁殖，而高于 60℃ 时，真菌则死亡。

另外，木材受热后，木纤维中的胶质处于软化状态，因而使强度降低。若温度超过 140℃，木材开始分解碳化。因此，如果环境温度可能长期超过 50℃ 时，不应该采用木结构。

(3)空气。真菌繁殖和生存需要一定氧气存在,通过隔离氧气的方法可使真菌因缺氧而死亡,如完全浸入水中的木材,因缺氧而不易腐朽。

2. 木材的防腐措施

防止木材腐朽的方法通常有以下两种:

(1)破坏真菌的生存条件

破坏真菌的生存条件最常用的办法是:使木结构、木制品和储存的木材处于经常保持通风干燥的环境中,并对木结构和木制品表面进行油漆处理,油漆涂层使木材隔绝了空气,又隔绝了水分。

(2)把木材变成有毒的物质

将化学防腐剂注入木材中,使真菌无法寄生。木材防腐剂种类很多,一般分水溶性防腐剂、油质防腐剂和膏状防腐剂三类。水溶性防腐剂常用品种有氯化锌、氟化钠、硅氟酸钠、硼铬合剂、硼酚合剂、铜铬合剂、氟砷铬合剂等。水溶性防腐剂多用于室内木结构的防腐处理。油质防腐剂常用的有煤焦油、混合防腐油,强化防腐油等。油质防腐剂色深,有恶臭,常用于室外木构件的防腐。膏状防腐剂由粉状防腐剂、油质防腐剂、填料和胶结料(煤沥青、水玻璃等)按一定比例配制而成,用于室外木结构防腐。

木材注入防腐剂的方法很多,通常有表面涂刷或喷涂法和常压浸渍法、冷热槽浸透法、压力渗透法等。其中表面涂刷或喷涂法简单易行,但防腐剂不能深入木材内部,故防腐效果较差。常压浸渍法是将木材浸入防腐剂中一定时间后取出使用,使防腐剂渗入木材内一定深度,以提高木材的防腐能力。冷热槽浸透法是将木材先浸入热防腐剂中(>90℃)数小时,再迅速移入冷防腐剂中,以获得更好的防腐效果。压力渗透法是将木材放入密闭罐中,抽部分真空,再将防腐剂加压充满罐中,经一定时间后,则防腐剂充满木材内部,防腐效果更好,但所需设备较多。

11.5 人造板材

天然木材由于生长条件和加工过程等方面的原因,不可避免地存在这样或那样的缺陷,同时木材加工过程中也会产生大量的边角废料,为了保护有限的森林资源,提高木材的利用率,人造板材应运而生并且得到了广泛的推广和应用。人造板材通常指以木材为主要原料,或将木材加工过程中剩下的边角废料进行加工处理而制成的板材。种类主要有胶合板、密度板、细木工板、刨花板、木丝板和木屑板等几种。

1. 胶合板(又称层压板)

胶合板是用经过蒸煮的椴、桦、松、水曲柳等原木旋切成大张薄片(厚1~4.5mm),然后将各张木纤维方向按纹理垂直交错,消除各向异性,得到均匀的强度,通过脲醛等合成树脂粘合、热压、干燥、锯边,表面整修而成。胶合板层数为奇数,一般为3、5、7……15,最高层数为15层,据层数的不同,名称也不同,常见的有三夹板、五夹板、九夹板、十二夹板等(市场俗称三合板、五合板、九厘板、十二厘板等)。我国目前胶合板主要采用水曲柳、桦木、柳桉木、马尾松及部分进口原木制成,根据旋切原木树种的不同,胶合板可分为针叶木胶合板和阔叶木胶合板两大类,二者在性能上无太大差异,只是装饰效果有所不同。按耐水程度的不同,胶合板可分为以下四类:

Ⅰ类(NQF)——耐气候、耐沸水胶合板

Ⅱ类(NS)——耐水胶合板

Ⅲ类(NC)——耐潮胶合板

Ⅳ类(BNC)——不耐潮胶合板

胶合板幅面大,平整易加工,材质均匀,收缩性小,是建筑装饰中广泛使用的人造板材。胶合板的幅面尺寸,见表11-2,常用的为1220mm×2440mm。

表11-2　胶合板的幅面尺寸

宽度(mm)	长度(mm)				
	915	1220	1830	2135	2440
915	915	1220	1830	2135	—
1220	—	1220	1830	2135	2440

2. 纤维板

纤维板是以植物纤维为主要原料,经破碎、浸泡、研磨成木浆,使其植物纤维结构重组,再经热压成型,干燥处理而制成的一种人造板材。可供制作纤维板的原料非常丰富,如木材采伐加工过程中的板皮、刨花、树枝等边角废料,稻草、玉米秆、麦秸、芦苇以及一些速生灌木,都可以作为纤维板的原料,因此纤维板按照其生产原料的不同,可分为木质纤维板和非木质纤维板,按照板材的密实程度和弯曲能力的不同,纤维板可分为硬质、半硬质和软质三种。表观密度在0.8g/cm^{3}以上的称为硬质纤维板,表观密度为0.4～0.8g/cm^{3}的称半硬质纤维板,表观密度在0.4g/cm^{3}以下的称为软质纤维板,装饰工程中通常使用硬质纤维板,其物理力学性能见表11-3。生产纤维板可使木材的利用率达到90%以上,可以充分利用木材,并能使木材材质构造均匀,各向强度一致,抗弯强度提高,耐磨、绝热性能增强,不易发生胀缩翘曲变形,克服木材腐朽、木节虫眼等缺陷,适用于建筑装饰和板式家具的基材使用。

表11-3　硬质纤维板的物理力学性能

指标项目	单位	特级	一级	二级	三级
密度大于	g/cm^3	0.80			
静曲强度,不小于	MPa	49.0	39.0	29.0	20.0
吸水率,不大于	%	15.0	20.0	30.0	35.0
含水率	%	3.0～10.0			

3. 其他木质复合材料

1)细木工板

细木工板由芯板和上下两层面层单板构成,芯板用木板拼接而成,在施胶拼接之前,应充分干燥,防止翘曲变形。面层板材料一般采用胶合板贴面,板芯与两层面层单板拼合施胶后,在加压加热条件下,热压粘合而成,具有轻质、防虫、不腐、隔声性能较好、幅面大、不易变形等特点。表面可根据需要,进行不同材料的贴面,适用于中高档次的家具制作,室内装修、隔墙等。细木工板的尺寸规格、技术性能见表11-4。

表 11-4　细木工板的尺寸规格、技术性能

<table>
<tr><th colspan="6">长　　度(mm)</th><th rowspan="2">宽度(mm)</th><th rowspan="2">厚度(mm)</th><th rowspan="2">技术性能</th></tr>
<tr><th>915</th><th>1220</th><th>1520</th><th>1830</th><th>2135</th><th>2440</th></tr>
<tr><td>915</td><td>—</td><td>—</td><td>1830</td><td>2135</td><td>—</td><td>915</td><td rowspan="2">15
18
22
25</td><td rowspan="2">含水度:10% ±3%
静曲强度(MPa)
厚度为 16mm,不低于 15;
厚度<16mm,不低于 12;
胶层剪切强度不低于 1MPa</td></tr>
<tr><td>—</td><td>1220</td><td>—</td><td>1830</td><td>2135</td><td>2440</td><td>1220</td></tr>
</table>

注:芯条胶拼的细木工板,其横向静曲强度规定值上各增加 10MPa。

2)刨花板,木丝板、木屑板

刨花板、木丝板、木屑板是利用刨花渣、短小废料为原料,经干燥、胶拌、热压而制成的板材,这类板材一般强度较低,受潮后翘曲变形较大,但可用作吸声、绝热材料,表层贴面后,可使表面具有装饰性,同时增加板材强度。

3)强化复合木地板

(1)强化木地板的基本组成及性能

强化木地板学名为“浸渍纸饰面层压木质地板”,属木材衍生材料,其基本组成为表面耐磨层、装饰图案层、基材层、防潮底层。见图 11-4。

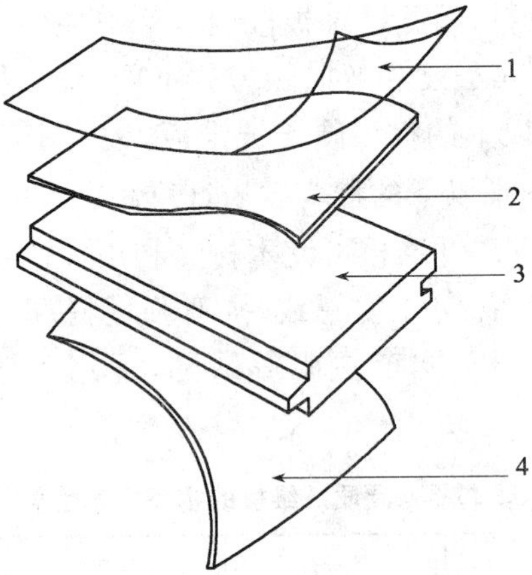

图 11-4　强化复合木地板结构图

1—耐磨层;2—装饰图案层;3—基材层;4—防潮层

① 耐磨层为最表层的透明层,它是在木地板表面均匀压制一层三氧化二铝(Al_2O_3)组成的耐磨剂,其中三氧化二铝的含量决定了耐磨的转数,而耐磨转数又决定了木地板的使用寿命,如每平方米含 Al_2O_3 30 克左右,耐磨转数约为 4000 转,含 $Al_2O_3$38 克左右,耐磨转数约为 5000 转。

② 装饰图案层是将印有特定图案(以仿真纹理为主)的特殊纸板放入三聚氰胺溶液中浸泡后,经过化学处理,利用三聚氰胺加热反应后化学性质稳定,不再发生化学反应的特性,使其成为一种美观耐用的装饰层。

③ 基材层一般由中密度纤维板或高密度纤维板构成。

④ 防潮平衡层由聚酯材料制成,胶合于基材底面,起到稳定和防潮作用。

强化复合木地板具有抗冲击，耐刻划，不易变形，阻燃、防潮、抗静电、防虫蛀、防生霉等特点，其耐磨度是实木地板的30倍以上，日常维护保养十分方便，无需上光、上漆、打蜡，安装快捷，省时省工，但由于其整体厚度只有0.8mm，表面耐磨层为三氧化二铝耐磨颗粒，造成强化木地板发硬发脆，脚感不如实木地板，价位较低，适用于一般家庭及人流量大的公共场所使用。

(2)强化复合木地板的技术性能要求

强化复合木地板的重要技术指标：

① 表面耐磨度

耐磨指标一般都以耐磨转数为单位，耐磨转数的高低决定了地面使用寿命的长短，耐磨转数越高，它的抗冲击力和重压能力就越强，越不易划伤表面，耐磨层质量不以厚度为衡量，而以每平方米三氧化二铝的含量来说明。

② 甲醛释放量

指地板中游离甲醛的释放量，这是一个环保指标，强化复合地板甲醛释放量的国家标准，在报批标准中合格为30mg/100g，最佳为9mg/100g，如果甲醛释放量超标，会对人体造成极大伤害。

③ 表面耐冲击性

指在相同条件下被测地板承受钢球冲击后留下痕迹的直径大小，这一数值越小，说明该产品的抗冲击性能越强。

④ 吸水厚度膨胀率

强化复合木地板与原木地板相比，最明显的优点是耐磨和不变形，而吸水厚度膨胀率的高低正是决定强化木地板受潮后是否变形以及变形大小的重要指标，吸水厚度膨胀率高，地板防潮性能就差，受潮后变形就大，反之越小。

⑤ 静曲强度

这是检测强化复合木地板抗弯曲变形能力的一项指标，该指标数值越高，其抗弯曲变形能力就越强。

除此之外，还有如防火保色性能，榫槽咬合强度、表面耐香烟灼烧程度等技术指标。

4. 塑料贴面板

塑料贴面板是以纸为基层的层压塑料板为面层与胶合板或其他人造板材，通过高强胶粘剂胶粘而成的一种贴面装饰材料。塑料贴面板的图案，色调丰富，仿真性强，耐磨，耐烫，耐一般酸、碱、油脂等溶剂的侵蚀，平整光滑，易清洗，装饰效果好，适用于建筑室内墙面、台面、桌面等的表面装饰。

5. 软木

软木指栓皮栎之类树皮的木栓层，栓皮栎的树皮生长得松软而有韧性，能够每9年采剥一次，而不会影响树木的生长，采剥下来的树皮即为软木材料，葡萄牙是生产软木最主要的产地和产品国，将其视为国宝。

软木中主要成分软木纤维一般由14面多面体形状的死细胞组成，软木细胞呈蜂窝状结构，中间密封空气约占70%，在显微镜下，每立方厘米的软木含有约4000万个细胞，在受到外来压力时，细胞会收缩变小，细胞内压力升高，当压力失去时，细胞内的空气压力又会将细胞恢复到原来状态，这种内在结构使软木具有了温暖、柔韧、绝缘、隔声、隔热等性能，表面经耐磨树脂层处理后，用来制作地板、墙板，具有安静、温暖、舒适、耐磨等特点。

6. 旋切微薄木

旋切微薄木采用精密设备将珍贵树种(如山毛榉、樱桃木、柚木、花梨木)经水煮软化后旋切成0.1~0.3mm左右的微薄木片,通过高强胶粘剂与坚韧的薄纸胶合而成,多做为卷材,与普通胶合板胶粘可构成微薄木饰面胶合板,是居室和公共建筑装饰装修中一种普遍使用的饰面材料。

本章小结

本章主要介绍木材的分类:针叶树、阔叶树;木材的构造:宏观构造和微观构造;木材的物理力学性质:包括含水率、湿胀干缩、表观密度、强度等;木材的装饰性能与制品的应用;木材的干燥、防腐与防虫等处理措施;最后介绍了人造板材的种类、特点与应用。学习本章首先了解木材的分类,能够清楚认识木材的构造;掌握木材的各种物理性质;重点掌握木材的处理措施;最后需了解木材制品的特点及应用。

复习思考题

1. 填空题

(1)根据树叶的不同,木材可分为______和______两大类。

(2)木材在装饰方面以美丽的______给人以淳朴、亲切的质感,表现出传统的______,从而获得独特的装饰效果。

(3)从宏观上看,木材由______、______、______三部分组成;从微观上看,木材是由无数______结合而成的。

(4)木材在同一年轮中由______和______组成。

(5)人造板材主要有:______、______、______、______、______和______等几种。

2. 名词解释

(1)原木　(2)板方材　(3)年轮　(4)纤维饱和点。

3. 选择题

(1)胶合板的层数为(　　)。

A. 奇数　　B. 偶数　　C. 自然数　　D 平方数

(2)木材强度的大小与(　　)有关。

A. 木材构造　　B. 受力方向　　C. 含水率　　D. 木材缺陷

(3)木材的燃点为(　　)。

A. 140℃　　B. 180℃　　C. 220℃　　D. 300℃

(4)木材湿胀干缩时,变形最大的方向是(　　)。

A. 弦向　　B. 径向　　C. 纵向　　D. 不定

(5)在木结构设计使用中,木材不能长期处在(　　)的温度中使用。

A. 50℃以上　　B. 60℃以上　　C. 65℃以上　　D. 0℃以上

4. 判断题

(1)在树木中,靠近髓心的部分称为心材,其材质最好。　(　　)

(2)春材较硬,夏材较软。　(　　)

(3)为使木材使用不会产生裂缝或曲变形,木材在使用前应进行干燥处理。　(　　)

(4)人造板材可以节约木材,提高木材的利用率。　(　　)

5. 问答题

(1)木材如何分类？它有哪些特性？

(2)胶合板有何特点？它是怎样分类的？

(3)木材腐朽的原因及防腐措施有哪些？

第12章　沥青及防水材料

本章基本内容：

防水材料是近年大量使用的节能环保建筑材料。本章主要介绍了沥青以及防水卷材、防水涂料、密封材料和防水剂等建筑中常用的防水材料的分类、组成、性质特点以及应用。

防水材料是能防水、防潮、防漏、防渗，避免水和盐分对建筑材料的侵蚀，保护建筑构件的材料。常用的防水材料主要是：沥青、橡胶、防水涂料和膨胀水泥及其制品等。

近年来，新型防水材料的开发应用，它不仅在建筑中与密封、保温要求相结合，也在舒适、节能和环保等各个方面提出更新的标准和更高的要求。其应用范围已扩展到铁路、高速公路、水利、桥梁等各个领域。

防水材料总体可分为柔性防水材料、刚性防水材料和块状防水材料。依据防水材料的外观形态，防水材料一般分为：防水卷材、防水涂料、密封材料和防水剂四大类，这四大类材料根据其组成不同又可划分为上千个品种。本章就沥青以及以上四类防水材料及其常见品种的组成、性能特点及应用做主要介绍。

12.1　沥　　青

沥青是一种有机胶凝材料，具有良好的粘结性、塑性、不透水性和不导电性，能抵抗一般酸、碱及盐类的侵蚀。

在建筑工程中，沥青主要作为防水、防潮、防腐蚀材料，用于屋面或地下室防水工程、防腐蚀工程以及铺筑车间的地面及道路等，目前常用的是石油沥青和煤沥青。

12.1.1　石油沥青

石油沥青是石油原油（或石油衍生物）分馏出汽油、煤油、柴油及润滑油后的残留物，再经过氧化处理而得到的产品

12.1.1.1　*石油沥青的组成*

1. 油分

油分为淡黄色至红褐色的油状液体，有荧光，密度 0.60 ~ 1.00g/cm^3，分子量为 100 ~ 500，是沥青中分子量和密度最小的组分，能溶于大多数有机溶剂，但不溶于酒精。在石油沥青中，油分的含量为 40% ~ 60%。油分赋予沥青以流动性。

2. 树脂（又称“沥青脂胶”）

为红褐色至黑色的黏稠半固体，密度 1.00 ~ 1.10g/cm^3，分子量 650 ~ 1000，熔点低于 100℃，沥青脂胶中绝大部分属于中性树脂，其含量增加，沥青的品质就好。在石油沥青中，沥青脂胶的含量为 15% ~ 30%，它使石油沥青具有良好的塑性和粘结性。

3. 地沥青质

为深褐色至黑色的硬、脆的无定形不溶性固体，密度 1.10 ~ 1.15g/cm^3，分子量 2000 ~ 6000。除不溶于酒精、石油醚和汽油外，易溶于大多数有机溶剂。它是决定石油沥青温度敏感性和黏性的重要组分。沥青中地沥青质含量在 10% ~ 30%。其含量愈多，则软化点愈高，黏性愈大，也愈硬脆。

12.1.1.2　石油沥青的技术性质

1. 黏性

指石油沥青在外力作用下抵抗变形的性能。

当地沥青含量较高，有适量树脂，但油分含量较少时，则黏性较大，在一定温度范围内，当温度升高时，黏性随之降低，反之则增大。

黏稠石油沥青的黏性用针入度值来表示。其测定方法是：在规定的温度（25℃），用重 100g 的标准针，经 5s 插入沥青试样的深度（以 1/10mm 为 1 度），即为针入度。如图 12-1 所示。针入度值愈小，表示沥青愈硬，黏性愈大。液体沥青的稠度用黏滞度表示。

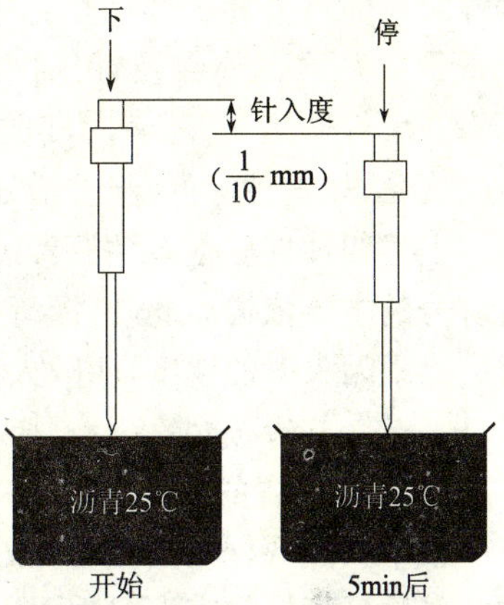

图 12-1　针入度测定示意图

2. 塑性

指石油沥青在外力作用时产生变形而不破坏的性能。

沥青的塑性用延伸度表示。将沥青熔融后浇入 8 字形模内，中间最狭处为 1cm^2，浸在 25℃的水中，以每分钟 5cm 的速度拉至断裂，所拉长的厘米数即为沥青的延伸度。延伸度一般在 1 ~ 100cm 之间。延伸度大，表示其塑性好。图 12-2 为石油沥青延伸度测定示意图。

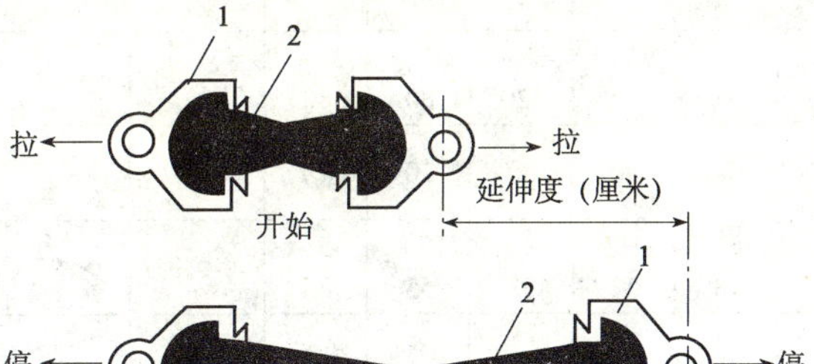

图 12-2　石油沥青延伸度测定示意图

1—沥青试模；2—沥青试样

3. 温度敏感性

是指石油沥青的黏滞性和塑性，随温度升降而变化的性能。

当温度升高时，沥青由固态、半固态逐渐软化至液态；当温度降低时，又逐渐由液态凝固成固态。但在相同的温度变化间隔内，各种沥青的黏性变化幅度是不相同的，随温度变化而产生的黏滞性变化幅度较小的沥青，其温度敏感性小。

温度敏感性以软化点指标表示。软化点就是固态沥青受热后，转变为一定流动状态时的温度，一般用环球法测定：把沥青试样装入直径 15.88mm、高 6mm 的铜环内，试样上放置直径为 9.53mm、质量为 3.5g 的标准钢球，浸入水中，以每分钟升高 5℃的速度升温。当沥青软化下垂至25.4mm时的温度，即为软化点（以℃计）。沥青的软化点一般在25～100℃之间，软化点高，表示其耐热性高。图12-3为石油沥青软化点测定示意图。

4. 大气稳定性

石油沥青在大气因素作用下，不易变质的性质称为大气稳定性。通常用蒸发减量试验及残渣针入度试验来评定。即将沥青试样加热到160℃，经5h蒸发后，用其重量损失的百分数及针入度降低的百分数来表示。沥青在大气作用下，随着时间的推移，各项性能将不断发生变化，如塑性降低，脆性增加，粘结力减低等，即所谓老化现象。

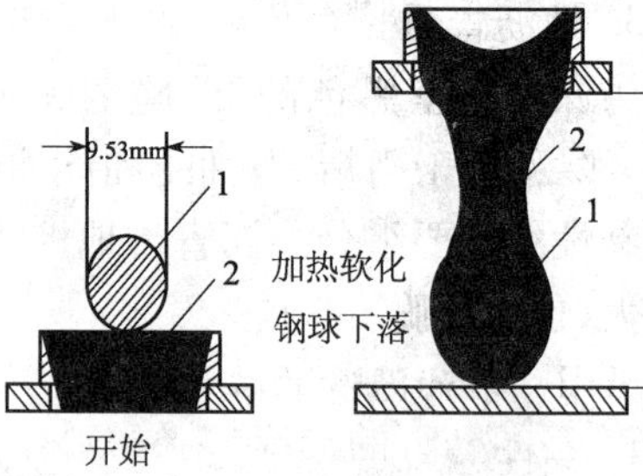

图12-3 石油沥青软化点测定示意图

1—标准钢球；2—沥青试样

上述四种性质是石油沥青的主要性质。其中针入度、伸延度和软化点三项指标是决定沥青牌号的主要依据。此外，沥青加热后，产生易燃气体，与空气混合后，遇火即发生闪火现象，开始出现闪火时的温度，叫闪火点。这是在加热沥青时，为了防火需要掌握的指标。

12.1.1.3 石油沥青的分类、标准及选用

1. 石油沥青的分类与标准

根据我国现行石油沥青标准，分为道路石油沥青、建筑石油沥青和防水防潮沥青，各牌号的主要质量指标如表12-1所列。

表12-1 各品种石油沥青的技术标准

质量指标	道路石油沥青（NB/SH/T 0522—2010）							建筑石油沥青（GB/T 494—2010）		防水防潮沥青（SH/T 0002—1990）			
	200	180	104	100甲	100乙	60甲	60乙	30	10	3号	4号	5号	6号
针入度（25℃，100g，1/10mm）	201～300	161～200	121～160	91～120	81～120	51～80	41～80	25～40	10～25	25～45	20～40	20～40	30～50
延度（25℃），(cm)不小于	—	100	100	90	60	70	40	1.5	—	—	—	—	—
软化点（环球法），(℃)	30～45	35～45	38～48	42～52	42～52	45～55	45～55	≮70	≮95	≮85	≮90	≮100	≮95
针入度指数不小于	—	—	—	—	—	—	—	—	—	3	4	5	6
溶解度（三氯乙烯，三氯甲烷或苯），(%)不小于	99.0	99.0	99.0	99.0	99.0	99.0	99.5	99.5	99.5	98	98	95	92
蒸发损失（163℃，5h），(%)不大于	1	1	1	1	1	1	1	1	1	1	1	1	1
蒸发后针入度比，(%)不小于	50	60	60	65	65	70	70	65	65	—	—	—	—
闪点（开口），(℃)不低于	180	200	230	230	230	230	230	320	320	250	270	270	270
脆点，(℃)不高于	—	—	—	—	—	—	—	报告	报告	-5	-10	-15	-20

从表12-1可以看出，道路石油沥青、建筑石油沥青，都是按针入度指标划分牌号的。在同一品种石油沥青材料中，牌号愈小，沥青愈硬；牌号愈大，沥青愈软。同时，随着牌号的增加，沥青的黏性减少（针入度增加），塑性增加（延度增大），温度敏感性增大（软化点降低）。

防水防潮石油沥青，按针入度指数来划分牌号，它除保证针入度、软化点、溶解度、蒸发损失、闪点等指标外，还特别增加了保证低温变形性能的脆点指标。随牌号增大，其针入度指数增大，温度敏感性减小，脆点降低，应用温度范围变宽。这种沥青的质量优于建筑石油沥青。

2. 石油沥青的选用

沥青在使用时，应根据当地的气候条件、工程性质、使用部位及施工方法，具体选用沥青的品种和牌号。对一般温暖地区，受日晒或经常受热的部位，为防止过分软化，应选择牌号较小的沥青；对寒冷地区，夏季曝晒，冬季冷的部位，不仅要考虑受热软化，还要考虑低温脆裂，应选用中等牌号的沥青；对一些不易受温度影响的部位，可选用牌号较大的沥青。当缺乏所需牌号的沥青时，可用不同牌号的沥青进行掺配。

道路石油沥青主要用于道路路面和车间地面，建筑石油沥青多用于屋面和地下水、防腐等，也用于制作油毡、油纸、防水涂料等。

12.1.2 煤沥青

煤沥青是炼焦或制造煤气时的副产品。干馏烟煤可得煤焦油，煤焦油蒸馏制取轻油、中油、重油、蒽油之后，所得残渣为煤沥青。按蒸馏程度不同，煤沥青分低温沥青、中温沥青、高温沥青三种，建筑上多采用低温煤沥青。煤沥青的有关技术指标，可参阅国家标准《煤沥青》（GB/T 2290—1994）的规定。煤沥青的主要组分为油分、软树脂、硬树脂、游离碳和少量酸、碱物质等。它的组分与石油沥青不同，故性能也不同，主要表现在下列各点：

（1）因煤沥青中的硬树脂化学稳定性差，油分中所含的蒽油，在常温下易升华，故大气稳定性差。

（2）所含软树脂为可溶性树脂，受热易软化，故温度稳定性差。

（3）煤沥青含有较多的游离碳，使用时易因变形而开裂，所以塑性较差。

（4）煤沥青中的酸、碱物质都是表面活性物质，与矿物材料的粘结较好。

（5）煤沥青的密度比石油沥青大，约为1.00～1.25g/cm^3。

（6）煤沥青中含有酚、蒽等有毒物质，防腐蚀能力较好，适用于木材的防腐处理。煤沥青中的酚易溶于水，故防水性不及石油沥青。

作为防水材料，煤沥青的性能不如石油沥青，在使用中较易受大气作用而老化，所以目前已较少应用。煤沥青在贮存和施工中要遵守有关操作和劳保规定，以防中毒。

煤沥青与石油沥青在外观上有些相似，如不加以认真鉴别，易将它们混存或混用，造成防水材料的品质变坏，鉴别方法如表12-2。

表12-2 煤沥青与石油沥青的简易鉴别法

鉴别方法	煤沥青	石油沥青
密度（g/cm^3）	约1.25	接近于1.0
锤击	韧性差（性脆）声音清脆	韧性较好，有弹性感，声哑
燃烧	烟呈黄色，有刺激性臭味	烟无色，无刺激性臭味
溶液颜色	用30～50倍汽油或煤油溶化，用玻璃棒蘸一蘸滴于滤纸上，斑点内棕外黑	按左法，斑点呈棕色

12.2 防水卷材

防水卷材是工程防水材料的重要品种之一，在防水材料的应用中处于主导地位，是一种面广量大的防水材料。常用的防水卷材按照材料的组成不同，一般可分为沥青防水卷材、高聚物改性沥青防水卷材和合成高分子防水卷材等三大类。

12.2.1 沥青防水卷材

沥青基防水卷材是指以各种石油沥青或煤焦油、煤沥青为防水基材，以原纸、织物、纤维毡等为胎基，用不同矿物材料粒料或合成高分子薄膜、金属膜作为隔离材料研制成的可卷曲的片状防水材料。普通沥青防水卷材具有原材料广、价格低、施工技术成熟等特点，可以满足建筑物的一般防水要求，目前用量接近防水材料总量的95%以上。

1. 石油沥青纸胎油毡、油纸

沥青防水卷材最具代表性的是石油沥青纸胎油毡，简称油毡，是防水卷材中历史最早的品种。它是用低软化点的石油沥青浸渍原纸，再用高软化点的石油沥青涂盖油纸的两面，并涂撒隔离材料制成的一种防水卷材。表面撒石料作为隔离材料的油毡称为粉毡，撒云母作为隔离材料的称为片毡。

石油沥青纸胎油毡的防水性能较差，耐久年限低，一般只能用作叠层防水，其中500号粉毡用于“三毡四油”的面层，350号粉毡用于里层和下层，也可用于“二毡三油”的简易做法来作非永久性建筑的防水层，200号油毡也适用于简易防水、临时性建筑防水、建筑防潮及包装等，油纸适用于建筑防潮和包装，也可用于多叠层防水层的下层或刚性防水层的隔离层。

2. 石油沥青玻璃布油毡

石油沥青玻璃布油毡是采用石油沥青涂盖材料浸涂玻璃纤维织布的两面，再涂以隔离材料所制成的一种以无机材料为胎体的沥青防水卷材。该类卷材的抗拉强度高于500号纸胎沥青油毡，柔韧性较好，耐磨，耐腐蚀性较强，吸水率低，耐热性也比纸胎石油沥青油毡提高一倍以上，适用于地下防水层、防腐层、屋面防水层及金属管道(热管道除外)的防腐保护等。

3. 石油沥青麻布油毡

石油沥青麻布油毡采用麻织品为底胎，先浸渍低软化点石油沥青，然后涂以含有矿物质填充料的高软化点石油沥青，再撒布矿物质石粉而制成。该卷材抗拉强度高，抗酸碱性强，柔韧性好，但耐热度较低，适用于要求比较严格的防水层及地下防水工程，尤其适用于要求具有高强度的多层防水层及基层结构有变形和结构复杂的防水工程和工业管道包扎等。

4. 铝箔面油毡

铝箔面油毡采用玻纤毡为胎基，浸涂氧化沥青，在其表面用压纹铝箔贴面，底面撒以细颗粒矿物料或覆盖聚乙烯膜所制成的一种具有热反射或装饰功能的防水卷材。铝箔面油毡用于单层或多层防水工程的面层。

12.2.2 高聚物改性沥青防水卷材

高聚物改性沥青防水卷材常简称改性沥青防水卷材，迄今为止，它是新型防水材料中使用比例最高的一类。

在沥青中所掺入高分子聚合物，与沥青之间有较好的相容性，高分子中含有分支结构，即使加入较少的量，也可生成网状的弹性结，具有较大范围的高聚性状态，这样才可显示出温度上升时，能有一定的机械强度，在低温下又具有弹性和塑性以弥补粘结性差之不足。

通过高分子聚合物对沥青的改性作用，提高沥青软化点，增加低温下的流动性，使感温性能得到明显改善；增加弹性，使沥青具有可逆变形的能力，改善耐老化性和耐硬化性，使聚合物沥青具有良好使用功能，即高温不流淌、低温不脆裂，刚性、机械强度、低温延伸性有所提高，增大负温下柔韧性，延长使用寿命，从而使改性沥青防水卷材能够满足建筑工程防水应用的功能。

在石油沥青中常用改性材料有天然橡胶、氯丁胶、丁苯橡胶、丁基橡胶、乙丙橡胶、再生胶、SBS、APP等高分子聚合物。

1. SBS改性沥青防水卷材

SBS改性沥青防水卷材是在石油沥青中加入SBS进行改性的卷材。

SBS是由丁二烯和苯乙烯两种原料聚合而成的嵌段共聚物，是一种热塑性弹性体，它在受热的条件下呈现树脂特性，即受热可熔融成黏稠液态，可以和沥青共混，兼有热缩性塑料和硫化橡胶的性能，因此SBS也称热缩性丁苯橡胶，它不需要硫化，并且具有弹性高、抗拉强度高、不易变形、低温性能好等优点。在石油沥青中加入适量的SBS而制得的改性沥青具有不脆、低温性好、塑性好、稳定性高、使用寿命长等优良性能，可大大改善石油沥青的低温屈挠性和高温抗流动性能，彻底改变石油沥青冷脆裂的弱点，并保持了沥青的优良憎水性和粘结性。

将改性的石油沥青以聚酯胎、玻纤胎、聚乙烯膜胎、复合胎等为胎基的材料，浸渍SBS改性石油沥青为涂盖材料，也可用在涂盖材料的上表面以细砂、板岩塑料薄膜等为面层，可制成不同胎基、不同面层、不同厚度的各种规格的系列防水卷材。

1）特点

SBS是国际上广泛采用的沥青改性剂，并经多年的应用，SBS改性沥青防水卷材在实践中得到可靠证实。

（1）可溶物含量高，可制成厚度大的产品，具有塑料和橡胶特性。

（2）聚酯胎基有很高的延伸率、拉力、耐穿刺能力和耐撕裂能力；玻纤胎成本低，尺寸稳定性好，但拉力和延伸率低。

（3）具有良好耐高温和耐低温性能，能适应建筑物因变形等产生的应力，抵抗防水层断裂。

（4）优良耐水性，由于改性沥青防水卷材采用的胎基以聚酯毡、玻纤胎为主，吸水性很小，涂盖料延伸率高、厚度大，可以承受较高的水压力，因而耐水性好。

（5）具有优良的耐老化性和耐久性，耐酸、碱及微生物腐蚀。

（6）施工方便，可以选用冷粘接、热粘接、自粘接，可以叠层施工。厚度大于4mm的可以单层施工，厚度大于3mm的可以热熔施工。

（7）可选择性、配套性强，生产厚度范围在1.5～5mm之间，不同涂盖料、不同的胎基和覆面料，具有不同特点和功能，可根据需要进行合理选择与搭配。

（8）卷材表面可撒布彩砂、板岩、反光铝膜等，既增加抗紫外线的耐老化性又美化环境。

2）适用范围

广泛适用于工业建筑与民用建筑。例如，保温建筑的屋面和不保湿建筑屋面、屋顶花园；地下室、卫生间、桥梁、公路、涵洞、停车场、游泳池、蓄水池等建筑工程防水，尤其适用于较低气温环境和结构变形复杂的建筑防水工程。

2. APP 改性沥青防水卷材

APP 改性沥青防水卷材，系指采用 APP 塑性材料做为沥青的改性材料。聚丙烯可分为无规聚丙烯、等规聚丙烯和间规聚丙烯三种。在改性沥青防水卷材中应用的多为廉价的无规聚丙烯（APP），它是生产等规聚丙烯的副产品，是改性沥青用树脂与沥青共混性最好的品种之一，有良好化学稳定性，无明显熔化点，在 165 ~ 176℃之间呈黏稠状态，随温度升高黏度下降，在 200℃左右流动性最好。APP 材料的最大特点是分子中极性碳原子少，因而单键结构不易分解，掺入石油沥青后，可明显提高其软化点、延伸率和粘结性能。软化点随 APP 的掺入比例增加而增高，因此，能够提高卷材耐紫外线照射性能，具有耐老化性优良的特点。

1）特点

（1）高性能：对于静态和动态撞击以及撕裂具有非凡的抵抗能力（如聚酯胎基），在弹性沥青配合下，聚酯胎基可使防水卷材承受支撑物的重复性运动不产生永久变形。

（2）耐老化性：材料以塑性为主，对恶劣气候和老化作用具备强有效的抵抗力，确保在各种气候下工程质量的永久性。

（3）美观性：除抵御外界破坏（紫外线污染）的保护作用外，可生产各种颜色的产品，能够完美地与周围环境融于一体。

2）应用范围

该材料具有多功能性，适用于新、旧建筑工程；腐殖质土下防水层；碎石下防水层；地下墙防水等，广泛用于工业与民用建筑的屋面和地下防水工程，以及道路、桥梁建筑的防水工程，尤其适用于较高气温环境和高湿地区建筑工程防水。

12.2.3 合成高分子防水卷材

以合成橡胶、合成树脂或它们两者的共混体系为基料，加入适量的化学助剂和填充料等，经过橡胶或塑料加工工艺，如经塑炼、混炼或挤出成型、硫化、定型等工序加工，制成的无胎加筋的或不加筋的弹性或塑性的卷材（片材），统称为合成高分子防水卷材。

目前，合成高分子防水卷材主要分为合成橡胶（硫化橡胶和非硫化橡胶）、合成树脂、纤维增强几大类。其主要品种有三元乙丙橡胶、聚氯乙烯、氯化聚乙烯，还有橡塑共混以及聚乙烯丙纶等。

1. 三元乙丙橡胶防水卷材

三元乙丙橡胶是由乙烯、丙烯和任何一种非共轭二烯烃（如双环戊二烯）共聚合成的高分子聚合物，由于它主链具有饱和结构的特点，因此呈现了高度的化学稳定性。

掺入适量的丁基橡胶、硫化剂、促进剂、活化剂、补强填充剂（如炭黑）、软化剂（增塑剂）等助剂，经密炼（开炼）、滤胶、切胶、压延，挤出、硫化等工序而制成的防水卷材。

1）特点

（1）耐老化性好，使用寿命长

三元乙丙橡胶分子结构中的主链上没有双键，分子内没有极性取代基，基本属于饱和的高分子化合物，当三元乙丙橡胶受到臭氧、紫外线、湿热等作用时，主链上不易发生断裂，这是它耐老化性强于主链上含有双键的橡胶的根本原因。据有关资料介绍，三元乙丙橡胶防水卷材使用寿命可达 50 年以上。

（2）耐化学性

当用于化学工业区的外露屋面和污水处理池的防水卷材时，对于多种极性化学药品和酸、碱、盐有良好的抗耐性。

(3)具有优异的耐绝缘性能

三元乙丙橡胶的绝缘性能,超过电绝缘性能优良的丁基橡胶,尤其是耐电晕性突出。因三元乙丙橡胶吸水性小,所以在浸水后的抗电性能仍然良好。

(4)拉伸强度高,伸长率大

对伸缩或开裂变形的基层适应性强,能适应防水基层伸缩或开裂、变形的需要。

(5)具有优异的耐低温和耐高温性能

在低温下,仍然具有很好的弹性、伸缩性和柔韧性。保持优异耐候性和耐老化性,可在严寒和酷热的环境中长期使用。

(6)施工方便

可采用单层防水施工法,冷施工,不仅操作方便、安全,而且不污染环境,不受施工环境条件限制。

2)适用范围

(1)广泛适用于各种工业建筑与民用建筑屋面的单层外露防水层,是重要级防水工程的首选材料,尤其适用于受震动、易变形建筑工程防水,如体育馆、火车站、港口、机场等。

(2)各种地下工程的防水工程,如地下贮藏室、地下铁路、桥梁、隧道,也可用于有刚性保护层或倒置式屋面以及水渠、储水池等土木建筑工程防水。

(3)蓄水池、污水处理池、电站、水库、水渠防水等防水工程。

2. 聚氯乙烯防水卷材

聚氯乙烯防水卷材是以聚氯乙烯树脂为主体材料,加入适量的增塑剂、改性剂、填充剂、抗氧剂、紫外线吸收剂和其他加工助剂,如润滑剂、着色剂等,经过捏合、高速混合、造粒、塑料挤出和压延牵引等工艺而制成。

1)特点

(1)拉伸强度高,伸长率好,热尺寸变化率低。

(2)抗撕裂强度高,能提高防水层的抗裂性能。

(3)低温柔性好。

(4)耐渗透,耐化学腐蚀,耐老化,延长防水层使用寿命。

(5)良好的水汽扩散性,冷凝物易排释,留在基层的湿气易排出。

(6)可焊接性好,即使经数年风化,也可焊接,在卷材中正常使用范围内,焊缝牢固可靠。

(7)施工操作简便、安全、清洁、快速。

(8)原料丰富,防水卷材价格合理,易于选用。

2)适用范围

适用于各种工业、民用新建或翻修建筑物、构筑物屋面外露或保护层的工程防水,以及地下室、隧道、水库、水池、堤坝等土木建筑工程防水。

12.3 防水涂料

建筑防水涂料是一种稠状、匀质液体,涂刷在建筑物表面,经溶剂或水分的挥发,或两种组分间化学反应,形成一层致密的薄膜,使建筑物表面与水隔绝,从而达到建筑物防水的作用。

近年来,由于我国建筑事业的高速发展,以及科研、设计、生产单位紧密联合与共同努力,使防水涂料基本上形成了不同档次的系列化产品。在保证产品质量的前提下,防水涂料具有施工方便、环保、有装饰功能等作用。已不局限在旧房维修和低等级建筑上应用,完全可以满足其他各类建筑工程防水,产品质量和应用技术都有很大提高。例如,溶剂型向水乳型发展;薄质型向厚质型发展;煤焦油基(包括古马隆树脂、苯乙烯焦油基)聚氨酯防水涂料向沥青基聚氨酯防水涂料过渡发展;双组分聚氨酯防水涂料向单组分发展;只能应用于隐蔽防水工程涂料向外露、彩色、抗老化方向发展。

特别是2006年以来,聚合物水泥防水涂料(JS复合防水涂料)、聚合物乳液建筑防水涂料发展较快,得到广泛应用。

1. 聚氨酯防水涂料

聚氨酯防水涂料有双组分反应固化型和单组分湿固化型。双组分聚氨酯防水涂料又分为沥青基聚氨酯防水涂料(适用于隐蔽防水工程)和纯聚氨酯防水涂料(一般为彩色,侧重外露防水工程),为了区别于煤焦油基聚氨酯防水涂料,也常将这类涂料统称为非焦油基聚氨酯防水涂料。单组分有沥青基的、溶剂型纯聚氨酯的、纯聚氨酯以水为稀释剂的等。煤焦油基的双组分和单组分产品都已被淘汰。

目前,双组分聚氨酯防水涂料应用比较普遍,单组分聚氨酯防水涂料通过引进国外技术,现已批量生产,投入市场。

1)特点

(1)聚氨酯防水涂料防水膜具有橡胶状弹性,因此延伸性好。抗拉强度和撕裂强度高,耐酸、耐碱、耐腐蚀、防霉,可以制成阻燃型,适用温度范围广。

(2)施工时操作简便,对于大面积施工部位或复杂结构,可实现整体防水涂层。

(3)同混凝土等多种材质粘结力强。

2)适用范围

(1)屋面、地下室、厕卫间、浴池等防水工程。

(2)铁路、桥梁、公路、隧道、涵洞防水工程。

(3)贮水池、游泳池、屋顶花园、屋顶养鱼池等防水工程。

2. 聚合物水泥防水涂料

聚合物水泥防水涂料JS复合防水涂料,是近年来发展较快、应用广泛的新型建筑防水涂料。由有机液体料(如聚丙烯酸酯、聚醋酸乙烯乳液及各种添加剂组成)和无机粉料(如高铝高铁水泥、石英粉及各种添加剂组成)复合而成的双组分防水涂料,是一种具有有机材料弹性高又有无机材料耐久性好等优点的新型防水材料,涂覆后可形成高强坚韧的防水涂膜,并可根据需要配制成各种彩色涂层。另外,由中国建材科学研究院研制的PMC弹性水泥防水材料是一种聚合物的改性水泥,既防水又透气,刚柔并进,是一种功能性防水材料。以上两种防水涂料既可在干燥表面上施工,也可以在潮湿表面上施工。目前是国家重点推广的防水材料。

1)主要特点

(1)可在潮湿的多种材质的基面上直接施工,抗紫外线性能、耐候性能、抗老化性能良好,可作外露式屋面防水。

(2)涂层坚韧高强,耐水性、耐久性优异。

(3)掺加颜料,可形成彩色涂层。

(4)无毒、无味、无污染,施工简便、工期短,可用于饮水工程。

(5)在立面、斜面和顶面上施工不流淌,适用于有饰面材料的外墙、斜屋面防水,表面不沾污。

(6)调整组分配合比例,能与基面及饰面砖、屋面瓦、水泥砂浆等各种材料牢固粘结。

2)主要应用

(1)可在潮湿或干燥的各种基面上直接施工,例如:砖石、砂浆、混凝土金属、木材、泡沫板、沥青、橡胶等。

(2)用于各种新旧建筑物及构筑物防水工程,如屋面、外墙、地下工程、隧道、桥梁、水库、引水渠、水池等。

(3)调整液料与粉料比例为腻子状,也可作为粘结、密封材料,用于粘贴马赛克、瓷砖等。

3. 硅橡胶防水涂料

硅橡胶防水涂料是以硅橡胶乳液及其他乳液的复合物为主要基料,掺入无机填料(如碳酸钙、滑石粉等)及各种助剂(如酯类增塑剂、消泡剂等)配制而成的乳液型防水涂料,该涂料兼有涂膜防水和浸透性防水材料两者的优良性能,具有良好的防水性、渗透性、成膜、弹性、粘结性和耐高低温性等优点。

1)特点

(1)适应基层的变形能力强,能渗入基层与基底粘结牢固。

(2)冷施工,施工方便,可以涂刷或喷涂。

(3)成膜速度快,可在潮湿基层上施工。

(4)产品无毒、无味、阻燃、应用安全可靠。

(5)可以配成各种色泽鲜艳的涂料,美化环境。

(6)修补方便,凡在施工遗漏或出现被损伤处可直接涂刷。

2)适用范围

适用于地下室、卫生间、屋面及各类贮水、输水构筑物的防水、防渗及渗漏工程修补。

4. 氯丁胶乳沥青防水涂料

氯丁胶乳沥青防水涂料是以氯丁橡胶和沥青为基料,经过加工合成的一种防水涂料,按其溶剂为有机溶剂和水的不同可分为溶剂型和水乳型两种氯丁胶乳沥青防水涂料。其中水乳型氯丁胶乳沥青防水涂料的特点是涂膜强度大、延伸性好,能充分适应基层的变化,耐热性和低温柔韧性优良,耐臭氧老化,抗腐蚀,阻燃性好,不透水,是一种安全无毒的防水涂料,已经成为我国防水涂料的主要品种之一。

氯丁胶乳沥青防水涂料可代替二毡三油做屋面防水、地下室地面和墙面防水,也可做厨房、卫生间及卫生间地面防水,对于复杂的屋面、天沟及有振动的屋面尤为适宜。还可对伸缩缝、天沟等处的漏水进行修补,可以做防腐蚀地坪的防水隔离层。

5. 水乳型再生橡胶改性沥青防水涂料

水乳型再生橡胶改性沥青防水涂料是由阴离子型再生乳胶和阴离子型沥青乳胶混合均匀构成,再生橡胶和石油沥青的微粒借助于阴离子表面活性剂的作用,稳定分散在水中而形成的乳状液。该涂料以水为分散剂,具有无毒、无味、不燃的优点。由于橡胶和沥青具有良好的相溶性,该涂料干燥成膜后,沥青吸取了橡胶的高弹性和耐温性特点,克服了热淌冷脆的缺陷;橡胶也吸取了沥青的粘结性和憎水性，二者合一形成了具有良好耐热、耐寒及耐老化等性能的防水涂膜。它的粘结性、不透水性良好，具有较高弹性，且可在常温下冷作业施工，操作安全简便。

水乳型再生橡胶改性沥青防水涂料一般加衬玻璃纤维布或合成纤维薄毡构成防水层，再配以嵌缝密封膏，即可达到良好的防水效果。适用于工业和民用建筑有保温或非保温屋面，地下室、冷库、洞体的防水、防潮和隔气，亦可用于旧油毡屋面的翻修和刚性自防水屋面的维修。

6. 其他防水涂料

(1)SBS 弹性沥青防水胶　是以沥青、橡胶、合成树脂、SBS 及表面活性剂等高分子材料组成的水乳型弹性沥青防水材料。它的低温柔韧性、抗裂性、粘结性优异，可与玻璃布复合，用于任何复杂表面的建筑基层，防水性能好，可冷作业。适用于厕浴间、地下室、厨房、水池等，特别适合于寒冷地区的防水工程。

(2)水性丙烯酸酯防水涂料　是以纯丙烯酸共聚物、改性丙烯酸或纯丙烯酸酯乳液为主要成分，加入适量填料和助剂配制而成的水性单组分防水涂料。这类防水涂料由于其介质为水，不含任何有机溶剂，因此属于良好的环保型涂料。该类涂料的最大优点为具有良好的防水性、耐候性、耐热性和耐紫外线性，涂膜延伸性好，弹性好，能适应基层一定幅度的变形开裂，温度适应性强，可调制成各种颜色，兼有装饰和隔热效果，适用于各类建筑的防水工程。

12.4　建筑密封膏

建筑密封膏主要用于建筑物上人为设置的伸缩缝、沉降缝、建筑结构节点、接头以及门窗的接缝等，对建筑物上的各种缝需进行密封处理，起着防水、防尘、隔声、保温等作用，否则会诱发结构的破坏，或影响人们正常生活。为保证建筑物的实用和安全，对所有的接缝须用密封材料进行嵌缝密封，因此密封材料成为各类建筑物不可缺少的功能材料。建筑密封材料品种繁多，主要品种有 PVC 油膏、PVC 胶泥、沥青油膏、丙烯酸、氯丁、丁基密封腻子、氯磺化聚乙烯、聚硫、硅酮、聚氨酯等。特别是近年来，我国建筑密封膏发展较快，曾经以沥青为基料的塑料油膏和胶泥为代表的密封材料，只能用于水平缝起防水作用，功能、环保要求已不适合现代建筑应用要求。目前密封膏已具备不同档次，而且功能齐全。

密封膏依据能承受接缝位移能力分为低、中、高档三类。低位移能力的包括有聚丁烯、油性和沥青基嵌缝膏；中位移能力包括丁基橡胶丙烯酸、氯丁胶等类型的密封膏；高位移弹性密封膏有聚硫橡胶、聚氨酯、硅酮型以及各种相应改性聚合物为基础的密封膏。

原建设部 2006 年发文推荐新型防水材料中，密封材料有丙烯酸建筑密封膏、聚硫建筑密封膏、硅酮建筑密封膏和聚氨酯建筑密封膏。

1. 建筑防水沥青嵌缝膏

建筑防水沥青嵌缝膏是以石油沥青为基料，加入改性材料（如树脂、橡胶等高分子聚合物）、填料、稀释剂等助剂配制而成的黑色膏状嵌缝密封材料。

由于该类产品合成工艺简单，加之原料丰富，成品价格低廉，通过不断提高合成技术水平，使该产品具有较好的防水性能，尽管与高档密封膏材料在外观、物理性能上比较有一定区别，但在建筑上仍在广泛地应用。

1)特点

(1)冷施工，操作方便，施工安全。

(2)优良的粘结性和防水、密封性能。

(3)有较好耐老化性。

(4)价格低廉。

(5)按耐热性和低温柔性可分为不同型号产品,可按不同施工要求灵活选择。

2)适用范围

广泛用于一般建筑物上水平面的密封。

2. 硅酮建筑密封膏

近年来,硅酮密封膏生产量的增长速度居聚合物基密封膏之首。硅酮建筑密封膏按其产品用途有脱酸型、脱醇型、脱酮肟型和光学透明型等多种类型。现已生产有酸性、中性、防霉和结构密封膏等品种,是现代建筑和其他行业必需的粘结密封材料。

特点:

(1)单组分,施工方便,产品无毒,为环保型产品。

(2)工艺性良好,相容性好。

(3)具有优良的耐候性、耐高低温、抗紫外线辐射、抗臭氧、防霉变。

(4)对建筑材料无任何腐蚀作用,施工时间长,具有较高的接口变位能力。

(5)可以制成多种彩色。

(6)具有高模量、高抗拉张力,有良好的伸长和压缩恢复能力等。

3. 聚氨酯建筑密封膏

聚氨酯密封膏是以聚氨基甲酸酯为主要成分的非定型密封材料。是由异氰酸酯与聚醚通过加聚反应制成预聚体后,加入交联剂、催化剂、填充剂、助剂等在常温下交联固化成的高弹建筑用密封膏。

1)特点

(1)优良的耐磨性。

(2)耐低温、低温柔性好。

(3)模量低,延伸率大。

(4)弹性高。

(5)粘结性好。

(6)耐水、耐油、耐酸碱。

(7)耐候性好、抗疲劳、使用年限长等。

2)适用范围

(1)广泛用于混凝土建筑物、预制件沉降缝、施工缝、伸缩缝、屋面板、外墙板密封。

(2)阳台、窗框、卫生间等部位的接缝防水密封。

(3)游泳池、蓄水池、浴室、排水管道密封。

(4)道路、桥梁、飞机跑道、地下隧道、地铁等工程的接缝与修补密封。

(5)地下煤气管道等接头、电缆接头密封。

(6)冷藏车、冷库保温层及低温容器的粘结密封。

(7)各种车风挡玻璃及其他部件的密封与装配等。

由于防水剂在混凝土一章已经作了介绍,本章不再叙述。

本章小结

本章介绍了建筑中常用的沥青：石油沥青和煤沥青的性质特点与应用；介绍了防水卷材的种类：沥青防水卷材、高聚物改性沥青防水卷材及合成高分子防水卷材及其各自的性质特点与应用；介绍了防水涂料的品种：聚氨酯防水涂料、聚合物水泥防水涂料及硅橡胶防水涂料，及其各自的特点与应用；介绍了建筑密封膏的种类、特点及应用。学习本章应着重掌握沥青的针入度，伸延度和软化点三项指标；清楚掌握各种沥青制品的种类特点及应用。

复习思考题

1. 填空题

(1)防水材料总体上可分为______防水材料、______防水材料和______防水材料。

(2)在石油沥青中，油分的含量为______。

(3)沥青加热后，产生______，与空气混合后，遇火即发生闪火现象，开始出现闪火时的温度，叫______。

(4)在同一品种石油沥青材料中，牌号愈小，沥青愈______；牌号愈大，沥青愈______。

2. 选择题

(1)石油沥青牌号划分的主要依据是(　　)。

a. 针入度；b. 溶解度；c. 延度；d. 软化点。

A. a、b、c　　B. a、b、d　　C. a、c、d　　D. b、c、d

(2)施工中用石油沥青制备冷底子油时，应采用下列材料中(　　)作为稀释剂。

A. 重油　　B. 蒽油　　C. 汽油　　D. 苯

(3)下列哪一种材料不宜用作高级宾馆的屋面防水材料(　　)。

A. SBS 高聚物改性沥青防水卷材　　B. 聚氨酯合成高分子涂料

C. 细石防水混凝土　　D. 三毡四油

(4)屋面防水卷材是使用(　　)粘贴的。

A. 石油沥青　　B. 热沥青　　C. 沥青玛蹄脂　　D. 冷底子油

3. 问答题

(1)沥青针入度的测定方法是怎样的？

(2)沥青的延伸度怎样测定？

(3)煤沥青和石油沥青怎样区别？

(4)聚合物水泥防水涂料的主要特点是什么？有哪些应用？

第 13 章　塑料与橡胶

本章基本内容：

合成高分子材料应用十分广泛，并有大力发展的趋势。本章主要介绍了高分子化合物的相关概念，介绍了常用的高分子化合物塑料及橡胶的性质特点及应用。

塑料与橡胶可归属于合成高分子材料，他们是以合成树脂（高分子聚合物或预聚物）为主要成分，加入其他添加剂，经一定温度、压力塑制成型，且在常温下保持产品形状不变的粘弹性材料。大都由一种或几种低分子化合物（单体）聚合而成，亦称高分子化合物或高聚物。

合成高分子材料中的塑料、合成橡胶、合成纤维被称为三大合成材料，应用十分广泛。合成材料的发展与应用，时间虽短，但其发展速度极快。由于合成材料原料丰富，适合现代化生产，经济效益高，且不受地域、气候的限制，也不受自然灾害的影响；同时还有许多优良的性能，如密度小，比强度大，弹性高，电绝缘性好，耐腐蚀，装饰性好等，已成为现代建筑中不可缺少的材料。作为一种建筑材料，由于它能减轻建筑物自重，改善性能，提高工效，减少施工安装费用，获得良好的装饰及艺术效果，目前正在逐步取代一些传统的建筑材料。

13.1　高分子化合物的基本概念

13.1.1　高分子化合物的分子量

高分子化合物的分子量通常为 $10^4 \sim 10^6$，虽然分子量很大，但它的化学组成一般较简单，如聚氯乙烯是由氯乙烯聚合而成。分子量的大小，对高聚物的性能影响很大，对于合成材料的物理力学性能都有一定的要求，否则无法应用。当分子量偏小时，分子间的作用力较小，机械强度较低，硬度较小；当分子量偏大时，性能相反。如聚氯乙烯，当分子量由小到大时，能增大抗拉强度、伸长率和耐冲击性，还能提高耐低温脆性，耐应力开裂性和耐药性，因此必须控制分子量的大小。

同一种高聚物，在同一温度下，由于其分子量大小不同，物理形态也随之而异。如聚异丁烯的分子量为 3000 时，呈油状液体；为 15000 时，呈黏稠状物质；为 50000 时，呈玻璃态；为 100000 时，呈高弹态。由于高聚物的分子量较大，只有固态和液态，而无气态。大多数高聚物在常温下呈固态。

13.1.2　高分子化合物的分子结构

高分子化合物是经过不同结构层次的分子有规律地排列、堆砌而成。按分子几何结构形态来分，可分线形、支链形和体形三种。

1. 线形

线形高聚物的分子为线状长链分子，大多数呈卷曲状，由于高分子链之间的范德华力很微弱，使分子容易相互滑动，在适当的溶剂中能溶解，溶解后的溶液黏度很大。当升高温度时，它可以熔融而不分解，成为黏度较大，能流动的液体。利用此特性，在加工时可以反复塑制。塑性树脂大部分属于线形高聚物。

线形高聚物具有良好的弹性、塑性、柔顺性，还有一定的强度，但硬度小。

2. 支链形

支链形高聚物的分子在主链上带有比主链短的支链。它可以溶解和熔融，但当支链的支化程度和支链的长短不同时，会影响高聚物的性能。如低密度聚乙烯属于支链形结构，它与线形高密度聚乙烯相比，其密度小，抗拉强度低，而溶解性增大，这是由于其分子间的作用较弱而造成的。

3. 体形

体形高聚物的分子，是由线形或支链形高聚物分子以化学键交联形成，呈空间网状结构。它不能溶解于任何溶剂，最多只能溶胀。加热后不软化，也不能流动，加工时只能一次塑制。热固性树脂属于体形高聚物。

由于体形高聚物是一个巨形分子，所以塑性和弹性低，但硬度与脆性较大，耐热性较好。

三大合成材料中的合成纤维，是线形高聚物，而塑料可以是线形高聚物，也可以是体形高聚物。

13.1.3 高分子化合物的分类与命名

1. 高分子化合物的分类

高聚物的分类方法很多，经常采用的方法有如下几种：

(1)按高分子化合物的合成材料分为塑料、合成橡胶和合成纤维，此外还有胶粘剂、涂料等。

(2)按高分子化合物的分子结构分为线型、支链型和体型三种。

(3)按高分子化合物反应类别分加聚反应和缩聚反应，其反应产物为加聚物和缩聚物。

2. 高分子化合物的命名

高聚物有多种命名方法，现将常用的方法介绍如下：

(1)根据单体名称命名　对简单的加聚反应产物(加聚物)，在单体名称前面加上“聚”字，对有些缩聚反应产物(缩聚物)则在单体的名称后面加上“树脂”二字。具体命名方法见表13-1。

表13-1　根据单体名称命名的高聚物

反应类别	单体名称	高聚物名称
加聚反应	乙　烯	聚乙烯
	丙　烯	聚丙烯
缩聚反应	苯　酚	酚醛树脂
	甲　醛	
	丙烯腈(A)	A 贴树脂
	丁二烯(B)	
	苯乙烯(S)	
	己二酸	聚己二酸己二胺
	己二胺	

(2)根据商品名称命名　我国习惯以“纶”字作为合成纤维商品的后缀字。如将聚对苯二甲酸乙二(醇)酯称为涤纶;聚己内酰胺称为锦纶(尼龙-6);聚乙烯醇缩甲醛称为维尼纶等。

许多合成橡胶是共聚物,往往从共聚单体中各取一字,后附“橡胶”二字来命名。如丁二烯与苯乙烯共聚生成的橡胶称为丁苯橡胶。另外将酚醛树脂称为电木,将聚甲基丙烯酸甲酯称为有机玻璃,将丙烯腈-丁二烯-苯乙烯的共聚物称为 ABS 树脂。

13.1.4　高分子化合物的老化与防老化

高聚物的老化现象是普遍存在的。由于高聚物受到空气中的氧、光、热、水以及高能辐射等作用,使其分子产生交联或裂解,从而失去了原有的弹性,变硬变脆,强度下降。如塑料的变脆和破裂,橡胶的发黏、变硬和龟裂,涂料的龟裂和脱落。

高聚物的老化过程是个较复杂的化学变化过程。目前,防老化的方法一般采用如下三种:

(1)高聚物结构的改性　如聚氯乙烯氯化,可以改善其热稳定性。

(2)添加助剂　针对性地添加助剂,如防老剂、防紫外光吸收剂、光屏蔽剂等。它们能抑制游离基的链式反应,起到防老化作用。

(3)表面处理　在高聚物的表面喷涂金属或涂料等,形成牢固的保护层,隔绝空气中的氧、光、热、水等,以防止老化。

13.2　塑料的特性及组成

塑料与我们的生活息息相关,在材料工业中,塑料材料的品种最多,发展速度最快。我国是资源短缺的国家,发展无毒、无害、无污染的绿色建筑塑料具有特定的经济和社会意义。

建筑上常用的塑料制品绝大多数都是以合成树脂为基本材料,再按一定比例加入填充料、增塑剂、着色剂、稳定剂、助剂等材料,经混炼、塑化,并在一定温度、压力下制成的塑料制品。

13.2.1 塑料的特性

1. 使用面广:塑料制品可以在各个领域中得到应用。它可以利用各种加工手段制成各种形状的产品,如薄膜、薄板、管材、异型材,尤其是断面形状复杂的异型材和复杂的模制品,都能机械化大规模生产。例如使用一套双螺杆挤出机组生产塑料门、窗,生产一扇成品窗只需 26 分钟,门只需 20 分钟。

2. 具有多种功能:塑料的种类很多,通过改变配方又能改变某一种塑料的性能,因此用塑料可以加工出具有各种特殊性能要求的建筑工程材料。同一种制品可以兼备多种性能,如既有装饰性又能隔热保温、隔声等。

3. 密度小,比强度高:塑料密度一般在 0.9 ~ 2.2g/cm^{3}之间,平均约为铝的一半,钢的 1/5,混凝土的 1/3,而比强度(材料强度与表观密度的比值)则高于钢材和混凝土,这正符合现代高层建筑的要求。表 13-2 列出了几种材料的密度和比强度。

表 13-2　一些金属及塑料的强度

材　料	密度(g/cm^3)	抗拉强度(MPa)	比强度(抗拉强度/密度)
高级钢材	8.0	1280	160
铸铁	8.0	150	190
杜拉铝	2.8	390	140

续表

材　　料	密度(g/cm³)	抗拉强度(MPa)	比强度(抗拉强度/密度)
酚醛布质层压板	1.4	150	110
酚醛木质层压板	1.4	350	250
玻璃布层压板	1.8	300~700	170~400
定向聚偏二氯乙烯	1.7	700	400

4. 可燃性差别很大:如聚苯乙烯,一点火即刻燃烧,而聚氯乙烯只有放在火焰中才会燃烧,当移去火焰时自动熄灭(自熄性)。在塑料制品中加入阻燃剂、石棉填料,可以明显降低其可燃性。

5. 导热系数小:如泡沫塑料的导热系数只有0.02~0.046W/m·K,约为金属的1/1500,混凝土的1/40,砖的1/20,是理想的绝热材料。

6. 耐化学腐蚀性优良:一般塑料对酸、碱、盐的侵蚀有较好的抵抗能力,这对装修材料是十分重要的。

7. 电绝缘性好:塑料的导电性低,是良好的电绝缘材料。

8. 装饰性好:塑料制品不仅可以着色,而且色彩鲜艳耐久,并可通过照相制板印刷、模仿天然材料的纹理(如木纹、花岗石、大理石纹等),达到以假乱真的程度。还可电镀、热压、烫金制成各种图案和花型,使其表面具有立体感和金属的质感。通过电镀技术处理,还可以使塑料具有导电、耐磨和对电磁波的屏障作用等功能。

9. 光学性能好:如有机玻璃是无色、高度透明的材料,但可加入有机或无机染料而带有各种颜色,这不仅具有装饰效果,而且有机玻璃本身可以通过73%左右的紫外线,远优于普通玻璃。

10. 塑料的主要缺点是刚度差、易老化、易燃烧。但这些缺点可通过改善或改变配方而得到改善。事实上,塑料建材在世界各国的迅速发展以及三十几年的应用实践已经充分表明它是一种应用前景十分广阔的建筑材料。

13.2.2 塑料的组成

建筑上常用的塑料制品绝大多数都是以合成树脂为基本材料,再按一定比例加入填充料、增塑剂、着色剂、稳定剂、助剂等材料,经混炼、塑化,并在一定温度、压力下制成的塑料制品。

合成树脂是单成分塑料。改变填充料及其他添加剂的品种,塑料的性质也随之改变。

1. 树脂

树脂是塑料中最主要的成分,起着胶粘剂的作用,能将塑料的其他组成胶结成一个整体。虽然加入各类添加剂可以改变塑料的性质,但树脂是决定塑料类型、性能和用途的根本因素。

单一组分塑料中含有树脂几乎达100%(如有机玻璃、即聚甲基丙烯酸甲酯),在多组分塑料中,树脂的含量约在30%~70%之间。

树脂分天然树脂和人工合成树脂。在塑料中几乎都采用合成树脂。合成树脂是以石油、煤、盐等为基本原料,先加工制得分子量较大的有机高分子单体,然后将这些单体经聚合反应或缩聚反应制得分子量更大的有机高分子化合物,又称高聚物。

建筑塑料中常用的树脂有:聚乙烯(PE)、聚氯乙烯(PVC)、聚苯乙烯(PS)、酚醛(PF)、脲醛(UF)、环氧(EP)、聚酯(PR)、聚氨酯(PU)、聚甲基丙烯酸甲酯(PMMA)、有机硅(SI)等。

按照受热时所发生的变化不同，合成树脂又可分为热塑性树脂和热固性树脂两种。热塑性树脂具有受热软化、冷却硬化的性能，而且不起化学反应，不论加热和冷却重复进行多次，均能保持这种性能。凡具有热塑料性的树脂其分子结构都属线型结构，它包含全部聚合酯和部分缩合树脂。热塑性树脂的优点是加工成型简便，具有较高的机械性能。缺点是耐热性和刚性较差。热固性树脂一旦加热即行软化，然后产生化学反应，相邻的分子互相连接（交联）而逐渐硬化成型，再受热也不软化，也不能溶解。热固性树脂其分子结构为体型结构，它包括大部分的缩合树脂。热固性树脂的优点是耐热性高，受热不易变形，其缺点是机械性能较差。

2. 填充料

填充料或称填料，是塑料中另一个重要组成部分，能增强塑料的性能。如纤维、布类填充的加入，可提高塑料的机械强度；石棉填料的加入，可增加塑料的耐热性能；云母填料的加入，增强塑料的电绝缘性能；石墨、二硫化钼填料的加入，可改善塑料的摩擦、磨耗性能等，此外还能降低塑料的成本，用作填料的种类很多，常用的有机填料有木粉、棉花、纸张和木材单片；常用的无机填料有滑石粉、石墨粉、二硫化钼、云母、炭黑、玻璃纤维布等。多成分塑料中填充料的含量为40% ~70%。

3. 增塑剂

增塑剂是具有低蒸气压的低分子量固体或液体有机化合物，主要为酯类或酮类，与树脂混合加工，不发生化学反应，仅能提高混合物的弹性、黏性、可塑性、延伸率、改进低温脆化性和增加柔性、抗振性等。如聚氯乙烯若不加增塑剂，只可以制成硬质聚氯乙烯塑料，在其组分中加入适量的邻苯二甲酸二丁酯增塑剂以后，就可以制成软质聚氯乙烯薄膜、人造革等。

增塑剂的缺点是降低塑料制品的机械性能和耐热性等。所以选择增塑剂的种类和加入量，应根据塑料的使用性能来决定。

4. 着色剂

作为装饰用的塑料，要求具有一定的色泽，故着色剂的选择颇为重要，着色剂一般分为有机染料和无机颜料。

对着色剂的要求是：色泽鲜明、着色力强、分散性好、耐热耐晒、与塑料结合牢靠，在成型加工温度下不变色，不起化学反应，不因加入着色剂而降低塑料性能等。

5. 稳定剂

许多塑料在成型加工和制品使用过程中，由于受热、光或氧的作用，过早地发生降解、氧化断链、交链等现象，而使材料性能变坏，所以为了稳定塑料制品性能，延长使用寿命，通常在其组分中加入稳定剂。如在聚氯乙烯制品中加入铅白、三碱性硫酸铅等无机化合物或二苯基硫脲等有机化合物，以提高聚氯乙烯（PVC）的耐热性和耐光性。在聚丙烯（PP）的成型加工中，加入炭黑作为紫外线吸收剂，能显著改善聚丙烯（PP）塑料制品的耐候性。另外，包装食品的塑料制品必须选用无毒稳定剂。

6. 润滑剂

塑料在加工时，为了脱模和塑料制品的表面光洁，需用润滑剂。根据润滑剂的作用，一般分为内润滑剂和外润滑剂两种。内润滑剂相溶于塑料内，降低塑料的熔融黏度，在加工时减少内摩擦，增加流动性。外润滑剂在加工过程中，易从塑料内部析出至表面，形成一层很薄的润滑膜，以减少塑料熔融物与金属模之间的摩擦和黏附，使成型易于进行。

常用的润滑剂有高级脂肪酸及其盐类，如硬脂酸钙和硬脂酸镁等。塑料中润滑剂一般用量为0.5%～1.5%。

7. 固化剂

固化剂又称硬化剂，其作用是在聚合物中生成横跨键，使分子交联，由受热可塑线型结构，变成体型的热稳定结构。如环氧、聚酯等树脂。在成型前加入固化剂，才能成为坚硬的塑料制品。

固化剂的种类很多，通常随着塑料的品种及加工条件不同而异。作酚醛树脂的固化剂有六次甲基四胺；作环氧树脂的固化剂有胺类、酸酐类化合物；作聚酯树脂固化剂的有过氧化物等。

8. 抗静电剂

塑料用品的特点是电气特性优良，但其缺点是在加工和使用过程中由于摩擦而容易带有静电。在现代建筑的内装修中所应用的塑料地板和塑料地毯，由于静电的集尘作用常使尘埃附着于制品上而降低制品的使用价值。常用的聚苯乙烯、甲基丙烯酸甲酯以及聚乙烯、聚氯乙烯等塑料制品都有这些缺点。为了消除此种现象须掺抗静电剂。其根本作用是给予导电性，即在塑料表面上排列、形成连续相，以提高表面导电度，使带电塑料迅速放电，防止静电的积累。应当注意，要求电绝缘的塑料制品，不应进行防静电处理。

9. 其他添加剂

树脂本身是电绝缘体，在塑料里加入适量的银、铜等金属微料就可制成导电塑料。在组分中加进一些磁铁末，就可制成磁性塑料。加入特殊化学发泡剂就可制成泡沫塑料。在普通塑料中掺进一些放射性物质与发光材料可以制成一种能射出浅绿、淡蓝色柔和冷光的发光塑料。加入香酯类物品，即可制得经久发出香味的塑料制品。为了阻止塑料制品的燃烧并具有自熄性，可加入阻燃剂等等。塑料是一种极为复杂的合成材料，性质取决于其组分结构方式和加入添加剂分量的相对比例。塑料的最大优点是能根据使用要求，合理地选择添加剂，配制成各种特异性能的塑料制品。

13.3 建筑塑料的常用制品

用于建筑的塑料制品很多，几乎遍及建筑物的各个部位，最常见的有用于地面装饰的各类塑料地板或铺地卷材、塑料涂料地面、塑料地毯；用于墙面装饰的各类塑料贴面板、塑料壁纸、彩印塑料贴面薄膜；塑料门窗；塑料贴面吸声板以及用于上下水的塑料管材等。

13.3.1 塑料地板

塑料地板是建筑塑料制品之一，是发展最早的塑料类建筑材料。地面装饰对人的工作、生活环境起着重要的作用，一方面装饰美化环境，还赋予步行以舒适的脚感，对减轻疲劳、调整心态有重要作用。

作为地面装饰材料，一般应满足四个基本要求：

(1)足够的耐磨性

除花岗石、瓷质地砖以外，聚酯、聚氯乙烯塑料地板材料的耐磨性是较为理想的，优于橡胶卷材地面和水泥砂浆地面。

(2)回弹性

能减轻步行的疲劳感，其坚固性和柔软度要适当。这一点对塑料地面材料来说，只要设计得当，是容易达到的。

(3)脚感舒适

脚感舒适这一指标很难定量，国内外研究认为，除与地面材料的回弹性有关外，人足踏在地面上时以温度下降1℃以内的较为舒适，而塑料类复合地板大体上都可以达到这一舒适的温度范围。

(4)装饰功能

这一方面塑料地板具有其他各类材料无可比拟的优点。它可以通过彩色照相制版印刷出各种色彩丰富的图案，各种仿花岗石、大理石、天然木纹、锦缎等花纹，甚至可以以假乱真，从而改变传统水泥砂浆地面的灰、冷、硬、暗的缺点。

除以上地板材料的一般要求外，塑料地板还具有耐水洗、耐冲刷、吸声、绝热；遇水不变形的尺寸稳定性；贴铺或摊铺方便，维修及重复使用好；价格较低等特点。

塑料地板具有上述许多优点，所以得到广泛的应用。在美国，绝大多数的公用建筑，如办公楼、商店、学校等都采用PVC地板，住宅则用塑料地毯，几乎完全取代了传统的地面材料。

塑料地板种类繁多，按所用树脂不同，可分为聚氯乙烯塑料地板、氯乙烯—醋酸乙烯塑料地板、聚乙烯塑料地板、聚丙烯塑料地板，目前绝大多数塑料地板为聚氯乙烯塑料地板；按形状可分为块状和卷状，其中块状使用较多；按质地可分为半硬质和软质，其中半硬质塑料地板耐热性、耐磨性、装饰性、粘接性好，应用较广。软质塑料地板弹性好，行走舒适，有一定绝热、吸声、防潮的特点。

此外，还有其他塑料地面：

(1)无缝塑料地面，也叫塑料涂布地面。具有无缝、易于清洗、耐腐蚀、防漏、抗渗等优点。适用于现浇地面、旧地面翻修、实验室、医院等有侵蚀作用的地面。

(2)石棉塑料地板，由于原料中掺入适量石棉，使地板具有耐磨、耐腐蚀、难燃、自熄、弹性好等优点，适用于宾馆、饭店、民用或公用建筑地面。

(3)抗静电塑料地板，具有质轻、耐磨、耐腐蚀、防火、抗静电等特性，适合于计算机房、空调要求较高及有抗静电要求的建筑物地面。

13.3.2　塑料壁纸

塑料壁纸是以一定材料为基材，表面进行涂壁后，再经过印花、压花或发泡处理等多种工艺而制成的一种墙面装饰材料。

塑料壁纸与传统的墙纸及织物饰面材料相比，具有以下特点：

1. 装饰效果好。由于壁纸表面可进行印花、压花及发泡处理，能仿天然石材，木纹及锦缎，达到以假乱真的地步，并通过精心设计，印刷适合各种环境的花纹图案，几乎不受限制。色彩也可任意调配，做到自然流畅、清淡高雅。

2. 性能优越。根据需要可加工成难燃、隔热、吸声、防霉，不易结露，不怕水洗，不易受机械损伤的产品。

3. 适合大规模生产。塑料的加工性能良好，可进行工业化连续生产。

4. 粘结方便。纸基的塑料壁纸，用普通107胶或白乳胶即可粘贴，且透气好，可在尚未完全干燥的墙面粘贴，而不致造成起鼓、剥落。

5. 使用寿命长，易维修保养。表面可清洗，对酸碱有较强的抵抗能力。北京饭店新楼使用的印花涂塑壁纸经人工老化500h，壁纸无异常。

因此，塑料壁纸是目前国内外使用最广泛的一种室内墙面装饰材料，也可用作天棚、梁柱以及车辆、船舶、飞机的表面装饰。

20 世纪 70 年代我国试制成功乳液涂布壁纸和纸基涂塑、彩色套印壁纸，1973 年在北京饭店客房中首次大面积应用，取得了较好的技术经济效果。1980 年北京引进了压延法塑料壁纸生产线，并相继在全国各地得到很大发展。近几年来各类壁纸的应用也得到了普遍推广，上海、北京、广州等地壁纸的产量以每年递增 25% 的速度发展。

13.3.2.1 塑料壁纸的分类

目前在国内外市场上，塑料壁纸大致可分为三类：普通塑料壁纸、发泡塑料壁纸、特种塑料壁纸。每种塑料壁纸又有 3 ~ 4 个品种，几十种乃至上百种花色。如图 13-1(a)所示，图 13-1(b)为塑料壁纸断面结构。

以上只是塑料壁纸的基本分类。实际上随工艺技术的改进新品种层出不穷。如布底胶面，胶面上再压花或印花的墙纸，以及表面静电植绒的墙纸等。

1. 普通壁纸

普通壁纸是以 80 ~ 100g/m^2 的纸作基材，涂塑 100g/m^2 左右的聚氯乙烯糊状树脂，经印花、压花而成。这种壁纸花色品种多，适用面广，价格低，是民用住宅和公共建筑墙面装饰最普遍应用的一种壁纸。

(1)单色压花壁纸：经凸版轮转热轧花机加工，可制成仿丝绸、织锦缎等多种花色。

(2)印花压花壁纸：经多套色凹版轮转印刷机印花后再轧花，可制成印有各种色彩图案，并压有布纹、隐条凹凸花等双重花纹，叫做艺术装饰壁纸。

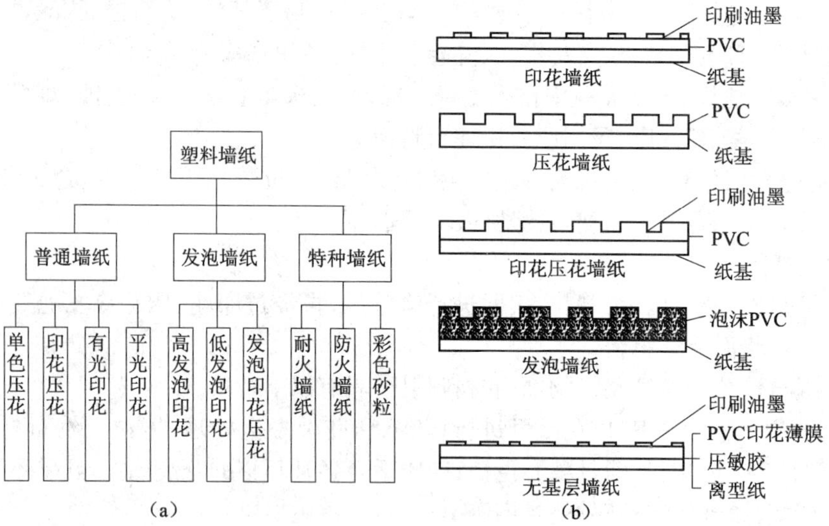

图 13-1 塑料壁纸的分类及断面结构

(a)塑料壁纸分类；(b)塑料壁纸断面结构

(3)有光印花和平光印花壁纸：前者是在抛光辊轧光的面上印花，表面光洁明亮；后者是在消光辊轧平的面上印花，表面平整柔和，以适应用户的不同要求。

2. 发泡壁纸

发泡壁纸是以 100g/m^2 的纸作基材，涂塑 300 ~ 400g/m^2 掺有发泡剂的 PVC 糊状料，印花后，再加热发泡而成，这种壁纸有高发泡印花、低发泡印花、低发泡印花压花等品种。高发泡壁纸发泡倍率大，表面呈富有弹性的凹凸花纹，是一种装饰、吸声多功能壁纸，常用住房天棚等装饰。低发泡印花壁纸是在发泡平面印有图案的品种。低发泡印花压花壁纸（化学压花）是用有不同抑制发泡作用的油墨印花后再发泡，使表面形成具有不同色彩的凹凸花纹图案，也叫化学浮雕。该品种还有仿木纹、拼花、仿瓷砖等花色。图样真、立体感强、装饰效果好，并有弹性，适用于室内墙裙、客厅和内走廊的装饰。

还有一种仿砖、石面的深浮雕型壁纸，凹凸高度可达25mm，采用座模压制而成，只适用于室内饰面装饰。

3. 特种壁纸

特种壁纸有耐水壁纸、防火壁纸、彩色砂粒壁纸等品种。耐水壁纸是用玻璃纤维毡作基材，以适应卫生间、浴室等墙面的装饰。防火壁纸用100～200g/m^2的石棉纸作基材，并在PVC涂塑材料中掺有阻燃剂，使壁纸具有一定的阻燃防火性能，适用于防火要求较高的建筑和木板面装饰。表面彩色砂粒壁纸是在基材上散布彩色砂粒，再喷涂胶粘剂，使表面具有砂粒毛面，一般用作门厅、柱头、走廊等局部装饰。

13.3.2.2　壁纸的规格

一般有以下三种：

1. 幅宽530～600mm，长10～12m，每卷为5～6m^2的窄幅小卷。
2. 幅宽760～900mm，长25～50m，每卷为20～45m^2的中幅中卷。
3. 幅宽920～1200mm，长50m，每卷为46～90m^2的宽幅大卷。

小卷壁纸是生产最多的一种规格，它施工方便，选购数量和花色灵活，比较适合民用，一般用户可自行粘贴，中卷、大卷粘贴工效高，接缝少，适合公共建筑，由专业人员粘贴。

13.3.3　塑料装饰板材

建筑用塑料装饰板材主要用作护墙板、屋面板和平顶板，此外有夹芯层的夹心板可作非承重的墙体和隔断。

塑料装饰板材质量轻，能减轻建筑物的自重。塑料护墙体可以具有各种形状的断面和立面，并任意着色，用它装饰的外墙面富有立体感，具有独特的建筑效果。从施工安装方面来看，塑料护墙板或屋面板是干法施工的，轻便灵活，减少了现场的湿作业（抹灰、涂装、粘贴等）。它们保养也很方便，甚至可以说是无需保养的材料。

塑料装饰板材是以树脂材料为浸渍材料或以树脂为基材，经一定工艺制成的具有装饰功能的板材。按其原材料的不同有塑料金属板、GRP（玻璃钢）板、硬质PVC建筑板材、三聚氰胺装饰层压板、聚乙烯低发泡钙塑板、有机玻璃板、复合夹层板（硬质聚氨酯泡沫夹层板）。

按外形分，塑料建筑板材有以下几种形式：

（1）波形板：包括具有各种圆弧或梯形断面的波形长，它们被用作屋面板和护墙板。

（2）异型板材：它们是具有异形断面的长条板材、也被称为波迭或侧迭，它主要用作外墙护墙板。

（3）格子板：格子板是具有立体图案的方形或矩形塑料板材，用来装饰平顶和外墙。

（4）夹层墙板：这种板材有中间芯层，一般为泡沫塑料或矿棉等无机隔热材料。它们具备墙体所应有的基本性能。

13.3.4 塑料门、窗和异型材

异型材是指断面形状比较复杂的长条制品。它的种类很多,广泛地被用作建筑装饰装修材料。

(1)闭合中空异型材:它的断面是完全闭合的,中间有单孔或多孔。

(2)开放中空异型材:它也是单孔或多孔的异型材,但有开放的部位。

(3)开放异型材:它没有中空室,是薄壁异型材。

(4)复合异型材:复合异型材用两种不同的塑料或不同颜色的同种塑料共挤出而成。

(5)嵌件异型材:它是用塑料包在金属、木材的外面共挤出,挤出时用十字机头。

塑料异型材的断面尽管十分复杂,但利用塑料易于加工成型的优点,它的制造方法却很简单,加工费用低,能稳定高效率地生产。

建筑中的塑料异型材料质量轻、耐水、耐腐蚀,可以任意着色,因而是代钢代木的理想材料。

许多建筑装饰材料都可以用塑料异型材制作。目前它主要用来生产塑料门窗、装修线材,如画镜线、踢脚板、楼梯扶手、异型护墙板等。

1. 塑料窗

窗在建筑中起采光和通风的作用,同时它又是建筑物的主要开口部分,是造成热量损失的原因之一,与传统的木窗和钢窗相比,塑料窗有如下优点:

(1)耐水和耐腐蚀

它可以应用于多雨湿热地区,地下建筑和有腐蚀气体的工业建筑。

(2)隔热性能好

表13-3为几种窗隔热性能比较,虽然PVC本身的导热系数与木材接近,但由于塑料窗是由中空异型材拼装而成的,中空室内的空气的隔热性好,所以PVC整窗的隔热性比钢、木窗好得多。由于从窗散失的热量占建筑全部散失热量的30%左右,因此改善窗的隔热性对于节省能源的作用很大。根据德国诺贝尔公司的统计,如用PVC窗换下旧的钢窗,窗面积为30m^2,每年可节省燃油2500L。

表13-3 几种窗隔热性能比较

材料导热系数 W/m·K(kcal/m^2·h·℃)					整窗的传热性 W/m·K(kcal/m^2·h·℃)		
铝	钢	松、杉木	PVC	空气	铝窗	木窗	PVC窗
174.45	58.15	0.17~0.35	0.13~0.29	0.047	5.95	1.72	0.44
(150)	(50)	(0.15~0.30)	(0.11~0.25)	(0.04)	(5.120)	(1.479)	(0.378)

(3)气密性好和水密性好

PVC窗异型材设计时就考虑到气密和水密的要求,在窗扇和窗框之间有密封条,因此密封性能好。在内外压差为300Pa,雨水量为2L/min·m^{2}的条件下,10min不进水。在风速为40km/h时,用ASTM-283标准的方法测定,空气泄漏量仅为0.283m^3/min。

(4)隔声性好

按DIN4109试验,隔声达30dB,而普通窗的隔声只有25dB。

(5)装饰性好

PVC窗可以着色,目前较多是白色。PVC窗的造型新颖大方,线条明快,清晰挺拔,外表

平整美观,对建筑物起美化装饰作用。最近已研制成功用双色共挤出工艺生产具有多种色彩变化的塑料窗。窗的室外一侧为彩色的聚丙烯层,而室内一侧则为白色的 PVC 层,从而较好地解决了装饰及耐老化要求之间的矛盾。另外,近年国内通过技术引进,开发了表面进行木纹压印装饰的 PVC 窗,具有塑料门窗生产的国际先进水平。

(6)保养方便

PVC 窗不锈不蚀,不需要经常涂装保养,其表面光洁,清扫方便。

从价格方面看,目前国内 PVC 窗比钢、木窗高,与铝合金窗相当,而在国外某些国家如德国,PVC 窗已接近或低于木窗的价格。从发展的趋势来看,PVC 窗的价格与钢、木窗的价格会逐渐接近,成为有竞争力的产品。

塑料的老化是人们普通关心的问题。PVC 窗的耐老化性相当好,实际使用的结果是对这一问题的最好回答。在德国塑料窗已使用 30 余年,除光泽稍有变化外,性能无明显变化,估计可使用 50 年以上。

塑料窗自 60 年代开始在西欧国家使用,主要是从节省能源的角度,政府鼓励和支持塑料窗的使用,因而生产量和使用量增长很快,目前已占全部窗的 40% 以上。我国住房和城乡建设部和各省节能办也力推使用塑钢窗,以减少能耗。

窗的风雨密封性表示在大雨大风情况下雨水渗水的情况。DIN18055 规定一定风压一定量的水冲击窗面,经规定时间测定渗水量,密封性分为 A. B. C. D 四个等级。

此外尚有隔声性能试验(DIN4109)。按隔声性好坏将 PVC 窗分为四级:

Ⅰ级:用于较安静的地区,隔声 25dB;

Ⅱ级:用于交通噪声一般的地区,隔声 30dB;

Ⅲ级:用于靠近交通频繁的道路和地区,隔声 35dB;

Ⅳ级:用于隔声要求特别高的地区,隔声 40dB。

2. 塑料门

塑料门与塑料窗一样具有装饰性好、保养简单、耐水耐腐蚀性好等优点。按塑料门的结构的不同有以下几种:

(1)推拉门

这种门的门扇由带推拉槽的中空薄壁异型材镶扣而成,四周包上边框。门框用多孔异型材拼成。

推拉门结构简单,材料耗用少,但比较单薄,一般作为内门。

(2)框板门

这种门的结构与窗基本相同。门扇由门扇框和门心板组成。门扇框与窗扇框相近,但型材的断面较大。门心板用玻璃做成玻璃门,也可用中空薄壁异型材拼成。门心板的固定方法基本与窗玻璃干法安装相同。

框板门的刚性好,可具有较好的水密和气密性,因此可以作为外门。

(3)折叠门

折叠门的结构简单,用硬 PVC 异型材拼装而成。它有多种形式,如双折门、多折门。这种门轻巧灵活,耗料省,价格低。它在开启时占地较少。由于它的密闭性较差,强度也较小,适用于作为厨房、卫生间的门,也可以作为内门以及房间内的分隔。

(4)整体门

这种门由正反两片整体门结合而成。它用大型注射机一次注塑而成。它的整体性好，外形变化多，表面可以有复杂的立体图案，十分美观，类似高级的木门。

(5)轻质塑料透明门

它适用于工业建筑，如在铲车通行的仓库出入口，可以看清出入的车辆，又能自行开闭，塑料门大都用 PVC 制成。

13.3.5 建筑用塑料管材

1. 概述

塑料管材在国外是使用最多的一种塑料建材，几乎占全部塑料建材制品的 40%。国内在 20 世纪 60 年代开始采用塑料管材，最早用于化工、化纤等工业部门输送腐蚀液体，少量在民用建筑的给排水系统中试用。20 世纪 70 年代开始用于农用喷灌管道。20 世纪 80 年代初，塑料管道的给排水系统正式为建筑部门所接受，并制定出完整的设计、施工规范和方法。目前已广泛用于房屋建筑的给、排水工程，排气和排污的卫生管，地下排水系统，农用灌溉水管。

各种塑料管道在建筑工程中所以得到广泛应用，是由于它们与传统的铸铁、石棉水泥管及钢管相比有下述优点：

(1)重量轻。塑料管的密度只有钢、铁管材的 1/7，铝的 1/2。由于质量轻、施工时劳动强度大大减小。

(2)安装方便。塑料的连接方法简单，如用溶剂粘接、承插连接方法、焊接法等，故安装简便快速。

(3)液体的阻力小。塑料管内壁光滑，不易结垢和生苔、在同样压力下塑料管的流量比铸铁管高 30%，且不易阻塞。

(4)耐腐蚀性好。塑料管道可用来输送各种腐蚀性液体，如在硝酸吸收塔中使用硬质 PVC 管已 20 多年仍无损坏迹象。

(5)维修费用省。塑料管不锈不蚀，无需油漆，破损也易修补。

当然，塑料管道也有它的缺点，由于所用的塑料大部分为热塑性塑料，如 PVC、PE、PP 等塑料的耐热性较差，因此不能用作热水供水管道，否则会造成管道变形、泄漏等问题。

塑料管的冷热变形较大，因此，在管道系统设计中必须考虑这一点。

有些塑料管如硬质 PVC 的抗冲击性能等机械性能也不及铸铁道。因此，在安装使用中要尽量避免撞击或挂搭重物。

2. 常用塑料管种类

目前，我国生产的塑料管按材质划分主要有 PVC、PE、PP 等通用热塑性树脂和 PF、EP 等热固性树脂制成的玻璃钢管，以及石棉酚醛树脂(PF)制成某些化工工业使用的管道等。

在各类管道中，以 PVC 管的产量最大，使用最为普遍，约占整个塑料管材的 80%。

(1)聚氯乙烯(PVC)塑料管

它是以 PVC 树脂为原料，加入稳定剂、润滑剂、填料等经捏和、滚压塑化、切粒、挤出成型加工而成。

与其他热塑性塑料管如 PE、PP 等相比，PVC 管机械性能、抗老化性较好。在给排水工程中主要用硬质 PVC 管，硬质 PVC 管的加工性差和抗冲击性能差的问题，可在配方中加入丙烯酸酯和甲基丙烯甲酯、丁二烯、苯乙烯三元共聚物改性，使其性能得到很大改善。

PVC塑料管用于排水(污)和给水(饮用水)所用的管材是有区别的,分别按不同标准生产和供货。它们的配方基本相同,唯在配方中对给水管选用低毒或无毒性、无锡性稳定剂、低铅性稳定剂。例如采用辛基硫醇锡0.4%~0.8%和钙皂0.6%~1.0%等复合稳定剂,以保证对人体的安全。

硬质PVC塑料管的规格及技术性能按《建筑排水用硬聚氯乙烯(PVC-U)管材》(GB/T 5836.1—2006)和《建筑排水用硬聚氯乙烯(PVC-U)管件》(GB/T 5836.2—2006)生产,管径的外径和壁厚分轻型和重型两种,管长一般为4m。

硬PVC管常温使用压力、轻型不得超过0.6MPa,重型不得超过1.0MPa,管材使用温度范围为0~60℃,可根据使用场合,合理选用管材的直径和类型。

PVC管除硬质管外,还有软质管。产品为透明或不透明,质地比较柔软。主要用于输送流体管、电器套管等。管长一般不少于10m。击穿电压>20kV/mm,拉伸强度>15.0MPa,断裂延伸率>200%,20℃时的体积电阻率$>1\times10^{11}\Omega\cdot cm$,可用于-10℃以上的寒冷地区,直径有内径1.0~40.0mm,颜色有白、黄、红、蓝、黑等。

(2)聚乙烯(PE)塑料管

PE塑料管分为低密度聚乙烯(LDPE)和高密度聚乙烯(HDPE)管两种。与PVC管相比,PE管的密度小,柔性较好,耐腐蚀、耐溶剂性也优于PVC管,可用来输送大多数溶剂和腐蚀性液体。但对动植物油有一定的溶胀性。LDPE管的柔性、弹性较好,用作给水管道时,冬季不易冻裂,安装时可承受不大于管径12倍的弯曲。PE管的使用温度也是60℃,但耐低温性优于PVC管。

PE管可用于工业与民用建筑的上、下水或输送液、气体等。

PE管的管长一般为4m,外径为5~63mm,常温使用压力HDPE管为0.6MPa,LDPE管为0.4MPa,拉伸强度>0.8MPa,断裂伸长率>200%,颜色一般为本色和黑色。

(3)聚丙烯(PP)管

PP塑料管是由PP树脂,加入适当助剂,经挤出加工制成。

PP管的密度比PE还轻,耐热性比PVC.PE要好得多,可在100~200℃的温度下,仍保持一定的机械强度。因此,可用作热水管,压力较小时温度可达120℃,但压力较大时,温度不高于60℃。

(4)耐酸酚醛树脂(PF)管

以热固性PF树脂为胶结剂,耐酸石棉(或石墨)为填料,经捏合、液压、金属压模热压制成。

PF树脂管的特点:质轻、耐酸、强度高、抗冲击等,适用于基本化学工业、冶金、有机染料、合成橡胶、人造纤维、医药、造纸、石油化工、纺织等工业输送液体(或气体)腐蚀性介质,如各种浓度的盐酸、硫酸及氯气、二氧化硫气体等。

以上介绍的塑料管道,为正常使用,配有相应的弯头、三通、四通及法兰活套接头等管件。以便布置管线时连接。塑料管的连接除使用不同的管线外,还可以采用相应的胶粘剂,采用结合和焊接等方式。如硬质PVC塑料管胶接粘合,大多是用PVC塑料粉在四氢呋喃或环已酮等溶剂溶解而成的胶粘剂。连接时除去插口和承口的毛刺、灰尘,用溶剂擦净润湿,然后在插口外和承口内涂上胶粘剂,将管子插入承口,转动几次,使胶粘剂全部充满间隙即可。

对PE和PP管,因为没有合适的溶剂,常采用焊接方法。

13.4 橡　　胶

13.4.1 橡胶(Rubber)

橡胶一词来源于印第安语 cau-uchu,意为“流泪的树”。天然橡胶就是由三叶橡胶树割胶时流出的胶乳经凝固、干燥后而制得。1770 年,英国化学家 J. 普里斯特利发现橡胶可用来擦去铅笔字迹,当时将这种用途的材料称为 rubber,此词一直沿用至今。橡胶的分子链可以交联,交联后的橡胶受外力作用发生变形时,具有迅速复原的能力,并具有良好的物理力学性能和化学稳定性。

橡胶是具有可逆形变的高弹性聚合物材料,在室温下富有弹性,在很小的外力作用下能产生较大形变,除去外力后能恢复原状。橡胶属于完全无定型聚合物,它的玻璃化转变温度(T_g)低,分子量往往很大,大于几十万。

13.4.2 橡胶的分类

橡胶按原料分为天然橡胶和合成橡胶。按形态分为块状生胶、乳胶、液体橡胶和粉末橡胶。乳胶为橡胶的胶体状水分散体;液体橡胶为橡胶的低聚物,未硫化前一般为黏稠的液体;粉末橡胶是将乳胶加工成粉末状,以利配料和加工制作。20 世纪 60 年代开发的热塑性橡胶,无需化学硫化,而采用热塑性塑料的加工方法成形。橡胶按使用又分为通用型和特种型两类。

13.4.3 橡胶的加工

本过程包括塑炼、混炼、压延或挤出、成型和硫化等基本工序,每个工序针对制品有不同的要求,分别配合以若干辅助操作。为了能将各种所需的配合剂加入橡胶中,生胶首先需经过塑炼提高其塑性;然后通过混炼将炭黑及各种橡胶助剂与橡胶均匀混合成胶料;胶料经过压出制成一定形状坯料;再使其与经过压延挂胶或涂胶的纺织材料(或与金属材料)组合在一起成型为半成品;最后经过硫化又将具有塑性的半成品制成高弹性的最终产品。

13.4.4 合成橡胶

合成橡胶是人工合成的高弹性聚合物,以煤、石油、天然气为原料,便宜易得,而且品种很多,并可按工业、公交运输的需要合成各种具有特殊性能(如耐热、耐寒、耐磨、耐油、耐腐蚀等)的橡胶,因此目前世界上合成橡胶的总产量已远远超过了天然橡胶。

合成橡胶主要有顺丁橡胶、丁苯橡胶、氯丁橡胶、丁腈橡胶等。按橡胶制品形成过程可分热塑性橡胶和硫化型橡胶;按成品状态可分为液体橡胶、固体橡胶、粉末橡胶和胶乳。合成的生胶具有良好的弹性,但强度不够,必须经过加工才能使用,其加工过程包括塑炼、混炼、成型、硫化等步骤。

13.4.5 橡胶的应用

应用型橡胶的综合性能较好,应用广泛。橡胶是制造飞机、军舰、汽车、拖拉机、收割机、水利排灌机械、医疗器械等所必需的材料。合成橡胶一般在性能上不如天然橡胶全面,但它具有高弹性、绝缘性、气密性、耐油、耐高温或低温等性能,因而广泛应用于工农业、国防、交通及日常生活中。

橡胶是橡胶工业的基本原料,广泛用于制造轮胎、胶管、胶带、电缆及其他各种橡胶制品。在建筑上橡胶大量地用来制造橡胶地板和电缆线的护套。

本章小结

本章主要介绍了高分子化合物的分子量、分子结构、分类与命名及老化与防老化等基本概念；介绍塑料的特性与组成；介绍了建筑塑料的常用品种：塑料地板、塑料壁纸、塑料装饰板材、塑料门窗和异型材及建筑用塑料管材；介绍了橡胶概念、分类、加工及种类与应用。学习本章应先了解高分子化合物的分子组成以及分类命名；重点掌握塑料与橡胶性质特点；熟悉塑料及橡胶制品的应用。

复习思考题

1. 填空题

（1）塑料密度一般在 0.9 ~ 2.2g/cm^3 之间，平均约为铝的一半，钢的______，混凝土的______，而比强度则高于钢材和混凝土。

（2）塑料中润滑剂一般用量为______。

（3）单一组分塑料中含有树脂几乎达到______。在多组分塑料中，树脂的含量约在______之间。

（4）多成分塑料中填充料含量为______。

2. 选择题

（1）在塑料中最主要组成材料是(　　)。

A. 滑石粉　　B. 阻燃剂　　C. 合成树脂　　D. 二丁酯

（2）硬质聚氯乙烯使用温度应(　　)。

A. 低于120℃　　B. 低于150℃　　C. 低于80℃　　D. 低于100℃

（3）下述聚合物中不属于热塑性的是(　　)。

A. 聚氯乙烯　　B. 环氧树脂　　C. 聚丙烯　　D. 聚苯乙烯

（4）常见的地面装饰塑料制品主要使用(　　)塑料制作。

A. 聚氯乙烯　　B. 聚丙烯　　C. 聚乙烯　　D. 尼龙

3. 问答题

（1）试述塑料的特性。

（2）试述塑料的组成，如何分类？

（3）塑料地板的分类？

（4）塑料壁纸有哪几种分类？各有什么特点？

（5）塑料门窗有哪些特点？

第14章　建筑涂料

本章基本内容：

涂料也包含油漆，在我国已有几千年的历史。本章主要介绍了建筑涂料的概念、组成、分类、特点与应用。

14.1　建筑涂料概述

涂敷于物体表面能与基体材料很好粘结并形成完整而坚韧保护膜的物料称为涂料。涂料具有防护、装饰、防腐、防水或其他特殊功能。

由于早期的涂料生产采用的主要原料是油和漆，因此，在很长一段时间，涂料被称为油漆，由这类涂料在物体表面形成的涂膜，也就被称为漆膜。

用油漆作为建筑物的表面装饰，在我国已有几千年的历史，但是由于天然树脂和油料的资源有限。建筑涂料的发展受到资源的限制。20世纪50年代以来，由于石油工业的发展，各种合成树脂和溶剂、助剂相继出现，并大规模生产，作为涂料生产的原料，再也不仅是依靠天然树脂和油脂了。20世纪60年代开始，相继研制出以合成树脂和各种人工合成有机稀释剂为主，甚至以水为稀释剂的乳液型涂料。所以油漆一词已不能代表涂料的确切含义，故改称为“涂料”。但人们习惯上仍把溶剂型涂料俗称油漆，而把乳液型涂料俗称为乳胶漆。不过值得提醒的是，现在人们所说的“漆”已和传统的漆有了很大的不同。目前，建筑涂料已自成体系，形成了一门独立的工业技术，并成为建筑工业领域的一种基本材料。

各种涂料的组成成分并不相同，但基本上由主要成膜物质、次要成膜物质、辅助材料等所组成。如图14-1所示。

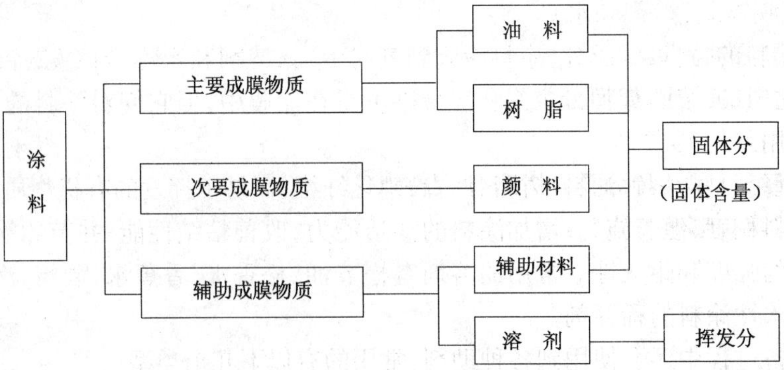

图14-1　涂料的组成

1. 主要成膜物质(胶结剂)

主要成膜物质是涂料的主要组分。涂料中的成膜质在材料表面,经一定的物理或化学变化,能干结、硬化成具有一定强度的涂膜,并与基面牢固粘贴。成膜物质的性质对所成涂料的硬度、柔性、耐磨性、耐冲击性、耐水性、耐热性、耐候性及其他物理化学性能起决定性作用。常用各种油料或树脂作为涂料的成膜物质。

油料成膜物质分为干性油、半干性油及不干性油三种。干性油具有快干性油,干燥的涂膜不软化,不熔化,也不溶解于有机溶剂中。常用的干性油有亚麻仁油、桐油、梓油、苏籽油等。半干性油干燥速度较慢,干燥后能重新软化、熔融,易溶于有机溶剂中。为达到快干目的,需掺催干剂。常用的半干性油有大豆油、向日葵油、菜籽油等。不干性油不能自干,不适于单独使用,常与干性油或树脂混合使用。常用的不干性油有蓖麻油、椰子油、花生油、柴油等。

树脂成膜物质由各种合成或天然树脂等原料构成。大多数树脂成膜剂能溶于有机溶剂中,溶剂挥发后,形成一层连续的与基面牢固粘贴的薄膜。这种漆膜的硬度、光泽、抗水性、耐化学腐蚀性、绝缘性、耐高温性等都较好。常用的合成树脂有酚醛树脂、环氧树脂、醇酸树脂、聚酰胺树脂等。天然树脂有松香、琥珀、虫胶等。有时也用动物胶、干酪素等作成膜剂。

2. 次要成膜物质(颜料)

颜料或填充料是指不溶于水、油、树脂中的矿物或有机物质。颜料赋予涂料以必要的色彩和遮盖力,增加防护性能,同时还起填充和骨架作用,提高涂膜的机械强度和密实度,减小收缩,避免开裂,改善涂料的质量。

根据颜料在涂料中的作用,可分为着色颜料、防锈颜料和体质颜料等。

着色颜料主要起着色作用。常用的有铅铬黄、锌铬黄、银珠、猩红、铁蓝、钛白、炭黑、土红、铁红、铬绿、孔雀绿、银粉(铝粉)等。

防锈颜料主要起防锈作用,但也起着色作用。常用的有红丹、铅白、锌铬黄、锌白、铝粉、石墨等。

体质颜料又称填充料,没有着色力,仅起填充作用,但能提高耐化学侵蚀、抗大气、耐磨性能。常用的填充料有石膏、瓷土、重晶石粉、云母粉、硅藻土、碳酸镁、氢氧化铝等。

粒料又称骨质填料(骨料),这是一类粒径在2mm以下大小不等的填料,本身带有不同的颜色,用天然石材加工或人工烧结而成,也成为彩砂,在涂料用作粗骨料,可以起到增加色感及质感的作用,膨胀珍珠岩和膨胀蛭石等人工轻骨料还可使涂料具有耐燃、吸声、保温等特性。

3. 辅助成膜物质(溶剂和水)

溶剂和水是涂料的重要成分,涂料涂刷到基材上后,溶剂和水逐步挥发,涂料逐渐干燥硬化,最终形成均匀、连续的涂膜。溶剂和水最终不留在涂膜中,但它们对涂料的成膜过程起着极其重要的作用。

溶剂或稀释剂是能溶解油料、树脂、沥青、硝化纤维,而易于挥发的有机物质。溶剂的主要作用是调整涂料稠度,便于施工,增加涂料的渗透能力,改善粘结性能,并节约涂料,但掺量过多会降低漆膜的强度和耐久性。常用的溶剂有松节油、松香水、香蕉水、酒精、汽油、苯、丙酮、乙醚等。水是水性涂料的稀释剂。

涂料的制备过程中还会使用到各种助剂,常用的有以下几个类型:

(1)催干剂。为加速涂料的成膜过程,使漆膜较快地干结、硬化,可在涂料中加入催干剂。常用铅、钴、锰、铬、铁、铜、锌、钙等金属的氧化物、盐及各种有机酸的皂类作为催干剂。

(2)固化剂。又称交联剂、硬化剂,其作用是与涂料中的聚合物发生交联反应使之干燥成膜,主要用于环氧树脂涂料、聚氨酯涂料、酚醛树脂涂料等。

(3)增塑剂。增塑剂是用于增加涂膜柔韧性的一种助剂。

(4)润湿剂和分散剂。其作用是使颜料和填料能很好地分散在涂料中,防止涂料沉淀或变稠,同时可提高涂料的遮盖力、流平性和涂抹表面平滑性等。

(5)防冻剂。主要作用是改善水性涂料的防冻性能。

(6)防锈剂。防止涂料使用中的生锈,常在水性涂料中加入防锈剂。

14.2 涂料的分类

涂料的品种很多,使用范围很广,分类方法也不尽相同,一般油漆类涂料可参见国家标准《涂料产品分类和命名》(GB/T 2705—2003)分类的方法。但建筑涂料是近十几年才发展形成的一类专用涂料,至今国家尚未制定详细标准。因此,有关建筑涂料的分类与命名,主要是依据习惯方法。

涂料根据其主要物质成分可划分为以下三种:

1. 溶剂型涂料

溶剂型涂料是以高分子合成树脂为主要物质,有机溶剂为稀释剂,加入适量的颜料、填料(体质颜料)及辅助材料,经研磨而成的涂料。涂膜薄而坚硬,有一定的耐水性,流平性好,装饰效果显著,物理力学性能优异,光泽度高。其缺点是有机溶剂价格高,易燃,挥发物质对人体有害。主要用于建筑物外墙面涂装。主要种类有丙烯酸类、聚氨酯类、氯化橡胶类、有机氟树脂类、有机硅类以及一些复合型涂料。

2. 水溶性涂料

水溶性涂料是以水溶性树脂为主要成膜物质,以水为稀释剂,并加适量颜料、填料及辅助材料,经研磨而成的涂料。该涂料直接溶于水中,无毒、无味、工艺简单、涂膜光洁、平滑、耐燃性及透气性好、价格低廉,其缺点是耐水性较差,潮湿地区易发霉。

3. 乳胶漆

乳胶漆是将合成树脂以 0.1 ~ 0.5μm 的细微粒子分散于有乳化剂的水中构成乳液,以乳液为主要成膜物质,并加入适量颜料、填料和辅助原料共同研磨而成的涂料。

该涂料以水为分散介质,无易燃溶剂,施工方便,可在潮湿基层上施工,耐候性、透气性好。但必须在10℃以上气温施工,以免影响涂料质量。

14.2.1 油漆涂料的分类

油漆涂料是一种传统的材料,广泛使用于建筑业、制造业、交通运输和农业等各行业。建筑涂料是近年来发展起来的,专供建筑上使用的一种新型的建筑装饰材料。

生产生活中常用的油漆涂料根据其溶剂和溶质成分的不同通常划分为以下 4 种:

1. 天然漆

天然漆又称大漆,有生漆和熟漆之分。天然漆是漆树上取得的液汁,经部分脱水并过滤而得的棕黄色黏稠液体。天然漆的特性是漆膜坚硬,富有光泽,耐久,耐磨,耐油,耐水,耐腐蚀,绝缘,耐热(≤250℃),与基底材料表面结合力强;缺点是黏度高而不易施工(尤其是生漆),漆膜色深,性脆,不耐阳光直射,抗强氧化剂和抗碱性差,漆酚有毒。生漆不加催干剂可直接作涂料使用。生漆经加工即成熟漆，或改性后制成各种精制漆。精制漆有广漆和推光漆等品种，具有漆膜坚韧、耐水、耐热、耐久、耐腐蚀等良好性能，光泽动人，装饰性强，适用于木器家具、工艺美术品及某些建筑零件等。

2. 调和漆

调和漆是在熟干性油中加入颜料、溶剂、催干剂等调和而成的，是最常用的一种油漆。调和漆质地均匀，稀稠适度，漆膜耐蚀、耐晒，经久不裂，遮盖力强，耐久性好，施工方便，适用于室内外钢铁、木材等材料表面。常用的有油性调和漆、磁性调和漆等品种。

3. 清漆

清漆属于一种树脂漆，系将树脂溶于溶剂中，加入适量催干剂而成。清漆一般不掺颜料，涂刷于材料表面，溶剂挥发后干结成光亮的透明薄膜，能显示出材料表面原有的花纹。清漆易干，耐用，并能耐酸，耐油，可刷，可喷，可烤。

根据所用原料的不同，清漆有油清漆和醇酸清漆等品种。

油清漆系由合成树脂、干性油、溶剂、催干剂等配制而成。油料用量较多时，漆膜柔韧、耐久且富有弹性，但干燥较慢。油料用量少时，则漆膜坚硬、光亮，干燥快，但较易脆裂。

醇酸清漆系由醇酸树脂溶于有机溶剂中而成，通常是浅棕色的半透明液体。这种清漆干燥迅速，漆膜硬度高，电绝缘性好，可抛光、打磨，显出光亮的色泽，但膜脆，耐热及抗大气性较差。醇酸清漆主要用于涂刷室内门窗、木地板、家具等，不宜外用。

4. 磁漆（瓷漆）

磁漆系在清漆基础上加入无视颜料而成。因漆膜光亮、坚硬，酷似瓷（磁）器，故名。磁漆色泽丰富，附着力强，适用于室内装修和家具，也可用于室外的钢铁和木材表面。常用的有醇酸磁漆、酚醛磁漆等品种。

喷漆是清漆或磁漆的一个品种，因采用喷涂法，故名。常用喷漆由硝化纤维、醇酸树脂、溶剂或掺加颜料等配制而成。喷漆漆膜坚硬，附着力大，富有光泽，耐酸、耐热性好，是室内木器家具、金属装修件的常用涂料。

14.2.2　建筑涂料按使用部位的分类

建筑涂料包括内墙涂料、外墙涂料、地面涂料三种类型。

14.3　内墙涂料

内墙涂料主要功能是起装饰和保护室内墙面的作用，使其达到美观整洁。

内墙涂料应具有以下特点：

1. 色彩丰富、细腻、协调。内墙涂料的色彩一般应浅淡、明亮，由于居住者对色调的喜爱不同，因此要求色彩丰富多样，内墙与人的目视距离也最近，因此要求内墙涂料应质地平滑、细腻、色调柔和。

2. 耐碱、耐水性、耐粉化性好。由于墙面多带有碱性，屋内湿度也较大，同时为保持内墙洁净，有时需要洗刷，为此必须有一定的耐水、耐洗刷性。而内墙涂料的脱粉，更是给居住者带来极大的不快。

3. 好的透气性、吸湿排湿性。否则，常因湿度变化而结露。

4. 涂刷方便，重涂性好。为保持居室的优雅，内墙可能多次涂刷翻修，因此，要求施工方便，重涂性好。

常用的内墙涂料有：

1. 改性聚乙烯醇系内墙涂料

聚乙烯醇水玻璃或聚乙烯醇缩甲醛涂料，在耐水性、耐擦洗性上有所差别，但总的来说，作为内墙涂料，其耐水洗刷性仍显得不高，难以满足内墙装饰的功能要求。为此，近年来各地进行了大量的改性研究工作，取得了明显的效果。改性后的聚乙烯醇系内墙涂料，其耐擦洗性提高到500～1000次以上，除可以用于内墙涂料外，还可用于外墙装饰。

2. 聚醋酸乙烯乳液内墙涂料

它是以聚醋酸乙烯乳液为主要成膜物质，加入适量的填料，少量的颜料以及其他助剂经加工而成的水乳型涂料。

它具有无味、无毒、不燃，易于施工，干燥快，透气性好，附着力强，耐水性较好，颜色鲜艳，施工方便，装饰效果明快的优点，是一种中档的内墙涂料。

这种乳液性涂料（又称乳胶漆）在生产工艺上与聚乙烯醇水玻璃内墙涂料相比，除乳液聚合较为复杂外，其混合、搅拌研磨、过滤工艺过程基本类同，只是在生产与配料时更讲究，乳液的固体含量较高，约为50%，用量约为涂料重的30%～60%，并以聚乙烯醇或甲基纤维素等为增稠剂，以乙二醇、甘油等为防冻剂。另外，由于增稠剂中使用了纤维素，其贮存或涂膜在潮湿环境中易发霉，要求加入防霉剂。常用的防霉剂有醛酸苯汞、三丁基锡或五氯酸钠等，用量约为涂料重量的0.05%～0.2%，其他还加有防锈剂等。

3. 乙-丙有光乳胶漆

乙-丙有光乳胶漆是以聚醋酸乙烯与丙烯酸酯共聚乳液为主要成膜物质，掺入适量的填料及少量的颜料及助剂经过研磨、分散后配制成的半光或有光的内墙涂料，用于建筑内墙装饰，其耐碱性、耐水性、耐久性都优于聚醋酸乙烯乳胶漆，并具有光泽，是一种中高档的内墙涂料。

4. 苯-丙乳胶漆内墙涂料

苯-丙乳胶漆涂料是由苯乙烯、丙烯酸酯、甲基丙烯酸等三元共聚乳液为主要成膜物质。掺入适当的填料，少量的颜料和助剂经研磨、分散配制成的各色无光内墙涂料。用于内墙装饰，其耐碱、耐水、耐擦性及耐久性都优于上述各类内墙涂料，是一种高档内墙涂料，同时也是外墙涂料中较好的一种。

14.4 外墙涂料

外墙涂料主要功能是装饰和保护建筑物的外墙面，使建筑外貌整洁美观，并延长其使用寿命。

外墙涂料应具有以下特点：

（1）装饰效果好。色彩丰富多样，且应保色性好，原有色彩不应因天气、阳光作用而过早变色。

（2）耐水性好。外墙面直接暴露在大气中，经常受雨水的冲刷，因而应有较好的耐水性。

（3）耐候性要好。涂层暴露在大气中，要经受日光、雨水、风沙、冷热等作用。要求涂层在规定的年限，不应因上述作用而开裂、剥落、变色或起粉。

（4）耐污染性要求。大气中的尘埃及其他物质沾污涂层以后，要易于清洗。

(5)施工及维修容易,价格合理。

国内常用的外墙涂料有:

1. 过氯乙烯涂料

过氯乙烯涂料是以过氯乙烯树脂为主要成膜物质,掺入增塑剂、稳定剂、颜料和填充料等经混炼、切片后溶于有机溶剂中制成。这种涂料具有良好的耐腐蚀性、耐水性及抗大气性。涂料层干燥后,柔韧富有弹性,不透水,能适应建筑物因温度变化而引起的伸缩。这种涂料与抹灰面、石膏板、纤维板、混凝土和砖墙粘结良好,可连续喷涂,用于外墙,美观耐久,防水,耐污染,便于洗刷。

2. 氯化橡胶外墙涂料

氯化橡胶外墙涂料是由氯化橡胶、溶剂、增塑剂、颜料、填料和助剂配制而成的一种溶剂型外墙涂料。

氯化橡胶涂料是靠溶剂挥发而结膜干燥,在 25℃以上的气温环境中 2h 可表干,8h 可刷第二道,允许在 20 ~ 50℃的高温环境中施工,随气温降低,干燥速度减慢;涂料对水泥混凝土和钢铁表面具有较好的附着力;耐水、耐碱、耐酸及耐候性好;且涂料的维修重涂性好,是一种较理想的溶剂型外墙涂料。施工中需注意防火和劳动保护。

3. 丙烯酸酯外墙涂料

丙烯酸酯外墙涂料是以热塑性丙烯酸酯合成的树脂为主要成膜物质,加入溶剂、填料、助剂等,经研磨而制成的一种溶剂型外墙涂料。靠溶剂挥发而结膜干燥,有很好的耐久性,使用寿命估计可达 10 年以上,是目前外墙涂料中较为优良的品种之一,与丙烯酸酯系的乳液如丙苯乳液涂料同时得到广泛应用,是我国目前高层建筑外墙装饰涂料应用较多的品种之一。

丙烯酸酯外墙涂料的特点:

(1)涂料的耐候性良好,在长期光照、日晒雨淋环境中,不易变色、粉化或脱落。

(2)耐碱性好,且对墙面有较好有渗透作用,粘结牢固。

(3)使用不受限制,即使是在 0℃以下的严寒季节,也能干燥成膜。

(4)施工方便,可刷、可滚、可喷,也可根据工程需要配制成各种颜色。

4. 聚氨酯系外墙涂料

聚氨酯系外墙涂料是以聚氨酯或与其他合成树脂复合为主要成膜物质,添加颜料、填料、助剂而制成的一种双组分固化型的优质外墙涂料。

聚氨酯涂料的特点是固体含量高,不是靠溶剂挥发,而是双组分按比例混合固化成膜;涂膜相当柔软、弹性变形能力大,与混凝土、金属、木材等粘结牢固,可以随基层的变形而延伸,即使在基层裂缝宽度 0.3mm 以上时,也不至于将涂膜撕裂。耐化学药品的浸蚀性好;耐候性优良,经 1000h 的加速耐候试验,其伸长率、硬度、抗拉强度等性能几乎没有降低。且 5000 次以上的伸缩疲劳试验而不断裂,而丙烯酸系的厚质涂料经 500 次伸缩疲劳试验就发生断裂;表面光洁极好,呈瓷质状,耐沾污性好,因此是一种有发展前途的高档外墙涂料。

聚氨酯系外墙涂料可以做成各种颜色,施工时要求在现场按比例混合均匀,要求基层含水率不大于 8%;涂料中溶剂挥发应注意防火及劳动保护;已在现场搅拌好的涂料,一般应在 4 ~ 6h 内用完。

5. 乙-丙乳液涂料

乙-丙乳液外墙涂料是由醋酸乙烯和一种或几种丙烯酸酯类单体、乳化剂、引发剂、通过乳液聚合反应制得的一种乙-丙共聚乳液为主要成脂物质，并掺入颜料、填料和助剂、防霉剂，经分散、混合配制而成的一种乳液型外墙涂料。通常称为乙-丙乳胶漆。

该涂料以水为稀释剂，完全无毒，施工方便，干燥快，耐候性、保色性好，是一种常用的建筑外墙涂料。

6. 彩色瓷粒外墙涂料（又称砂壁状建筑涂料）

彩色瓷粒外墙涂料可以丙烯酸类合成树脂为基料，以彩色瓷料及石英砂料等作骨料，掺加颜料及其他辅料配制而成。这种涂层色泽耐久，抗大气性和耐水性好，有天然石材的装饰效果，艳丽别致，是一种性能良好的外墙饰面。

7. 彩色复层凹凸花纹外墙涂料

涂层的底层材料由水泥和细骨料组成，掺加适量缓凝剂，拌合成厚浆，主要用于形成凹凸的富有质感的花纹。面层材料用丙烯酸合成树脂配制成的彩色涂料，起罩光、着色及装饰作用。涂层手提式喷枪进行喷涂后，在30min内用橡皮辊子或聚乙烯辊子将凸起部分稍作压平，待涂层干燥，再用辊子将凸起部位套涂一定颜色的涂料。

14.5 地面涂料

建筑物的室内地面采用专门的地面涂料作饰面是近几年来兴起的一种新材料和新工艺。与传统的地面相比较，施工简便，用料省，造价底，维修更新方便，所以地面涂料很快在建筑中获得了广泛的应用。

地面涂料主要功能是装饰和保护室内地面，使地面清洁美观，同时与墙面装饰相适应，让居住者处于优雅的室内环境之中，还要求涂料具有与地面良好的粘结性能以及耐碱性、耐水性、耐磨性和抗冲击性，不易开裂或脱落，施工方便，重涂容易。

1. 过氯乙烯地面涂料

过氯乙烯地面涂料是以过氯乙烯树脂为成膜物质，掺入增塑剂、稳定剂和填料等经混炼、滚轧、切片后溶于有机溶剂中配制而成的溶剂型地面涂料。

该涂料具有一定硬度、强度、抗冲击性、附着力和抗水性，生产工艺简单，施工方便，涂膜干燥快，涂布后，地面光滑美观，易于清洗。

2. 苯乙烯地面涂料

苯乙烯地面涂料是以苯乙烯焦油为成膜物质，经熬炼处理，加入颜料、填料、有机溶剂等原料而成的溶剂地面涂料。该涂料涂膜干燥快，与水泥砂浆、混凝土有很强的粘结力，同时有一定的耐磨性、抗水性、耐酸性和耐碱性，用于住宅建筑地面，效果良好。

3. 环氧树脂地面涂料

环氧树脂是环氧树脂地面涂料的主要成膜物质，以低黏度液体状的为好（牌号6101）。

固化剂为乙二胺、二乙烯三胺、三乙烯四胺等多胺类等，为了改善其柔软性，常加入苯二甲酸二丁酯。

稀释剂用二甲苯、丙酮等，再加颜料、填料（细骨料以滑石粉为好，粗骨料选用砂或其他材料）经混合而成，施工方法简单，与普通地面施工方法相同，但施工前地面必须干燥。地面可做成大理石花纹或仿水磨石地面等。涂布地面后进行养护一星期后再交付使用。

如果在使用前进行打蜡处理，则可提高其装饰效果和耐污染性。

4. 不饱和聚酯涂料

以不饱和聚酯 370-2 为主要成膜物质，加入固化剂过氯化环己酮，为了便于溶解，将其与苯二甲酸二丁酯共同研磨成浆，常用环烷酸钴为促进剂，用大理石渣作填料可制成磨石状地面，为使充分固化常用苯乙烯酯液作封闭处理，以免空气中的氧起阻聚作用。

该涂料固化很快，一般 12h 后可以上人，进行磨光，但其缺点是固化后收缩较大，日后在使用过程中可能产生裂缝或起鼓现象。该涂料流平性与施工性较好，表面平整。

5. 聚氨酯地面涂料

聚氨酯无缝涂布地面是由聚氨酯预聚体、交联固化剂和颜料、填料等所组成。铺设地面时，将三种材料按照比例调成胶浆，涂布于基层上，在常温下固化后形成整体的具有弹性的无缝地面。

该涂料具有许多独特的优点，特别是耐磨、弹性、耐水、抗渗、耐油、耐腐蚀等性能，施工方法简便。

14.6 特种涂料

特种涂料不仅具有保护墙体和装饰的作用，而且还具有一些特殊功能，如防火、防水、绝热、防霉、卫生灭蚊、防静电、发光等。

1. 防火涂料

将涂料刷在基层材料表面上能形成防火阻燃涂层或隔热涂层，并能在一定时间内保证基层材料不燃烧或不破坏、不失去使用功能，为人员撤离和灭火提供充足时间的涂料称为防火涂料。防火涂料既具有普通涂料的装饰性能及其他功能，又具有出色的防火性。按组成材料和防火原理的不同，一般分为膨胀性和非膨胀性两大类。

2. 绝热涂料

涂料的干密度较低，涂膜中分布着大量密集的封闭空隙，涂膜的吸湿性很小，热导率很低。因而，涂料涂覆于墙面上，在一定厚度下能够阻隔建筑物内外热流的传递，增大涂膜的热阻，提高被涂覆部位的保温隔热性能，与其他绝热材料相比，绝热涂料所得到的涂层整体性好，没有热桥。

3. 卫生灭蚊涂料

该涂料以聚乙烯醇、丙烯酸酯为主要成膜物质，配以高效低毒的杀虫剂，加助剂配合而成。其色泽鲜艳、遮盖力强、耐湿擦性能好，对蚊蝇、蟑螂等虫害有很好的杀灭作用。同时又具有耐热性、耐水性，附着力强，高效低毒，无不良反应，可用于居民住宅、食品贮藏室、医院、部队营房等工程。

4. 防霉涂料

该涂料以氯乙烯-偏氯乙烯共聚物为成膜物质，加低毒高效防霉剂等配制而成。对黄曲霉、黑曲霉、萨氏曲霉、土曲霉、焦曲霉、黄青霉等十几种霉菌有防菌效果，同时还具有耐水性，耐酸碱性，耐洗刷性，附着力强等性能。适用于食品厂、糖果厂、罐头厂、卷烟厂、酒厂以及地下室易于霉变的工程。

5. 防静电涂料

该涂料以聚乙烯醇缩甲醛为基料，掺入防静电剂和多种助剂加工配制而成。具有质轻、层薄、耐磨、不燃、附着力强、有一定弹性、耐水性好等特点。

6. 发光涂料

该涂料是在夜间能指示,起标志作用的涂料。涂料由成膜物质、填充剂、荧光颜料等组成。具有耐候性、耐油性、抗老化性和透明性。

可用于标志牌、广告牌、交通指示器、电灯开关、钥匙孔、门窗把手等。

7. 金屑闪光色彩的气溶胶涂料

该涂料同醇酸树脂和丙烯酸树脂溶解到一起在常压条件下为气体,在加压密闭容器中为液体作动力溶剂的材料中,当打开容器喷嘴时,这种溶剂就能自动地喷射到建筑物上成膜。其动力溶剂为有机氟烃类或石油馏分中的低分子烃类等。加颜料、填料尚可配制各种色彩的涂料。

14.7 防锈涂料

防锈漆用精炼的亚麻仁油、桐油等优质干性油作成膜剂,红丹、锌铬黄、铁红、铝粉等作防锈颜料。也可加入适量滑石粉、瓷土等作填料。

红丹漆是目前使用最广泛的防锈底漆。红丹呈碱性,能与侵蚀性介质中的酸性物质起中和作用;红丹还具有较高的氧化能力,能使钢铁表面氧化成均匀的三氧化二铁 Fe_2O_3 薄膜,与内层紧密结合,起强烈的表面钝化作用;红丹与干性油结合所形成的铅皂,使漆膜紧密、不适水,因此有显著的防锈效果。

锌铬黄防锈漆也是一种常用的防锈漆。锌铬黄也呈碱性,能与金属结合,使表面钝化,具有防锈效果,且能抵抗海水的侵蚀。

沥青清漆及磁漆具有较高的防锈性能。对水、酸及弱碱的抵抗性较强,适宜于钢铁表面的防锈。与铝粉配合使用,可使沥青漆的抗老化性增强,并改善其防水、防锈、防腐蚀性能。

硼钡酚醛防锈漆是一种新型防锈漆,可代替红丹防锈漆。这种防锈漆最好与醇酸磁漆、酚醛磁漆等配合使用,具有防锈性好、干燥快、施工方便、无毒等特点。

本章小结

本章主要介绍了建筑涂料的概述;涂料的组成:主要成膜物质、次要成膜物质及辅助成膜物质;涂料的分类,包括油漆涂料的种类、特点与应用,建筑涂料的种类、特点与应用以及其他涂料的种类特点。学习本章首先应主要掌握涂料的组成;其次要掌握各种涂料制品的特点及应用范围。

复习思考题

1. 名词解释

(1)外墙涂料　(2)无机建筑涂料　(3)油漆涂料

2. 填空题

(1)各种涂料的组成成分并不相同,但基本上由______成膜物质、______成膜物质、辅助材料等所组成。

3. 选择题

(1)以下______属于特种涂料?

A. 防静电涂料　　B. 金屑闪光色彩的气溶胶涂料

C. 不饱和聚酯涂料　　D. 防水涂料

(2)建筑涂料包括以下______四种?

A. 外墙涂料　　B. 内墙涂料　　C. 地面涂料　　D. 防水涂料

E. 发光涂料　　F. 油漆涂料

4. 判断题

(1)发光涂料的特点是具有耐候性、耐油性、抗老化性和透明性。　(　)

(2)防水涂料是为隔绝雨水、地下水及其他水渗透的材料。防水涂料的质量与建筑物的使用寿命密切相关。它属于特种涂料。　(　)

5. 问答题

(1)建筑涂料的分类有哪些?

(2)地面涂料主要功能是什么?它有哪些常用类型?

第 15 章　保温隔热材料

本章基本内容：

保温、隔热材料是建筑节能的主要材料。本章主要介绍了保温、隔热材料的概述、分类、影响因素与常用制品。

15.1　保温隔热材料概述

能源问题是当前世界各国普遍重视的问题，而在全世界的能源消耗中，建筑能耗占 30% ~40%，因此，建筑节能是我们节能工作的重点。在我国，民生领域能耗巨大，随着人民生活水平的提高，采暖、空调日益增加，能耗速度远大于能源的增长速度，势必会导致能源短缺的加剧。因而。有效的利用能源、节能降耗是摆脱我国能源危机的有效途径之一，建筑的保温隔热，则成为节能的重要措施。

用于防止建筑物和设备的热量散失，或隔绝外界热量传入室内的建筑材料叫保温材料，又称隔热材料。材料的保温隔热性能的好坏是由材料的导热系数大小决定的，导热系数越小，材料的保温隔热性能就越好。通常所指的保温隔热材料是指导热系数小于 0. 15W/m · K 的材料。另外，保温隔热材料还应具有较高的孔隙率和较小的表观密度，表观密度通常小于 $500kg/m^3$。由于建筑构造和施工安装的需要，也要求保温材料具有一定的强度、良好的稳定性及足够的防火防腐能力。

15.1.1　保温隔热材料的分类

1. 按材料来源和性质分

1）有机保温隔热材料：如稻草、稻壳、软木、棉花、聚苯乙烯泡沫塑料、脲醛泡沫塑料、聚氨酯泡沫塑料、聚氯乙烯泡沫塑料等。这类材料表观密度小，来源广，价格低，但吸湿性大，受潮后易腐烂，高温下易分解或燃烧。

2）无机保温隔热材料：矿物类有矿渣棉、岩棉、玻璃棉、石棉、膨胀珍珠岩、多孔混凝土等。这类材料不腐烂，耐高温性能好，部分吸湿性大，不燃烧。

2. 按材料形状分

1）松散保温隔热材料：矿物棉、玻璃棉、炉渣、膨胀蛭石、膨胀珍珠岩、锯末和稻壳等。这些材料不宜直接用于受振动的围护结构。

2）板状保温隔热材料：一般为松散保温材料的制品或化学合成聚酯与合成橡胶类材料，如矿棉板、玻璃棉板、蛭石板、泡沫塑料板、软木板、木丝板、刨花板、稻壳板和甘蔗板等。另外还有泡沫混凝土板等，保持原松散材料的一些性能，加工简单，施工方便。

3）整体保温隔热材料：一般用松散隔热保温材料作骨料，浇注式喷涂而成，如蛭石混凝土、膨胀珍珠岩混凝土，炉渣混凝土等。这类材料仍具有原松散材料的一些性能，整体性好，施工方便。

4）金属类保温隔热材料：主要是铝及其制品，如铝板、铝箔、硅酸铝、铝箔复合轻板等。这类材料不吸收热量，本身的辐射能力也很小，但热反射能力很强，隔热性较好，目前其货源较广，但价格高。

15.1.2　影响保温材料性能的主要因素

导热系数 λ 是保温材料的一个主要热物理指标，表示材料传递热量的能力。导热系数等于：当材料层单位厚度内的温差为 1℃时，在一小时内通过 $1m^2$ 表面积的热量。导热系数主要与材料的成分、密度和分子结构等有关。另外，材料所处环境的温度和湿度对导热系数也有一定的影响，特别是材料的湿度，对导热系数的影响较大。

1. 导热系数与材料表观密度的关系：绝大多数建筑材料内部都有一定的孔隙，材料的表观密度与孔隙有关。当材料固体物质的比重一定时，孔隙率越大，表观密度越小。在一般情况下，表观密度小的材料，其导热系数也比较小；材料越密实，导热系数越大。但对于松散的纤维材料，导热系数与压实情况有密切关系。当表观密度低于某个极限时，导热系数反而增大。这是由于孔隙过大甚至互相串通，对流换热加剧的缘故。这类材料存在一个最佳表观密度，在最佳表观密度下，导热系数最小，当表观密度大于或小于此值时，导热系数都将增大。

2. 导热系数与材料内部构造的关系：当成分、表观密度、平均温度和含水量等条件完全相同时，多孔材料的导热系数，随其单位体积中气孔数量的多少而不同，气孔数量越多，导热系数越小。对于各向异性的材料，如木材等纤维质材料，当热流平行于纤维延伸方向时，热流受到阻力小，而热流垂直于纤维方向时，热流受到阻力大。

3. 导热系数与温、湿度的关系：材料受潮后，其导热系数增大，在多孔材料中最为明显。这是由于在材料的孔隙中有了水分后，除孔隙中剩余的空气分子的导热、对流外，部分孔壁结成冰导热系数将更大。

材料的导热系数随温度升高而增大。温度升高时，材料固体分子的热运动增强，同时材料孔隙中空气的导热和孔壁间的辐射作用也增强。当温度在 0～50℃时这种影响并不显著，只有处于高温或低温下的材料，才考虑这种温度影响。

在以上各项因素中，材料的表观密度和湿度的影响为最大。

15.2　常用保温隔热材料

15.2.1　无机纤维状保温隔热材料

1. 玻璃棉及其制品

玻璃棉是玻璃纤维的一种，是在建筑业中较常见的一类无机纤维绝热材料，它是将石英砂、白云石、蜡石等天然矿石，配以其他化工原料，如纯碱、硼等，在熔融状态下拉制、吹制或甩制而成的极细的纤维状材料。具有表观密度小，导热系数小，耐温性高等特点。玻璃纤维一般分为长纤维和短纤维。连续的长纤维一般是将玻璃原料熔化后滚筒拉制；短纤维一般由喷吹法或离心法制得。短纤维由于相互纵横交错在一起，构成了多孔结构的玻璃棉。玻璃纤维制品的表观密度在 $10kg/m^3$ 到 $120kg/m^3$ 之间，常见的玻璃棉性能指标见表 15-1。

表 15-1　常见的玻璃棉性能指标

名称		纤维直径（μm）	渣球含量（%）	产品体积质量（kg/m^3）	常温热导率 W/（m·K）	胶粘剂含量（%）	使用温度（℃）	吸湿率（%）	吸声系数（厚度 50mm）	
									100～1000Hz	1000Hz 以上
短棉	沥青玻璃棉毡	≤13	≤4	≤80	0.041	2～5	≤250	≤0.5	平均 0.60	0.90
	沥青玻璃棉缝毡	≤13	≤4	≤85	0.041	2～5	≤250	≤0.5	平均 0.60	0.90
	酚醛玻璃棉板	≤15	≤5	120～150	0.041	3～8	≤300	≤1	平均 0.65	0.90
	酚醛玻璃棉管	≤15	≤5	120～150	0.041	3～8	≤300	≤1	平均 0.65	0.90
超细棉	酚醛超细玻璃棉毡	3～4	0.4	<20	0.035	≤2	≤400	≤1	平均 0.65	0.80
	酚醛超细玻璃棉管	≤6	≤1	≤60	0.035	3～5	≤300	≤1	平均 0.65	0.80
	酚醛超细玻璃棉板	≤6	≤1	≤60	0.035	3～5	≤300	≤1	平均 0.65	0.80
	大碱超细玻璃棉毡	≤4	—	≤60	0.33	—	≤600		平均 0.65	0.80
	高硅氧超细玻璃棉毡	≤4	—	≤95	0.0754～0.1020（262～415℃）	≤5	≤1000		平均 0.65	0.80

建筑用玻璃棉分为两种，即普通玻璃棉和超细玻璃棉。普通玻璃棉的纤维一般长为 50～100mm，纤维直径 12μm；超细玻璃棉的纤维直径比普通玻璃棉细得多，一般为 4μm。

玻璃纤维制品的最高使用温度：一般有碱纤维为 350℃，无碱纤维为 600℃。玻璃纤维在 -50℃的低温下长期使用性能稳定，故常被用作冷库的保冷材料。以玻璃纤维为主要原料的保温隔热制品主要有：沥青玻璃棉毡和酚醛玻璃棉板，以及各种玻璃毡、玻璃毯等。通常用于房屋建筑屋面和墙体的保温、吸声等。

在工业发达国家，玻璃棉及其制品已是一种非常普及的建筑保温绝热材料，而我国目前尚应用较少，因此玻璃棉在我国有很大的发展前景。

2. 岩棉及其制品

岩棉属于矿物棉，系由玄武岩、火山岩或其他镁质矿物在冲天炉或电炉中熔化后，用压缩空气喷吹法或离心法制成。岩棉使用温度不超过 700℃。岩棉主要被用来制作多种岩棉纤维制品：纤维带、纤维毡、纤维纸、纤维板和纤维筒。岩棉还可以制成粒状棉用作填充料，也可与沥青、合成树脂、水玻璃等胶结材料配合制成多种保温隔热制品，如：沥青岩棉毡、板、水玻璃岩棉板壳等。岩棉用于建筑保温大体可包括墙体保温、屋面保温和地面保温几个方面，其中墙体保温最为重要。例如：将岩棉用于外墙外保温，即在建筑物外层加贴岩棉层，再加外饰层，其优点是不影响建筑物的使用面积，外保温层是全封闭的，基本消除了冷热桥现象，保温性能高。

3. 石棉及其制品

石棉为常见的保温隔热材料，是一类纤维状无机结晶材料。按矿物组成，可把石棉分为两大类：纤维状蛇纹石石棉和角闪石石棉。纤维状蛇纹石石棉又称温石棉、白石棉，角闪石石棉包括青石棉和铁石棉。温石棉白色纤维长度一般为1～20cm，最长可达2m，具有良好的绝热保温和电绝缘性能，耐碱不耐酸。青石棉呈兰色或青灰色，纤维长20cm左右。铁石棉纤维较长，但比较粗，不能分解成很细的纤维。青石棉与铁石棉的耐酸、耐碱性能较好。松散石棉的表观密度约103kg/m^3，导热系数为0.049W/m·K。通常以石棉为主要原料生产的保温隔热制品有：石棉涂料、石棉板、石棉筒和白云石石棉制品等。

4. 矿渣棉及其制品

矿渣棉是以高炉矿渣为主要原料，经熔化，用喷吹法或离心法而制成的纤维材料。具有质轻、导热系数小、不燃、防蛀、耐腐蚀、吸声性好等特点。但矿渣棉直接用作保温隔热材料时，会给施工和使用带来困难，如对人体有刺痒皮肤等缺点。因而通常添加适量胶粘剂并经固化定型，制成板、毡、管壳等矿渣棉制品。主要用于建构筑物、冷热设备及管道工程。

矿棉制品的种类很多，有粒状棉、矿棉沥青毡、矿棉半硬板、矿棉保温管、矿棉装饰吸声板等。

5. 硅酸铝纤维及其制品

硅酸铝纤维又称耐火纤维，是当前国内外公认的新型优质保温绝热材料。国内生产的硅酸铝纤维所用的原料主要为焦宝石，经2100℃高温熔化，用高速离心或喷吹工艺制成。根据化学组成和使用温度的不同，硅酸铝纤维可分为低温型、普通型、高纯型、高铝型等几个大类。

硅酸铝纤维的性能远优于其他传统的保温材料，它具有以下优点：

① 耐高温性能好。根据原料品种的不同，硅酸铝纤维按最高使用温度可分为低温型（900℃以下）、标准型（1200℃以下）、高温型（1400～1600℃）三种。较岩棉、玻璃棉等纤维状保温隔热材料的最高使用温度高得多。

② 导热系数小。硅酸铝纤维在高温区的热传导率很小，具有优良的保温隔热效果。

③ 表观密度小。其表观密度一般在90～220kg/m^{3}之间。

④ 热稳定性好。由于硅酸铝纤维具有弹性且为较长的纤维，故即使温度急剧变化，也不会产生结构应力。

⑤ 化学稳定性好。除强碱、氢氟酸、磷酸外，几乎不受其他化学药品侵袭。

另外，就施工和使用效果而言，硅酸铝纤维还具有质地柔软、便于施工、操作方便，能吸声、降低噪声、改善环境等优点。由于硅酸铝纤维的生产成本较高，故国内对硅酸铝纤维及其制品的应用主要还集中在工业生产领域，在建筑领域的应用还较小，有很大的发展空间。

15.2.2　无机多孔状保温隔热材料

1. 膨胀蛭石及其制品

蛭石是一种非金属矿物，由于膨胀后成挠曲状，形象酷似水蛭而得名。成因复杂，一般认为是由金云母或黑云母变质而成，是种复杂的镁、铁含水硅酸盐矿物。具有层状结构，层间有结晶水。将天然蛭石经晾干、破碎、筛选、燃烧后而得到膨胀蛭石。蛭石在850～1000℃燃烧时，其内部结晶水变成气体，可使单片体积膨胀20～30倍，蛭石总体积膨胀5～7倍。膨胀后的蛭石薄片间形成空气夹层，其中充满无数细小孔隙，表观密度降至80～200kg/m^3，导热系数$\lambda=0.047\sim0.07$W/m·K，最高使用温度1000～1100℃，是一种良好的无机保温材料，既可直接作为松散填料用于建筑，也可用水泥、水玻璃、沥青、树脂等作胶结材料，制成膨胀蛭石制品。

膨胀蛭石制品的种类很多，常见的有水泥蛭石制品，水玻璃蛭石制品、热（冷）压沥青蛭石板、蛭石石棉制品、蛭石矿渣棉制品等。

2. 膨胀珍珠岩及其制品

珍珠岩是一种天然的火山熔岩，由于具有珍珠光泽而得名。这种岩石的主要矿物组成是火山玻璃。膨胀珍珠岩是将珍珠岩原矿破碎、筛分后快速通过煅烧带，急剧加热膨胀而成，其体积可膨胀20倍。是一种表观密度很小的白色颗粒物质，具有轻质、绝热、吸声、无毒、无味、不燃、熔点高于1050℃等特点，在建筑保温隔热工程中得到广泛应用。

膨胀珍珠岩产品物理性能分类见表15-2。

表15-2　膨胀珍珠岩产品性能

指标名称		产品分类			
		散料	一级	二级	三级
密度（kg/m³）		<	<	80～150	150～250
热导率 λ（W/m·K）	高温下	0.058～0.15	0.058～0.076		
	常温下（25℃±30℃）	0.0164	<0.025	0.052～0.064	0.064～0.076
	低温下（300～77K）	常压下0.024	0.0014		
耐火度（℃）		1000	1280～1360		
吸水率（%）		<2	<2	<2	<2
使用温度（℃）		-250～800	-200～800		
吸湿度（%）		0.2	1.1		

在建筑绝热工程中使用的膨胀珍珠岩制品主要包括散料、胶结制品（板或砌块）、烧结制品、涂料四大类。

在建筑领域内，膨胀珍珠岩散料主要用作填充材料、现浇水泥珍珠岩保温、隔热层，粉刷材料以及耐火混凝土等方面。

填充材料主要是用作墙体、屋面、吊顶等维护结构的散填保温隔热及其他建筑工程或大型设备的保温绝热。

现浇水泥珍珠岩保温、隔热层是将膨胀珍珠岩与水泥、水按一定比例混合、搅拌、平铺于层面上而成。

粉刷材料是以膨胀珍珠岩为骨料，以水泥或石灰膏为胶结材料，按一定比例混合搅拌，制成灰浆，再用抹灰或喷涂的方法用于建筑物内外墙和平顶的粉刷及保温层。

珍珠岩耐火混凝土是以膨胀珍珠岩为骨料，耐火矾土或其他类似材料为熟料，以矾土水泥为胶粘剂，按一定比例配制而成。

常见的膨胀珍珠岩胶结制品有水泥膨胀珍珠岩制品、沥青膨胀珍珠岩制品、水玻璃膨胀珍珠岩制品和磷酸盐膨胀珍珠岩制品等。

水泥膨胀珍珠岩制品具有承压能力较高、施工方便、经济耐用等特点，常用作工业与民用建筑围护结构的保温隔热。

沥青膨胀珍珠岩制品的防潮、防水性能较好，抗压强度较高，适于在低温潮湿的环境中使用，多用于建筑物的墙体和屋面保温层。

水玻璃膨胀珍珠岩制品表观密度小、导热系数小、无味、无毒、不燃烧、抗菌、耐腐蚀，多用于建筑物围护结构的保温隔热，因其吸声效果好，常制成吸声板或砖，用于吊顶或墙面。

磷酸盐膨胀珍珠岩制品耐火度高、表观密度较低、强度和绝缘性能较好，适合于温度要求较高的保温、隔热场合。

另外，一些新的应用技术也在不断被开发，如膨胀珍珠岩多功能涂面材料，它是一种以膨胀珍珠岩为骨料，添加胶结剂和其他掺合料调成的一种混合涂料。这种涂料的料浆分两个层次(保温层和饰面层)喷涂在墙体等围护结构的一侧，当料浆固化成面层后，具有保温隔热、防水、装饰等多种功能。

膨胀珍珠岩保温性能好，生产成本低，工艺技术相对简单，适合我国当前的经济发展水平。因此，大力推广应用膨胀珍珠岩是我国实施建筑节能的有效途径。

3. 泡沫石棉

泡沫石棉是一种新型的、超轻质的保温、隔热、绝冷、吸声材料。它是以温石棉为主要原料，将其在阴离子表面活性剂的作用下，使石棉纤维充分松解制浆、发泡、成型、干燥制成的具有网状结构的多孔毡状材料。与其他保温材料相比，在同等保温隔热效果下，其用料量只相当于膨胀珍珠岩的 1/5，膨胀蛭石的 1/10，比超细玻璃棉轻 1/5，施工效率比上述几种材料高约 7 ~ 8 倍，是一种理想的新型保温隔热材料、绝冷材料。

与其他保温材料相比，泡沫石棉明显具有以下特点：

① 表观密度小，由于材质轻，施工简便，不需要其他机械设备，不需要支护装置，且可重复使用。

② 保温效果好，其绝热性能优于其他几种常用的保温材料，故相同条件下，达到同样的保温效果，材料消耗小。

③ 性能稳定，作为一种中温保温绝热材料，在表面温度为 530℃ 条件下长期使用，无明显变化。

④ 制造和使用过程无污染，由于采用化学法松解纤维，湿法生产，因而泡沫石棉的生产和使用无粉尘危害，不像膨胀珍珠岩、膨胀蛭石散料那样随风飞扬；也不像岩矿棉、玻璃纤维那样带来刺痒，给施工人员和环境带来不便。

此外，泡沫石棉还具有良好的抗震性能，有弹性，柔软，易用于各种异形外壳的包覆，使用温度范围较广，低温不脆硬，高温时不散发烟雾或毒气，吸声效果好，可用作建筑吸声材料。

泡沫石棉制品基本上可分为普通泡沫石棉、防水泡沫石棉、弹性防水石棉、硬质泡沫石棉等类型。为了提高泡沫石棉的使用性能，扩展其应用范围，还可将泡沫石棉与其他材料复合制成泡沫石棉复合制品。如与铝箔复合，可降低热辐射损耗，提高保温效果，同时可隔绝油、水蒸气的扩散；也可与玻璃纤维布、石棉布复合，提高制品的机械强度。

15.2.3　泡沫塑料

泡沫塑料是以各种树脂为基料，加入少量的发泡剂、催化剂、稳定剂及其他辅助材料，经过加热发泡而成的一种轻质、保温、隔热、吸声、防震材料。它保持了原有树脂的性能，并且比同种塑料具有表观密度小、导热系数低、防震、耐腐蚀、耐霉变，加工成型方便等优点。

泡沫塑料按其泡孔结构可分为闭孔、开孔和网状三种；按表观密度的不同可分为低发泡、中发泡和高发泡三种；按柔韧性不同，泡沫塑料可分为软质、硬质和半硬质三种；按燃烧性能分自熄性和非自熄性；按其在建筑上的使用功能可分为结构性和非结构性。

泡沫塑料均以其构成的母体材料命名，目前比较常见的如聚苯乙烯泡沫塑料、聚乙烯泡沫塑料、聚氯乙烯泡沫塑料、聚氨酯泡沫塑料、环氧树脂泡沫塑料、酚醛泡沫塑料、脲醛泡沫塑料。

1. 聚苯乙烯泡沫塑料

聚苯乙烯(PS)泡沫塑料是以聚苯乙烯树脂为基材制得的泡沫塑料。通常情况下,聚苯乙烯泡沫塑料为硬质、闭孔泡沫塑料。按原材料可分为普通型可发性聚苯乙烯泡沫塑料、自熄型可发性聚苯乙烯泡沫塑料和乳液聚苯乙烯泡沫塑料三种类型。

聚苯乙烯泡沫塑料的导热系数小,为0.04W/(m·K)左右,绝热性能以及韧性、力学强度都较好,耐酸碱能力强,且质轻、防水、不易霉变、易切割成型,原料丰富、价格便宜,是理想的轻质建筑绝热保温材料。在建筑中,聚苯乙烯泡沫塑料可制成各种夹芯板作为非承重结构建筑的内外墙板、活动房屋的轻质墙板。还可以普通钢板、不锈钢板和镀锌钢板作面材制成聚苯乙烯泡沫塑料金属夹芯板,该类板材具有极佳的保温性能和装饰效果,被广泛用作中高档建筑物的外墙材料。

2. 聚氨酯泡沫塑料

聚氨酯(PU)泡沫塑料是以聚醚树脂或聚酯树脂与异氰酸酯反应生成聚氨基甲酸酯为主体,以异氰酸酯与水反应生成的二氧化碳为发泡剂制成的一类泡沫塑料。聚氨酯泡沫塑料品种甚多,按使用的原料不同可分为聚酯和聚醚两大类。

聚氨酯泡沫塑料的拉伸强度、相对伸长率、回弹性、保温性都非常优越且表观密度小、比强度高、导热系数低、加工性能好、抗震能力和防腐蚀性强,与多数材料的粘接性能好,故在建筑领域广泛应用。

3. 聚氯乙烯泡沫塑料

聚氯乙烯(PVC)泡沫塑料是我国目前产量较多的泡沫塑料品种之一。它是以聚氯乙烯树脂为基料,加入发泡剂、稳定剂等辅助材料制成的泡沫塑料。

与其他泡沫塑料相比,PVC泡沫塑料的强度、硬度与耐热性皆高,应用范围广泛。

泡沫塑料防火性能较差,对有防火要求的建筑,在使用泡沫塑料时需添加阻燃剂和协效剂制成防火泡沫。

15.2.4 反射型保温隔热材料

我国对建筑工程的保温隔热,目前普遍采用的是利用多空保温材料和在维护结构中设置普通空气层的方法。这些方法对改善围护结构的热工性能有一定作用,但不够理想,如果在空间层的一边设置一层铝箔,将可大大减少辐射热损失。因此,反射型保温隔热材料为解决建筑的保温隔热提供了一条新途径。

目前的反射型保温隔热材料主要有铝箔波形纸保温隔热板、玻璃棉制品铝箔复合材料和反射型保温隔热卷材三种。

1. 铝箔波形纸保温隔热板

铝箔波形纸保温隔热板简称铝箔保温隔热纸板。它是以波形纸板为基层,铝箔作为面层经加工而成,具有保温隔热、防潮、质量轻等特点。铝箔保温隔热板分3层铝箔波形纸板和5层铝箔波形纸板两种。

铝箔保温隔热板可以固定于钢筋混凝土屋面板下或木屋架下作保温隔热天棚使用,或设置在复合墙中(如在两层砖墙中设置一层或多层铝箔保温隔热板及空气层),作为冷藏室、恒温室及其他类似房间的保温隔热墙体使用。也可用于外护绝热复合材料使用。但铝箔保温隔热板耐外力冲击能力差,易损坏破裂。

2. 玻璃棉制品铝箔复合材料

玻璃棉制品铝箔复合材料是以中级或超细玻璃棉制品为基材,外包覆铝箔牛皮纸、铝箔玻璃布而制成的一类复合型保温材料。

玻璃棉制品铝箔复合材料是新一代建筑保温隔热的理想外护材料，除具有玻璃棉制品的轻质、导热系数小、化学稳定性好、抗震、耐老化等特点外，还有优良的防水、防潮、防水蒸气、电磁屏蔽及高效耐久等特点，且阻燃效果好，经济美观，施工方便，因此广泛应用于各类高级建筑的保温隔热。

3. 反射型保温隔热卷材

反射型保温隔热卷材又名反射型外护层保温卷材或镀铝薄膜玻璃纤维布复合材料。它是以玻璃纤维布为基材，表面上经真空镀膜加工而制成的一类镀铝膜玻纤织物复合材料。

该卷材表面具有与一般抛光铝板同样的银白色金属光泽，在某些情况下可以代替铝皮、薄铝板使用，节省大量有色金属。由于在真空镀膜与玻璃纤维布复合过程中，经特殊技术处理，故镀铝层不易氧化，可长时间保持光亮，因此反射性强，对辐射热及红外线有良好的屏蔽作用。对波长 2 ~ 30μm 的热辐射具有较高的反射率和较低的辐射率，在建筑工程中，无论墙体、屋面均可使用。但反射型保温隔热卷材耐外力冲击能力仍然较弱，遭强外力冲击，易损坏破裂。

15.2.5　轻质保温墙体及屋面材料

轻质保温墙体及屋面材料是新兴材料，具有自重轻、可提高建筑物的抗震性能、增加建筑物的使用面积、节省能耗、施工效率高等优点。轻质保温墙体和屋面制品通常是板材，墙体还可加工成各种砌块，常见的有加气混凝土砌块与板材、石膏砌块及板材、轻质混凝土砌块及板材、粉煤灰砌块、纤维增强水泥板、钢丝网夹心复合板材、有机纤维板与有机复合板、新型金属复合板材等。

1. 加气混凝土砌块与板材

加气混凝土是钙质材料（水泥、石灰）、硅质材料（石英砂、粉煤灰、粒化高炉矿渣等）和发气剂（铝粉、锌粉等）等原料，经磨细、配料、搅拌、浇注、发气等工序生产而成的以水化硅酸钙为主要组成的含有大量气孔的轻质混凝土材料。

我国生产的加气混凝土表观密度一般为 500 ~ 700kg/m^3，抗压强度 3.0 ~ 6.0MPa。产品主要有砌块和条板两种。

加气混凝土砌块的技术规范执行国标 GB 11968—2006。砌块按抗压强度和体积密度分级，强度等级有 A1.0、A2.0、A2.5、A3.5、A5.0、A7.5、A10 七个级别；体积密度级别有 B03、B04、B05、B06、B07、B08 六个级别；按尺寸偏差与外观质量、干密度、抗压强度和抗冻性分为优等品（A）、合格品（B）两个等级。

加气混凝土砌块适用于框架建筑、高层建筑、地震设防的建筑、保温隔热要求高的建筑，可作承重墙体、非承重墙体，也可作保温材料使用。

加气混凝土板材的技术规范执行国标 GB 15762—2008。按蒸压加气混凝土强度分为：A2.5、A3.5、A5.0、A7.5 四个强度级别。按干体积密度级别有 B04、B05、B06、B07 四个级别。

加气混凝土板材可分为外墙板、隔墙板及屋面板等。适用于民用及工业建筑物的屋面板、非承重外墙和内隔墙板，也可用于拼装外墙板。

2. 石膏砌块与板材

石膏作为三大胶凝材料之一，具有质轻、一定的保温隔热性、耐火性好、尺寸稳定、装饰美观、可加工性能好等优点。石膏材料还具有“呼吸”功能，使其装饰的环境舒适。生产建筑石膏的能耗仅为生产水泥的 30% 左右，石灰的 40% 左右，可为节能材料。

石膏砌块具有质轻、隔热、防火和调节室内温度的良好性能，能有效减轻建筑物自重，提高抗震能力，并增加建筑的有效使用面积，主要用于工业与民用建筑中的框架结构以及其他结构的非承重内隔墙。

石膏板材品种较多，有纸面石膏板、纤维石膏板、石膏装饰板、石膏空心条板等，在我国轻质墙板的使用中占有很大比重。

3. 轻质混凝土砌块与板材

轻质混凝土砌块是以水泥为胶凝材料，火山渣、浮石、膨胀珍珠岩、煤渣以及各种陶粒等为骨料，加水搅拌，经振动、加压或冲压成型，并养护而成的小型轻质墙体材料。

轻质混凝土砌块以其轻质、高强、保温隔热性能好、抗震性好等特点在各种建筑墙体中得到广泛应用，特别是在保温隔热要求较高的围护结构中应用。

轻质混凝土板材是以水泥为胶结材料，陶粒或天然浮石等为粗骨料，陶砂、膨胀珍珠岩砂、浮石砂等为细骨料，经搅拌、成型、养护而成的一种轻质墙板。

轻质混凝土板材生产工艺简单、自重轻、强度高、绝热性能好，耐火、抗震性能优越，与砖墙相比厚度可减少19% ~41%，总热阻较370砖墙增加20% ~30%。主要用于装配式民用住宅大板建筑以及整体预应力装配式板柱结构建筑物。

4. 纤维增强水泥板材

纤维增强水泥板材是指以水泥为基本材料和胶粘剂，以石棉或玻璃纤维为增强材料而制成的板材，具有厚度小、质量轻、抗拉强度和抗冲击强度高、耐冷热、不受气候变化影响、不燃烧等优点，可用作各种墙体和复合墙体。

按原材料纤维不同，纤维水泥板可包括石棉纤维、人造纤维、石棉纤维和人造纤维混合等类型；按所用水泥划分，可分为普通硅酸盐水泥和低碱度水泥纤维水泥板。常用的纤维增强水泥板包括中碱玻纤短石棉低碱度水泥平板（TK板）、玻璃纤维增强水泥板（GRC板）、无石棉轻质纤维水泥平板、纤维水泥不然平板和石棉水泥压力板等。

5. 钢丝网夹芯复合板材

钢丝网夹芯复合板材是以轻质板材为覆面板或用混凝土作面层和结构层，高效保温材料作芯层，主要特点是充分发挥了各种材料的特性，从而在提高保温性能的基础上使墙体的厚度减薄、重量减轻。从保温节能的要求出发，现浇复合外墙和预制复合外墙板在寒冷地区以及严寒地区将会得到较快发展。

按所用的轻质芯材不同，钢丝网夹芯复合板可分为：钢丝网架泡沫塑料夹芯板，以阻燃性聚苯乙烯泡沫板为主芯材；钢丝网架岩棉夹芯板，用半硬质岩棉板作主芯材。

钢丝网夹芯复合板是把轻质、高强结构和优良的保温隔热、防火、防潮、防冻、防震等性能结合起来的一种新型墙体，主要用于房屋建筑的内隔墙、围护外墙、保温复合外墙、楼面、屋面及建筑物加层等。

6. 新型金属复合板材

新型金属复合板材是指金属面复合夹芯板。金属面夹芯板的金属面可采用彩色喷涂钢板、彩色喷涂镀锌钢板、不锈钢板、铝板、镀锌钢板、钢板等；芯体材料可为硬质聚氨酯泡沫塑料、聚苯乙烯泡沫塑料或由热固性胶粘剂加固制成的岩棉板。面材与芯材之间的粘接，一般采用聚氨酯胶，为提高防火性能，也可使用改性酚醛树脂作胶粘剂。

新型金属复合板材突出表现为质量轻、高强、绝热性好、施工方便、可多次拆卸、可重复安装、耐久性好。目前常用的有聚氨酯夹芯复合板、聚苯乙烯复合夹芯板(EPS 板)、岩棉夹芯复合板、铝塑复合板(铝塑板)等几种。

本章小结

本章介绍了保温、隔热材料的分类:有机保温隔热材料和无机保温隔热材料;影响保温材料性能的主要因素:材料密度、内部构造及温度湿度;常用的保温、隔热材料:玻璃棉及其制品、岩棉及其制品、石棉及其制品、矿渣棉及其制品、膨胀蛭石及其制品、膨胀珍珠岩及其制品和有机保温、隔热材料。学习本章首先要对保温隔热材料的分类有所了解;重点掌握保温隔热材料性能的影响因素;一般掌握常用保温隔热材料的特点及应用

复习思考题

1. 填空题

(1)通常所指的保温隔热材料是指导热系数小于______的材料。

(2)某些松散的纤维保温材料存在一个最佳表观密度,在最佳表观密度下,导热系数______,当表观密度大于或小于此值时,导热系数将______。

2. 选择题

(1)岩棉的导热系数(W/m·K)是(　　)。

A. ≤0.041　　B. 0.158　　C. 0.081　　D. 0.105

(2)下列何种材料是绝热材料?(　　)

A. 松木　　B. 玻璃棉板　　C. 黏土砖　　D. 石膏板

3. 问答题

(1)导热系数的物理意义是什么?

(2)导热系数与温、湿度的关系怎样?

(3)常用的保温隔热材料有哪些?

第16章　吸声材料

本章基本内容：

吸声材料是处理建筑室内设计声学问题的主要物质手段之一。本章主要介绍了吸声材料的概念、吸声材料的类型结构以及建筑中常用的吸声材料的特点及应用。

人们经常看到演播室、影剧院、礼堂、会议室以及某些工厂车间的墙面或顶面有穿孔铝合金板、木丝板、穿孔胶合板及玻璃棉软包等类材料。这些材料具有能够把入射在它上面的声能吸收掉的特性，所以称为吸声材料。吸声材料是处理建筑室内设计声学问题的主要物质手段之一。建筑中吸声材料的应用是十分广泛的。正确地使用吸声材料可以达到改善厅堂音质，消除回声和颤动回声以及控制和降低噪声干扰等目的。所以建筑师必须掌握吸声材料的吸声原理，了解吸声材料的吸声特性，以便正确地选择和合理地使用吸声材料。

16.1　吸声材料概述

1. 材料的吸声系数

材料的吸声性能以吸声系数表示。当声波入射到建筑构件（如墙、板等）时，声能的一部分被反射，一部分透过构件，还有一部分由于材料的振动或声音在其中传播时与材料介质摩擦、热传导而被损耗，我们通常说它被材料所吸收（图16-1）。

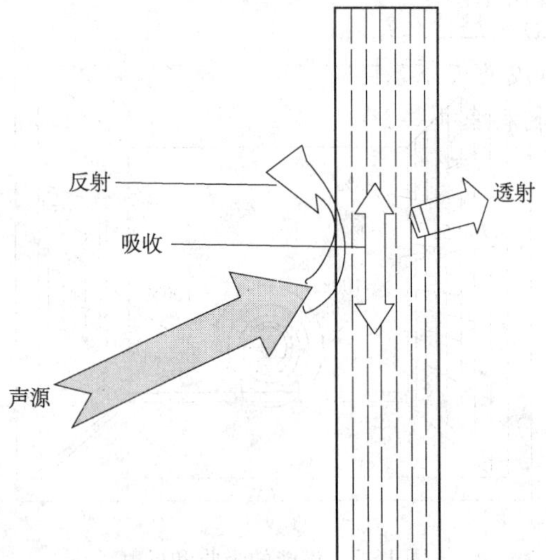

图16-1　声能的反射、透射与吸收

根据能量守恒定律，若单位时间内入射到构件上的总声能为 E_o，反射的声能为 E_r，构件吸收的声能为 E_d，透过构件的声能为 E_τ，则有如下关系：

$$E_o = E_r + E_d + E_\tau \tag{16-1}$$

公式两边同时除以 E_o 得

$$1 = \frac{E_r}{E_o} + \frac{E_d}{E_o} + \frac{E_\tau}{E_o} \tag{16-2}$$

我们把透射声能与入射声能之比称为透射系数，记作 τ；反射声能与入射声能之比称为反射系数，记作 γ，吸收声能与入射声能之比称为损耗系数，记作 d，即

$$\tau = \frac{E_\tau}{E_o} \tag{16-3}$$

$$r = \frac{E_r}{E_o} \tag{16-4}$$

$$d = \frac{E_d}{E_o} \tag{16-5}$$

人们常把 τ 值小的材料称为隔声材料，把 γ 值小的材料称为吸声材料。实际上构件吸收的声能只是 E_d，但从入射波和反射波所在的空间考虑问题，常用下式来定义材料的吸声系数 α：

$$\alpha = 1 - r = 1 - \frac{E_r}{E_o} = \tau + d = \frac{E_\tau + E_d}{E_o} \tag{16-6}$$

上式说明，材料的吸声系数等于其透射系数和损耗系数之和。

在进行室内音质设计或噪声控制时，必须了解各种材料的隔声、吸声特性，从而合理地选用材料。

假如在一个空间中入射声能的 65% 被吸收，其余 35% 被反射，则材料的吸声系数就等于 0.65。当入射声能 100% 被吸收，无反射时，吸声系数等于 1。当门窗开启时，吸声系数相当于 1。当空中悬挂有吸声体，由于有效吸声面积大于计算面积可获得吸声系数大于 1 的情况。声能被吸收的情形如图 16-2 所示。

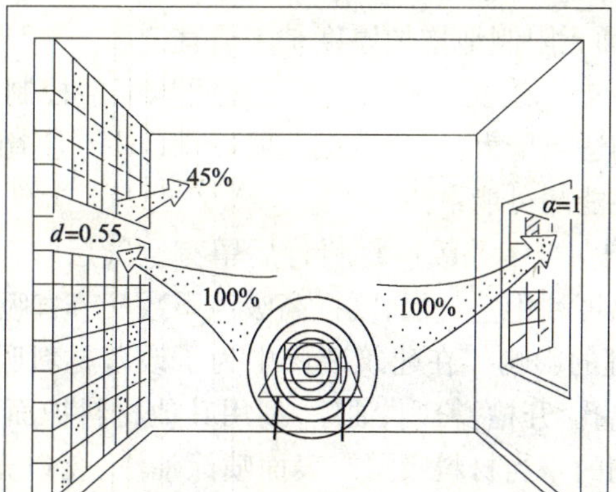

图 16-2　声能的吸收和反射

2. 材料的吸声特性与声波频率的关系

材料的吸声特性不但与声波的方向有关，还与声波的频率有很大关系，同一材料对于高、

中、低不同频率的吸声系数不同。为了全面反映材料的吸声特性，通常取125Hz、250Hz、500Hz、1000Hz、2000Hz、4000Hz等六个频率的吸声系数来表示材料吸声的频率特性。凡六个频率的平均吸声系数大于0.2的材料，可称为吸声材料。材料的吸声系数越高，吸声效果越好，如果是音乐演出，还要考虑63Hz和8000Hz两个频率。由于音乐厅要求混响时间相对较长，所以吸声材料不可多用。

吸声材料按其结构状况，可分为多孔吸声材料，共振吸声结构和特殊吸声结构等三大类。它们都应考虑防火、防潮、防腐、防蚀等问题。尽可能选用吸声系数较高的材料，以便使用较少的材料达到较好的吸声效果。

16.2 吸声材料的类型及其结构形式

吸声材料按其结构状况，可分为多孔吸声材料、板状吸声体、共振吸声结构和空间吸声体等。

1. 多孔吸声材料

多孔吸声材料是主要的吸声材料，它具有良好的高频吸声性能。

多孔吸声材料具有大量内外连通的微小间隙和连续气泡，因而具有一定的通气性，当声波入射到材料表面时，声波很快地顺着微孔进入材料内部，引起空隙间的空气振动，由于摩擦、空气黏滞阻力和空隙间空气与纤维之间的热传导作用，使相当一部分声能转化为热能而被吸收掉。所以多孔材料吸声的先决条件是声波能很容易地进入微孔内，因此不仅材料内部，而且在材料表面上也应当多孔，如果多孔材料的微孔被灰尘污垢或抹灰油漆等封闭时，会对材料的吸声性能产生不利影响。它与保温隔热材料要求有封闭的微孔是不一样的。

多孔材料的吸声性能与材料的表观密度和内部构造有关。在实际应用中，多孔材料的厚度、表观密度、材料背后是否有空气层以及材料表面的装饰处理等，都对它的吸声性能有影响。

(1)材料厚度的影响　多孔材料的吸声系数，一般随着厚度的增加而提高其低频的吸声效果，而高频影响不显著。但材料厚度增加到一定程度后，吸声效果的提高就不明显了。所以为了提高材料的吸声性能而无限制地增加厚度是不适宜的。

(2)材料表观密度的影响　改变材料的表观密度可以间接控制材料内部微孔尺寸。一般来说，多孔材料表观密度的适当增大，意味着微孔的减少（即孔隙率的减少），能使低频吸声效果有所提高，但高频吸声性能却可能下降。

(3)背后空气层的影响　当多孔吸声材料背后留有空气层时，与该空气层用同样的吸声材料填满的效果近似，所以可利用空气层，既提高吸声系数又节省吸声材料。

(4)材料表面装饰处理的影响　在建筑装修中为了改善材料吸声性能的要求，常常要进行表面装饰处理，如表面钻孔、开槽，粉刷、油漆，利用其他材料护面。吸声材料表面的空洞和开口孔隙，对吸声也是有利的。当材料吸湿或表面喷涂油漆，孔口充水或堵塞，会大大降低吸声材料的吸声效果。

常用的多孔吸声材料有玻璃棉、矿渣棉、泡沫塑料、各种软质纤维板、木丝板、微孔吸声砖、纤维铝板，目前又有压铸铝吸声板是绿色、防火、防潮的吸声材料。

2. 板状（或薄膜）吸声体

不穿孔的板状或薄膜吸声体是第二类吸声材料。任何一种不透气的材料装在墙壁上并保持一定的空气层，就成为板状吸声构造，当声波撞击板面时便发生振动。板的挠曲振动将吸收部分的入射声能，并把这种声能转变为热能。

薄板是一种很有效的低频吸声构件。因为室内空间和多孔材料对中频和高频吸收都较大，如果选择适当，薄板吸声构件可起平衡作用。因此，使用薄板吸声构件能在音频范围起到均匀的混响特性。图16-3为6mm厚的胶合板，与墙面相距75mm的空气层内填充或不填充多孔材料时的吸声频率特性。在空气层内填充多孔吸声材料能增加低频的吸收，或展宽吸收的频带。

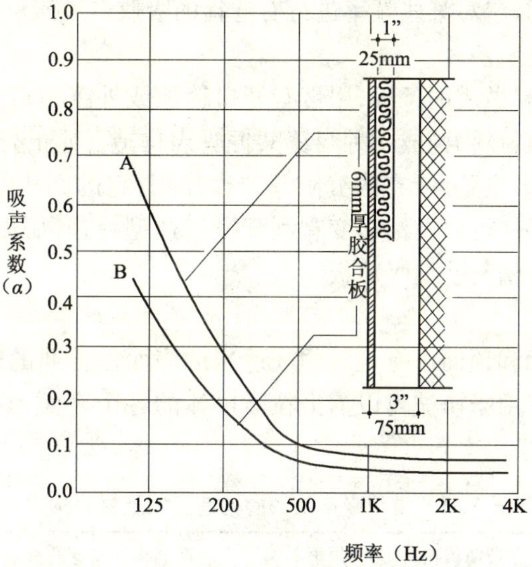

图16-3　6mm厚胶合板与墙面构成的空气层为75mm时，在空气层内填充或不填充吸声毡的吸声系数

在厅堂内表面的装饰构造中，下列的薄板吸声能有效地吸收低频：木板和硬纸板、石膏板、悬吊式抹灰顶、硬塑料板、拉毛干灰板、窗、门、玻璃、木地板、木讲台、金属板散热器等。为了使吸声构件耐磨经用，很多非穿孔的薄板吸声构造都设在墙壁的较低部分作为墙裙的装饰。

皮革、人造革、塑料薄膜等材料具有透气、柔软、受张拉时有弹性等特性。这些薄膜材料与其背后的封闭空气层形成共振系统，用以吸收共振频率附近的入射声能。薄膜吸声结构频率通常在200～1000Hz范围，最大吸声系数约为0.3～0.4，一般把它作为中频范围的吸声材料。

3. 空腔（亥姆霍兹）共振器

空腔（亥姆霍兹）共振器，是第三类吸声体。它是一个内部为硬表面的封闭体，连接一条颈状的狭窄通道，以便声波通过狭窄通道进入封闭体内。

空腔共振器可分为：单个吸声体、穿孔板共振器、狭缝共振器。

（1）单个空腔共振器

单个空腔共振器可以是规格不一的空的陶土容器，中世纪有些国家的教堂已经采用。它们的有效吸声范围为100～400Hz。

按一定的级配搅拌的混凝土制造的带狭窄槽空腔的标准砌块，称为吸声砌块。这种砌块就是一种空腔共振器。由于砌块不需要作吸声处理，所以是一种控制混响或噪声的经济方法。低频时，砌块的吸声量增大，高频时减少。砌块表面可以涂油漆，不影响它们的吸声效果，这种砌块的最大优点是坚固耐久，适用于体育馆、游泳池、工业厂房、交通运输终点站和比地面低的公路等。

(2)穿孔板共振器

把穿孔板与墙壁隔开一定距离安装,实际上是充分利用空腔共振器的吸声原理。穿孔板构造有很多颈,它的作用如同一排空腔共振器。穿孔板厚度、穿孔率、孔径、孔距、背后空气层厚度以及是否填充多孔吸声材料等,都直接影响吸声结构的吸声性能。

市场上已有的穿孔吸声板为穿孔铝合金板、胶合板、硬质纤维板、石膏板、石棉水泥板、薄钢板等,将周边固定在龙骨上并在背后设置空气层或填充多孔材料而构成。这种吸声结构在现代装饰工程中普遍使用,它对某些频率进行有选择的吸收。

(3)窄缝共振器

用木头、金属或硬塑料做成的条板,用带有开口缝隙或外露槽口的空心砌块来装饰墙面,后面填充毛毡等多孔吸声材料,构成一种窄缝共振吸声构造。它的作用与穿孔板共振器很相似,窄缝像颈状在后面构成空腔,所有的缝隙起透声作用,它的面积最少应占总面积的35%。这种吸声构造由于处理手法可以灵活多变有利于空间造型处理,所以设计人员经常采用。如市场上出现的双面交叉开槽密肋缝吸声板。

4. 空间吸声体

当一座厅堂内的墙面和顶面没有足够的或适当的表面作普通的声学处理时,可采用空间吸声体悬吊在顶棚下面。由于声波可以撞击在吸声体的各个表面,它们的吸声效果远比普通的吸声材料要好(表16-1)。

表16-1 常用吸声结构的构造图例及材料构成

类别	多孔吸声材料	薄板振动吸声结构	共振吸声结构	穿孔板组合吸声结构	特殊吸声结构
构造图例	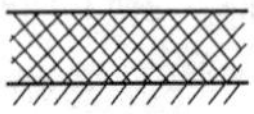 (*a*)	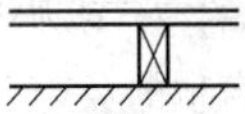 (*b*)	 (*c*)	 (*d*)	 (*e*)
举例	玻璃棉 矿 棉 木丝板 半穿孔纤维板	胶合板 硬质纤维板 石棉水泥板 石膏板	共振吸声器	穿孔胶合板 穿孔铝板 微穿孔板	空间吸声体 帘幕吸声体

空间吸声体用穿孔板材(钢、铝、硬纸板条等)作成各种形状,如弧板形、棱柱体形、立方体形、球形、圆柱体形、单锥和双锥壳体形等,通常填充或衬贴玻璃棉、矿棉等吸声材料。特别适用于噪声很大的工业厂房作吸声处理。

5. 帘幕吸声体

帘幕吸声体是用具有通气性能的纺织品,安装在离墙面或窗洞一定距离处,背后设置空气层。这种吸声体对中、高频都有一定的吸声效果。帘幕吸声体安装、拆卸方便,兼具装饰作用,应用价值较高。

16.3 常见的建筑吸声材料

1. 石膏装饰吸声板

石膏装饰吸声板是以建筑石膏为主要材料,加入少量增强材料和外加剂,与水混合,经浇注、脱膜、干燥、穿孔等工序制作而成的不带护面纸的板材。有的板面粘贴一层PVC装饰面层。石膏板的表面可以加工成各种图案，根据需要加工成各种形状的孔，以获得更好的装饰和吸声效果。

装饰石膏板可以加工成各种平板、花纹浮雕板、穿孔板和半穿孔板等，具有质量轻、强度高、防火、防震、隔热、阻燃、吸声、耐老化、变形小及可调节室内温度等特点，主要用于建筑物的室内顶棚和墙面装饰板。

2. 纤维装饰吸声板

纤维装饰吸声板分为软质纤维装饰吸声板和硬质纤维装饰吸声板，是以软质纤维板或硬质纤维板根据所需尺寸锯割以后，再经表面处理制成的一类木质装饰吸声材料。软质纤维装饰吸声板具有轻质、隔热、吸声等优良性能。由于表面经加工具有各种图案花纹，故具有独特的装饰效果；硬质纤维装饰吸声板质地坚硬，吸声性能好，不会因吸湿变形，经久耐用，并且质量轻，强度高，耐磨，耐酸碱，表面可以用油漆、涂料喷涂上各种花色，装饰效果极佳。

3. 硅钙装饰吸声板

硅钙装饰吸声板是以硅质材料和钙质材料为主要原料，掺入纤维材料增强并掺入轻骨料以降低表观密度而制成的轻质吸声材料。其特点是质轻、强度高、不怕火、不怕潮湿、不变形、声热性能优良，可用于礼堂、剧院、电影院、播音室、录像室及会议室等公共建筑的室内吊顶和内墙装饰。

4. 膨胀珍珠岩装饰吸声板

珍珠岩装饰吸声板是以膨胀珍珠岩或膨胀蛭石为骨料，加入无机胶凝材料和外加剂而制成的吸声材料。膨胀珍珠岩装饰吸声板具有吸声、质轻、保温、隔热、防火、防潮、防腐蚀等特点。由于在板内部形成互不连通的微孔结构，从而是声音衰减，可以降低室内噪声，控制和调整室内混响时间，消除回声，改善室内音质，提高语言清晰度，是城市公共建筑和住宅理想的顶棚材料，适用于影剧院、音乐厅、播音室、录音室、会议室、礼堂等场所。

5. 玻璃棉装饰吸声板

玻璃棉装饰吸声板是以玻璃纤维为主要原料，加入适量的胶粘剂、防潮剂、防腐剂等，经加压、烘干以及表面处理等加工工序而制成的玻璃纤维板材。

玻璃棉体积密度小，导热系数低，吸声性能好，不燃、耐热、抗冻、耐腐蚀、不怕虫蛀、化学性能稳定，广泛地用于绝热、防火、吸声方面，可用作墙体内填吸声棉。

但玻璃棉在生产、运输、安装、使用过程中难以避免有粉尘洒落于空气，可引起皮肤、眼睛、口鼻等器官的不良反应，其环保问题已引起人们重视。因此，最近国外又出现了新型可替代玻璃棉的环保吸声材料——蜜胺泡绵。蜜胺泡绵是以三聚氰胺为原料制造的开孔泡沫，属于氨基塑料族中的热固树脂塑料，硬度高，耐磨，内部为精细三维丝网结构。其优点是重量轻，体积密度在10 ~30kg/m^3，防火B1级，原料环保，不含胶粘剂（甲醛等），易于弯曲、剪裁、安装，洁净度高，空气中无飘浮物，吸声效果好，可用作墙体内填吸声棉。

6. 金属装饰吸声板

金属装饰吸声板是以不锈钢板、防锈铝板、电化铝板、镀锌铁板为基材，经特殊加工处理，制成不同穿孔率的金属板来消除噪声的一类装饰吊顶材料。

该类材料的特点是材质轻、强度高、耐高温、高压、耐腐蚀、防火、防潮、化学稳定性好，且造型美观、色泽高雅、立体感强、装饰效果好，适用于宾馆、饭店、剧场、影院等公共建筑，以及中、高档民用建筑的装修。

16.4　吸声材料选用注意事项

在室内采用吸声材料可以抑制噪声，保持良好的音质，在吸声材料的选用上应注意以下几点：

1. 要使吸声材料充分发挥作用，应将其安装在最容易接触声波和反射次数最多的表面上，而不应把它集中在顶棚或某一面的墙壁上，并应比较均匀地分布在室内各表面上。

2. 吸声材料强度一般较低，应设置在护壁线以上，以免碰撞破损。

3. 多孔吸声材料往往易于潮湿，安装时应考虑到湿涨干缩的影响。

4. 吸声材料在各个频段的吸声系数有大有小，因此，应尽量选用多种吸声材料搭配使用，以达到完美的吸声效果。

5. 安装吸声材料时应注意勿使材料的表面被油漆等漆膜堵塞而降低吸声效果。

本章小结

本章介绍了吸声材料的相关概述，介绍了吸声材料的类型及结构形式：多孔吸声材料、板状吸声材料、空腔共振器、空间吸声体及帘幕吸声体各自的特点；介绍了建筑中常用的吸声材料：石膏装饰吸声板、纤维装饰吸声板、硅钙装饰吸声板、膨胀珍珠岩装饰吸声板、玻璃棉装饰吸声板、金属装饰吸声板各自的特点与应用；介绍了吸声材料的选用原则。学习本章应重点掌握吸声材料的类型及结构形式；其次应掌握建筑中常用吸声材料的特点及应用。

复习思考题

1. 填空题

(1)材料的吸声系数等于其______和______之和。

(2)为了全面反映材料的吸声特性，通常把125Hz、250Hz、500Hz、1000Hz、2000Hz、4000Hz等六个频率的平均吸声系数大于______的材料，可称为吸声材料。

(3)多孔材料最基本的构造特征是它的______性。

2. 选择题

(1)对多孔吸声材料的吸声效果有影响的因素是(　　)。

A. 材料的密度　　B. 材料的微观结构

C. 材料的化学组成　　D. 材料的孔隙特征

(2)下列叙述，(　　)有错。

A. 同一材料，对不同频率的声音吸声系数不同。

B. 吸声材料开放并相互连通的孔越多，其吸声性越好。

C. 吸声材料的孔结构与绝热材料的孔结构相同。

D. 吸声材料受潮，吸声系数将会减小。

(3)材料的吸声性能与以下因素有关(　　)。

a. 材料背后设置空气层;b. 材料厚度与表面特征;c. 材料的体积密度和构造状态;d. 材料的安装部位

A. a、b、c　　B. a、b、d　　C. a、c、d　　D. b、c、d

(4)影响纸面穿孔石膏板吸声性能的主要因素是(　　)。

A. 穿孔率　　B. 后空腔大小　　C. 石膏板厚度　　D. 材料尺寸规格

3. 问答题

(1)简述多孔材料的吸声机理?对它的吸声性能有哪些影响因素?

(2)多孔材料的厚薄对吸声性能有何影响?

第 17 章　建筑防火材料

本章基本内容：

建筑材料的防火问题是建筑工程的强制性指标。建筑领域中的建筑材料遇火后的燃烧性能各不相同。本章主要介绍了材料防火的基本概念与分类，防火材料的阻燃原理以及建筑中常用材料的阻燃处理措施。

17.1　建筑防火材料概述

建筑防火材料，是使建筑物成为不燃性或难燃性的，以防止火灾发生和蔓延，或者即使发生火灾，在初期也能起到延缓燃烧，以争取防止燃烧和避难所需的时间，为此目的而使用的材料。

1. 根据《建筑设计防火规范》（GB 50016—2006）和《高层民用建筑设计防火规范》（GB 50045—1995），将建筑材料和建筑构件分为不燃烧体、难燃烧体、燃烧体三大类。

（1）不燃烧体

指在空气中受到火烧或高温作用时不起火、不微燃、不碳化的材料，如砖石、石膏、混凝土、钢材等均为不燃烧材料。用不燃材料做成的建筑构件称为不燃烧体。

（2）难燃烧体

指在空气中受到火烧或高温作用，难起火、难微然、难碳化，当火源移走后，燃烧或微燃立即停止的材料，如经过防火处理的木材、水泥木丝板等。用难燃材料做成的建筑构件或用燃烧材料做成构件后又用不燃材料做保护层的建筑构件称难燃烧体。

（3）燃烧体

指在空气中受到火烧或高温作用时，立即起火或微燃，且火源移走后仍继续燃烧的材料，如纸、木材、纺织品等。用燃烧材料做成的建筑构件称燃烧体。

标准中规定建筑的耐火极限是指对建筑构件按时间—温度标准曲线进行耐火试验时，从受到火作用时起到失去支持能力，或构件完整性被破坏，或失去隔火作用时止的这段时间，以小时表示。

2. 按照国家标准《建筑材料及制品燃烧性能分级》（GB 8624—2006）的规定，建筑材料按燃烧性能分为：A1、A2、B、C、D、E、F 七个级别。

《建筑材料及制品燃烧性能分级》（GB 8624—2006）是我国评价建筑材料防火安全性能的基础标准，现原版本为 1997 版。新修订的分级标准参照欧洲分级体系 EN13501—1：2002 制定，除在其 A2、B、C 级中增加了材料产烟毒性附加分级外，其他部分都完全同欧盟标准一致。该分级标准对现行标准进行了全面修订，无论是体系还是试验方法都有很大的不同。主要表现在：

（1）在标准中对铺地材料和管道隔热材料的燃烧性能分级作了单独规定，燃烧性能等级由下标 fL 和 L 来分别区分；

（2）对材料燃烧性能级别的划分由 A 级（匀质材料）、A 级（复合夹芯材料）、B1、B2 和 B3 五个级别改为 A1、A2、B、C、D、E、F 或铺地材料 $A1_{fL}$、$A2_{fL}$、B_{fL}、C_{fL}、D_{fL}、E_{fL}、F_{fL}或管状隔热保温材料 $A1_L$、$A2_L$、B_L、C_L、D_L、E_L、F_L 七个级别；

（3）对材料燃烧性能级别判定所用的试验方法以及判据有大的变化，特别是考虑了燃烧的热值、火灾发展速率、烟气产生率等燃烧特性要素；

（4）、燃烧性能分级适用的材料范围有所变化，对原标准规定的部分特定用途的材料，如窗帘幕布类纺织物、电线电缆套管类塑料材料的分级不再包括。

该标准的第 4、10、11、12、13 章的内容为强制性条文。

材料的燃烧性能，应按 GB 8624—2006 规定的标准试件方法，由国家专业检测机构检测，并确认其燃烧性能等级。

当建筑材料按照 GB 8624—2006 试验方法进行检验未通过时，即可判定为易燃性建筑材料。

上述标准中所述的建筑材料是指在建筑构件中所用的各种成型材料，如各类板材、成型保温材料、饰面材料及地面覆盖材料等。

根据我国现行有关规定，建筑物的耐火等级分为四级，耐火等级标准主要根据房屋的主要构件（如墙柱、梁、楼板、屋顶等）的燃烧性能和它的耐火极限来确定。

17.2　建筑材料的阻燃原理及方法

在种类繁多的建筑材料中，无机材料遇火后绝大多数不发生燃烧，仅引起物理力学性能降低，严重者丧失其承载能力，而有机高分子材料，如塑料、橡胶、合成纤维等，则因其分子中含有大量的碳氢化合物而使其燃点低，容易着火，燃烧时蔓延速度快。因此，建筑材料的阻燃，从某种意义上说，就是对有机高分子材料进行的阻燃。

17.2.1　建筑材料的阻燃原理

任何物质的燃烧都是一种剧烈的、伴之以发光热的氧化反应过程。高分子材料化学成分复杂，因而，燃烧过程也比较复杂，它包括了一系列的物理变化和化学变化过程，这些理化反应过程如图 17-1 所示。

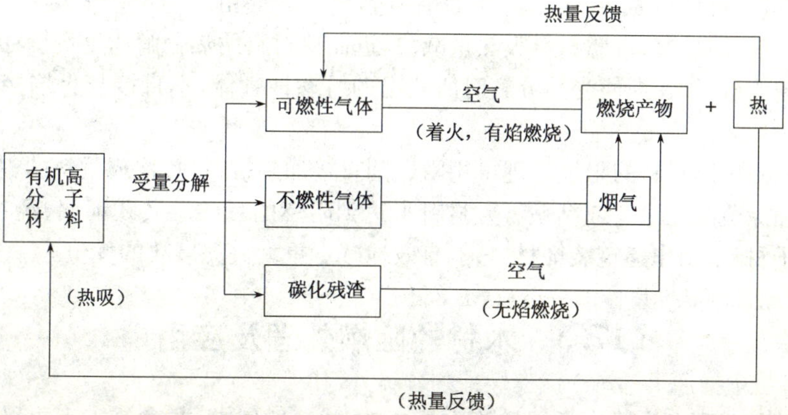

图 17-1　物质燃烧过程示意图

图17-1显示了建筑火灾中材料参与燃烧的过程是一个连续反应的过程，其中材料受热分解是最关键的一个过程。热分解进行的难易、快慢程度，与热源温度、可燃物组成及其燃烧特性和空气中的供氧浓度因素有关，因此，有机高分子材料的阻燃，就是要采取物理和化学的方法，控制材料热分解过程的发生和发展，从而有效地阻止它的燃烧和蔓延。

17.2.2 建筑材料的阻燃方法

通常采取下述隔热、降温和隔绝空气等方法，以达到对易燃、可燃性材料阻燃的目的。

1. 减少材料中可燃物的含量

在易燃、可燃材料内，加入一定量的不燃材料（如水泥、玻璃纤维等），以降低易燃、可燃材料的发热量。常见的纸浆水泥板、水泥木丝板就是用减少可燃物含量的方法来进行阻燃的。又如环氧、酚醛、聚酯等热固性树脂，加入了玻璃纤维后形成玻璃钢，其玻璃纤维的加入，大大地减少了可燃物（树脂）的含量，也达到了阻燃的效果，而且还降低了该材料的成本。

2. 控制火灾时的热传递

在木材表面涂刷膨胀性防火涂料，使之在火灾作用下，涂料表面逐渐变成熔融膜，并构成均匀的泡沫碳化层，同时涂料中的碳化剂不断脱水，泡沫剂分解产生出不燃性的 NH_3、Cl_2、HCl 气体等。此时，犹如在木材与火源之间，设置了一道泡沫碳化层、水蒸气和不燃性气体所组成的防火屏障，使火焰不能与木材直接接触，从而达到了控制热传递的作用。

3. 抑制材料燃烧时的气态反应

在合成材料中，加入具有抑制燃烧反应的物质，以捕捉燃烧时所析出的自由基（OH·），从而达到阻燃的目的。最常见的处理办法是在合成高分子材料中加入卤素化合物，当火灾发生后，卤化物在一定温度下受热分解，产生出的 HX 与已燃烧的该物质所产生的自由基（OH·）发生作用，生成水蒸气，进而抑制该材料燃烧的继续进行。其反应如下：

$$HX + OH\cdot \longrightarrow H_2O + X\cdot$$

此反应使具有高活性的自由基（OH·）转变为相对不活泼的卤原子（X·），继而使卤原子又从可燃物（RH）中夺取氢原子再形成 HX。该过程往复不断，直到燃烧反应终了为止。反应如下式所示：

$$RH + X\cdot \longrightarrow HX + R\cdot$$

4. 采取隔绝氧气的办法

在易燃、可燃材料表面粘贴金属箔（如铝箔等），一方面由于金属箔大量反射燃烧所生成的热量，使被覆盖的易燃、可燃材料吸热量减少，进而使材料的热分解速度变慢；另一方面又可以阻止被覆盖的材料，在即使受热分解时所放出的可燃性气体，不直接与火焰接触，从而达到阻燃的目的。

总之，易燃、可燃材料的阻燃处理可用阻燃剂直接加到材料内，构成材料的一个组分，也可以在材料表面涂覆防火涂料或粘贴不燃材料来达到阻燃的目的。实践证明，经过阻燃处理后的有机高分子材料，用作建筑装饰材料，能有效地减少重大火灾事故的发生。

17.3 木材的阻燃处理及应用

木材是建筑工程和人民生活用品的重要材料之一，近年来，在建筑工程中，较多的木材作为地板、室内护墙板、木制门等。木材因含有90%的纤维素、半纤维素、木质素和约10%的浸提物而具有可燃性，易引起火灾和使火蔓延扩大。据了解，美国21%的火灾由木材等纤维素物引起。我国在历史上就是一个多火灾国家，从3000多年前商代有文字记载的火灾起到现在，人们都把木材作为引起火灾，使火蔓延的祸首。如今，随着工农业的发展及人口的剧增，火灾危害更是有增无减。

木材在火的作用下发生热分解反应，使木材中复杂的高分子物质分解成许多简单的低分子物质，同时随着温度的升高，反应由吸热变为放热，从而又加速了木材本身的热分解。

木材遇火热解时，除分解出可燃气体外，还有游离碳、干馏物粒子等，这些就是烟。烟的出现，影响光线通过，阻挡人的视线，妨碍室内人员的安全疏散和消防人员的灭火扑救。

17.3.1　木材阻燃处理方法

1. 抑制木材在高温下的热分解

实践证明，某些含磷化合物能降低木材的热稳定性，使其在较低温度下即发生分解，从而减少可燃气体的生成，抑制气相燃烧。

2. 阻滞热传递

通过实践发现，一些盐类，特别是含有结晶水的盐类，具有阻燃作用。例如含结晶水的硼化物、含水氧化铝和氢氧化镁等，遇热后吸收热量而放出水蒸气，从而减少了热量传递。磷酸盐遇热后缩聚成强酸，使木材迅速脱水碳化，而木炭的导热系数仅为木材的1/3～1/2，从而有效地抑制了热的传递。同时磷酸盐在高温下形成的玻璃状液体物质覆盖在木材表面，也起到隔热层的作用。

3. 稀释木材燃烧面周围空气中的氧气和热分解产生的可燃气体，增加隔氧作用

如采用含结晶水的硼化物和含水氧化铝等，遇热放出的水蒸气，能稀释氧气及可燃气体的浓度，从而抑制了木材的气相燃烧，而磷酸盐和硼化物等在高温下形成的玻璃状覆盖层，则阻滞了木材的固相燃烧。另外，卤化物遇热分解生成的卤化氢，能稀释可燃气体，卤化氢还可与活化基作用而切断燃烧链，终止气相燃烧。

木材的阻燃途径一般不单独使用，而是采用多种手段，亦即在配制木材阻燃剂时，通常选用两种以上的成分复合使用，使其相互补充，加强阻燃效果，以达到一种阻燃剂同时具有几种阻燃作用。当然，各种阻燃剂均有其各自的侧重面。

17.3.2　木材常用的阻燃剂

1. 磷-氮系阻燃剂：有磷酸铵[$(NH_4)PO_4$]、磷酸二氢铵[$(NH_4)H_2PO_4$]、磷酸氢二铵[$(NH_4)_2HPO_4$]、聚磷酸铵、磷酸双氰铵、三聚氰胺、甲醛-磷酸树脂等。

2. 硼系阻燃剂：有硼酸(H_3BO_3)、硼酸锌[$Zn_3(BO_3)_2$]、硼砂[$Na_2B_4O_7 \cdot 10H_2O$]等。

3. 卤系阻燃剂：有氯化铵[NH_4Ce]、溴化铵(NH_4Br)、氯化石蜡等。

4. 含铝、镁、锑等金属氧化物或氢氧化物阻燃剂：有含水氧化铝($Al_2O_3 \cdot 10H_2O$)、氢氧化镁[$Mg(OH)_2$]、三氧化二锑。

5. 其他阻燃剂：有碳酸铵、硫酸铵、水玻璃等。

17.3.3　木材防火的处理方法

1. 表面涂敷法

木材防火处理表面涂敷法就是在木材表面涂覆防火涂料，起到既防火，又具防腐和装饰作用。

为了减少火灾，保障国家和人民生命财产的安全，许多国家都建立和健全了各种消防法

规，规定所用可燃、易燃材料必须经过阻燃处理。所谓阻燃并不是说这种材料完全不燃，而是使材料遇小火能自熄，遇大火能延缓或阻滞燃烧行为的过程。木材经具有阻燃烧性能的化学药剂处理后得难燃。

木材阻燃处理的方法分表面涂敷及浸注处理两类。表面涂敷法即用防火涂料于木材表面。浸注处理有常压浸注和加压浸注之分，一般木材浸注处理后，吸收阻燃剂干药量 20 ~ $80kg/m^3$时可达阻燃要求。但在浸注处理前应让木材充分气干，并加工成所需形状和尺寸，以免由于锯、刨等加工，使浸有阻燃最多的表面去掉。

经阻燃处理后的木材，除应具有所要求的阻燃性能外，还应基本保持原有木材的外观、强度、吸湿性及表面对油漆的附着性能和对金属的抗腐蚀性能等。

由于某些阻燃剂对木材强度有一定的影响，一般是吸收药量越多，强度降低越大。据国外资料报道，经阻燃处理后强度降低 10% 是允许的，使用部门应根据本部门对强度的要求，确定阻燃木材强度降低的允许范围。

2. 溶液浸注法

木材防火溶液浸注法分为常压浸注和加压浸注两种，后者阻燃剂吸入量及透入深度均大大高于前者。浸注处理前，要求木材必须达到充分气干，并经初步加工成型，以免防火处理后再进行大量锯、刨加工，将会使木料中浸有阻燃剂的部分被除去。

17.3.4　阻燃型木质人造板

木质人造板包括刨花板、纤维板和胶合板，在建筑工程和家具制造中广泛应用。由于人造板所用原料是利用木材加工后的废料、采伐剩余物、小径木等，它们均同母材一样，都属可燃物质，为了保障建筑物和人民生命财产安全，需要对木质人造板进行阻燃处理。

制造阻燃型木质人造板可采用对成板进行阻燃处理和在生产工序中添加阻燃剂两种途径。

阻燃型木质人造板应具有一定阻燃性外，还需保持普通人造板的胶合强度、吸湿性等。由于某些阻燃剂能降低人造板的强度，提高吸湿性，因此，阻燃剂加量要根据所要求的阻燃性能、胶合强度降低的允许范围、成本等因素权衡而定。

17.3.5　阻燃木质制品

阻燃木质制品是将阻燃材料、阻燃木质人造板制成木质防火门框。木质防火门在火灾发生后，可手动或使用自动装置将门关闭，使火和烟限制在一定范围内，从而阻止火势蔓延，最大限度地减少火灾损失。木质防火门适用于高层建筑和大型公共建筑等场所，也可安装在工厂、仓库的楼道内作隔门，还可作宾馆、医院、办公楼的单元门、配电间房门、档案室门等用。

17.4　沥青的阻燃

沥青在建筑上是防水、防潮、防腐、防锈、防渗的理想材料，但沥青及油毡易燃烧，虽然燃烧性能不如汽油、柴油、煤油，但是一旦被火源引燃，其燃烧也和汽油火灾一样，难以扑灭。沥青燃烧时的现象有受热熔融、滴落、流淌、熔珠燃烧、熔珠滴落和流淌等，火势蔓延扩大，会形成熊熊大火和滚滚浓烟，如果扑救不力甚至可把整个建筑物烧毁。沥青在燃烧过程中会分解出氢、甲烷、苯及烷烃类易燃气体，这些易燃气体又进一步加快了沥青的热分解，所以沥青火灾的特点是来势猛、扩展快、范围广、造成的损失大。解决沥青的阻燃，首先要解决沥青在受热时不熔融、不滴落、不流淌。在沥青中添加阻燃剂、不燃材料、难燃材料、吸附材料、增滞材料等，可提高沥青的熔点和分解温度，使之在较高温度下不熔融、不滴落、不分解，或即便在较高温度下出现分解，但在分解气体中也是不燃气体的量多于可燃气体量，从而达到提高氧指数的目的。

17.4.1　沥青的阻燃处理

对沥青进行阻燃处理的阻燃剂包括阻燃剂和阻燃添加剂两部分。阻燃剂有硼系阻燃剂、磷阻燃剂、锑-卤阻燃剂、卤系阻燃剂、镁铝阻燃剂等。阻燃添加剂有难燃和不燃材料、吸附材料、增滞材料以及调整剂等。

沥青处理方法有：

1. 热熔添加法

首先将沥青加热熔融，再把阻燃剂、吸附剂、增滞剂、不燃材料等粉状材料加到热熔沥青中，经搅拌混合均匀而成，然后涂覆在需要保护的建筑部位，这种方法适用于分解温度较高的惰性阻燃剂。

2. 挤压嵌入法

先将沥青热熔后制成卷材、块材，然后在 120～150℃ 下把阻燃剂等撒布在上面，经双辊机挤压，使阻燃剂、添加剂等牢牢地被嵌入沥青中。这种方法比较简单，适用于分解温度较低（200℃左右）的阻燃剂。

3. 金属膜保护法

除需先将阻燃剂加到热熔沥青中制成阻燃沥青，然后涂覆在需要保护的建筑部位外，还需要在其上加一金属膜片（铝片或锌片），再涂一层阻燃沥青，此法也适用于分解温度高的阻燃处理法。这种金属膜保护法一般适用于屋面防水工程。

4. 冷法

首先将沥青溶于溶剂中制成膏状，然后将阻燃剂、吸附剂、增滞剂等加入膏状沥青中，经搅拌均匀，即制成阻燃液态沥青，再用涂覆、辊压等方式施于被保护的基础上。这种方法既不损害沥青原有物化性能，也不降低阻燃剂的效力，因而阻燃效果特别好，应用范围较广，对被保护基材无任何影响，适用于油毡的阻燃处理。

在沥青中加入阻燃剂后，当沥青温度升达到 500℃ 也未见猛烈燃烧现象，仅有缓慢碳化和热分解发生，油分挥发减慢，表现出热释放强度减弱，即沥青升温速度减慢，所以经阻燃处理后的沥青，在燃烧过程中不熔滴、不流淌、不延燃和能离火自熄，杜绝了火势蔓延扩大的危险。但经阻燃处理的沥青，其软化点较未处理前有所降低。

17.4.2　沥青防火油毡

沥青防火油毡主要对沥青和基胎首先进行阻燃处理，其余生产工艺与普通油毡相同。

生产油毡的基胎一般有纸胎、化纤胎、玻璃纤维胎等。对纸胎和化纤胎必须进行阻燃处理。纸胎的阻燃处理是将纸胎置入阻燃液中浸渍后取出，挤压去除水分，再烘干即成阻燃纸胎。化纤胎的阻燃处理，同纺织品阻燃处理。

将经过阻燃处理的沥青用刮涂或辊压方法冷涂于已经阻燃处理的基胎上，烘干，并在油毡两面均匀地撒上防粘剂（如滑石粉、烧结灰粉、云母粉等），再辊压即成防火油毡。

油毡经过沥青和基胎的阻燃处理后，其氧指数大大提高。

17.5 建筑塑料的阻燃

在各种塑料建材制品中，我国目前使用最多的是塑料管材，其次是装饰装修材料，如塑料壁纸、塑料地板、塑料门窗、塑料吊顶材料、塑料卫生洁具、塑料灯具、塑料楼梯扶手等。

目前塑料制品的绝大多数是可燃的，其氧指数(OI)均在17%～19%。由泡沫塑料、钙塑板、电线包皮、电缆线、塑料壁纸等引起的火灾不胜枚举，给国家财产和人民生活造成严重损害，因此，赋予塑料制品以阻燃性，对防止火灾蔓延和扩大将有重要意义。今天，塑料的阻燃已普遍受到人们重视，许多国家都已制定了各种阻燃标准和一些行政法规，规定达不到阻燃标准的塑料制品不准出售和使用，这无疑将对防火管理和预防火灾发生起到积极作用。

当前对塑料阻燃的主要手段和技术是添加各种阻燃剂，应用于塑料中的阻燃剂分有机型和无机型两大类。

有机型阻燃剂有：氯化石蜡、六溴苯酚、十溴联苯醚、三(2,3-二溴丙基)异氰酸酯(简称TBC)、四溴双酚A. 四溴苯酚、六溴十二烷等。

无机型阻燃剂有：三氧化二锑(Sb_2O_3)、三水合氧化铝($Al_2O_3\cdot 3H_2O$)、硼酸锌($B_2O_3\cdot ZnO\cdot 5H_2O$)、氢氧化镁[$Mg(OH)_2$]等。

17.5.1 阻燃聚氯乙烯(PVC)

PVC是建筑中应用量最大的一种塑料，可制成各种地砖、地板、卷材、墙纸、门窗、管道等。它的化学稳定性好，抗老化性好，硬度和刚性都较大，但耐热性较差，当温度高于100℃时会引起分解、变质，进而破坏，故通常都在60～80℃以下使用。PVC是一种多功能材料，通过改变配方，可以是硬质的，也可以是软质的。硬质的PVC基本不含增塑剂或增塑剂含量小于10%，它的机械性能好，电绝缘性能优良，对酸碱抵抗力极强，但抗冲击性较差，尤其在较低温度时呈现脆性。软质PVC制品的增塑剂含量一般都在40%以上，故材性变化范围较大。

不含任何添加剂的PVC，其含氯量达56%，大于45%，是一种自熄性聚合物。在生产过程中，为了改善PVC的性能，添加了一定量的增塑剂等各种添加剂，故使PVC的总含氯量降至30%左右，制品的OI也降至20%左右，达不到阻燃要求。为了改善增塑后的PVC的阻燃性，需添加阻燃剂或可燃性增塑剂的一部分换成难燃性增塑剂，以提高PVC的制品的阻燃性。

在PVC中加入Sb_2O_3可使其具有难燃性。其原因是PVC在初期燃烧时会放出HCl气体，此时，HCl与Sb_2O_3反应生成氯氧化锑(SbOCl)，SbOCl会继续受热分解，最后生成三氯化锑($SbCl_3$)。整个反应为吸热反应，它能除去燃烧过程中所产生的一部分热量，且燃烧时生成的$SbCl_3$密度较大，覆盖在PVC表面，使PVC受热分解而生成的可燃性气体难于逸出，从而起到隔绝空气作用。

由于Sb_2O_3来源有限，而使用硼酸锌部分代替Sb_2O_3，可降低成本，起到吸热脱水、降温、阻燃作用，且两种阻燃剂并用，比单用Sb_2O_3效果好。这种加硼酸锌和其他阻燃剂的PVC，不仅用于电线、电缆的包皮和护套，而且还用于乳液PVC浆料中，既可制成透明PVC制品，又可制成不透明PVC制品。

17.5.2 阻燃聚乙烯(PE)

PE极易着火，燃烧时呈浅蓝色的火焰，并发生滴落，造成火灾蔓延，特别是用于吊顶的PE钙塑泡沫装饰板极易引起火灾，为此，在建筑物内使用时，必须采用它的阻燃制品。

聚乙烯的阻燃大多采用添加含卤阻燃剂的方法（如用氯化石、溴类或溴氯阻燃剂等，并与用 Sb_2O_3 配合使用），也可添加三水合氧化铝、聚磷酸铵（APP）等。

阻燃 PE 泡沫塑料是用 PE 树脂为主要原料加阻燃剂和其他助剂经交联、发泡等工艺而成的一种轻质、隔热、隔声板材。按发泡比率不同，可得到低发泡 PE 塑料（发泡比率 2～3 倍）和中发泡 PE 塑料（发泡比率 4～5 倍）和高发泡 PE 塑料（发泡比率 >6 倍）。按添加阻燃剂、填充剂类型不同，又可得到发泡 PE 钙塑料、发泡 PE 铝塑材料和发泡 PE 镁塑材料等，其性能随发泡比率和阻燃剂的不同而变化，如表 17-1 所示。

阻燃聚乙烯泡沫塑料的性能与 PE 钙塑泡沫装饰板性能基本相同，均具有轻质、隔热、抗震、防潮等许多特点，故在建筑上常作为墙面板、吊顶材料、保温材料使用，在管道工程中，常作为管道的包衬材料、保温隔热垫使用。在人防工程中，既可作为防潮材料，又可作轻质防火吊顶材料使用。

阻燃和未经阻燃的钙塑泡沫装饰板材，从外观上无特殊区别，因此，在物资管理中应将产品标签随货物同行，切不可将两种标签调位。否则将未经阻燃的钙塑板用到工程上，特别是用到吊顶等部位，一旦遇上电火花等，则会着火成灾。

表 17-1　阻燃 PE 泡沫塑料的性能随发泡比率和阻燃剂的变化

物理性能	低发泡 PE 钙塑	中发泡 PE 钙塑	高发泡 PE 泡沫塑料		
			高发泡 PE 钙塑	高发泡 PE 铝塑	高发泡 PE 镁塑
表观密度（g/cm^3）	≥0.8	0.5	0.15～0.18	0.15～0.3	0.15～0.25
热导率[W/(m·K)]	0.081	0.073	0.051	0.071	0.071
抗拉强度（MPa）	2.02	1.52	0.076	0.687	0.736
氧指数（%）	28	27	≥25	≥30	≥32

17.5.3　阻燃聚丙烯（PP）

PP 的燃烧性与 PE 接近，OI 为 18%～18.5%，着火后会发生滴落，引起火灾蔓延，所以必须对 PP 进行阻燃化处理。用含卤阻燃剂与 Sb_2O_3 并用，不仅适用于聚乙烯，同样也适用于聚丙烯。此外，聚磷酸铵、$Al(OH)_3$ 对 PP 也有明显的阻燃效果。用上述配方制得的阻燃 PP 料，不仅容易加工成所需制品的形状，而且平整光滑，颜色均匀。

17.5.4　阻燃聚苯乙烯（PS）

阻燃 PS 的制造，主要是用添加阻燃剂的方法，常用的阻燃剂为卤系和磷系。经过阻燃处理的 PS，在建筑上可用来制作预制层压板、墙板、绝热隔声板材和吊顶板。现在市场上销售的“泰柏板”，是以钢丝网为骨架，以阻燃聚苯乙烯为填料，两面按耐火要求涂抹水泥砂浆或石膏涂层，形成轻质、坚固的隔热保温、隔声、防震、防潮、防冻的墙体，可作高层建筑的各种墙体使用，也可作吊顶板。

17.6　其他阻燃制品

17.6.1　阻燃纺织品

随着我国纺织品工业的发展和人民生活水平的不断提高，纺织品在家庭中的使用面不断扩大，除床单、窗帘外，还有沙发、台布等，特别是一些高层建筑和娱乐场所，建筑师在进行室内设计时，往往从色彩、质感等装饰效果出发，更是大量地使用装饰布。如此众多地使用纺织品，给建筑增加了火灾隐患。据美、英、日等国对火灾起因调查，因纺织品不阻燃而蔓延引起火灾，约占火灾总数的一半，因此，提高纺织品的阻燃性，对确保安全和减少火灾事故有极其重要意义。

我国现有的阻燃纺织品分为劳动保护、救生、消防、床上用品、装饰用布和儿童睡衣等六大类。

建筑装饰用布指用于旅馆、饭店和影剧院等公共建筑及家庭中窗帘、门帘、台布、床垫、床单、沙发套、地毯及贴墙布等。这类产品多属纤维品种，最多的是纤维素纤维、粘胶棉纤维，其次有纯涤纶和羊毛、尼龙和涤棉混纺等。

所谓纺织品阻燃就是在生产纤维过程中引入阻燃剂，或对织物进行后整理时，将阻燃剂固着在织物上而获得阻燃效果。

纺织品的阻燃处理分为两种方式。一是添加方式，即在纺丝原液中添加阻燃剂。另一种方式是在纤维和织物上进行阻燃处理。

纺织品所用阻燃剂按耐久程度分为非永久性整理剂、半永久性整理剂和永久性整理剂。整理剂可根据不同目的，单独或混合使用，使织物获得需要的阻燃性能，如永久性阻燃整理的产品一般能耐水洗 50 次以上，而且能耐皂洗，它主要用于消防服、劳保服、睡衣、床单等。半永久性阻燃整理产品能耐 1 ~ 15 次中性皂洗涤，但不耐高温皂水洗涤，一般用于沙发套、电热毯、门帘、窗帘、床垫等。非永久性阻燃整理的产品不耐水洗，一般用于墙面软包用布等。

1. 棉、麻、粘胶纤维的阻燃

纤维的阻燃是在焙烘过程中，阻燃剂依靠交联与纤维结合，使之具有阻燃效果。此方法生产工艺简单，阻燃效果好，产品能耐水洗，手感舒适，但织物的强度、不吸湿性明显下降，主要用于窗帘、室内装饰织物等。

国内阻燃胶粘纤维主要与羊毛、棉花等混纺，制成服装和装饰织物。

这些阻燃胶粘纤维在热源和火焰中不熔融、不收缩，燃烧时分解产物毒性小，对人体安全无害，且有良好的透气和不易产生静电的性能，其 OI 为 27% ~29% 。

2. 尼龙织物的阻燃

尼龙又称锦纶。尼龙织物是聚酰胺纤维织物的总称，其产品颇多，如尼龙 66、尼龙 6、尼龙 1010 等。据研究，大部分阻燃剂对尼龙虽有阻燃效果，但都存在一些缺点，如硫脲及其他硫化物阻燃剂的加入，虽然提高了氧指数，但却降低尼龙的熔点和尼龙熔断后的粘贴，使熔融和燃烧的尼龙很快下滴，目前尚未找到作为尼龙织物的理想阻燃剂。

3. 涤纶织物的阻燃

涤纶又称的确凉。在合成纤维中量大面广。它的可燃性不是很大，如一根燃着的火柴落在织物上，当立即取走，纤维不会燃烧，当纤维和较小的火源接触，织物虽然出现了熔融和收缩，形成融珠，但不燃烧。用涤纶纤维物与棉纤维织物作着火对比试验时可见，涤棉纤维烧不着，而棉纤维则立即着火。

用于涤棉阻燃的阻燃剂有十溴联苯醚、三氧化二锑等。这些阻燃剂热稳定性好，燃烧时无毒，不会因熔结而烫伤皮肤。

阻燃涤纶可作为室内装饰织物之用，可作窗帘、淋浴室帘布、地毯、沙发布、座椅套，还可作被褥、床单、毛毯等床上所有用品，以及消防服、军人服等。

4. 腈纶织物的阻燃

腈纶织物比尼龙容易燃烧，其氧指数较低，仅 18% ~18.5% ，燃烧热较高，故为易燃纤维。但普通腈纶，经用Cl和Cl-Sb体系阻燃剂进行阻燃处理后得到阻燃腈纶，其OI则可达27%左右，且燃烧时纤维不熔融、不延燃，当火源撤离后，立刻自灭。典型的阻燃单体有氯乙烯（CH_2═CHCl）、偏二氯乙烯（CH_2═CCl_2）、溴乙烯（CH_2═CHBr）等。

由于阻燃腈纶易保管，不怕虫蛀，它可用来制造装饰物，如窗帘、门帘、家具用布及壁毯，能满足医院、旅馆及影剧院、餐厅等公共建筑的使用要求，但阻燃腈纶中含Cl量高，因此纤维有较大的静电。

5. 混纺织物的阻燃整理

混纺织物由两种或两种以上的纤维相互混合，再经纺纱织布而成。在各种混纺织品中，以涤棉为多。对混纺织物的阻燃，有用各种纤维和难燃纤维混纺，可以不加整理和略加整理解决织物的阻燃性能，也可将混纺织物经阻燃整理来提高阻燃性能，在现阶段，除涤棉外，利用前者来解决混纺织物的阻燃整理居多。

6. 阻燃地毯

地毯虽然只是铺于客房、走道、卧室等处的地面上，一般不直接与火源接触，但吸烟者常因不慎而将未熄灭的火柴棍和烟头扔于地毯上，如地毯未经阻燃，则可能引起一场大火。因此，地毯应经过阻燃处理。化纤地毯的阻燃主要在于毯面纤维的处理。毯面纤维阻燃方法同纺织品的阻燃，以在化纤制造过程中加入阻燃剂为好。目前市售化纤地毯的氧指数为19%～21%，经严格阻燃处理后的化纤地毯氧指数在26%以上。

17.6.2　阻燃墙纸

目前市售的绝大多数墙纸都是未经阻燃处理的，一旦遇到火源，极易着火蔓延成灾，并释放出烟和有害气体，使室内人员和消防扑救人员中毒身亡，因此，未阻燃墙纸的使用，增加了建筑物的火灾隐患和危害。为了满足建筑物的室内装饰的需要，又不增加其火灾隐患和危害，确保人民生命和财产的安全，我国已研制成功一种阻燃性能好，发烟量低，烟气基本无毒的PVC发泡阻燃塑料墙纸（简称PF-8701阻燃低毒塑料墙纸）。

这种墙纸首先是对底纸涂布专用的阻燃涂料，以加热烘干后即成难燃底纸。然后在底纸上涂布含阻燃剂、发泡剂、增塑剂、热稳定剂、着色剂等的PVC树脂底层涂布料，经塑化后再辊压印刷含阻燃剂、发泡剂等的花纹层涂布料，进行辊压印花、加热处理，冷却后即得PF-8701阻燃低毒塑料墙纸。

PF-8701的阻燃性能，经检测，比普通发泡塑料墙纸和日本发泡阻燃塑料墙纸都好，见表17-2。

表17-2　几种墙纸阻燃性比较

测试方法	样品名称	碳化长度（cm）	余焰时间（s）	余烬时间（s）	氧指数（%）
氧指数法	PF-8701				28.5
	日本发泡阻燃塑料墙纸				28.1
倾斜45°燃烧法	PF-8701	60	0	0	
	普通发泡塑料墙纸	全烧光			
	普通压延塑料墙纸	全烧光			
垂直燃烧法	日本发泡阻燃塑料墙纸	18.5	0	0	
	普通压延塑料墙纸	全烧光			
	PF-8701	8.0	0	0	

经用小白鼠在 PF-8071 墙纸燃烧烟气中作染毒试验 2h，无一死亡，说明该壁纸在空气中的燃烧烟气基本无毒。此外，PF-8071 的外观与普通高发泡塑料墙纸相似，发泡均匀，手感柔软，图案有较强的立体感和良好的装饰效果。

17.6.3 防火涂料

防火涂料实质上是阻燃涂料的习惯称呼。

防火涂料根据所采用的溶剂，可分为溶剂型和水溶型两类。无机防火涂料和乳胶防火涂料均以水为溶剂；有机防火涂料采用有机溶剂。按防火涂料的作用机理，可分为非膨胀型防火涂料和膨胀型防火涂料。非膨胀型防火涂料基本上是以无机盐类制成粘合剂，掺入石棉、硼化物等无机盐，也有用含卤素的热塑性树脂掺入卤化物和氧化锑等加工制成。膨胀型防火涂料是以天然或人工合成的树脂为基料，添加发泡剂、碳源等防火组分构成防火体系。受火作用时，能形成均匀、致密的蜂窝状碳质泡沫层，这种泡沫层不仅有较好的隔绝氧气的作用，而且有非常好的隔热效果。

1. 对防火涂料组成材料的要求

防火材料是由主要成膜物质、次要成膜物质和辅助成膜物质构成。但主要成膜物质必须与阻燃剂很好地结合，构成有机的防火体系。

阻燃剂是防火涂料中起着防火作用的关键组分。非膨胀型防火涂料的阻燃剂，在受火作用时能分解并放出不燃性气体，或本身不燃且导热性很低的物质。对于膨胀型防火涂料的阻燃剂，要求其中的发泡组分能在较低的温度下分解，并与主要成膜物质共同形成泡沫层的骨架，同时必须有利于提供碳源的高碳化合物作用，使正常的燃烧反应转化为脱水反应，有效地把碳固定在骨架上，形成均匀、致密的碳质泡沫层。

颜料不仅要使防火涂料呈现必要的装饰性，更要能改善防火涂料的机械、物理性能（耐候性、耐磨性等）和化学性能（耐酸碱、防腐、耐水等），并增强防火效果。

其他助剂在防火涂料中应在增强防火效果的同时，不能改善涂料的柔韧性、弹性和附着力、稳定性等性能。

2. 非膨胀型防火涂料

非膨胀型防火涂料是依靠本身的难燃性或不燃性来阻止火焰的传播。它的涂层都较厚，一旦着火，在高温下就形成一种釉粒状，在短时间起到一定的隔热作用，由于釉状物的结构致密，能有效地隔绝氧气，使被保护的物体因缺氧而不能着火燃烧，或降低反应速度。但这种釉状物很容易被烧裂，一旦裂缝产生，被保护基材如为木材则干馏出的可燃性气体会喷出，引起轰燃。所以，非膨胀型防火涂料对物体的保护效果是有限的，但因有较高的难燃性或不燃性，对阻抗瞬时性高温仍有很好的效果。

3. 膨胀型防火涂料

膨胀型防火涂料在未受高温、热和火灾作用时，能保持良好的装饰性，一旦发生火灾时，它能迅速膨胀，形成多孔碳化层，从而阻止热向基材渗透。对于可燃性基材，碳化层亦能阻止氧气渗入和少量挥发物向外渗出，故能很好地抑制火灾的发生和发展。

膨胀型防火涂料的隔热阻火作用是靠它受火形成的泡沫层来实现的，其泡沫层比原涂层厚数十倍，甚至数百倍，所以原涂层都较薄（约为 0.2mm 左右），不仅有利于满足装饰要求，而且用量少，虽然比非膨胀型防火涂料造价高，实际上还是经济的。

国内生产的防火涂料有用于木质材料、钢结构、预应力混凝土等三类。

防火涂料的防火性能只有在涂刷于建筑物上 24h 干后，才能起到防火阻燃作用，如在尚未风干之前遇上明火，则仍会发生燃烧。

17.7　钢材的防火保护

17.7.1　钢结构的防火保护

钢材虽然遇火不燃，也不向火灾提供燃料，但钢材受火作用后会迅速变软，当钢结构遇火烧 15 ~ 20min，屋架及其他杆件会软化塌落。随着局部的破坏，使结构整体失去稳定而破坏，而且，破坏后的钢结构无法修复再用。为了克服钢结构耐火性差和缺点，可采用下列保护方法，以确保钢材结构遇火后的安全。

1. 根据不同的耐火极限要求，选用不同的保护方法。如要求耐火极限为 1h，可用 13mm 厚石棉隔板和 8mm 隔热板将钢结构的各杆件包覆。当要求耐火极限更高时，其隔热板的厚度尚需相应增厚。

2. 给钢柱加做箱形外套，在套内注水，火灾时，由于钢柱受水的保护而升温减慢。

3. 用防火涂料涂刷在钢结构上，以提高其耐火极限。

近年来，多采用后一种方法保护。在钢结构上所采用的防火涂料有 LG 钢结构防火隔热涂料（厚涂层型）、LB 薄层型防火涂料、JC-276 钢结构防火涂料和 ST1-A 型钢结构防火涂料，后两种涂料除作钢结构防火外，还可作预应力混凝土构件的防火处理。

17.7.2　钢筋的防火保护

钢筋混凝土结构是由混凝土和钢筋共同组成受力的梁、板、柱、屋架等构件。在构件中，钢筋虽然被混凝土包裹，但在火灾作用下，仍会造成构件力学性能的丧失，使结构破坏。

由于钢材的热导率较混凝土大，钢筋受热后，其热膨胀率是混凝土膨胀率的 1.5 倍，故受热钢筋的伸长变形比混凝土大，因此，在结构设计允许的范围内适当增加保护层厚度，可以减小或延缓钢筋的伸长变形和预应力值损失。如结构设计不允许增厚保护层，可在受拉区混凝土表面涂刷防火涂料，从而使结构得到保护。

本章小结

本章介绍了防火材料的分类：不燃烧体、难燃烧体及燃烧体，建筑防火材料的等级，建筑材料的阻燃原理及方法，木材的阻燃处理及应用，沥青的阻燃处理，塑料的阻燃处理，其他阻燃制品：阻燃纺织品、阻燃墙纸及防火涂料。还介绍了钢材的防火保护。学习本章重点记忆建筑材料及构件的防火等级；一般掌握建筑材料的阻燃处理；一般掌握建筑中常用的阻燃制品。

复习思考题

1. 填空题

（1）按照国家标准《建筑材料及制品燃烧性能分级》（GB 8624—2006）的规定，建筑材料按燃烧性能可分为：______、______、______、______、______、______、______七级。

(2)木材防火的处理方法有:______法和______法。

(3)钢材的耐火极限仅为______ h。

2. 选择题

(1)用于钢材的热导率较混凝土大,钢筋受热后,其热膨胀率是混凝土膨胀率的(　　)倍。

A. 2　　B. 1.5　　C. 3　　D. 2.5

(2)STI-A 型防火涂料,用作钢结构防火层,当涂层厚度为(　　)时,其耐火极限为 3h。

A. 8mm　　B. 20mm　　C. 28mm　　D. 35mm

3. 问答题

(1)什么是材料的燃烧性能?

(2)什么是建筑材料的耐火极限?

(3)按燃烧性能分,建筑材料应分为哪些级别?

(4)可以采用哪些方法对建筑材料进行阻燃?

建筑材料实验

建筑材料实验是建筑材料课程理论教学的重要实践性环节。通过实验应加深对理论知识的理解，熟悉常用建筑材料的主要技术性能，熟悉常用材料实验仪器的原理和操作，掌握基本的实验技能，为今后从事材料实验和科学研究打下良好的基础。

为了取得客观的、正确的测试结果，材料的取样必须具有代表性，实验操作和数据处理必须按照国家现行标准和规范进行。为此，实验时必须具备严肃认真和实事求是的科学态度，正确分析实验过程中出现的各种现象，去伪存真，求真务实。

实验一　材料基本物理性能测定

材料基本性能的实验项目比较多，对于各种不同材料及不同用途，测试项目及测试方法视具体要求而有一定差别。下面以石料为例，介绍土木工程中材料几种常用物理性能实验方法。

一、密度实验（李氏比重瓶法）

石料密度是指石料矿质单位体积（不包括开口与闭口孔隙体积）的质量。

（一）主要仪器设备

李氏比重瓶（如图 1）、筛子（孔径 0.25mm）、烘箱、干燥瓶、天平（感量 0.001g）、温度计、恒温水槽、粉磨设备等。

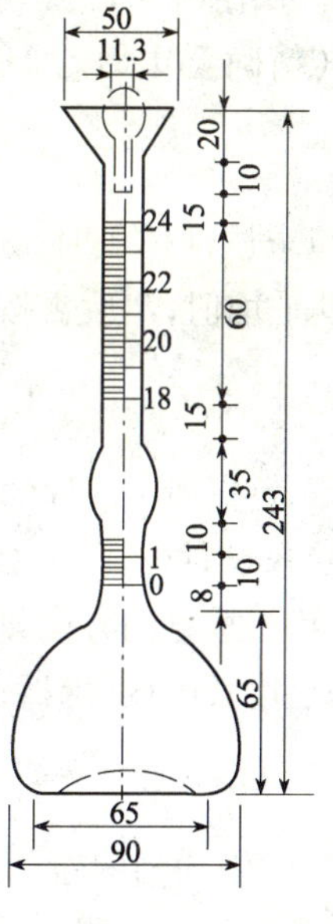

图 1　李氏比重瓶（尺寸单位：mm）

（二）实验步骤

（1）将石料实验样粉碎、研磨、过筛后放入烘箱中，以 100℃ ±5℃的温度烘干至恒重。烘干后的粉料储放在干燥器中冷却至室温，以待取用。

（2）在李氏瓶中注入煤油或其他对试样不良反应的液体至突颈下部的零刻度线以上，将李氏比重瓶放在温度为（t ±1）℃的恒温水槽内（水温必须控制在李氏比重瓶标定刻度时的温度），使刻度部分浸入水中，恒温 0.5 小时。记下李氏瓶第一次读数 V_1（准确到 0.05mL，下同）。

（3）从恒温水槽中取出李氏瓶，用滤纸将李氏瓶内零点起始读数以上的没有煤油的部分仔细擦净。

（4）取 100g 左右试样，用感量为 0.001g 的天平（下同）准确称取瓷皿和试样总质量 m_1。用牛角匙小心将试样通过漏斗渐渐送入李氏瓶内（不能大量倾倒，因为这会妨碍李氏瓶中的空气排出，或在咽喉部分形成气泡，妨碍粉末的继续下落），使液面上升至 20mL 刻度处，注意勿使石粉黏附于液面以上的瓶颈内壁上。摇动李氏瓶，排出其中空气，至液体不在发生气泡为止。再放入恒温水槽，在相同温度下恒温 0.5 小时，记下李氏瓶第二次读数 V_2。

(5)准确称取瓷皿加剩下的试样总质量 m_2。

(三)实验结果

(1)石料试样密度按下式计算(精确至0.01g/cm³):

$$\rho_t = \frac{m_1 - m_2}{V_2 - V_1}(g/cm^3)$$

式中 ρ_t——石料密度,g/cm³;

m_1——实验前试样加器皿总重量;

m_2——实验后剩余试样加器皿的总重量;

V_1——李氏瓶第一次读数,mL,cm³;

V_2——李氏瓶第二次读数,mL,cm³。

(2)以两次实验结果的算术平均值作为测定值,如果两次实验结果相差大于0.02g/cm³时,应重新取样进行实验。

二、表观密度(体积密度)实验(量积法)

指石料在干燥状态下包括孔隙在内的单位体积固体材料的质量。形状不规则石料的毛体积密度可以用静水称量法或蜡封法测定;对于规则几何形状的试件,可以采用量积法测定其体积密度。

(一)主要仪器

天平(称量500g、感量0.01g)、游标卡尺(精度0.1mm)、烘箱、试件加工设备等。

(二)实验步骤

(1)将石料加工成规则几何形状的试件(3个)后放入烘箱内,以(100±5)℃的温度烘干至恒重。用游标卡尺量其尺寸(精确至0.01g)。并计算其体积 V_0(cm³)。然后再用天平称其质量 m(精确至0.01g)。按下式计算其表观密度(体积密度);

$$\rho'_t = \frac{m}{V_0}(g/cm^3)$$

(2)求试件体积时,如果试件为立方体或长方体,则每个边应在上、中、下三个位置分别测量,求其平均值,然后再按下式计算体积:

$$V_0 = \frac{a_1 + a_2 + a_3}{3} \times \frac{b_1 + b_2 + b_3}{3} \times \frac{c_1 + c_2 + c_3}{3}(cm^3)$$

式中 a、b、c 分别为试件的长、宽、高。

(3)求试件体积时,如果试件为圆柱体时,则在圆柱体上、下两个平行切面上及试件腰部,按两个互相垂直的方向量其直径,求6次测量的平均值 d,再在互相垂直的两直径与圆周交界的四点上量其高度,求四次测量的平均值 h,最后按下式求其体积:

$$V_0 = \pi \times \frac{d^3}{4} \times h(cm^3)$$

(4)组织均匀的石料,其体积密度应为3个试件测得结果的平均值;组织不均匀的石料,应记录最大与最小值。

三、孔隙率的计算

将已经求出的同一石料的密度和表观密度(用同样的单位表示)代表下式计算得出该石料的孔隙率:

$$P_0 = \frac{\rho_t - \rho'_t}{\rho_t} \times 100\%$$

式中 P_0——石料孔隙率,%

ρ_t——石料的密度,g/cm³;

ρ'_t——石料的体积密度,g/cm³;

四、吸水率实验

(一)主要仪器设备

天平(感量0.01g)、烘箱、石料加工设备、容器等。

(二)实验步骤

(1)将石料试件加工成直径和高均为50mm的圆柱或边长为50mm的立方体试件;如采用不规则试件,其边长不少于40~60mm,每组试件至少3个,石质组织不均匀者,每组试件不少于5个。用毛刷将试件洗涤干净并编号。

(2)将试件放置在烘箱中,以(100±5)℃的温度烘干至恒重。在干燥器中冷却至室温后用天平称其质量m_1(g),精确至0.01g(下同)。

(3)将试件放在盛水的容器里,在容器底部可放些垫条如玻璃管或玻璃杆使试件底面与盆底不致紧贴,使水能够自由进入。

(4)加水至试件高度的1/4处;以后每隔2h分别加水至高度的1/3和1/2处;6h后将水加至高出试件顶部20mm以上,并再放置48h让其自由吸水。这样逐次加水能使试件孔隙中的空气逐渐逸出。

(5)取出试件,用湿纱布擦去表面水分,立即称其质量m_2(g)。

(三)实验结果计算

(1)按下列公式计算石料吸水率(精确至0.01%);

$$W_x = \frac{m_2 - m_1}{m_1} \times 100\%$$

式中 W_x——石料吸水率,%;

m_1——烘干至恒重时试件的质量,g;

m_2——吸水至恒重时试件的质量,g。

(2)组织均匀的试件,取三个试件实验结果的平均值作为测定值;组织不均匀的,则取5个试件实验结果的平均值作为测定值。

实验二 水泥实验

本实验方法适用于硅酸盐水泥、普通硅酸盐水泥、矿渣硅酸盐水泥、火山灰质硅酸盐水泥及粉煤灰硅酸盐水泥。

一、一般规定

水泥出厂前按同品种、同强度等级编号和取样。袋装水泥和散装水泥应分别进行编号和取样,每一编号为一取样单位。水泥的出厂编号,按水泥厂年产量规定为:

120万t以上,不超过1200t为一编号;

60~120万t,不超过1000t为一编号;

30~60万t,不超过600t为一编号;

10~30万t,不超过400t为一编号;

4～10 万 t，不超过 200t 为一编号；

4 万 t 以下，不超过 200t 和 3d 产量为一编号。

水泥的取样应有代表性，可连续取，亦可从 20 个以上不同部位取等量样品，总量至少 12kg。试样应充分拌匀，通过 0.9mm 方孔筛，并记录筛余物百分数及其性质。

无特殊说明时，实验室温度应为 17～25℃，相对温度大于 50%。实验用水必须是洁净的淡水，如有争议也可使用蒸馏水。水泥试样、标准砂、拌合水、仪器和用具等的温度均应与实验室温度一致。

二、细度试验

细度检验采用筛孔直径为 80μm 的实验筛，实验筛框的有效尺寸如表 1。实验方法分负压筛法、水筛法和手工干筛法三种，在检验工作中，如对负压筛法与水筛法或手工干筛法测定的结果发生争执时，以负压筛法为准。

表 1

项目	负压筛	水筛	手工干筛
筛框有效直径（mm）	150 ± 1	125 ± 1	150 ± 1
筛框高度（mm）	25 ± 1	80 ± 1	50 ± 1

（一）负压筛法

1. 主要仪器设备

（1）负压筛析仪　负压筛析仪由筛座、负压筛、负压源及收尘器组成，其中筛座由转速为（30 ± 2）r/min 的喷气嘴、负压表、控制板、微电机及壳体等构成，如图 2。筛析仪负压可调范围为 4000～6000Pa。

（2）天平　最大称量为 100g，分度值不大于 0.05g。

2. 实验方法

（1）筛析实验前，应把负压筛放在筛座上，盖上筛盖，接通电源，检查控制系统，调节负压至 4000～6000Pa 范围内。

（2）称取试样 25kg，置于洁净的负压筛中，盖上筛盖，放在筛座上，开动筛析仪连续筛析 2min，在此期间如有试样附着在筛盖上，可轻轻地敲击，使试样落下。筛毕，用天平称量筛余物。

（3）当工作负压小于 4000Pa 时，应清理吸尘器内水泥，使负压恢复正常。

（二）水筛法

1. 主要仪器设备

水筛、筛支座、喷头、天平等。

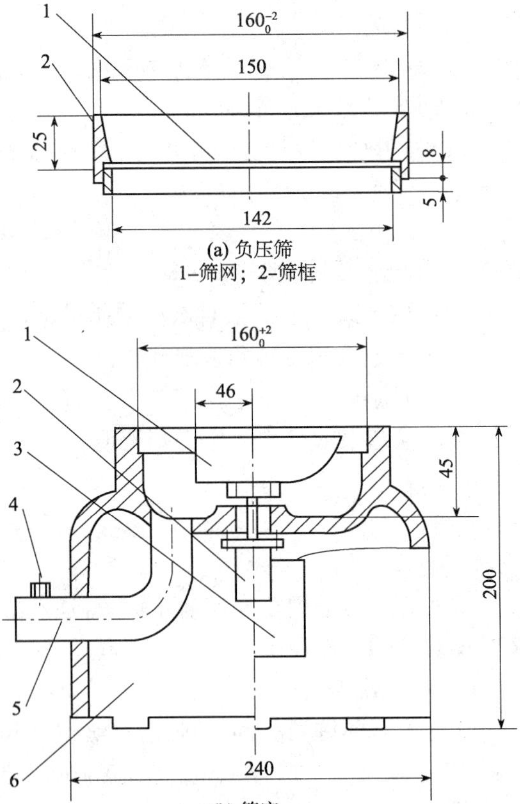

(b) 筛座

1–喷气嘴；2–微电机；3–控制板开口；4–负压表接口；5–负压源及吸尘器接口；6–壳体

图 2　负压筛板仪（尺寸单位：mm）

2. 实验方法

(1)筛析实验前,应检查水中无泥、砂,调整好水压及水筛架的位置,使其能正常运转。喷头底面和筛网之间距离为35~75mm。

(2)称取试样50g,置于洁净的水筛中,立即用淡水冲洗至大部分细粉通过后,放在水筛架上,用水压为(0.05±0.02)MPa的喷头连续冲洗3min。筛毕,用少量水把筛余物冲至蒸发皿中,等水泥颗粒全部沉淀后,小心倒出清水,烘干并用天平称量筛余物。

(三)手工干筛法

在没有负压筛析仪和水筛的情况下,允许用手工干筛法测定。

1. 主要仪器设备

干筛、天平等。

2. 实验方法

(1)称取50g试样倒入干筛中。

(2)用一只手执筛往复摇动,另一只手轻轻拍打,拍打速度每分钟约120次,每40次向同一方向转动60°,使试样均匀分布在筛网上,直至每分钟通过的试样量不超过0.05g为止。

(3)用天平称筛余物量。

(四)实验结果

水泥试样筛余百分数按下式计算:

$$F = Rs/W \times 100\%$$

式中 F——水泥试样的筛余百分数,%;

Rs——水泥筛余物的质量,g;

W——水泥试样的质量,g。

结果计算至0.1%。

(五)实验筛的清洗

实验筛必须经常保持洁净,筛孔通畅。如其筛孔被水泥堵塞影响筛余量时,可用弱酸浸泡,用毛刷轻轻地刷洗,用淡水冲洗、晾干。

三、标准稠度用水量实验

(一)主要仪器设备

(1)标准法维卡仪:标准稠度试杆为有效长度50mm±1mm,直径ϕ10mm±0.05mm的圆柱形耐腐蚀金属制成。滑动部分的总质量应为300g±1g,与试杆联结的滑动杆表面应光滑,能靠重力自由下落。(如图3)

(2)水泥净浆试模:应由耐腐蚀、有足够硬度的金属制成。试模深40mm±0.2mm,顶内径ϕ65mm±0.5mm,底内径ϕ75mm±0.5mm。每只试模应配厚度≥2.5mm的平板玻璃底板。

(3)水泥净浆搅拌机。

(4)量水器、天平。

(二)实验方法

(1)实验前必须做到:维卡仪的金属杆能自由滑动;调整试杆接触玻璃板时,指针对准零点;搅拌机运转正常。

(2)用湿布将搅拌锅内壁,搅拌叶片润湿;将拌合水加入搅拌锅;在10s内将500g水泥加入水中;启动搅拌机,慢转120s,中停15s,快转120s,搅拌结束将净浆刮入净浆试模。

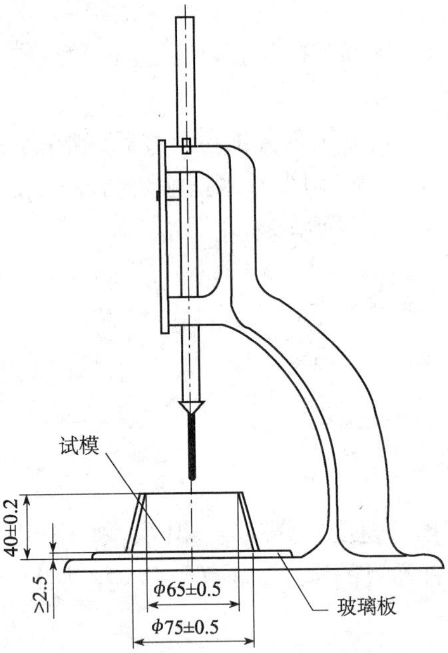

(a) 初凝时间测定用立式试模的侧视图

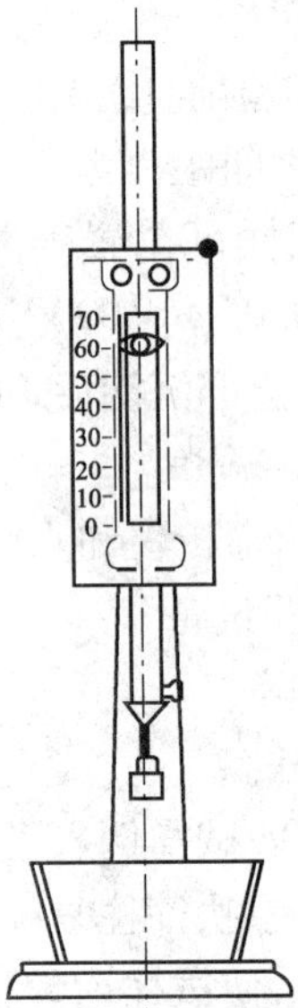

(b) 终凝时间测定用反转试模的前视图

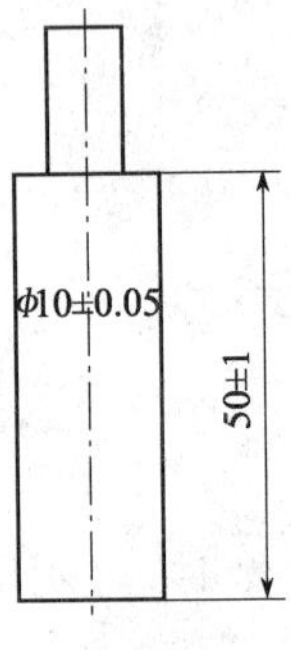

(c) 标准稠度试杆

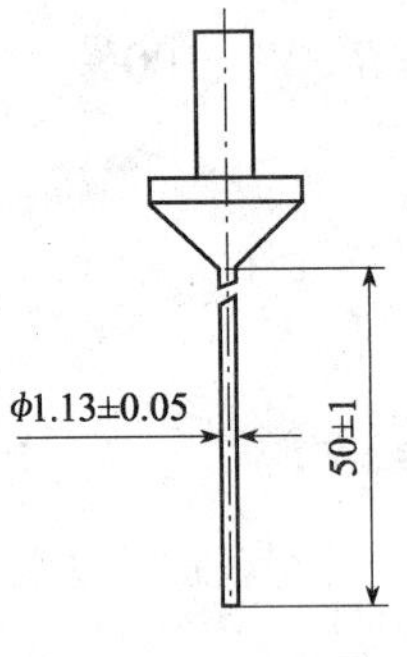

(d) 初凝用试针

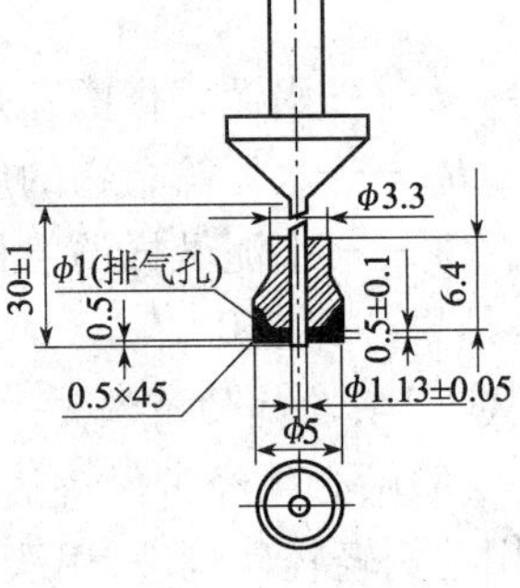

(e) 终凝用试针

图3　标准法维卡仪(尺寸单位:mm)

(3)净浆经用小刀振捣、插捣、刮齐、抹平后,调整试杆与净浆面接触,突然放松,使试杆自由沉入净浆30s,记录杆端与底板之间的距离,当杆端与底板之间的距离为6mm±1mm,此时的净浆为标准稠度。

四、凝结时间测定

(一)主要仪器设备

(1)水泥净浆搅拌机。

(2)水泥净浆试模。

(3)标准法维卡仪。

(4)量水器、天平。

(二)实验方法

(1)测定凝结时间则取下维卡仪试杆端头,换上初凝针;调整初凝针与净浆面接触,指针对准零点。

(2)以标准稠度用水量制成标准稠度净浆一次装满试模,振动数次刮平,立即放入湿气养护箱中。记录水泥全部加入水中的试件作为凝结试件的起始时间。

(3)初凝时间的测定:试件在湿气养护箱中养护至加水后30min时进行第一次测定。

(4)终凝时间的测定:由水泥全部加入水中至终凝状态的时间为水泥的终凝时间。

(5)测定时注意,在最初测定的操作时应轻轻扶持金属柱,使其徐徐下降,以防试针撞弯,但结果以自由下落为准;在整个测试过程中试针沉入的位置至少要距离试模内壁10mm。每次测定不能让试针落入原针孔,每次测试完毕须将试针擦净并将试模放回湿气养护箱内,整个测试过程要防止试模受震。

五、安定性的测定

安定性测定方法可以用饼法也可以用雷氏法,有争议时以雷氏法为准。饼法是观察水泥净浆试饼沸煮后的外形变化来检验水泥的体积安定性。雷氏法是测定水泥净浆在雷氏夹中沸煮后的膨胀值。

(一)主要仪器设备

(1)沸煮箱　有效容积约为410mm×240mm×3100mm,箆板结构应不影响实验结果,箆板与加热器之间的距离大于50mm。箱的内层由不易锈蚀的金属材料制成,能在(30±5)min内将箱内的实验用水由室温升温至沸腾并可保持沸腾状态3h以上,整个实验过程中不需补充水量。

(2)雷氏夹　由铜质材料制成,其结构如图4所示。当一根指针的根部先悬挂在一根金属丝或尼龙丝上,另一根指针的根部再挂上300g质量的砝码时,两根指针的针尖距离增加应在(17.5±2.5)mm范围内,当去掉砝码后针尖的距离能恢复至挂砝码前的状态。

(3)雷氏夹膨胀值测定仪,标尺最小刻度为1mm。

(4)水泥净浆搅拌机、湿气养护箱、量水器、天平等。

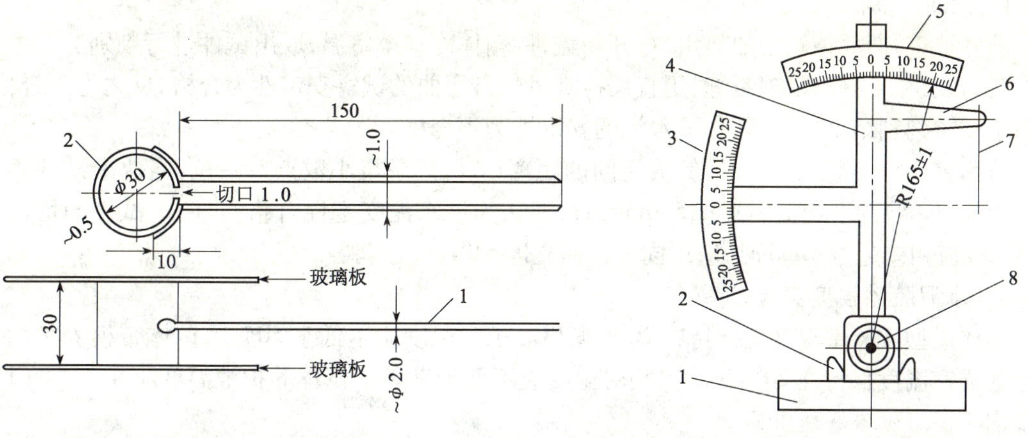

(a) 雷氏夹
1—指针;2—环模

(b) 雷氏夹膨胀值测量仪
1—底座;2—模子座;3—测弹性标尺;4—立柱;5—测膨胀值标尺;6—悬臂;7—悬丝;8—弹簧顶扭

图4　雷氏夹与雷氏夹膨胀值测量仪(尺寸单位:mm)

（二）实验方法

（1）准备工作

若采用雷氏法时，每个雷氏夹需配备质量约75～80g的玻璃板两块，若采用饼法，一个样品需配备两块约100mm×100mm的玻璃板。每种方法每个试样需成型两个试件。凡与水泥净浆接触的玻璃板和雷氏夹表面都要稍稍涂上一层油。

（2）以标准稠度用水量制备标准稠度净浆。

（3）试饼的成型方法

将制好的净浆取出一部分两等分，使之呈球形，放在预先准备好的玻璃板上，轻轻振动玻璃板并用湿布擦过的小刀由边缘向中央抹动，做成直径70～80mm、中心厚约10mm、边缘渐薄、表面光滑的试饼，接着将试饼放入湿气养护箱内养护（24±2）h。

（4）雷氏夹试件的制备

将预先准备好的雷氏夹放在已稍擦油的玻璃板上，并立刻将制好的标准稠度净浆装满试模，装模时一只手轻轻扶持试模，另一只手用宽约10mm的小刀捣15次左右然后抹平，盖上稍涂油的玻璃板，接着立刻将试模移至湿气养护箱内养护（24±2）h。

（5）从养护箱内取出试件，脱去玻璃板。

当为饼法时先检查试饼是否完整（如已开裂翘曲要检查原因，确证无外因时，该试饼已属不合格不必沸煮），在试饼无缺陷的情况下将试饼放在沸煮箱的篦板上。

当用雷氏法时，先测量试件指针尖端间的距离（A），精确至0.5mm，接着将试件放入篦板上，指针朝上，试件之间互不交叉。

（6）沸煮

调整好沸煮箱内水位，保证整个沸煮过程都能没过试件，不需中途加水；然后在（30±5）min内加热至沸腾并保持3h±5min。

（7）结果判别

沸煮结束，即放掉箱中的热水，打开箱盖，待箱体冷却至室温，取出试件进行判别。

若为试饼，目测未发现裂缝，用直尺检查也没有弯曲的试饼安定性为合格，反之为不合格。当两个试饼判别结果有矛盾时，该水泥的安定性为不合格。

若为雷氏夹，测量试件指针针尖端间的距离（C），记录至小数点后一位，当两个试件煮后增加距离（C-A）的平均值不大于5.0mm时，即认为该水泥安定性合格，当两个试件的增加距离（C-A）值相差超过4mm时，应用同一样品立即重做一次实验。

六、水泥胶砂强度实验

试体成型实验室温度应保持在20℃±2℃，相对湿度应不低于50%。试体带模养护的养护箱或雾室温度保持在20℃±2℃，相对湿度应不低于90%。试体养护池温度应在20℃±1℃范围内。

（一）主要仪器设备

（1）胶砂搅拌机　行星式搅拌机，应符合JC/T 681—2005要求。

（2）胶砂振实台　应符合JC/T 726—2005的要求（如图5）。

（3）试模　由三个水平的槽模组成。模槽内腔尺寸为40mm×40mm×160mm，可同时成型三条棱形试件。成型操作时应在试模上面加有一个壁高20mm的金属套模；为控制料层厚度和刮平胶砂表面，应备有两个播料器和一金属刮平尺。

(4)抗折强调实验机　一般采用杠杆比值1:50的电动抗折实验机，也可以采用性能符合要求的其他实验机。抗折夹具的加荷与支撑圆柱直径应为(10±0.1)mm[允许磨损后尺寸为(10-0.2)mm]，两个支撑圆柱中心间距为(100±0.2)mm。

(5)抗压实验机　实验机精度要求±1%并具有按2400N/s±200N/s速率加荷的能力。

(6)抗压夹具　应符合JC/T683的要求，受压面积为40mm×40mm。

(7)天平(精度±1g)、量水器(精度±1mL)等。

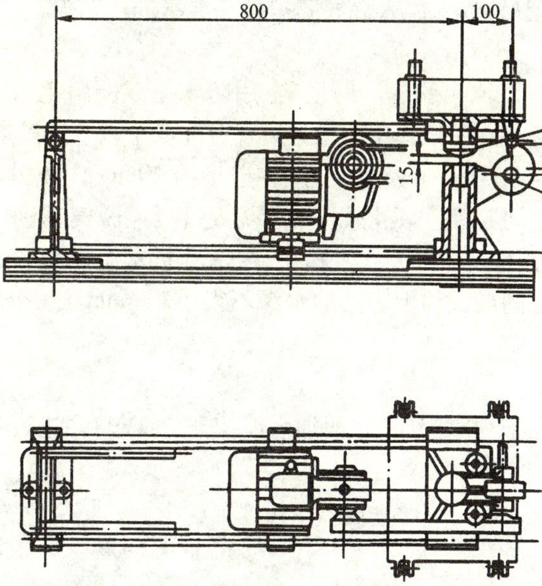

图5　胶砂振实台(尺寸单位:mm)

1—突头;2—凸轮;3—止动器;4—滑动轮

(二)试件成型

(1)将试模擦净，四周模板与底座的接触面上应涂黄油，紧密装配，防止漏浆。内壁均匀刷一薄层机油。

(2)实验采用中国ISO标准砂，中国ISO标准砂可以单级分包装，也可以各级顶配合以(1350±5)g量的塑料袋混合包装。

每锅胶砂可成型三条试体。除火山灰水泥外，每锅胶砂按质量比水泥:标准砂:水=1:3:0.5，用天平称取水泥(450±2)g、中国ISO标准砂(1350±5)g，量水器量取(225±1)mL水。

火山灰水泥进行胶砂强度检验的用水量0.50，水灰比的胶砂流动度不小于180mm来确定。当流动度小于180mm时，须以0.01的整倍数递增的方法将水灰比调整至胶砂流动度不小于180mm。

(3)把水加入搅拌锅，再加入水泥，把锅放在固定架上，上升至固定位置。

然后立即开动搅拌机，低速搅拌30s后，在第二个30s开始的同时均匀地将砂加入。把机器转至高速再拌30s。

停拌90s，在第一个15s内用一胶皮刮具将叶片和锅壁上的胶砂，刮入锅中间。在高速下继续搅拌60s后，停机取下搅拌锅。

各个搅拌阶段，时间误差应在±1s内，将粘在叶片上的胶砂刮下。

(4)胶砂制备后立即进行成型。将空试模和模套固定在振实台上，用一适当勺子直接从搅拌锅中将胶砂分两层装入试模，装第一层时，每个槽里放300g胶砂，用大播料器垂直架在模套顶部沿每个模槽来回一次将料层播平，接着振实60次。移走模套，从振实台上取下试模，用一金属直尺以近似90°的角度架在试模顶的一端，然后沿试模长度方向以横向锯割动作慢慢移向另一端，一次将超过试模部分的胶砂刮去，并用同一直尺以近乎水平的状况将试体表面抹平。

(5)在试模上做好标记后，立即放入湿气养护箱或雾室进行养护。

(三)脱模与养护

(1)养护到规定脱模时间取出脱模。脱模前，用防水墨或颜料笔对试体进行编号。两个龄期以上的试体，编号时应将同一试模中的三条试件分在两个以上的龄期内。

(2)脱模应非常小心。对于24h龄期的，应在破型前20min内脱模。对于24h以上龄期的，应在成型后20～24h之间脱模。硬化较慢的水泥允许延期脱模，但须记录脱模时间。

(3)试件脱模后立即水平或垂直放入水槽中养护，养护水温度为(20±1)℃，试件之间应留有间隙，养护期间试件之间或试体上表面的水深不得小于5mm。每个养护池只养护同类型的水泥试件。

(四)强度测定

不同龄期的试件，应在下列时间(从水泥加水搅拌开始算起)内进行强度测定。

——24h±15min；

——48h±30min；

——78h±45min；

——7d±2h；

——>28d±8h。

1. 抗折强度测定

(1)每龄期取出三条试件先做抗折强度测定。测定前须擦去试件表面的水分和砂粒，清除夹具上圆柱表面黏着的杂物。试件放入抗折夹具内，应使试件侧面与圆柱接触。

(2)采用杠杆式抗折实验机时，试件放入前，应使杠杆成平衡状态。试件放入后，调整夹具，使杠杆在试件折断时尽可能地接近平衡位置。

(3)抗折强度测定时加荷速度为50N/s±10N/s。

(4)抗折强度按下式计算(计算至0.1MPa)：

$$R_t = \frac{1.5F_tL}{b^3}$$

式中 R_t——单个试件抗折强度，MPa；

F_t——折断时施加于棱柱体中部的荷载，N；

L——支撑圆柱之间的距离，mm；

b——棱柱体正方形截面的边长，mm。

(5)以一组三个试件测定值的算术平均值作为抗折强度的实验结果(精确至0.1MPa)。当三个强度值中有超过平均值±10%时，应剔除后再取平均值作为抗折强度实验结果。

2. 抗压强度测定

(1)抗折强度测定后的两个断块应立即进行抗压强度测定。抗压强度测定须用抗压夹具进行,使试件受压面积为40mm×40mm。测定前应清除试件受压面与加压板间的砂粒或杂物。测定时以试件的侧面作为受压面,并使夹具对准压力机压板中心。

(2)整个加荷过程中以2400N/s±200N/s的速率均匀加荷直至破坏。

(3)抗压按下式计算(计算至0.1MPa):

$$R_c = \frac{F_c}{A}$$

式中 R_c——单个试件抗压强度,MPa;

F_c——破坏时的最大荷载,N;

A——受压部分面积,即40mm×40mm=1600mm²。

(4)以一组三个棱柱体上得到的六个抗压强度测定值的算术平均值作为抗压强度的实验结果(精确至0.1MPa)。如六个测定值中有一个超出六个平均值±10%,应剔除这个结果,而以剩下五个的平均数为实验结果。如五个测定值中再有超过它们平均数±10%的,则此组结果作废。

实验三　普通混凝土骨料实验

一、取样方法及数量

1. 细骨料

细骨料——砂的取样应按批进行,每批总量不宜超过400m³或600t。

取样时应先将取样部位表层铲除,然后由料堆或车船上不同部位或深度抽取大致相等的试样共8份,组成一组试样。进行各项实验的每组试样应不小于表2规定的最少取样重量。

表2　实验所需试样最少重量

最大粒径(mm)	9.5	16.0	19.0	26.5	31.5	37.5	63.0	75.0
最少试样重量(kg)	1.9	3.2	3.8	5.0	6.3	7.5	12.6	16.0

实验时需按四分法分别缩取各项实验所需的数量,试样缩分也可用分料器进行。

2. 粗骨料

粗骨料——碎石或卵石的取样也按批进行,每批总量不宜超过400m³或600t。

取样时先将料堆的顶部、中部和底部均匀分布的各个部分的表层铲除,然后由各部位抽取大致相等的试样共15份组成一组实验。

实验时需将每组试样分别缩取各项实验所需的数量,试样的缩分也可用分料器进行。

二、砂的筛分析实验

1. 主要仪器

(1)实验筛　包括孔径为9.5mm、4.75mm、2.36mm、1.18mm、0.60mm、0.30mm、0.15mm的方孔筛,以及筛的底盘和盖各一个。

(2)托盘天平　称量1kg,感量1g。

(3)摇筛机　带拍。

(4)烘箱　能控制温度在(105±5)℃。

(5)浅盘、毛刷等。

2. 试样制备

用于筛分析的试样应先筛除大于9.5mm颗粒，并记录其筛余百分率。如试样含泥量超过5%，应先用水洗。然后将试样充分拌匀，用四分法缩分至每份不少于550g的试样两份，在(105±5)℃下烘干至恒重，冷却至室温后备用。

3. 实验步骤

(1)准确称取烘干试样500g，置于按筛孔大小顺序排列的套筛最上一只筛上，将套筛装入摇筛机上摇筛约10min(无摇筛机可采用手摇)。然后取下套筛，按孔径大小顺序逐个在清洁的浅盘上进行手筛，直至每分钟的筛出量不超过试样总量的0.1%时为止。通过的颗粒并入下一号筛中一起过筛。按此顺序进行，至各号筛全部筛完为止。

(2)试样在各号筛上的筛余量均不得超过下式的量：

质量仲裁时，
$$m_r = \frac{A\sqrt{d}}{300}$$

生产控制检验，
$$m_r = \frac{A\sqrt{d}}{200}$$

式中 m_r——筛余量，g；

d——筛孔尺寸，mm；

A——筛的面积，mm^2。

否则应将该筛余试样分成两份，再次进行筛分，并以其筛余量之和作为该号筛的筛余量。

(3)称量各号筛余试样的重量，精确至1g。所有各号筛的筛余试样重量和底盘中剩余试样重量的总和与筛余前的试样总量相比，其差值不得超过1%。

4. 实验结果

(1)分计筛余百分率　各号筛上的筛余量除以试样总质量的百分率(精确至0.1%)。

(2)累计筛余百分率　该号筛上的分计筛余百分率与大于该号筛的各号筛上的分计筛余百分率之总和(精确至1.0%)。

(3)根据各筛的累计筛余百分率，绘制筛分曲线，评定颗粒级配。

(4)计算细度模数 M_x(精确至0.01)。

$$M_x = \frac{(A_2 + A_3 + A_4 + A_5 + A_6) - 5A_1}{100 - A_1}$$

式中 A_1……A_6依次为5.0mm……0.160mm筛上累计筛余百分率。

(5)筛分析实验应采用两份试样进行，并以其实验结果的算术平均值作为测定结果。如两次实验所得细度模数之差大于0.20，应重新进行实验。

三、砂的表观密度实验(标准法)

1. 主要仪器

(1)托盘天平　称重1kg，感量1g。

(2)容量瓶　500mL。

(3)烘箱、干燥器、温度计、料勺等。

2. 试样制备

将缩分至约650g的试样在(105±5)℃烘箱中烘至恒重，并在干燥器中冷却至室温后备用。

3. 实验步骤

(1)称取烘干试样300g(m_0),装入盛有半瓶冷开水的容量瓶中,摇动容量瓶,使试样充分搅动以排除气泡。塞紧瓶塞。

(2)静置24h后打开瓶塞,用滴管添水使水面与瓶颈刻线平齐。塞紧瓶塞,擦干瓶外水分,称其重量(m_1)。

(3)倒出容量瓶中的水和试样,清洗瓶内外,再注入与上项水温相差不超过2℃的冷开水至瓶颈刻线。塞紧瓶塞,擦干瓶外水分,称其重量(m_2)。

(4)实验过程中应测量并控制水温。各项称量可以在15~25℃的温度相差范围内进行。从试样加水静置的最后2h起直至实验结束,其温差不应超过2℃。

4. 实验结果

(1)表观密度ρ_0应按下式计算(精确至10kg/m^3):

$$\rho_0 = \left(\frac{G_0}{G_0 + G_2 - G_1}\right) \times \rho_{水}$$

式中 G_1——瓶+试样+水共重,g;

G_2——瓶+水共重,g;

G_0——烘干试样重,g。

(2)以两次实验结果的算术平均值为测定结果。如两次结果之差大于20kg/m^{3}时,应重新取样进行实验。

四、砂的堆积密度测定

1. 主要仪器

(1)台秤　称重5kg,感重5g。

(2)容量筒　金属制圆柱形,内径108mm,净高109mm,筒壁厚2mm,容积为1L,筒底厚为5mm。

容量筒应先校正容积。以(20±2)℃的饮用水装满容量筒,用玻璃板沿筒口滑移,使其紧贴水面并擦干筒外壁水分,然后称重。用下式计算容积(V):

$$V = m'_2 - m'_1$$

式中 V——容量筒容积,L;

m'_1——筒和玻璃板总重,kg;

m'_2——筒、玻璃板和水总重,kg。

(3)烘箱、漏斗或料勺、直尺、浅盘。

2. 试样制备

取缩分试样约3L,在(105±5)℃的烘箱中烘干至恒重,取出冷却至室温,分成大致相等的两份备用。烘干试样中如有结块,应先捏碎。

3. 实验步骤

(1)称容量筒重m_1,将试样用料勺或漏斗徐徐装入容量筒内,出料口距容量筒口不应超过5cm,直到试样装满超出筒口成锥形为止。

(2)用直尺将多余的试样沿筒口中心线向两个相反方向刮平。称容量筒连试样总重m_2。

4. 实验结果

(1)计算砂的堆积密度ρ_Q(精确至10kg/m^3)

$$\rho_Q = \frac{m_2 - m_1}{V} \times 1000(10\text{kg/m}^3)$$

式中　m_1——容量筒重,kg;

m_2——容量筒连试样共重,kg;

V——容量筒容积,L。

(2)以两次实验结果的算术平均值作为测定结果。

五、碎石或卵石的筛分分析实验

1. 主要仪器

(1)方孔筛　孔径为2.36mm、4.75mm、9.50mm、16.0mm、19.0mm、26.5mm、31.5mm、37.5mm、53.0mm、63.0mm、75.0mm、90mm。

(2)托盘天平或台秤　称量随试样重量而定,感量为试样重量的0.1%左右。

(3)烘箱、浅盘等。

2. 试样制备

实验所需的试样重量按最大粒径应不少于表2的规定。

用四分法把试样缩分到略重于实验所需的重量,烘干或风干后备用。

3. 实验步骤

(1)称取试样重量,依筛孔大小顺序过筛,直至每分钟的通过量不超过试样总量的0.1%。但在每号筛上的筛余层厚应不大于试样最大粒径值,如超过此值,应将该号筛上的筛余分成两份再次进行筛分,当试样粒径大于20mm时,筛分时允许用手拨动颗粒。

(2)称取各筛筛余的重量

4. 实验结果计算

(1)计算分计筛余百分率和累计筛余百分率(精确至0.1%)。计算方法同砂的筛分析。

(2)根据各筛的累计筛余百分率,评定试样的颗粒级配。

六、碎石或卵石的表观密度测定(简易方法)

此法不宜用于最大粒径超过37.5mm的碎石或卵石。

1. 主要仪器

(1)托盘天平　称量5kg,感量5g。

(2)广口瓶　容积1000mL,磨口并带玻璃片。

(3)烘箱、浅盘、筛(孔径5mm)等。

2. 试样制备

将试样筛去4.75mm以下的颗粒,用四分法缩分至不少于2kg,洗刷干净后,分成两份备用。

3. 实验步骤

(1)称取试样浸水饱和后,装入广口瓶中。装试样时,广口瓶应倾斜一定角度。然后注满饮用水,用玻璃板覆盖瓶口,以上下左右摇晃的方法排除气泡。

(2)气泡排尽后,向瓶中再注入饮用水至水面凸出瓶口边缘,然后用玻璃板沿瓶口迅速滑行,使其紧贴瓶口水面。擦干瓶外水分,称取试样、水、瓶和玻璃板的总量m_1。

(3)将瓶中试样倒入浅盘中,放在(105±5)℃的烘箱中至恒重。取出试样放入带盖的容器中冷却至室温后称取试样重量m。

（4）将广口瓶洗净，重新注入饮用水，用玻璃板紧贴瓶口水面，擦干瓶外水分后称出重量 m_2。

4. 实验结果

（1）计算碎石或卵石的表观密度 ρ_0（精确至 $10kg/m^3$）：

$$\rho_0 = \left(\frac{G_0}{G_0 + G_2 - G_1}\right) \times \rho_{水}$$

式中 G_1——瓶 + 试样 + 水共重，g；

G_2——瓶 + 水共重，g；

G_0——烘干试样重，g。

（2）以两次实验结果的算术平均值为测定结果。如两次结果之差大于 $20kg/m^3$ 时，应重新取样进行实验。

七、碎石或卵石的堆积密度测定

1. 主要仪器

（1）磅秤　称量 50kg，感量 50g，及称量 100kg，感量 100g 各一台。

（2）容量筒　金属制，实验前先校正其容积，方法同砂的表观密度实验。

（3）烘箱、平头铁铲等。

2. 试样制备

用四分法缩取试样不少于表 2 规定的数量，在（105 ± 5）℃的烘箱中烘干或在清洁的地面上风干，拌匀后分为大致相等的两份备用。

3. 实验步骤

（1）称取容量筒重量 m_1。

（2）将试样置于平整、干净的地板（或铁板）上，用铁铲将试样从距筒口 5cm 处左右自由落入。装满容量筒后除去凸出筒口表面的颗粒，并以较合适的颗粒填入凹陷空隙，使表面凸起部分和凹陷部分的体积大致相等。称取容量筒连试样总重 m_2。

4. 实验结果

（1）计算碎石或卵石的堆积密度 ρ'_0（精确至 $10kg/m^3$）：

$$\rho'_0 = \frac{m_2 - m_1}{V} \times 1000 (10kg/m^3)$$

式中 m_1——容量筒重，kg；

m_2——试样连容量筒重，kg；

V——容量筒容积，L。

（2）以两次实验结果的算术平均值作为测定结果。

八、碎石或卵石的含水率测定

1. 主要仪器

（1）托盘天平　称量 5kg，感量 5g。

（2）烘箱、浅盘等。

2. 试样制备

取重量约等于表 2 规定的数量，分为两份备用。

3. 实验步骤

（1）将试样放入已知重量为 m_1 的浅盘中，称取试样和浅盘的总重 m_2。

（2）将试样和浅盘放入（105 ±5）℃的烘箱中烘至恒重，取出冷却至室温后再称取试样和浅盘的总重 m_3。

4. 实验结果

（1）计算碎石或卵石的含水率 W（精确至0.1%）

$$W=\frac{m_2-m_1}{m_3-m_1}\times 100(\%)$$

式中 m_1——浅盘重，g；

m_2——试样连浅盘共重，g；

m_3——烘干试样连浅盘共重，g。

（2）以两次实验结果的算术平均值作为测定结果。

实验四　普通混凝土实验

一、拌合物实验拌合方法

（一）一般规定

（1）拌制混凝土的原材料应符合技术要求，并与施工实际用料相同，在拌合前，材料的温度应与室温（应保持在20℃ ±5℃）相同。

（2）拌制混凝土的材料用量以质量计。称量的精确度：骨料为 ±1%，水、水泥及混合材料、外加剂为 ±0.5%。

（二）主要仪器设备

（1）混凝土搅拌机。

（2）磅秤　称量50kg，感量50g。

（3）其他用具　天平（称量5kg，感量1g）、量筒（200 cm^3，1000 cm^3）、拌铲、拌板（1.5m × 2m）、盛器等。

（三）拌合方法

1. 人工拌合

每盘混凝土拌合物最小拌量应符合表3的规定。

表3

骨料最大粒径（mm）	拌合物数量（L）
31.5 及以下	15
40	25

（1）按所定配合比计算每盘混凝土各材料用量后备料。

（2）将拌板和拌铲用湿布润湿后，将砂倒在拌板上，然后加入水泥，用铲自拌板一端翻拌至另一端，如此重复，直至充分混合，颜色均匀，再加上粗骨料，翻拌至混合均匀为止。

（3）将干混合物堆成堆，在中间做一凹槽，将已称量好的水，倒一半左右在凹槽中（勿使水流出），然后仔细翻拌，并徐徐加入剩余的水，继续翻拌，每翻拌一次，用铲在拌合物上铲切一次，直到拌合均匀为止。

（4）拌合时力求动作敏捷，拌合时间从加水时算起，应大致符合下列规定：

拌合物体积为30L以下时,4 ~5min;

拌合物体积为30 ~50L时,5 ~9min;

拌合物体积为51 ~75L时,9 ~12min。

(5)混凝土拌合好后,应根据实验要求,立即进行测试或成型试件。从开始加水时算起,全部操作需在30min内完成。

2. 机械搅拌法

拌合量不应小于搅拌机额定搅拌量的1/4。

(1)定配合比计算每盘混凝土各材料用量后备料。

(2)预拌一次,即用按配合比的水泥、砂和水组成的砂浆及少量石子,在搅拌机中进行涮膛,然后倒出并刮去多余的砂浆。其目的是避免正式拌合时影响拌合物的实际配合比。

(3)开动搅拌机,向搅拌机内依次加入石子、砂和水泥,干拌均匀,再将水徐徐加入,全部加料时间不超过2min,水全部加入后,继续拌合2min。

(4)将拌合物自搅拌机卸出,倾倒在拌板上,再经人工拌合1 ~2min,即可进行测试或成型试件。从开始加水时算起,全部操作必须在30min内完成。

二、拌合物稠度实验

(一)坍落度法

本方法适用于骨料最大粒径不大于40mm、坍落度值不小于10mm的混凝土拌合物稠度测定。

1. 主要仪器设备

(1)坍落度筒　坍落度筒是由1.5mm厚的钢板或其他金属制成的圆台形筒(图6)。底面和顶面应相互平行并与锥体的轴线垂直。在筒外2/3高度处安有两个手把,下端应焊脚踏板。筒的内部尺寸为:

底部直径(200 ±2)mm

顶部直径(100 ±2)mm

高　　度(300 ±2)mm

(2)捣棒　直径16mm,长600mm的钢棒,端部应磨圆。

(3)小铲、直尺、拌板、镘刀等。

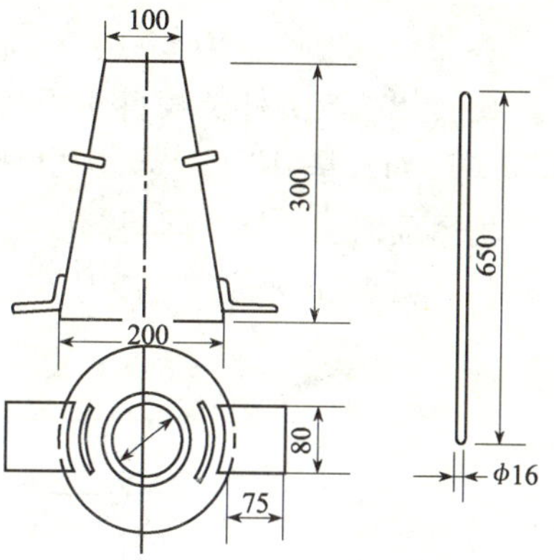

图6　坍落度筒及捣棒

2. 实验步骤

(1)湿润坍落度筒机其他用具,并把筒放在不吸水的刚性水平底板上,然后用脚踩住两边的脚踏板,使坍落度筒在装料时保持位置固定。

(2)把按要求取得的混凝土试样用小铲分三层均匀地装入筒内,使捣实后每层高度为筒高的1/3左右。每层用捣棒插捣25次,插捣应沿螺旋方向由外向中心进行,各次插捣应在截面上均匀分布。插捣筒边混凝土时,捣棒可以稍稍倾斜。插捣底层时,捣棒应贯穿整个深度,插捣第二层和顶层时,捣棒应捣透本层至下一层的表面。

浇灌顶层时,混凝土应灌到高出筒口。插捣过程中,如混凝土沉落到低于筒口,则应随时添加。顶层插捣完后,刮去多余的混凝土并用镘刀抹平。

(3)清除筒边底板上的混凝土后,垂直平稳地提起坍落度筒。坍落度筒的提离过程应在5 ~10s内完成。

从开始装料到提起坍落度筒的整个过程应不间断地进行，并应在150s内完成。

(4)提起坍落度筒后，量测筒高与坍落度后混凝土试体最高点之间的高度差，即为该混凝土拌合物的坍落度值(以mm为单位，结果表达精确至5mm)。

(5)坍落度提离后，如发生试体崩坍或一边剪坏现象，应重新取样进行测定。如第二次仍出现这种现象，则表示该拌合物的和易性不好，应予记录备查。

(6)观察坍落度后混凝土拌合物试体的黏聚性和保水性。

黏聚性　用捣棒在已坍落的拌合物锥体侧面轻轻敲打，如果锥体逐渐下沉，表示黏聚性良好，如果锥体倒塌，部分崩裂或出现离析现象，即为黏聚性不好。

保水性　提起坍落度筒后如果有较多的稀浆从底部析出，锥体部分的拌合物也因失浆而骨料外露，则表明此拌合物保水性不好。如无这种现象，则表明保水性良好。

(二)维勃稠度法

本方法用于骨料最大粒径不大于40mm，维勃稠度在5～30s之间的混凝土拌合物稠度的测定。

1. 主要仪器设备

(1)维勃稠度仪如图7，由以下部分组成：

振动台　台面长3800mm，宽260mm。震动频率(50±3)Hz。装有空容器时台面的振幅应为(0.5±0.1)mm。

容器台　内径(240±5)mm，高(200±2)mm。

旋转架　与测杆及喂料斗相连。测杆下部安装有透明且水平的圆盘。透明圆盘直径为(230±2)mm，厚(10±2)mm。由测杆、圆盘及荷重组成的滑动部分总质量应为(2750±50)g。

坍落度筒及捣棒　同坍落度实验，但筒没有脚踏板。

(2)秒表、小铲、拌板、镘刀等。

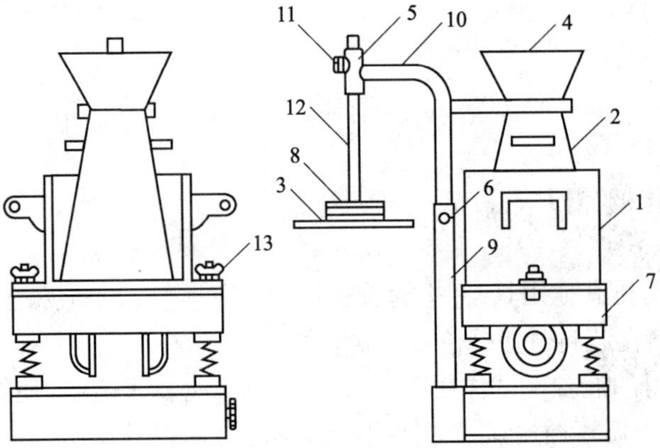

图7　维勃稠度仪

1—容器；2—坍落度筒；3—透明圆盘；4—喂料斗；5—套筒；

6—定位螺丝；7—振动台；8—荷重；9—支柱；10—旋转架

11—测杆螺丝；12—测杆；13—固定螺丝

2. 测定步骤

(1)将维勃稠度仪放置在坚实水平的基面上，用湿布将容器、坍落度筒、喂料斗内壁及其他用具擦湿。就位后，测杆、喂料斗的轴线均应和容器的轴线重合。然后拧紧固定螺丝。

(2)将混凝土拌合物经喂料斗分三层装入坍落度筒。装料及捣插的方法同坍落度实验。

(3)将喂料斗转离，小心并垂直提起坍落度筒，此时应注意不使混凝土试体产生横向扭动。

(4)将透明圆盘转到混凝土圆台体上方，放松测杆螺丝，降下圆盘，使它轻轻地接触到混凝土顶面。拧紧定位螺丝，并检查测杆螺丝是否完全松开。

(5)同时开启振动台和秒表，当透明圆盘的底面被水泥浆布满的瞬间立即停表计时并关闭振动台。

(6)由秒表读得的时间(s)即为该混凝土拌合物的维勃稠度值(读数精确至1s)。

(三)拌合物稠度的调整

在进行混凝土配合比试配时，若试拌得出的混凝土拌合物的坍落度或维勃稠度不能满足要求，或黏聚性和保水性不好时，应在保证水灰比不变的条件下相应调整用水量或砂率，直到符合要求为止。

三、立方体抗压强度实验

本实验采用立方体试件，以同一龄期者为一组，每组至少为三个同时制作并同样养护的混凝土试件。试件尺寸粗骨料的最大粒径确定，如表4所示。

表4

试件尺寸(mm)	骨料最大粒径(mm)	每次插捣次数(次)	抗压强度换算系数
100×100×100	30	12	0.95
150×150×150	40	25	1
200×200×200	60	50	1.05

(一)主要仪器设备

(1)压力实验机　实验机的精度(示值得相对误差)应不低于±1%，其量程应能使试件的预期破坏荷载值不小于全量程的20%，也不大于全量程的80%。实验机应按计量仪表使用规定进行定期检查，以确保实验机工作的准确性。

(2)振动台　实验所用振动台的振动频率为(50±3)Hz，空载振幅应为0.5mm。

(3)试模　试模由铸铁或钢制成，应具有足够的刚度并拆装方便。试模内表面应机械加工，其不平度应为每100mm不超过0.05mm，组装后各相邻面的不垂直度应不超过±0.5度。

(4)捣棒、小铁铲、金属直尺、镘刀等。

(二)试件的制作

(1)每一组试件所用的拌合物根据不同要求应从同一盘或同一车运送的混凝土中取出，或在实验用机械或人工单独拌制。用以检验现浇混凝土工程或预制构件质量的试件分组或取样原则，应按有关规定执行。

(2)试件制作前，应将试模擦拭干净并将试模的内表面涂以一薄层矿物油脂。

(3)坍落度不大于700mm的混凝土宜用振动台振实。将拌合物一次装入试模，并稍有富余，然后将试模放在振动台上。开动振动台振动至拌合物表面出现水泥浆为止。记录振动时间。振动结束后用镘刀将表面抹平。

坍落度大于700mm的混凝土，宜用人工捣实。混凝土拌合物分两层装入试模，每层厚度大致相等。插捣时按螺旋方向从边缘向中心均匀进行。插捣底层时，捣棒应达到试模底面，插捣上层时，捣棒应穿入下层深度20～30mm。插捣时捣棒保持垂直不得倾斜，并用抹刀沿试模内壁插入数次，以防止试件产生麻面。每层插捣次数见表4，一般每$100cm^2$面积应不少于12次，然后刮除多余的混凝土并用镘刀抹平。

（三）试件养护

（1）采用标准养护的试件成型后应覆盖表面，以防止水分蒸发，并应在温度为（20±5）℃情况下静置一昼夜至两昼夜，然后编号拆模。

拆模后的试件应立即放在温度为（20±1）℃，湿度为95%以上的标准养护室中养护。在标准养护室内试件应放在架上，彼此间隔为10～20mm，并应避免用水直接冲淋试件。

（2）无标准养护室时，混凝土试件可在温度为（20±3）℃的不流动水中养护。水的pH值不应小于7。

（3）与构件同条件养护的试件成型后，应覆盖表面。试件的拆模时间可与实际构件的拆模时间相同。拆模后，试件仍需保持同条件养护。

（四）抗压强度实验

（1）试件自养护室取出后，应尽快进行实验。将试件表面擦拭干净并量出其尺寸（精确至1mm），据以计算试件的受压面积A（mm^2）。

（2）将试件安放在下承压板上，试件的承压面应与成型时的顶面垂直。试件的中心应与实验机下压板中心对准。开动实验机，当上压板与试件接近时，调整球座，使接触均衡。

（3）加压时，应连续而均匀地加荷，加荷速度应为：当混凝土强度等级低于C30时，取每秒0.3～0.5MPa；当混凝土强度等级不低于C30时，取每秒0.5～0.8MPa。当试件接近破坏而迅速变形时，停止调整实验机油门，直至试件破坏。记录破坏荷载P（N）。

（五）实验结果计算

（1）混凝土立方体试件的抗压强度按下式计算（计算至0.1MPa）：

$$f_{cu}=\frac{P}{A}$$

式中 f_{cu}——混凝土立方体试件抗压强度，MPa；

P——破坏荷载，N；

A——试件承压面积，mm^2。

（2）以三个试件测值得算数平均值作为该组试件的抗压强度值（精确至0.1MPa）。如果三个测定值中的最小值或最大值中有一个与中间值的差异超过中间值的15%时，则把最大及最小值一并舍除，取中间值作为该组试件的抗压强度值。如最大和最小值与中间值相差均超过15%，则该组试件实验结果无效。

（3）混凝土的抗压强度以150mm×150mm×150mm的立方体试件的抗压强度为标准，其他尺寸试件测定结果，均应换算成边长为150mm立方体的标准抗压强度，换算时均应分别乘以表4中的尺寸换算系数。

实验五　钢筋实验

钢筋应成批验收，每批由同一牌号、同一炉罐号、同一等级、同一品种、同一尺寸、同一交货状态组成。每批重量不得大于60t。

每批钢筋应进行化学成分、拉伸、冷弯、尺寸、表面质量和重量偏差项目的实验拉伸。钢筋拉伸、冷弯实验各需两个，可分别从每批钢筋任选两根截取。检验中，如有某一项实验结果不符合规定的要求，则从同一批钢筋中再任取双倍数量的试样进行该不合格项目的复验，复验结果（包括该项实验所要求的任一指标）即使只有一项指标不合格，则整批不予验收。

一、拉伸实验

（一）主要仪器设备

（1）实验机　为保证机器安全和实验准确，应选择合适量程，保证最大荷载时，指针位于第三象限内（即 180°～270°之间）。实验机的测力示值误差应不大于 1%。

（2）游标卡尺　精确度为 0.1mm。

（二）试件制作和准备

抗拉实验用钢筋试件不得进行车削加工，可以用两个或一系列等分小冲点或细化线标出原始标距（标记不影响试件断裂），测量标距长度 L_0（精确至 0.1mm），如图 8 所示。计算钢筋强度用横截面积采用表 5 所列公称横截面积。

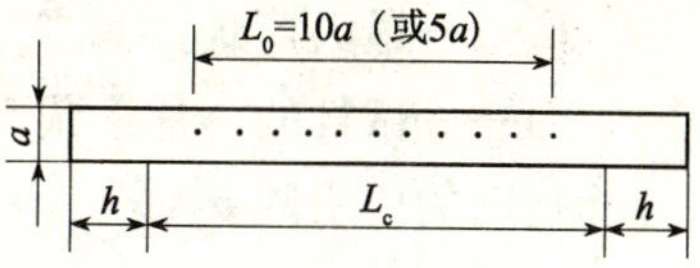

图 8　钢筋拉伸试件

a—试样原始直径；L_0—标距长度；h—夹头长度；L_c—试样平行长度［不小于 L_0+a］

（三）屈服点 σ_s 和抗拉强度 σ_b 测定

（1）调整实验机测力度盘的指针，使其对准零点，并拨动副指针，使之与主指针重叠。

（2）将试件固定在实验机夹头内，开动实验机进行拉伸。测屈服点时，屈服前的应力增加速率按表 6 规定，并保持实验机控制器固定于这一速率位置上，直至该性能测出为止。屈服后或只需测定抗拉强度时，实验机活动夹头在荷载下的移动速度为不大于 $0.5L_c$/min。

表 5　钢筋公称横截面积

公称直径（mm）	公称横截面面积（mm^2）	公称直径（mm）	公称横截面面积（mm^2）
8	50.27	22	280.1
10	78.54	25	490.9
12	113.1	28	615.8
14	153.9	32	804.2
16	201.1	36	1018
18	254.5	40	1257
20	314.2	50	1964

表 6　屈服前的加荷速率

金属材料的弹性模量（N/mm^2）	应力速率（N/mm^2s^{-1}）	
	最小	最大
<150000	1	10
≥150000	3	50

（3）拉伸中，测力读盘的指针停止转动时的恒定荷载，或第一次回转时的最小荷载，即为所求的屈服点荷载 F_s（N）。按下式计算试件的屈服点：

$$\sigma_s = F_s / A$$

式中　σ_s——屈服点，MPa；

F_s——屈服点荷载，N；

A——试件的公称横截面积，mm^2。

σ_s应计算至 10MPa。

（4）向试件连续施荷直至拉断，由测力度盘读出最大荷载 F_b(N)。按下式计算试件的抗拉强度：

$$\sigma_b = F_b / A$$

式中　σ_b——抗拉强度，MPa；

F_b——最大荷载，N；

A——试件的公称横截面积，mm^2。

σ_b计算精度的要求同σ_s。

（四）伸长率测定

（1）将已拉断试件的两段在断裂处对齐，尽量使其轴线位于一条直线上。如拉断处由于各种原因形成缝隙，则缝隙应计入试件拉断后的标距部分长度内。

（2）如拉断处到邻近标距端点距离大于$1/3L_0$时，可用卡尺直接量出已被拉长的标距长度L_1(mm)。

（3）如拉断处到邻近的标距端点距离小于等于$1/3L_0$时，可按下述移位法确定L_1：

在长段上，从拉断处O取基本短段格数，得B点，接着取等于长段所余格数［偶数，见图9］之半，得C与C_1点。移位后的L_1分别为$AO + OB + 2BC$或者$AO + OB + BC + BC_1$。

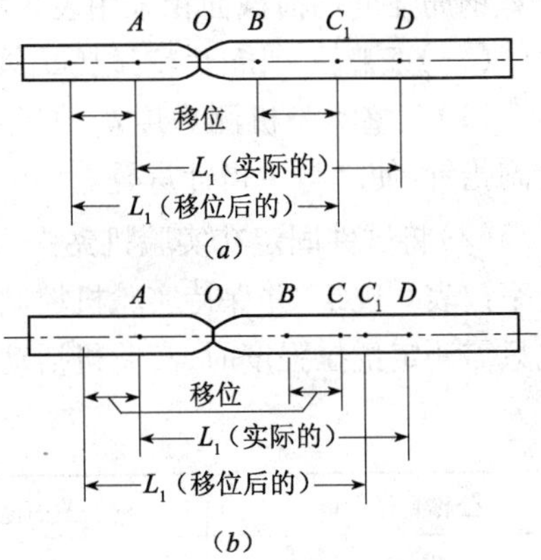

图9　用移位法测量断后标距L_1

如用直接测量所求得的伸长率能达到技术条件的规定值，则可不采用移位法。

（4）伸长率按下式计算（精确至1%）：

$$\delta_{10}(\text{或}\ \delta_5) = (L_1 - L_0)/L_0 \times 100\%$$

式中　δ_{10}、δ_5——分别表示$L_0 = 10a$和$L_0 = 5a$时的伸长率（a为试件原始直径）；

L_0——原标距长度$10a(5a)$，mm；

L_1——试件拉断后直接测量出或按移位法确定的标距部分的长度，mm（测量精确至0.1mm）。

（5）如试件在标距端点上或标距外断裂，则实验结果无效，应重做实验。

二、冷弯实验

（一）主要仪器设备

弯曲实验可在压力机或万能实验机上进行，实验机应有足够的硬度的支承（支承辊间的距离可以调节），同时还应有不同直径的弯心（弯心直径由有关标准规定）。

（二）实验步骤

（1）钢筋冷弯试件不得进行车削加工，试件长度通常按下式计算：

$$L \approx 5a + 150\text{mm}（a \text{ 为试件原始直径}）$$

(2)半导向弯曲

试样一端固定,绕弯心直径进行弯曲,如附图10(a)所示。试样弯曲到规定的弯曲角度或出现裂纹、裂缝或断裂为止。

(3)导向弯曲

① 试样放置于两个支点上,将一定直径的弯心在试样两个支点中间施加压力,使试样弯曲到规定的角度[图10(b)]或出现裂纹、裂缝或断裂为止。

② 试样在两个支点上按一定弯心直径弯曲至两臂平行时,可一次完成实验,亦可先弯曲到图10(b)所示的状态,然后放置在实验机平板之间继续施加压力,压至试样两臂平行。此时可以加与弯心直径相同尺寸的衬垫进行实验[图10(c)]。

当试样需要弯曲至两臂接触时,首先将试样弯曲到附图10(b)所示的状态,然后放置在两平板间继续施加压力,直至两臂接触[图10(d)]。

③ 实验应在平稳压力作用下,缓慢施加实验力。两支辊间距离为$(d+2.5a)\pm0.5a$,并且在过程中不允许有变化。

(4)实验应在10~35℃或控制条件下(23±5)℃进行。

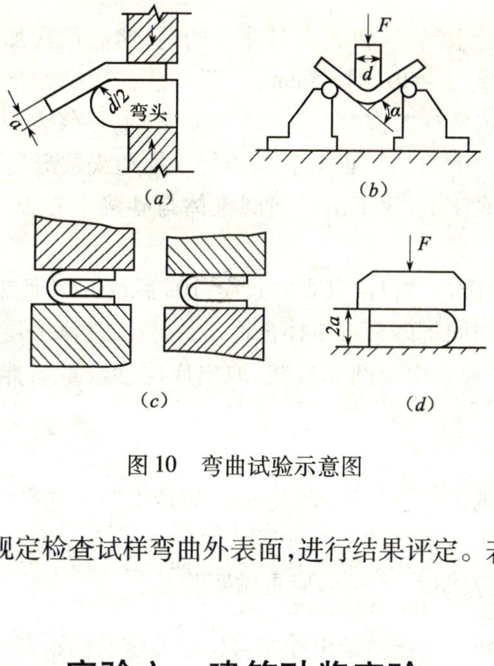

图10　弯曲试验示意图

(三)结果评定

弯曲后,按有关标准规定检查试样弯曲外表面,进行结果评定。若无裂纹、裂缝或断裂,则评定试样合格。

实验六　建筑砂浆实验

一、砂浆稠度和分层度的测定

1. 主要仪器

(1)砂浆稠度测定仪　由支架、底座、带滑杆圆锥体、刻度盘及圆锥形金属筒组成,形状和结构见图11。

(2)砂浆分层度筒　由上中下三层金属圆筒及左右两根连接螺栓组成,形状和尺寸见图11。

(3)捣棒、拌铲、抹刀等。

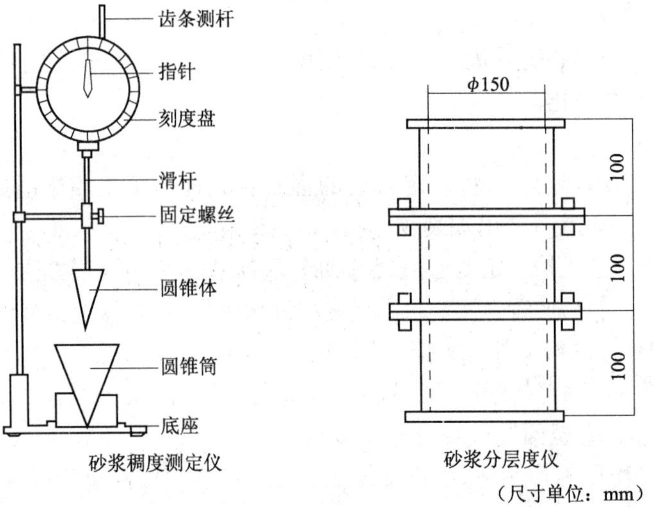

图 11

2. 实验步骤

(1)将按配合比称好的水泥、砂和混合料拌合均匀，然后逐次加水，和易性凭观察符合要求时，停止加水，再拌合均匀。一般共拌 5min。

(2)将拌合好的砂浆依次注入稠度测定仪的金属筒内，砂浆表面低于筒口约 10mm。用捣棒自筒边向中心插捣 25 次，前 12 次插至筒底，再轻轻摇动或敲击金属筒，使砂浆表面平整。

(3)将筒移至测定仪底座上，放下滑杆使圆锥体与砂浆中心表面接触，固定滑杆，调整刻度盘指针指零。

(4)放松滑杆旋钮，使圆锥体自由落入砂浆中，10s 后读取刻度盘所示沉入值。

(5)将筒中砂浆倒出与同批砂浆重新拌合均匀，并依次注满分层度筒。

(6)静置 30min 后，去掉上中层圆筒砂浆，取出底层砂浆重新拌匀，再次用稠度测定仪测定圆锥体沉入值。

3. 实验结果

(1)圆锥体在砂浆中的沉入值即为稠度(cm)，以两次实验的平均值作为稠度测定值。

(2)砂浆静置前后的沉入值之差即为分层度(cm)。以两次实验的平均值作为分层度测定值。两次分层度测定值之差如大于 2cm，应重做实验。

二、砂浆抗压强度测定

1. 主要仪器

(1)试模、立方体金属或塑料试模，内壁边长为 70.7mm。

(2)压力机、捣棒、刮刀等。

2. 试件制作

(1)将试模内壁涂一薄层机油，放在铺有吸水性较好的湿纸的普通黏土砖上，砖含水率不应大于 2% 。

(2)将砂浆一次装满试模，用捣棒插捣 25 次，并用刮刀沿试模内壁插入数次。待砂浆表面出现麻斑后，将高出试模的砂浆刮去并抹平。

(3)试件制作好后，应在(20±5)℃温度条件下停置一昼夜(24±2)h，然后编号和拆模。水泥砂浆和混合砂浆试件应分别于(20±3)℃、相对湿度90%以上和(20±5)℃、相对湿度60%～80%条件下继续养护至28d。

3. 实验步骤

取出试件，将表面刷净擦干。以试件的侧面作为受压面进行加荷，加荷速度每秒钟为预定破坏荷载的10%。加荷至试件破坏，记录极限破坏荷载F。

4. 实验结果

(1)计算试件的抗压强度f_c(精确至0.1MPa)

$$f_c = F/A\ (\mathrm{MPa})$$

式中 F——试件极限破坏荷载，N；

A——试件受压面积，mm^2。

(2)以六个试件测定值的算术平均值作为该组试件的抗压强度值。当最大值或最小值与平均值之差超过20%时，以中间四个试件的平均值作为抗压强度值。

复习思考题答案

第1章

1. 填空题

(1)有机材料 、无机材料、复合材料。

(2)结构材料、构造材料、防水材料、地面材料、饰面材料、绝热材料、吸声材料、卫生工程材料。

2. 选择题

(1)C (2)A (3)C

3. 判断题

(1)× 绿色材料是指在原料、产品制造、应用过程和使用以后的再生循环利用等环节中,对地球环境负荷最小和对人类身体健康无害的材料。

(2)× 并且这一基本颗粒的总数量在整个材料的所有颗粒总数中占50%以上。

4. 问答题

(1)在原料、产品制造、应用过程和使用以后的再生循环利用等环节中,对地球环境负荷最小和对人类身体健康无害的材料。

(2)纳米材料是一种由基本颗粒组成的粉状或团块状天然或人工材料,这一基本颗粒的一个或多个三维尺寸在1纳米至100纳米之间,并且这一基本颗粒的总数量在整个材料的所有颗粒总数中占50%以上。

(3)利于人的健康、能源效率、资源效率、环境责任、可承受性。

(4) ① 以相对最低的资源和能源消耗、环境污染为代价生产的高性能传统建筑材料,如用现代先进工艺和技术生产的高质量水泥。

② 能大幅度地减少建筑能耗(包括生产和使用过程中的能耗)的建筑材料,如具有轻质、高强、防水、保温、隔热、隔声等功能的新型墙体材料。

③ 具有更高的使用效率和优异的材料性能,从而能降低材料的消耗,如高性能水泥混凝土、轻质高强混凝土。

④ 具有改善居室生态环境和保健功能的建筑材料,如抗菌、除臭、调温、调湿、屏蔽有害射线的多功能玻璃、陶瓷、涂料。

⑤ 能大量利用工业废弃物的建筑材料,如净化污水、固化有毒有害工业废渣的水泥材料,或经资源化和高性能化后的矿渣、粉煤灰、硅灰、沸石等水泥组成材料。

第2章

1. 填空题

(1)绝对密实、单位体积。

(2)容重、自然、单位体积。

(3)吸收水分、吸水率。

(4)抗拉、抗压、抗剪、抗弯。

2. 选择题

(1)D　(2)C　(3)A　(4)C

3. 名词解释

(1)指材料中孔隙体积与材料在自然状态下的体积之比的百分数。

(2)是指材料在吸水饱和状态下,不发生破坏,强度也无显著降低的性能。

(3)材料在外力(荷载)作用下抵抗破坏的能力称为强度。

(4)材料在冲击或动力荷载作用下,能吸取较大能量而不破坏的性能。

(5)当材料两侧面温度差为1K时,单位厚度的材料,在单位时间内通过单位横截面积的热量。

4. 判断题

(1)√　(2)√　(3)√

5. 问答题

(1)抗拉强度,$f=F/A$

抗压强度,$f=F/A$

抗剪强度,$f=F/A$

抗弯强度,$f_m=3FL/2bh^2$

(2)抗冻性是指材料在吸水饱和状态下,能经受反复冻融作用而不破坏,强度无显著降低的性能。抗冻性可用抗冻等级表示,抗冻等级可分为F_{15}、F_{25}、F_{50}、F_{100}、F_{200}等。

(3)材料受力达到一定程度时发生突然破坏,并无明显塑性变形,材料的这种性质称为脆性。脆性材料的显著特点是抗压强度高而抗拉、抗折强度低。材料在冲击或动力荷载作用下,能吸取较大能量而不破坏的性能,称为材料的韧性或冲击韧性。不存在抗压强度远高于抗拉强度的特点。所以在建筑工程中常将它们用作受拉或受弯构件。

第3章

1. 填空题

(1)火成岩、沉积岩、变质岩。

(2)锯切、研磨、抛光、切割。

(3)大理 、大理。

(4)SiO_2。

(5)水泥型、树脂型、复合型、烧结型。

2. 选择题

(1)C　(2)A　(3)C　(4)A　(5)C　(6)B　(7)B　(8)D　(9)B

3. 判断题

(1)×　可以用胶粘剂修补。

(2)√

(3)√

4. 问答题

(1)天然石材的主要优点是:

① 蕴藏丰富,分布很广,便于就地取材。

② 石材结构致密,抗压强度高,大部分石材的抗压强度可达 100MPa 以上。

③ 耐水性好。

④ 耐磨性好。

⑤ 装饰性好。石材具有纹理自然、质感稳重、庄严、雄伟的艺术效果。

⑥ 耐久性很好。使用年限可达百年以上。

天然石材主要的缺点是:质地坚硬,加工困难,自重大,开采和运输不方便。极个别石材可能含有放射性,应该进行必要的检测。

(2)天然花岗石的特点有:

① 密度大。表观密度为 2600 ~ 2800kg/m^3。

② 结构致密,抗压强度高。一般抗压强度可达 120 ~ 300MPa。

③ 孔隙率小,吸水率低。

④ 材质坚硬。肖氏硬度为 80 ~ 100,耐磨性优异。

⑤ 化学稳定性好。不易风化变质,耐酸性很强。

⑥ 装饰性好。花岗石色调鲜明,庄重大方,质感坚实,许多著名的纪念性建筑都选用了花岗石,如北京人民英雄纪念牌、人民大会堂等重要建筑。

⑦ 耐久性好。细粒花岗石使用年限可达 500 ~ 1000 年,粗粒花岗石可达 100 ~ 200 年。

⑧ 花岗石不抗火,因含大量石英,在 573℃ 和 870℃ 的高温下石英均会发生晶态转变,产生体积膨胀,故火灾对花岗石会产生严重的破坏。利用这一性质,人们常用花岗石制作火烧板。

多用于室内外地面、墙面、柱面等的装饰以及用作旱冰场地面、纪念碑等。

(3)天然石材常见“病症”有:吐黄、锈斑、水斑、白华病及污染斑等现象。

石材的防护处理可用石材养护剂,是一种石材防水、防污的材料,通过与石材结构起化学反应,在石材一面生成一层几个分子厚的不溶性的防水树脂薄膜,并且不堵塞石材孔隙。

(4)树脂型人造石材的特点是:

① 具有天然石材的花纹和质感,表面光泽度高,色泽均匀,无色差,仿真性强。

② 轻质高强,重量只有天然石材的一半,但强度高,可以制成大幅面薄板。

③ 耐酸碱,抗污染。

④ 拼接无缝,可制成各种弧形、曲面,加工性能好。

⑤ 耐候性大大低于天然石材,不宜用于室外。

⑥ 无放射性污染,属环保建材。

树脂型人造石材在工程中主要用于制作橱柜的台面、洗面台、餐桌、茶几的台面,也可用于制造工艺品,比如仿石雕、仿玉雕等。

第 4 章

1. 名词解释

(1)是指在砌筑的砖墙表面有时出现的一层白色粉状物。这不仅有损于建筑的外观,而且结晶膨胀也会引起砖表层的疏松甚至剥落。

(2)清水砖墙是指墙体砌成后,在其表面仅做勾缝或涂透明色浆所形成的砖墙体,清水砖墙是一种传统的墙体装饰方法。

(3)介于陶器与瓷器之间的一类产品,国外通称炻器,我国科技文献中常称为原始瓷器,或称为石胎瓷。

2. 填空题

(1)240、115、53、4、8、16、512。

(2)陶、瓷、炻。

(3)马赛克。

3. 选择题

(1)B　　(2)C

4. 问答题

(1)　① 产品等级。烧结普通砖的外形为矩形体,公称尺寸为240mm×115mm×53mm,根据砖的尺寸偏差、外观质量、泛霜和石灰爆裂的程度将其分为优等品和合格品。

② 强度等级。烧结普通砖按抗压强度分为MU30、MU25、MU20、MU15、MU10五个强度等级。

③ 抗风化性能。抗风化性能是材料耐久性的重要内容之一,是指在干湿变化、温度变化、冻融变化等物理因素作用下,材料不变质、不破坏而保持原有性质的能力。

(2)清水砖墙是指墙体砌成后,在其表面仅做勾缝或涂透明色浆所形成的砖墙体。

为了获得更好的装饰效果,清水砖墙可以采用砌式的变化、色彩的变化、质感的变化和立面的变化等方式增加装饰的美感。

(3)陶瓷的范围在国际上并没有统一的界限。在欧洲一些国家中,陶瓷最初系指传统的黏土质产品,后来又包括特种陶瓷。而在美国和日本,陶瓷是硅酸盐或窑业产品的同义词,不仅包括了陶瓷和耐火材料,还包括水泥、玻璃与珐琅在内。

从产品的种类来说,陶瓷是陶器、瓷器两大类产品的总称。

(4)陶瓷制品的表面装饰手段有很多,常用的方法有以下几种:施釉、彩绘(分为釉上彩和釉下彩)、贵金属装饰、结晶釉与砂金釉、光泽彩饰以及裂纹釉饰等。

(5)釉面内墙砖又叫瓷片,它的吸水率>10%,属于陶质砖。一般有长方形、正方形及异型配件。釉面砖具有吸水率高的特点(施工时要浸泡水至饱和再晾干方可贴饰)。虽然,产品强度、耐磨度以及急冷急热性能等指标与瓷质砖、半瓷砖相比都较低,但它特别适用于室内墙面的装饰(吸水率太低,不利于贴墙)。

(6)墙地砖种类繁多,现在常用的有全瓷砖、玻化砖及以下几种砖:

① 劈离砖

劈离砖是将一定配比的原料,经粉碎、炼泥、真空挤压成型、干燥、高温烧结而成。由于成型时为双砖背联坯体,烧成后再劈离成两块砖,故称劈离砖。

劈离砖种类很多,色彩丰富,颜色自然柔和,表面质感变幻多样,细质的清秀,粗质的浑厚,表面上釉的,光泽晶莹,富丽堂皇;表面无釉的,质朴典雅大方,无反射眩光。

劈离砖坯体密实,强度高,抗折强度>30MPa;吸水率小,低于6%;表面硬度大,耐磨防滑,耐腐抗冻,冷热性能稳定。背面凹槽纹与粘结砂浆形成楔结合,可保证铺贴时粘结牢固。

② 彩胎砖

彩胎砖是一种本色无釉瓷质饰面砖。它采用彩色颗粒土原料混合配料,压制成多彩坯体后，经一定烧成即呈多彩细花纹的表面，富有花岗岩的纹点，有红、绿、黄、蓝，灰、棕等多种基色，多为浅色调，纹点细腻，色调柔和莹润、质朴高雅。

③ 麻面砖

麻面砖是采用仿天然岩石色彩的配料，压制成凹凸不平的麻面的坯体后，经一次烧成的炻质面砖。砖的表面酷似人工修凿过的天然岩石面，纹理自然，粗犷雅朴，有白、黄、红、灰、黑等多种色调。麻面砖吸水率小于1%，抗折强度大于20MPa，防滑耐磨。薄型砖适用于建筑物外墙装饰，厚型砖适用于广场、停车场、码头。人行道等地面铺设。广场砖还有外形为梯形和三角形的、可用以拼贴成圆形图案，以增加广场地坪的艺术感。

④ 陶瓷艺术砖

陶瓷艺术砖采用优质黏土、无机剂为原料，经成型、干燥、高温焙烧而成。砖表面具有各种图案浮雕，艺术夸张性强，组合空间自由性大，可运用点、线、面等几何组合原理，配以适量的同规格彩釉或釉面砖，即可组合成各种抽象的或具体形象的图案壁画，给人以强烈的艺术感受。

(7)陶瓷锦砖具有色泽明净、图案美观、质地坚实、抗压强度高、耐污染、耐腐、耐磨、耐水、抗火、抗冻、不吸水、不滑、易清洗等特点，它坚固耐用，且造价较低。

陶瓷锦砖主要用于室内地面铺装，由于这种砖块小，不易被踩碎。适用于工业建筑的洁净车间、工作间、化验室以及民用建筑的门厅、走廊、餐厅、厨房、盥洗室、浴室等的地面铺装。也可用作高级建筑物的饰面材料，它对建筑立面具良好的装饰效果，与外墙贴面砖相比，有造价略低、面层薄、自重轻的优点。

第5章

1. 名词解释

(1)安全玻璃主要指玻璃受到破坏时尽管碎裂，但不掉下；有时虽然破碎后掉下，但碎块无尖角，均不致伤人的玻璃，如钢化玻璃，夹丝玻璃和夹胶玻璃。

(2)中空玻璃由两片或多片平板玻璃作原片，其周边用加油干燥剂的金属间隔框分开，四周边缘部分用胶接、焊接或熔接的办法密封，中间充填干燥空气或其他惰性气体，具有保温隔热功能的玻璃。

2. 填空题

(1)波筋、气泡、线道、砂粒或疙瘩。

(2)钢化玻璃、夹丝玻璃、夹胶玻璃。

(3)磨砂玻璃、压花玻璃、喷花玻璃。

3. 选择题

(1)B　(2)C　(3)D　(4)D　(5)B

4. 问答题

(1)玻璃是构成现代建筑的主要材料之一，任何建筑都离不开玻璃。随着现代建筑的发展，玻璃及其制品也由过去单纯作为采光材料和装饰之用，逐渐向着控制光线、调节热量、节约能源、控制噪声、降低建筑物自重、改善建筑环境和提高建筑艺术等方向发展。

(2)普通平板玻璃也称单光玻璃、净片玻璃，属于钠钙玻璃。且未经研磨加工，简称窗用平板玻璃。主要用于装配门窗，起透光、挡风和保温的作用。要求具有较好的透明度和表面平整无缺陷。

(3)吸热玻璃与热反射玻璃的划分可用下式表示：

$$S=\frac{A}{B}$$

式中 A——玻璃整个光通量的吸收系数；

B——玻璃整个光通量的反射系数。

若 $S>1$ 时，玻璃为吸热玻璃；$S<1$ 时，玻璃为热反射玻璃。

能吸收大量红外线辐射且能保持良好可见光透过率的玻璃称为吸热玻璃。

热反射玻璃是既有较好的热反射能力，又保持平板玻璃良好透光性能的玻璃，这种玻璃又称镀膜玻璃或镜面玻璃。

(4)装饰玻璃包括磨砂玻璃、压花玻璃、彩色玻璃、玻璃马赛克等。

① 磨砂玻璃又称毛玻璃，其表面粗糙，使透过光线产生漫射，造成透光不透视，使室内光线不眩目、不刺眼。一般毛玻璃用于建筑物的卫生间、浴室、办公室等的门窗及隔断，也可用作黑板及灯罩等

② 压花玻璃的一个表面或两个表面压出深浅不同的各种花纹图案后，由于其表面高低不平，当光线通过玻璃时产生漫射。因而具有透光不透视的特点，造成从玻璃的一面看另一面物体时，物象显得模糊不清。压花玻璃因其表面有各种图案花纹，所以有良好的装饰艺术效果。常用于办公室、会议室、浴室、卫生间公共场所的门窗及宾馆、饭店的室内隔断。

③ 彩色玻璃又叫有色玻璃或饰面玻璃，彩色玻璃分透明和不透明的两种。彩色玻璃可拼成各种图案花纹，并有耐蚀、抗冲刷、易清洗等特点，主要用于建筑物的内外墙、门窗装饰及对光线有特殊要求的部位。

④ 玻璃马赛克具有色调柔和，朴实典雅，美观大方，化学稳定性、冷热稳定性好，不变色，不积尘，雨天自涤，历久常新，与水泥粘结好，施工方便等优点。它适用于宾馆、医院、办公楼、礼堂、住宅等建筑的外墙饰面。

第6章

1. 填空题

(1)天然二水石膏、半水石膏、建筑石膏。

(2)CaO、熟化。

(3)水分的蒸发、二氧化碳的透入。

(4)5、20~30。

(5)1。

2. 选择题

(1)B　(2)D　(3)B　(4)B

3. 问答题

(1)欠火石灰是含碳酸钙的硬块而不能熟化成为渣子。过火石灰则因其熟化缓慢，当用于建筑抹灰以后，可能继续熟化而产生膨胀，使平整的抹灰面表面鼓包、开裂或局部脱落。

(2)建筑石膏的技术特征有：

① 凝结硬化快。

② 凝结硬化过程中体积略为膨胀，其膨胀量约 1.0%，所以石膏在使用中不会因不均匀收缩而开裂。

③ 质轻多孔，具有良好的绝热性能和吸声性能，但强度较低，吸水率高，抗冻性差。

④ 防火性能良好。

⑤ 耐水性差。

⑥ 良好的加工性能。

⑦ 石膏制品装饰性好。

(3)酚醛树脂胶粘剂、环氧树脂类胶粘剂、聚酯酸乙烯乳液胶粘剂(俗称白乳胶)、聚氨酯胶粘剂。

(4)水玻璃的性质如下：

①粘结力和强度较高；②耐酸性好；③耐热性好；④耐碱性和耐水性差。

水玻璃在建筑中的主要应用：

①涂刷材料表面，提高抗风化能力；②加固土壤；③配制速凝防水剂；④配制耐酸胶凝、耐酸砂浆和耐酸混凝土；⑤配制耐热胶凝、耐热砂浆和耐热混凝土。

(5)作为胶粘剂，必须具备以下条件：

①具有足够的流动性，保证被粘结表面能充分浸润；②不易老化；③易于调节粘结性和硬化速度；④膨胀或收缩变形小；⑤粘结强度大。

第 7 章

1. 填空题

(1)两磨一烧。

(2)45、10。

(3)23、31。

(4)10 %~25 %、25 %~40 %。

2. 选择题

(1)C　(2)D　(3)D　(4)D　(5)B　(6)D

3. 问答题

(1)硅酸盐水泥熟料的主要矿物组成：硅酸三钙、硅酸二钙、铝酸三钙、铁铝酸四钙，除此以外，还有少量游离氧化钙(CaO)、游离氧化镁(MgO)等等。

水泥颗粒与水接触，其表面的熟料矿物立即与水产生水化反应，并放出一定的热量。其反应式如下：

$$2(3CaO \cdot SiO_2) + 6H_2O \longrightarrow 3CaO \cdot 2SiO_2 \cdot 3H_2O + 3Ca(OH)_2$$

$$2(2CaO \cdot SiO_2) + 4H_2O \longrightarrow 3CaO \cdot 2SiO_2 \cdot 3H_2O + Ca(OH)_2$$

$$3CaO \cdot Al_2O_3 + 6H_2O \longrightarrow 3CaO \cdot Al_2O_3 \cdot 6H_2O$$

$$4CaO \cdot Al_2O_3 \cdot Fe_2O_3 + 7H_2O \longrightarrow 3CaO \cdot Al_2O_3 \cdot 6H_2O + CaO \cdot Fe_2O_3 \cdot H_2O$$

不同矿物成分的水化特点也不同。各种熟料单独与水作用时的特点如下表所示。

水泥熟料矿物的特性

矿物名称	性能		
	凝结硬化速度	水化放热量	强度
硅酸三钙	快	大	高
硅酸二钙	慢	小	早期低、后期高
酸三钙	最　快	最　大	最　低
铁铝酸四钙	快	中	中

(2)硅酸盐水泥的主要技术性质有:细度、标准稠度用水量、凝结时间、体积安定性、强度和水化热等。

(3)体积安定性是指水泥在凝结硬化过程中体积均匀变化的性能。体积安定性不良的原因,一般是由于熟料中所含游离氧化钙、游离氧化镁或石膏掺量过多所致。熟料中所含游离氧化钙或游离氧化镁都是过烧的,水化很慢,往往在水泥硬化后才开始水化,这些氧化物在水化时体积剧烈膨胀,使水泥石开裂。当石膏掺量过多时,在水泥硬化后,石膏与水化铝酸钙反应生成三硫型水化硫铝酸钙,体积膨胀,也会引起水泥石开裂。

(4)国家标准规定硅酸盐水泥和普通硅酸盐水泥细度用比表面积表示,比表面积不小于 $300m^2/kg$;矿渣硅酸盐水泥、火山灰质硅酸盐水泥、粉煤灰硅酸盐水泥和复合硅酸盐水泥水泥细度以筛余表示,其 80μm 方孔筛的筛余不大于 10% 或 45μm 方孔筛的筛余不大于 30%。

(5)水泥的凝结时间对使用具有重要的意义。水泥的初凝不宜过早,以便在施工时有足够的时间完成混凝土和砂浆的搅拌、运输、浇筑和砌筑等操作;水泥的终凝不宜过迟,以使混凝土在浇捣、施工完毕后,尽快地硬化,达到一定的强度,以利于下一步施工工序的进行。国家标准规定:硅酸盐水泥的初凝时间不得早于 45min;终凝时间不得迟于 390min。

(6)在水泥磨细时,所掺入的天然或人工的矿物材料,称为混合材料。混合材料按其性能可分为活性混合材料(水硬性混合材料)和非活性混合材料(填充性混合材料)。混合材料掺入硅酸盐水泥熟料中不仅提高水泥产量,降低成本,还改善了某些技术性能,扩大了水泥的应用范围。

(7)硅酸盐水泥的主要技术性质有:细度用比表面积表示,为 $300m^2/kg$;标准稠度用水量在 23% ~31% 之间;凝结时间为初凝时间不得早于 45min,终凝时间不得迟于 6.5h;体积安定性用沸煮法检验必须合格;强度分为 42.5、42.5R、52.5、52.5R、62.5 和 62.5R 六个强度等级。常用于重要结构中的高强度混凝土、钢筋混凝土和预应力混凝土工程,不宜用于大体积混凝土工程。

普通硅酸盐水泥的主要技术性质有:细度要求为 80μm 方孔筛余量不得超过 10%;标准稠度用水量在 23% ~31% 之间;凝结时间为初凝时间不得早于 45min,终凝时间不得迟于 10h;体积安定性用沸煮法检验必须合格;强度分为 32.5、32.5R、42.5、42.5R、52.5 和 52.5R 六个强度等级。普通硅酸盐水泥可用于厚大体积的混凝土以及有抗渗、耐磨要求的混凝土。

(8)矿渣硅酸盐水泥是由硅酸盐水泥熟料和粒化高炉矿渣、适量石膏磨细制成的水硬性胶凝材料。矿渣硅酸盐水泥的特点是具有较强的抗软水、抗硫酸盐腐蚀的能力;早期强度低,后期强度增进率大;水化热小,放热速度慢;具有良好的耐热性能。

火山灰质硅酸盐水泥是由硅酸盐水泥熟料和火山灰质混合材料、适量石膏磨细制成的水硬性胶凝材料。它是由 ≥60% 且 <80% 的水泥熟料和石膏, >20% 且 ≤40% 的火山灰质混合材料共同磨细而成。

火山灰硅酸盐水泥的特点是抗软水腐蚀的能力、抗渗性能较好；早期强度低，后期强度增进率大；水化热小，放热速度慢；干缩率大，易裂，不宜用于干燥环境中，宜用于水中或地下工程。

粉煤灰硅酸盐水泥是由硅酸盐水泥熟料和粉煤灰、适量石膏磨细制成的水硬性胶凝材料。它是由≥60%且<80%的水泥熟料和石膏，>20%且≤40%的粉煤灰混合磨细而成。

粉煤灰从化学成分及形成条件上来看，它属于火山灰质材料。但它含有大量的氧化铝玻璃球，这些玻璃球表面致密，内部表面积比不规则形状的火山灰混合材小得多，因此粉煤灰硅酸盐水泥除具有矿渣硅酸盐水泥、火山灰硅酸盐水泥的共同特性外，其自身特点是结构致密，水化慢，早期强度略低，但后期强度高；吸水性小，需水量低，干缩率小，抗裂性好，保水性较差，易泌水。

复合硅酸盐水泥是由硅酸盐水泥熟料和两种或两种以上的混合材料，适量石膏磨细制成的水硬性胶凝材料。它是由≥50%且<80%的水泥熟料和石膏，>20%且≤50%的混合材料共同磨细而成。它是以后水泥发展的一个重要方向。

复合硅酸盐水泥的出现，不仅扩大了混合材料的范围，解决了水泥工业混合材料供应不足的问题，更有利于消除环境污染，也使水泥的命名得以简化。大量试验证明，采用复掺两种以上混合材料的水泥性能较单掺混合材料的水泥性能具有明显的优越性。

(9)白色硅酸盐水泥是由氧化铁含量少的硅酸盐水泥熟料、适量石膏及0～10%的石灰石或窑灰混合磨细的水硬性胶凝材料(简称白水泥，代号P·W)。

彩色硅酸盐水泥是由硅酸盐水泥熟料、适量石膏(或白色硅酸盐水泥)，混合材料及着色剂磨细或混合制成的带有色彩的水硬性胶凝材料。

第8章

1. 填空题

(1)80%。

(2)0.15～4.75mm、4.75mm。

(3)150mm。

(4)流动性、黏聚性、保水性。

2. 选择题

(1)A　(2)B　(3)D　(4)A　(5)D

3. 问答题

(1)普通混凝土的基本组成材料是：水泥、水、砂子和石子，另外还常掺入适量的掺合料和外加剂。其中，水泥和水形成水泥浆，水泥浆包裹在砂粒表面并填充砂粒间的空隙而形成水泥砂浆；水泥砂浆包裹石子表面并填充石子空隙。混凝土在硬化前，水泥浆起润滑作用，使混凝土拌合物具有一定的流动性和可塑性，以满足施工工艺需要。水泥浆硬化后，起胶结作用，把砂石骨料胶结成坚硬的人造石材，并产生力学强度。

(2)砂的粗细程度用细度模数(M_x)表示，普通混凝土用砂的细度模数范围一般为3.7～1.6，其中M_x在3.7～3.1为粗砂，M_x在3.0～2.3为中砂，M_x在2.2～1.6为细砂。

(3)骨料的颗粒级配,是指不同粒径砂颗粒的分布情况。

骨料级配良好的标准是:混凝土中砂粒之间的空隙是由水泥浆填充的,为节约水泥和提高混凝土强度,就应尽量减少砂粒之间的空隙。因此,减小砂粒间的空隙,就必须有大小不同的砂粒合理搭配。

级配良好的骨料,具有较小的空隙率,在水泥浆数量一定的条件下,可形成较厚的水泥浆包裹层,润滑作用大,拌合物流动性提高。

另外,骨料的颗粒形状、表面粗糙程度,含泥量大小均会影响拌合物的和易性。

(4) ① 水泥浆的影响

水泥浆是混凝土中的润滑剂。在水灰比不变时,增加水泥浆的数量可以有效地提高流动性,但水泥浆过多将会出现流浆现象,使拌合物的黏聚性变差。在水泥浆数量不变的情况下,若水灰比减小,则水泥浆变稠,拌合物的黏聚性改善面流动性减小;若增大水灰比,则拌合物流动性提高而黏聚性、保水性变差。

② 砂率的影响

混凝土中砂子的用量占砂石骨料总用量的百分率称为砂率。砂率过大,意味着骨料的总表面很大,在水泥浆不变的情况下,水泥浆包裹层将很薄,减弱了润滑作用,致使流动性降低。若砂率过小,说明砂量很少,而粗骨料很多。这时,很少的水泥砂浆量也难以充分地包裹粗骨料表面,也将使流动性下降。为了保证混凝土拌合物具有良好的和易性,应选用最佳砂率。在水泥浆数量不变的情况下,采用最佳砂率可使拌合物具有较大的流动性。当保持坍落度不变的条件下,采用最佳砂率能减少水泥用量。

③ 水泥品种和细度的影响

一般来说,普通水泥拌制的混凝土拌合物的流动性和保水性较好。火山灰水泥需水性大,密度小,在用水量小的条件下,所配制的混凝土拌合物的黏聚性好而流动性差,矿渣水泥配制的混凝土拌合物则易泌水,流动性大。

④ 骨料的影响

级配良好的骨料,具有较小的空隙率,在水泥浆数量一定的条件下,可形成较厚的水泥浆包裹层,润滑作用大,拌合物流动性提高。另外,骨料的颗粒形状、表面粗糙程度,含泥量大小均会影响拌合物的和易性。

⑤ 混凝土外加剂的影响

在混凝土拌合物中掺入适量的外加剂(如减水剂、引气剂)可改善其和易性。

(5)砂率指混凝土中砂占砂、石总量的百分率。

砂率的变动会使骨料的空隙率和骨料总表面积有显著的变化,因而对混凝土拌合物的和易性有很大影响。在一定砂率范围之内,砂与水泥形成的水泥浆,在粗骨料间起润滑作用,砂率越大,润滑作用愈加明显,流动性可提高。但砂率过大,即砂子用量过多,石子用量过少,骨料的总表面积增大,需要包裹骨料的水泥浆增多,在水泥浆量一定的条件下,骨料表面的水泥浆相对减薄,导致拌合物流动性降低。砂率过小,虽然总表面积减小,但空隙率很大,填充空隙所用水泥浆量增多,在水泥浆量一定的条件下,骨料表面的水泥浆层同样不足,使流动性降低,而且严重影响拌合物的黏聚性和保水性,产生分层、离析、流浆、泌水等现象。

因此,在进行混凝土配合比设计时,为保证和易性,应选择最佳砂率或合理砂率,合理砂率是指在水泥量、水量一定的条件下,能使混凝土拌合物获得最大的流动性而且保持良好的黏聚性和保水性的砂率。

(6)影响这两种强度的主要因素如下：

① 水泥强度与水灰比

水泥是混凝土中的胶结组分，高强度等级水泥可形成高强度的水泥石并与骨料表面牢固粘结，故可提高混凝土强度。

当混凝土所用水泥等原材料不变时，混凝土的强度主要取决于水灰比。在一定范围内，水灰比增大，混凝土强度降低，反之灰水比增大，混凝土强度提高。这是因为，水泥矿物成分水化仅需23%的水，实际施工时，为了满足和易性的要求，常需40%～70%的水，超出矿物成分水化用水量的水，在施工后，蒸发而成为孔隙。水灰比越大，混凝土硬化后的孔隙率越大，故强度越低。

② 骨料的品种、品质和数量

粗骨料的颗粒浑圆、级配良好，表面粗糙均可提高混凝土强度。一般碎石混凝土强度高于卵石混凝土。反之，针、片状颗粒多，级配不良，杂质含量过多均可降低混凝土的强度。在较高强度等级的混凝土中，适当增大骨料用量，可明显提高混凝土强度。

③ 养护条件

环境温度对混凝土的强度增长有明显影响。通常养护温度高，可以加速水泥早期水化速度，混凝土早期强度也高。但早期养护温度越高，混凝土后期强度的增进率小。一般认为混凝土的最佳养护温度为10～25℃。

环境湿度对混凝土强度也有显著影响。湿度适当可使水泥水化充分进行，混凝土强度迅速增长；若湿度不足，则水泥水化不充分，甚至停止水化，这不仅严重降低混凝土强度，而且使混凝土结构疏松，甚至干缩开裂。因此，混凝土浇灌后，必须有充分的保湿时间，当使用硅酸盐水泥、普通水泥和矿渣水泥配制混凝土时，保湿时间不少于7d；当用火山灰水泥和粉煤灰水泥时，保湿时间不少于14d。

④ 龄期

混凝土在适当的温湿度条件下养护时，其强度随龄期的增长而增长，初期增长较快，28d以后强度增长缓慢，但可长期持续增长。

⑤ 试验条件

试验条件是指试件尺寸、形状、表面状态及加荷速度等。试验条件不同，会影响混凝土强度的试验值。如相同的混凝土试件尺寸越小，测得的强度越高。试件尺寸影响强度的主要原因，是试件尺寸大时，内部孔隙、缺陷等出现的几率也大，导致有效受力面积减少及应力集中，从而引起强度降低。

⑥ 施工因素

在混凝土施工中，必须按照施工规范要求，准确称量配料，充分搅拌，均匀而适度地振捣，否则将降低混凝土质量。

(7)减水剂是指在混凝土流动性基本相同的条件下，能减少拌合用水的外加剂。

经济效果：

① 在保证混凝土拌合物和易性和水泥用量不变的条件下，可减少用水量，降低水灰比，从而提高混凝土的强度和耐久性。

② 在保持混凝土强度（水灰比不变）和流动性不变的情况下，可节约水泥用量。

③ 在保持水灰比与水泥用量不变的情况下，可提高混凝土拌合物的流动性，满足各种施工工艺的要求。

④ 在拌合物中加入减水剂后，可减少拌合物的泌水离析现象；延缓拌合物的凝结时间；降低水泥水化放热速度；显著提高混凝土的抗渗性及抗冻性，使耐久性得到提高。

(8)混凝土配合比设计应根据原材料的性能和混凝土的技术要求，通过计算和试配调整，确定出混凝土中各组成材料的用量。

水灰比、砂率、单位用水量是混凝土配合比的三个重要参数

混凝土配合比设计的步骤：首先根据所用原材料性能及对混凝土的技术要求，参照混凝土强度公式及有关资料，经初步计算得出初步配合比；按初步配合比试拌少量混凝土，调整配合比使和易性符合要求，并进一步检验强度（如有耐久性要求应进行检验）确定出试验室配合比；根据施工现场砂、石含水率，将试验室配合比换算为施工配合比。

(9)混凝土应具有在使用环境条件下经久耐用的性能，即耐久性。耐久性是混凝土的一项综合性能，除抗渗性、抗冻性以外，还包括碳化性能、耐化学腐蚀性能等。

提高混凝土耐久性的主要措施有：

① 合理选择水泥品种，根据混凝土工程的特点和所处的环境条件，选用水泥。

② 选用质量良好，技术条件合格的砂石骨料。

③ 控制水灰比及保证足够的水泥用量，是保证混凝土密实度并提高耐久性的关键。

④ 掺入减水剂或引气剂，改善混凝土的孔隙结构，对提高混凝土的抗渗性和抗冻性有良好作用。

⑤ 改善施工操作、保证施工质量。

(10)装饰混凝土就是为了改进普通混凝土的这个缺点，而在近几十年内逐渐发展起来的一种新兴的装饰方法。它可融结构装饰于一体，将构件制作与装饰处理同时进行，并获得别具一格的装饰效果。

使混凝土获得装饰效果的手段很多，可概括为三个方面：① 线型与质感，② 色彩，③ 造型与图案。

(11)清水装饰混凝土是利用混凝土结构构件本身造型的竖线条或几何外形取得简单、明快、大方的立面效果，从而获得装饰性；或在成型时利用模板等在构件表面做出凹凸花纹，使立面质感更加丰富而获得装饰效果。由于这类混凝土基本保持了原有的外观质地，因此称为清水装饰混凝土。

(12)露骨料混凝土即外表面暴露骨料的混凝土。它可以是外露混凝土自身的砂石，也可以是预铺的一层水泥石渣或水泥粗石子。它是依靠骨料的色泽、粒形、排列、质感等来实现刻意的装饰效果，达到自然与艺术的结合。

露骨料的实施方法，可在水泥硬化前与硬化后进行。按制作工艺分为水洗法、缓凝法、酸洗法、水磨法、喷砂法、抛丸法、斧剁法等。

第9章

1. 填空题

(1)砌筑砂浆、抹面砂浆。

(2)石灰砂浆、混合砂浆。

(3)10～20mm、30mm。

2. 选择题

(1)B　(2)B　(3)C　(4)C　(5)A　(6) B

3. 问答题

(1)根据用途,建筑砂浆分为砌筑砂浆、抹面砂浆(如普通抹面砂浆、防水砂浆、装饰砂浆等)及特种砂浆(如绝热砂浆、耐酸砂浆等)。根据胶凝材料不同,可分为水泥砂浆(由水泥、细骨料和水配制而成)、石灰砂浆、混合砂浆(由水泥、细骨料、掺加料和水配制成的砂浆)。根据搅拌方式不同,可分为预拌砂浆和现场拌制砂浆。

(2)用于砌筑砖、石、砌块等砌体的砂浆称为砌筑砂浆。它起着传递荷载的作用,是砌体的重要组成部分。

(3)新拌砂浆应具有良好的和易性,和易性良好的砂浆易在粗糙的砖石基面上铺抹成均匀的薄层,且能与底面紧密粘结,既便于施工操作,提高劳动生产率,又能保证工程质量。砂浆和易性包括流动性和保水性两方面的含义。新拌砂浆能保持内部水分不泌出流失的能力称为保水性。保水性不好的砂浆在运输和施工过程中容易产生泌水和离析,并且当铺抹于基底,水分易被基面吸走,从而使砂浆干涩,不便施工。同时也影响水泥的正常水化硬化,使强度和粘结力下降。因此,为保证砌筑和抹灰质量,砂浆应具有良好的保水性。

(4)抹面砂浆的技术要求有:

① 抹面层不承受荷载;

② 抹面砂浆应具有良好的和易性,容易抹成均匀平整的薄层,便于施工;

③ 抹面层与基底层要有足够的粘结强度,使其在施工中或长期自重作用下不脱落、不开裂;

④ 抹面层多为薄层,并分层涂沫,面层要求平整、光洁、细致、美观;

⑤ 多用于干燥环境,大面积暴露在空气中。

第10章

1. 填空题

(1)铁、碳、含碳量、2.0%。

(2)镇静钢、半镇静钢、特别镇静钢、沸腾钢。

(3)碳素钢、合金钢、普通钢、优质钢、高级优质钢、特级优质钢。

2. 选择题

(1)A　(2)D　(3)A　(4)B　(5)D　(6)C

3. 问答题

(1)软钢受拉的全过程可分为四个阶段:弹性阶段(O→A)、屈服阶段(A→B)、强化阶段(B→C)和颈缩阶段(C→D)。

钢材受力达到屈服强度后,尽管尚未断裂,但由于变形的迅速增长,已不能满足使用要求,故设计中一般以屈服强度作为钢材强度的取值依据。

抗拉强度在设计计算中虽然不能直接利用,但是屈服强度与抗拉强度之比是评价钢材受力特征的一个参数。屈强比(σ_s/σ_b)越小,反应钢材受力超过屈服点工作时的可靠性越大、安全性越高,但是该比值过小,又说明钢材强度的利用率偏低,浪费材料。钢材的 σ_s/σ_b 常为0.60~0.75。

(2)当钢材强化达到 C 点后,在试件薄弱处的断面将显著减小,塑性变形急剧增加,产生"颈缩"现象而很快断裂,将断裂后的试件拼合起来,便可量出标距范围的长度 L_1,L_1 与试件受力前原标距长度 L_0 之差为塑性变形值,它与 L_0 之比称为伸长率 δ,则按下式计算:

$$\delta = \frac{L_1 - L_0}{L_0} \times 100\%$$

(3)冷弯性能指钢材在常温下承受弯曲变形的能力,是建筑钢材的工艺性能指标。

建筑钢材的冷弯性能,常用弯曲角度 α 和弯心直径 d 与试件直径(或厚度 a)的比值来表示。弯曲角度愈大,d/a 愈小,说明试件受弯曲程度愈高。钢材的技术标准中对不同的钢材的冷弯指标均有具体规定。当按规定的弯曲角度 α 和 d/a 值对试件进行冷弯时,试件受弯处不发生裂纹、断裂或起层,即认为冷弯性能合格。

(4) ① 碳 碳是决定钢材性能的重要元素。含碳量增加,钢材的强度和硬度增加,塑性和韧性下降,但含碳量大于1.0%时,由于钢材变脆,强度反而下降了。含碳量增加,还会使焊接性能、耐锈蚀性能下降并增加钢的脆性和时效敏感性。含碳量大于0.3%时,可焊性明显下降。

② 硫 硫是钢材中最主要的有害元素之一。它以 FeS 的形式存在,是一种低熔点化合物,硫化物的低熔点易使钢材焊接时形成热裂纹,这种高温下产生热裂纹的特性叫热脆性。热脆性严重损害了钢的可焊性和热加工性。

硫还会降低钢材所有的物理力学性能,如冲击韧性、耐疲劳性、抗腐蚀性等。因此硫是钢中的有害元素之一,一般不得超过0.05%,硫的含量也是区分钢材品质的重要指标之一。

③ 磷 磷是钢材的主要有害元素之一,含量一般不得超过0.045%,也是区分钢材品质的重要指标之一。

磷是炼钢时原料带入的,它可显著降低钢材的塑性和韧性,特别是低温下的冲击韧性下降更为显著,磷的偏析较为严重,分布不均匀,含量高时可与铁形成 Fe_3P 夹杂质。磷使钢冷脆性增加而可焊性下降。

磷可使钢材的强度、耐磨性、耐腐蚀性提高,尤其与铜等合金元素共存时效果更为明显。

④ 硅、锰 硅和锰均是为了脱氧去硫而加入的元素。因为硅、锰和氧的结合力大于铁与氧的结合力,锰与硫的结合力大于铁与硫的结合力,所以可使有害的 FeO 和 FeS 分别形成为 SiO_2、MnO 及 MnS 而进入钢渣中,硫的减少可使钢材热脆性下降,力学性能得到改善。

硅是钢的主要合金元素,含量常在1%以内,大部熔于铁素体中,可提高强度,对塑性和韧性的影响不明显。

锰是低合金结构钢的主要合金元素,含量常在1%~2%,熔于铁素体中,可使晶粒细化,提高强度。

⑤ 氧、氮 氧和氮都是在炼钢过程中进入钢液的。未除尽的氧、氮大部分以化合物的形式存在,如 FeO、Fe_4N 等。这些非金属化合物夹杂物降低了钢材的强度、冷弯性能和焊接性能。氧还使热脆性增加,氮使冷脆性及时效敏感性增加。因此氧、氮均为有害元素,氧含量不得超过0.05%,氮含量不得超过0.03%。

⑥ 钛　钛是强脱氧剂，能细化晶粒，显著提高钢的强度并改善韧性，减少时效敏感性，改善可焊性，但塑性稍有降低，是常用的合金元素。

⑦ 钒　钒可减弱碳与氮对钢材的不利影响，也可细化晶粒，有效地提高强度，减少时效敏感性，但可增加焊接时的淬硬倾向。

(5)根据国家标准《低合金高强度结构钢》(GB/T 1591—2008)规定，共有五个牌号。所加元素主要有锰、硅、钒、钛、铌、铬、镍及稀土元素。其牌号的表示方法由屈服点字母 Q、屈服点数值、质量等级(分 A、B、C、D、E 五级)三个部分组成。

(6)用加热钢坯轧成的条形成品，称为热轧钢筋。热轧钢筋所用钢材的牌号有 Q195、Q215、Q235。

热轧钢筋按其轧制外形分为：热轧光圆钢筋、热轧带肋钢筋。带肋钢筋通常为圆形横截面，且表面带有两条纵肋和沿长度方向均匀分布的横肋。按肋纹的形状分为月牙肋和等高肋。月牙肋的纵横肋不相交，而等高肋的纵横肋相交。月牙肋钢筋有生产简便、强度高、应力集中敏感性小、疲劳性能好等优点，但其与混凝土的粘结锚固性能稍逊于等高肋钢筋。

(7)将钢材于常温下进行冷拉、冷拔或冷轧，使其产生塑性变形，从而提高屈服强度。这个过程称为冷加工强化处理。

钢材经冷拉后，屈服点将提高。见本书图 10-10，如在 K 点卸荷后，不立即拉伸，将试件在常温下存放 15 ~ 20 天后(自然时效)，或加热到 100 ~ 200℃并保持一定时间(人工时效)，这个过程称为时效处理。

(8)不锈钢装饰具有以下一些特点：其一，不锈钢装饰件与其他金属装饰件一样，具有金属的光泽和质感；其二，不锈钢与铝合金一样，具有不易锈蚀的特点，因此可以较长时间地保持初始的装饰效果；其三，不锈钢具有如同镜面的效果，因其镜面的反射作用，可取得与周围环境中的色彩和景物交相辉映的效果。并且在灯光的配合下，可形成夺目的高光部分，使之成为空间环境中的注意点和兴趣中心，对空间环境的效果起到强化、点缀和烘托的作用；其四，不锈钢饰件与铝合金饰件相比，具有强度和硬度较大的优点，在施工和使用过程中不易发生变形。综上所述，不锈钢用作建筑装饰具有非常明显的优越性。

不锈钢的定义是各式各样的，因此，不锈钢所包含的钢种范围也是不固定的。根据比较标准的定义，不锈钢是指以铬(Cr)为主加元素的合金钢。铬在不锈钢中，因其性质比铁活泼，首先与环境中的氧化合，生成一层与钢基体牢固结合的致密氧化层(称作钝化膜)，能很好地保护不锈钢不致生锈。铬的含量越高，钢的抗腐蚀性越好。不锈钢中还需加入镍(Ni)、锰(Mn)、钛(Ti)、硅(Si)等合金元素，以改善不锈钢的性能。

(9)铝合金门窗具有以下特点：质量轻；密封性能好；耐腐蚀，耐用，使用维修方便；色调美观，造型新颖大方。

(10)　① 铝合金花纹板，广泛用于现代建筑墙面装饰以及楼梯踏步等处。

② 铝合金浅花纹板，铝合金浅花纹板是优良的建筑装饰材料之一。

③ 铝及铝合金波纹板，适用于做工程的围护结构，也可作墙面和屋面。

④ 铝及铝合金压形板，主要用于建筑物的外墙和屋面。该板也可作复合墙板，用于有隔热保温要求工业厂房的围护结构。

⑤ 铝及铝合金冲孔平板，主要用于有消声要求的各类建筑中，如纺织厂、各种控制室、电

子计算机房的天棚及墙壁等。

4. 计算题

答案略。

第11章

1. 填空题

(1)针叶树、阔叶树。

(2)天然花纹、自然美。

(3)树皮、木质部、髓心、管状细胞。

(4)春材、夏材。

(5)胶合板、密度板、细木工板、刨花板、木丝板、木屑板。

2. 名词解释

(1)原木是原条长向按尺寸、形状、质量的标准规定或特殊规定截成一定长度的木段,这个木段称为原木。

(2)由原木纵向锯成的板材和方材的统称。宽度为厚度三倍以上的称"板材";宽度不足厚度三倍的矩形木材称"方材"。

(3)木材横切面上深浅相间的同心圆环,称为"年轮"。

(4)当木材细胞壁内的吸附水达到饱和状态,而细胞腔与细胞间隙中无自由水时,这时木材的含水率称为"纤维饱和点"。

3. 选择题

(1)A　(2)B　(3)C　(4)A　(5)A

4. 判断题

(1)×　其材质最差。

(2)×　春材较软,夏材较硬。

(3)√

(4)√

5. 问答题

(1)树木的种类繁多,按树叶形状的不同,可分为针叶树种和阔叶树种两大类。

针叶树种树叶细而长,多为四季常绿树,且树干通直高大,纹理顺直,材质均匀,木质较软而易于加工,故又称"软木材"。针叶树木材强度较高,表观密度和胀缩变形较小,耐腐蚀性较强,为建筑工程中主要承重构件用材。常用树种有松、柏、杉等。

阔叶树种树叶宽而大,叶脉呈网状分布,多为落叶树,树干通直部分较短,分枝较多,材质较硬,较难加工,故又称"硬木材"。阔叶树木材胀缩翘曲变形大,并且易开裂,在建筑工程中常用作尺寸较小的构件,但这类木材的纹理通常较明显、美观,具有很好的装饰性,常用于家具制造及室内装修工程的主要饰面用材,体现自然韵律。常用树种有榉木、胡桃木、樱桃木、水曲柳等。

(2)胶合板幅面大,平整易加工,材质均匀,收缩性小,是建筑装饰中广泛使用的人造板材。

按耐水程度的不同,胶合板可分为以下四类:

Ⅰ类(NQF)——耐气候、耐沸水胶合板

Ⅱ类(NS)——耐水胶合板

Ⅲ类(NC)——耐潮胶合板

Ⅳ类(BNC)——不耐潮胶合板

(3)木材的腐朽为真菌侵害所致。真菌分霉菌、变色菌和腐朽菌三种,其中前两种真菌对木材质量影响较小,但腐朽菌对木材的质量影响很大。腐朽菌寄生在木材的细胞壁中,它能分泌出一种酵素,把细胞壁物质分解成简单的养分,供自身摄取生存,从而导致木材产生腐朽。

防止木材腐朽的方法通常有以下两种:

① 破坏真菌的生存条件

破坏真菌的生存条件最常用的办法是:使木结构、木制品和储存的木材处于经常保持通风干燥的环境中,并对木结构和木制品表面进行油漆处理,油漆涂层使木材隔绝了空气,又隔绝了水分。

② 把木材变成有毒的物质

将化学防腐剂注入木材中,使真菌无法寄生。木材防腐剂种类很多,一般分水溶性防腐剂、油质防腐剂和膏状防腐剂三类。水溶性防腐剂常用品种有氯化锌、氟化钠、硅氟酸钠、硼铬合剂、硼酚合剂、铜铬合剂、氟砷铬合剂等。水溶性防腐剂多用于室内木结构的防腐处理。油质防腐剂常用的有煤焦油、混合防腐油、强化防腐油等。油质防腐剂色深,有恶臭,常用于室外木构件的防腐。膏状防腐剂由粉状防腐剂、油质防腐剂、填料和胶结料(煤沥青、水玻璃等)按一定比例配制而成,用于室外木结构防腐。

第12章

1. 填空题

(1)柔性、刚性、块状。

(2)40% ~60%。

(3)易燃气体、闪火点。

(4)硬、软。

2. 选择题

(1)C　(2)C　(3)D　(4)C

3. 问答题

(1)黏稠石油沥青的黏性用针入度值来表示。其测定方法是:在规定的温度(25℃),用重100克的标准针,经5秒钟插入沥青试样的深度(以1/10毫米为1度),即为针入度。针入度值愈小,表示沥青愈硬,黏性愈大。液体沥青的稠度用黏滞度表示。

(2)沥青的塑性用延伸度表示。将沥青熔融后浇入8字形模内,中间最狭处为1cm^2,浸在25℃的水中,以每分钟5cm的速度拉至断裂,所拉长的厘米数即为沥青的延伸度。延伸度一般在1~100cm之间。延伸度大,表示其塑性好。

(3)煤沥青与石油沥青的简易鉴别法:

鉴别方法	煤沥青	石油沥青
密度(g/cm^3)	约1.25	接近于1.0
锤击	韧性差(性脆)声音清脆	韧性较好,有弹性感,声哑
燃烧	烟呈黄色,有刺激性臭味	烟无色,无刺激性臭味
溶液颜色	用30~50倍汽油或煤油溶化,用玻璃棒蘸一蘸滴于滤纸上,斑点内棕外黑	按左法,斑点呈棕色

(4) A. 主要特点:

① 可在潮湿的多种材质的基面上直接施工,抗紫外线性能、耐候性能、抗老化性能良好,可作外露式屋面防水;

② 涂层坚韧高强,耐水性、耐久性优异;

③ 掺加颜料,可形成彩色涂层;

④ 无毒、无味、无污染,施工简便、工期短,可用于饮水工程;

⑤ 在立面、斜面和顶面上施工不流淌,适用于有饰面材料的外墙、斜屋面防水,表面不沾污;

⑥ 调整组分配合比例,能与基面及饰面砖、屋面瓦、水泥砂浆等各种材料牢固粘结。

B. 主要应用:

① 可在潮湿或干燥的各种基面上直接施工,例如:砖石、砂浆、混凝土金属、木材、泡沫板、沥青、橡胶等;

② 用于各种新旧建筑物及构筑物防水工程,如屋面、外墙、地下工程、隧道、桥梁、水库、引水渠、水池等;

③ 调整液料与粉料比例为腻子状,也可作为粘结、密封材料,用于粘贴马赛克、瓷砖等。

第13章

1. 填空题

(1)1/5、1/3。

(2)0.5%~1.5%。

(3)100%、30%~70%。

(4)40%~70%。

2. 选择题

(1)C　(2)C　(3)B　(4)A

3. 问答题

(1)塑料的特性。优点:使用面广;具有多种功能;密度小,比强度高;可燃性差别很大;导热系数小;耐化学腐蚀性优良;电绝缘性好;装饰性好;光学性能好。缺点:塑料的主要缺点是刚度差、易老化、易燃烧。

(2)建筑上常用的塑料制品绝大多数都是以合成树脂为基本材料,再按一定比例加入填充料、增塑剂、着色剂、稳定剂、助剂等材料,经混炼、塑化,并在一定温度、压力下制成的塑料制品。

合成树脂是单成分塑料。改变填充料及其他添加剂的品种,塑料的性质也随之改变。

(3)塑料地板种类繁多,按所用树脂不同,可分为聚氯乙烯塑料地板、氯乙烯-醋酸乙烯塑料地板、聚乙烯塑料地板、聚丙烯塑料地板,目前绝大多数塑料地板为聚氯乙烯塑料地板;按形状可分为块状和卷状,其中块状使用较多;按质地可分为半硬质和软质,其中半硬质塑料地板耐热性、耐磨性、装饰性、粘接性好,应用较广。软质塑料地板弹性好,行走舒适,有一定绝热、吸声、防潮的特点。

(4) ① 普通壁纸

普通壁纸是以 80 ~ 100g/m^2 的纸作基材,涂塑 100g/m^2 左右的聚氯乙烯糊状树脂,经印花、压花而成。这种壁纸花色品种多,适用面广,价格低,是民用住宅和公共建筑墙面装饰最普遍应用的一种壁纸。

② 发泡壁纸

发泡壁纸是以 100g/m^2 的纸作基材,涂塑 300 ~ 400g/m^2 掺有发泡剂的 PVC 糊状料,印花后,再加热发泡而成,这种壁纸有高发泡印花、低发泡印花、低发泡印花压花等品种。高发泡壁纸发泡倍率大,表面呈富有弹性的凹凸花纹,是一种装饰、吸声多功能壁纸。低发泡印花壁纸是在发泡平面印有图案的品种。低发泡印花压花壁纸(化学压花)是用有不同抑制发泡作用的油墨印花后再发泡,使表面形成具有不同色彩的凹凸花纹图案,也叫化学浮雕。该品种还有仿木纹、拼花、仿瓷砖等花色。图样真、立体感强、装饰效果好,并有弹性,适用于室内墙裙、客厅和内走廊的装饰。

③ 特种壁纸

特种壁纸有耐水壁纸、防火壁纸、彩色砂粒壁纸等品种。耐水壁纸是用玻璃纤维毡作基材,以适应卫生间、浴室等墙面的装饰。防火壁纸用 100 ~ 200g/m^2 的石棉纸作基材,并在 PVC 涂塑材料中掺有阻燃剂,使壁纸具有一定的阻燃防火性能,适用于防火要求较高的建筑和木板面装饰。表面彩色砂粒壁纸是在基材上散布彩色砂粒,再喷涂胶粘剂,使表面具有砂粒毛面,一般用作门厅、柱头、走廊等局部装饰。

(5)耐水和耐腐蚀;隔热性能好;气密性好和水密性好;隔声性好;装饰性好;保养方便。

第 14 章

1. 名词解释

(1)外墙涂料主要功能是装饰和保护建筑物的外墙面,使建筑外貌整洁美观,并延长其使用寿命。

(2)是以碱金属硅酸盐或硅溶胶为主要粘结料,加入颜料、填料及助剂配制而成的,在建筑物上形成薄质涂层的涂料。

(3)油漆涂料是一种传统的材料,广泛使用于建筑业、制造业、交通运输和农业等各部门。

2. 填空题

(1)主要、次要。

3. 选择题

(1) A B (2) A B C D

4. 判断题

(1)√

(2)× 它不属于特种涂料。

5. 问答题

(1)建筑涂料按使用部位可分为内墙涂料、外墙涂料、地面涂料三种类型。

(2)地面涂料主要功能是装饰和保护室内地面,使地面清洁美观,同时与墙面装饰相适应,让居住者处于优雅的室内环境之中,还要求涂料与地面良好的粘结性能以及耐碱性、耐水性、耐磨性和抗冲击性,不易开裂或脱落,施工方便,重涂容易。

地面涂料主要有过氯乙烯地面涂料、苯乙烯地面涂料、环氧树脂地面涂料、不饱和聚酯涂料、聚氨酯地面涂料几种类型。

第15章

1. 填空题

(1)0.15 W/(m·K)。

(2)最小、增大。

2. 选择题

(1)A　(2)B

3. 问答题

(1)导热系数 λ 是保温材料的一个主要热物理指标,表示材料传递热量的能力。导热系数等于:当材料层单位厚度内的温差为1℃时,在一小时内通过 $1m^2$ 表面积的热量。导热系数主要与材料的成分、密度和分子结构等有关。另外,材料所处环境的温度和湿度对导热系数也有一定的影响,特别是材料的湿度,对导热系数的影响较大。

(2)导热系数与温、湿度的关系:材料受潮后,其导热系数增大,在多孔材料中最为明显。这是由于在材料的孔隙中有了水分后,除孔隙中剩余的空气分子的导热、对流外,部分孔壁结成冰导热系数将更大。

材料的导热系数随温度升高而增大。温度升高时,材料固体分子的热运动增强,同时材料孔隙中空气的导热和孔壁间的辐射作用也增强。当温度在0~50℃时这种影响并不显著,只有处于高温或低温下的材料,才考虑这种温度影响。

在以上各项因素中,材料的表观密度和湿度的影响为最大。

(3)玻璃棉及其制品、岩棉及其制品、石棉及其制品、矿渣棉及其制品、膨胀蛭石及其制品、膨胀珍珠岩及其制品和有机保温隔热材料。

第16章

1. 填空题

(1)透射系数、损耗系数。

(2)0.2。

(3)通气。

2. 选择题

(1)D　(2)C　(3)A　(4)A

3. 问答题

（1）多孔吸声材料具有大量内外连通的微小间隙和连续气泡，因而具有一定的通气性，当声波入射到材料表面时，声波很快地顺着微孔进入材料内部，引起空隙间的空气振动，由于摩擦、空气黏滞阻力和空隙间空气与纤维之间的热传导作用，使相当一部分声能转化为热能而被吸收掉。所以多孔材料吸声的先决条件是声波能很容易地进入微孔内，因此不仅材料内部，而且在材料表面上也应当多孔，如果多孔材料的微孔被灰尘污垢或抹灰油漆等封闭时，会对材料的吸声性能产生不利影响。它与保温隔热材料要求有封闭的微孔是不一样的。

多孔材料的吸声性能与材料的表观密度和内部构造有关。在实际应用中，多孔材料的厚度、表观密度、材料背后是否有空气层以及材料表面的装饰处理等，都对它的吸声性能有影响。

（2）多孔材料的吸声系数，一般随着厚度的增加而提高其低频的吸声效果，而高频影响不显著。但材料厚度增加到一定程度后，吸声效果的提高就不明显了。所以为了提高材料的吸声性能而无限制地增加厚度是不适宜的。

第17章

1. 填空题

（1）A1、A2、B、C、D、E、F。

（2）表面涂敷、溶液浸注。

（3）0.25。

2. 选择题

（1）B　（2）C

3. 问答题

（1）在种类繁多的建筑材料中，无机材料遇火后绝大多数不发生燃烧，仅引起物理力学性能降低，严重者丧失其承载能力，而有机高分子材料，如塑料、橡胶、合成纤维等，则因其分子中含有大量的碳氢化合物而使其燃点低，容易着火，燃烧时蔓延速度快。

任何物质的燃烧都是一种剧烈的、伴之以发光热的氧化反应过程。高分子材料化学成分复杂，因而，燃烧过程也比较复杂，它包括了一系列的物理变化和化学变化过程。

（2）耐火极限是指对建筑构件按时间-温度标准曲线进行耐火试验时，从受到火作用时起到失去支持能力，或构件完整性被破坏，或失去隔火作用时止的这段时间，以小时表示。

（3）按照国家标准《建筑材料及制品燃烧性能分级》（GB 8624—2006）的规定，建筑材料按燃烧性能分为：A1、A2、B、C、D、E、F七个级别。

（4）　① 减少材料中可燃物的含量；

② 控制火灾时的热传递；

③ 抑制材料燃烧时的气态反应；

④ 采取隔绝氧气的办法。

规 范 表

1.《室内装饰装修材料　人造板及其制品中甲醛释放限量》(GB 18580—2001)
2.《室内装饰装修材料　溶剂型木器涂料中有害物质限量》(GB 18581—2009)
3.《室内装饰装修材料　内墙涂料中有害物质限量》(GB 18582—2008)
4.《室内装饰装修材料　胶粘剂中有害物质限量》(GB 18583—2008)
5.《室内装饰装修材料　木家具中有害物质限量》(GB 18584—2001)
6.《室内装饰装修材料　壁纸中有害物质限量》(GB 18585—2001)
7.《室内装饰装修材料　聚氯乙烯卷材地板中有害物质限量》(GB 18586—2001)
8.《室内装饰装修材料　地毯、地毯衬垫及地毯胶粘剂有害物质释放限量》(GB 18587—2001)
9.《混凝土外加剂中释放氨的限量》(GB 18588—2001)
10.《建筑材料放射性核素限量》(GB 6566—2010)
11.《砌体结构设计规范》(GB 50003—2011)
12.《烧结普通砖》(GB 5101—2003)
13.《烧结多孔砖和多孔砌块》(GB 13544—2011)
14.《烧结空心砖和空心砌块》(GB 13545—2003)
15.《砌墙砖试验方法》(GB/T 2542—2003)
16.《烧结瓦》(GB/T 21149—2007)
17.《陶瓷马赛克》(JC/T 456—2005)
18.《平板玻璃》(GB 11614—2009)
19.《建筑消石灰粉》(JC/T 481—1992)
20.《建筑生石灰粉》(JC/T 480—1992)
21.《装饰石膏板》(JC/T 799—2007)
22.《通用硅酸盐水泥》(GB 175—2007/XG1—2009)
23.《白色硅酸盐水泥》(GB 2015—2005)
24.《彩色硅酸盐水泥》JC/T 870—2000
25.《建设用砂》(GB/T 14684—2011)
26.《建设用卵石、碎石》(GB/T 14685—2011)
27.《普通混凝土力学性能试验方法标准》(GB/T 50081—2002)
28.《普通混凝土配合比设计规程》(JGJ 55—2011)
29.《混凝土结构工程施工质量验收规范》(GB 50204—2002)
30.《用于水泥和混凝土中的粉煤灰》(GB 1596—2005)
31.《混凝土用水标准》(JGJ 63—2006)
32.《砌筑砂浆配合比设计规程》(JGJ/T 98—2010)
33.《碳素结构钢》(GB/T 700—2006)

34.《低合金高强度结构钢》(GB/T 1591—2008)
35.《钢筋混凝土用钢　第 1 部分:热轧光圆钢筋》(GB 1499.1—2008)
36.《钢筋混凝土用钢　第 2 部分:热轧带肋钢筋》(GB 1499.2—2007/XG1—2009)
37.《建筑用轻钢龙骨》(GB 11981—2008)
38.《道路石油沥青》(NB/SH/T 0522—2010)
39.《建筑石油沥青》(GB/T 494—2010)
40.《防水防潮沥青》(SH/T 0002—1990)
41.《煤沥青》(GB/T 2290—1994)
42.《涂料产品分类和命名》(GB/T 2705—2003)
43.《建筑设计防火规范》(GB 50016—2006)
44.《高层民用建筑设计防火规范》(GB 50045—1995)
45.《建筑材料及制品燃烧性能分级》(GB 8624—2006)

参 考 文 献

[1]西安建筑科技大学等五校. 建筑材料[M]. 北京:中国建筑工业出版社,1997.

[2]李国华. 建筑装饰材料[M]. 北京:中国建材工业出版社,2004.

[3]建设部执业资格注册中心网. 建筑材料与构造·2008 年全国一级注册建筑师考试培训辅导用书[M]. 北京:中国建筑工业出版社,2007.

[4]广州大学,等. 一级注册建筑师执业资格考试复习题集[M]. 北京:中国环境科学出版社,2003.

[5]张雄. 建筑功能材料[M]. 北京:中国建材工业出版社,2000.

[6]韩喜林. 新型防水材料应用技术[M]. 北京:中国建材工业出版社,2003.